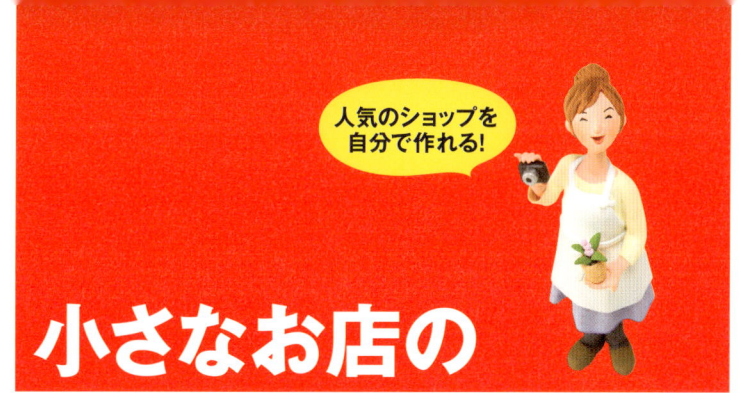

人気のショップを
自分で作れる!

小さなお店の Yahoo!ショッピング 出店・運営ガイド

ストアクリエイターPro対応

田中正志 著
Masashi Tanaka

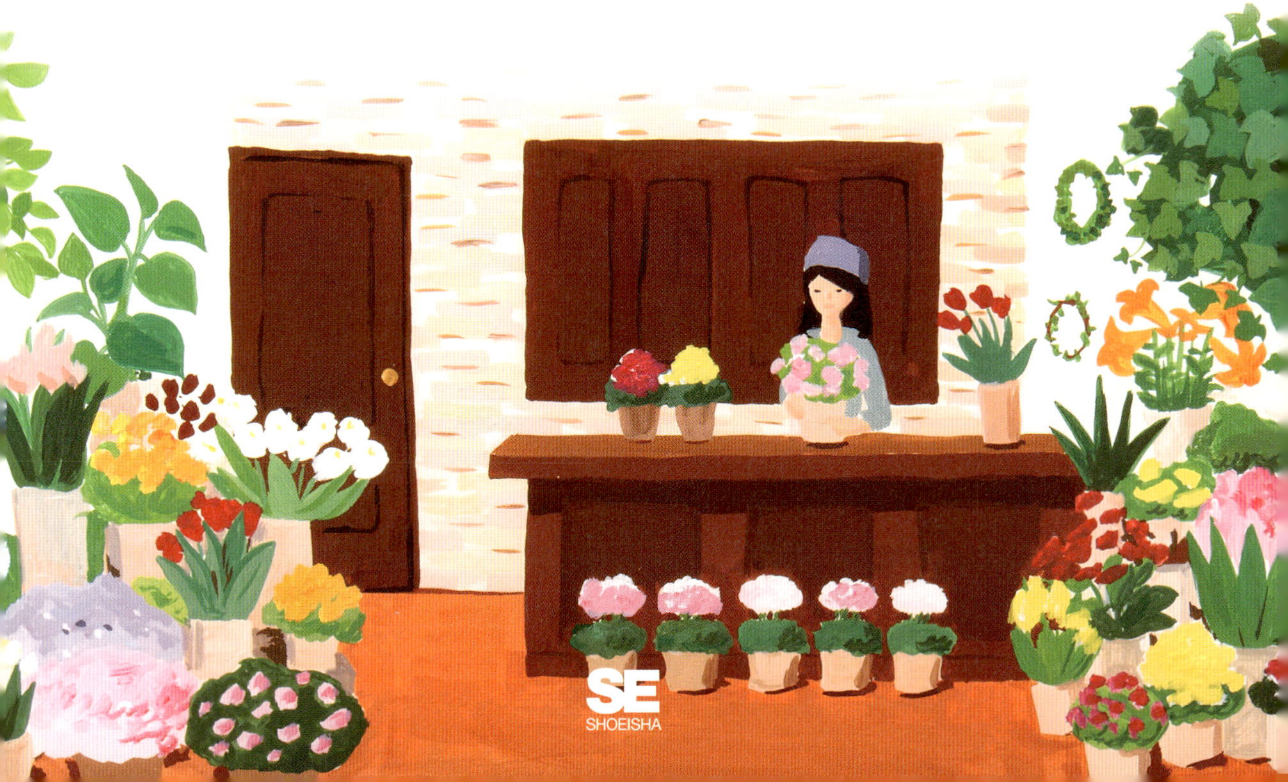

SE
SHOEISHA

翔泳社ecoProjectのご案内

株式会社 翔泳社では地球にやさしい本づくりを目指します。
制作工程において以下の基準を定め、このうち4項目以上を満たしたものをエコロジー製品と位置づけ、シンボルマークをつけています。

資材	基準	期待される効果	本書採用
装丁用紙	無塩素漂白パルプ使用紙 あるいは 再生循環資源を利用した紙	有毒な有機塩素化合物発生の軽減（無塩素漂白パルプ）資源の再生循環促進（再生循環資源紙）	○
本文用紙	材料の一部に無塩素漂白パルプ あるいは 古紙を利用	有毒な有機塩素化合物発生の軽減（無塩素漂白パルプ）ごみ減量・資源の有効活用（再生紙）	○
製版	CTP（フィルムを介さずデータから直接プレートを作製する方法）	枯渇資源（原油）の保護、産業廃棄物排出量の減少	○
印刷インキ*	植物油を含んだインキ	枯渇資源（原油）の保護、生産可能な農業資源の有効利用	○
製本メルト	難細裂化ホットメルト	細裂化しないために再生紙生産時に不純物としての回収が容易	○
装丁加工	植物性樹脂フィルムを使用した加工 あるいは フィルム無使用加工	枯渇資源（原油）の保護、生産可能な農業資源の有効利用	

＊：パール、メタリック、蛍光インキを除く

本書内容に関するお問い合わせについて

本書に関するご質問、正誤表については、下記のWebサイトをご参照ください。
　　　正誤表　　　　http://www.shoeisha.co.jp/book/errata/
　　　刊行物Q&A　　http://www.shoeisha.co.jp/book/qa/

インターネットをご利用でない場合は、FAXまたは郵便で、下記にお問い合わせください。
　〒160-0006　東京都新宿区舟町5
　（株）翔泳社 愛読者サービスセンター
　FAX番号：03-5362-3818

電話でのご質問は、お受けしておりません。

※本書に記載されたURL等は予告なく変更される場合があります。
※本書の出版にあたっては正確な記述につとめましたが、著者や出版社などのいずれも、本書の内容に対してなんらかの保証をするものではなく、内容やサンプルに基づくいかなる運用結果に関してもいっさいの責任を負いません。
※本書に掲載されているサンプルプログラムやスクリプト、および実行結果を記した画面イメージなどは、特定の設定に基づいた環境にて再現される一例です。
※本書に記載されている会社名、製品名はそれぞれ各社の商標および登録商標です。
※本書の内容は2014年5月執筆時点のものです。
※本書で掲載している「ストアクリエイターPro（プロ）」画面ショットは2014年5月16日リリース時点のβ（ベータ）版です。正式リリース後に一部変わるものもございます。あらかじめご了承ください。

はじめに

　2013年10月7日、Yahoo!ショッピングが行った「eコマース革命宣言」は、出店費用を無料化し外部リンクを自由にするというネットモールの常識を覆す内容でした。その反響は大きく、多くの方がYahoo!ショッピングに新規出店し、今や日本最大級のショッピングモールとなりました。

　個人出店向けには、非常に簡単にストアが作れてすぐに出店できるプランも用意されています。eコマース革命による「無料」と「自由」で、誰でもがネットショップを持てる時代になったと言えます。

　しかし、簡単に出店できるようになったからといって、すぐに商品が売れるわけではありません。ユーザーに「買いたい」と思ってもらえる魅力あるストアにするためには、基本的な構築をしっかりすることと、ちょっとしたコツが必要です。

　Yahoo!ショッピングには、便利な機能やツールが用意されています。売上アップを目指せば目指すほど、その機能やツールを使いこなすことがポイントとなります。筆者自身、Yahoo! JAPANコマースパートナーエキスパートとして多くのストアを見てきましたが、いろいろな機能が備わっているだけに、使いこなせていないストアの担当者の方が多いと感じていました。

　そうした点を踏まえ本書では、便利な機能やツールの使い方はもちろん、出店申請するところから運用まで、実際に行う作業の流れに沿って解説しています。より魅力的なストアにするため、お客様に商品を訴求させるための方法も掲載しました。さらにストアマネージャーに替わる新しい構築・運用ツール「ストアクリエイターPro」にも対応しています。これから出店する方はもちろん、すでに開店している方にも役立つ内容となっています。

　Yahoo!ショッピングには多くのユーザーが集まります。そこにあるのはネットショップの大きな可能性です。本書がYahoo!ショッピングのガイドとして皆さんのお役に立てれば幸いです。

　最後になりましたが、出版に際して尽力していただきました多くの方々ならびに株式会社翔泳社の宮腰様に心より感謝申し上げます。

2014年6月吉日
田中正志

contents

Interview ストアの成功事例 ……………………………………………………… 009

Chapter 1 無料化で変わるYahoo!ショッピング ……………………… 019
- 01 Yahoo!ショッピングの特徴を知る …………………………………… 020
- 02 無料で自由があるショッピングモール ……………………………… 025

Chapter 2 Yahoo!ショッピングの出店フロー ……………………… 029
- 01 Yahoo!ショッピングに出店申請をする ……………………………… 030
- 02 開店に向けて事前に準備する ………………………………………… 035
- 03 どのようなストアにするかイメージする …………………………… 037
- 04 販売する商品を選ぶ …………………………………………………… 039
- 05 商品ページに必要な素材を用意する ………………………………… 041
- 06 ストアのデザインをする ……………………………………………… 042
- 07 配送業者と交渉する …………………………………………………… 043
- 08 開店までのスケジュールを考える …………………………………… 044

Chapter 3 ストアの各種設定をする ……………………………………… 047
- 01 管理画面(ストアクリエイターPro)へのログイン ………………… 048
- 02 ストアに必要な情報を掲載するための設定 ………………………… 050
- 03 基本設定を行う ………………………………………………………… 057
- 04 お届け情報設定を行う ………………………………………………… 059
- 05 オプション設定を行う ………………………………………………… 060
- 06 お支払い情報設定を行う ……………………………………………… 062
- 07 配送方法、送料設定を行う …………………………………………… 063
- 08 お支払方法設定を行う ………………………………………………… 069
- 09 手数料設定を行う ……………………………………………………… 070
- 10 メールテンプレートと帳票の設定を行う …………………………… 072

Chapter 4 ストアクリエイターProでストアを構築する … 079

- 01 ストアのデザインを決めるための設定 … 080
- 02 かんたんモードで編集する①テンプレートの選択 … 086
- 03 かんたんモードで編集する②ヘッダーの設定 … 088
- 04 かんたんモードで編集する③サイドナビの設定 … 092
- 05 かんたんモードで編集する④フッターの設定 … 101
- 06 通常モードで編集する①テンプレートと全体の設定 … 105
- 07 通常モードで編集する②ヘッダーの設定 … 109
- 08 通常モードで編集する③サイドナビの設定 … 116
- 09 通常モードで編集する④フッターの設定 … 131
- 10 画像の管理 … 142

Chapter 5 商品を登録して開店申請をする … 147

- 01 カテゴリページの設定 … 148
- 02 カテゴリページの作成 … 153
- 03 商品ページの設定 … 157
- 04 トップページの設定 … 172
- 05 開店申請をする … 182

Chapter 6 ストアクリエイターでストアを構築する … 185

- 01 ストアクリエイターとは … 186
- 02 ストアを設定する … 188
- 03 ストアデザインを設定する … 193
- 04 商品を登録して開店する … 195

Chapter 7 受注管理をする … 199

- 01 ストアクリエイターProで受注管理をする … 200
- 02 ストアクリエイターで受注管理をする … 212

Chapter 8 集客・販促に活用できるツール&サービス … 215

- 01 無料で学べるYahoo!ショッピングのコンテンツ … 216
- 02 ストア運営や集客に役立つツール&サービス … 221
- 03 トリプルを活用してワンランク上のストアを構築する … 222
- 04 Yahoo! JAPAN コマースパートナーを活用する … 224
- 05 クーポンを発行する … 226
- 06 クロコス懸賞でメールアドレスを集める … 228
- 07 ニュースレターを活用する … 234
- 08 ストアマッチ広告を活用する … 239
- 09 FTPで効率的にデータをアップロードする … 242
- 10 検索ツールでスペックやブランドコードなどを設定する … 245
- 11 HTMLタグ確認ツールでエラーチェックをする … 246
- 12 商品データベースファイル(CSV形式)で一括編集する … 247

Chapter 9 集客・ストア構築・ユーザーの動向を知るコツ … 253

- 01 集客の基本を知る … 254
- 02 検索対応を極める … 256
- 03 関連検索ワードを活用する … 259
- 04 販促コードを設定する … 260
- 05 バナーや特集から無料で誘導する … 261
- 06 ページをコピーする … 263
- 07 サンプルを利用する … 264
- 08 関連商品を設定する … 267
- 09 カレンダーを利用する … 268
- 10 ストア評価に返信する … 269
- 11 キャンペーンに参加する … 270
- 12 スマートフォンに対応する … 272
- 13 カスタムページを活用する … 274
- 14 ユーザーの動向を探る … 276
- 15 調査リンクを設置する … 277

Chapter 10 商品の購買率を上げる ... 279
- 01 商品の魅力を伝えるには ... 280
- 02 商品の魅力が伝わるように表現する ... 282
- 03 商品の成り立ち、歴史を伝える ... 284
- 04 ターゲットを絞る ... 285
- 05 最後に背中を一押しする ... 287
- 06 顧客満足度をアップさせる ... 289

Chapter 11 魅力的で綺麗な商品写真を掲載する ... 293
- 01 商品撮影に必要なものを用意する ... 294
- 02 商品撮影の基本 ... 296
- 03 写真を加工する ... 298
- 04 シチュエーション写真を撮る ... 301

Chapter 12 外部サイトと連携して露出を高める ... 303
- 01 外部サイトを有効活用する ... 304
- 02 ブログを活用する ... 306
- 03 YouTubeで動画を配信する ... 308
- 04 自社サイトを活用する ... 309
- 05 実店鋪と相乗効果を狙う ... 310

Chapter 13 分析ツールとデータの活かし方 ... 311
- 01 統計情報からユーザーの行動を調べる ... 312
- 02 最近の動向を調べる ... 314
- 03 アクセスしてきたユーザーの属性を調べる ... 315
- 04 アクセスしてきたユーザーが見たページを調べる ... 316
- 05 売れている商品の反応状況を調べる ... 317

index ... 319

本書の構成

PREPARATION
出店方法の確認

前半では Yahoo!ショッピングにストアを出す際に必要な基本的な知識について解説します。本格的な運用に必要な設定方法についても詳しく解説します。

MAIKIG
本格的なストアの構築

中盤では、Yahoo!ショッピング上に作成するストアページの作成方法について解説します。ただ作成するのではなく、実際のビジネスの現場で使えるストア作成のコツも解説します。

MANAGEMENT
作成したストアを運営

作成して終わりではありません。ストアを作成したら、そこへお客様を誘導して、商品を販売し、継続的に利益をあげる必要があります。
後半は利益のアップにつながるさまざまな集客方法を解説します。またストアに来たお客様の属性を分析する手法についても解説します。

008

Interview

ストアの成功事例

Yahoo!ショッピングで成功しているストアの成功事例を紹介します。

interview

ストアの成功事例

01 ワンちゃんをさまざまな商品&サービスでサポート

愛犬に向けたドッグカフェやトリミングサロンの運営、ドッグケア商品を販売しているストアを紹介します。

愛犬のトータルケア専門店エヴァ

コーギーのマッサージの様子

会社名
有限会社エーピーシー
（Amenity Produce Company）

URL
http://www.apc-aroma.net

ストア名
愛犬のトータルケア専門店エヴァ

URL
http://store.shopping.yahoo.co.jp/eva/

会社概要
アロマテラピー製品の輸入販売、ホリスティックケアを取り入れたトリミングサロンの運営、ドッグカフェの運営、ドッグケア商品の製造・販売、セミナーの開催などを行っている

[ワンちゃんも喜ぶこだわりの商品・サービスが盛りだくさん！]

01 Yahoo!ショッピングへの出店を決めたきっかけは？

良い商品を製造している自負がありますが、知名度がない弊社にとって、多くの人に商品を認識していただき、販売できるようにするためです。

02 御社で販売している主力商品は？

スキッパーシャンプー、ヤムヤムドッグフード、ゼオカルPH などです。

03 Yahoo!ショッピングでよいところは？

集客が多いのでチャンスがあること、ユーザーが買いやすいことです。

04 ほかのショッピングモールにも出店していますか？

ほかには出店していません。

05 Facebook クーポンや LINE@ などの SNS サービスを利用していますか？

利用していません。

06 Yahoo!ショッピングに希望することは？

小さなショップの「こだわり商品」をトップページに掲載したり、関連するインタビュー記事などを掲載してほしいです。

07 購入者の方で印象に残っている方はいますか？

「ヤムヤムドッグフード」を購入していただいた方からは「やっと納得のいく商品が見つかった」という声をいただきました。また、アロマシャンプー・オイルを購入していただいた方からは、「長年皮膚病を患っており、獣医さんからは"上手く一生付き合ってください"と言われていたものの、購入したシャンプーなどでお手入れをしたところ改善し、獣医さんから"奇跡だ！"と言われた」という声をいただきました。

08 今後取り扱っていきたい商品はありますか？

デリカテッセンのメニューを充実させたいです。

02 オリジナルのプリザーブドフラワーを販売

咲いた頃の美しさをそのままに！ オリジナリティあふれるプリザーブドフラワーを販売するストアを紹介します。

ふらわーしょっぷNON・Yahoo!店

社内の様子

会社名
インテリア＆フラワーショップ TEN

ストア名
ふらわーしょっぷ NON・Yahoo! 店

URL
http://store.shopping.yahoo.co.jp/non-no/

会社概要
Yahoo!ショッピングで、オリジナルのプリザーブドフラワーアレンジを販売している

［ 1つ1つ心を込めた手作り商品をお客様に提供! ］

01 Yahoo!ショッピングへの出店を決めたきっかけは?

ネットショッピングに日ごろから興味があったこと。そして、たまたまヤフオク!で販売していて、Yahoo!のご担当者からYahoo!ショッピングへの出店のお誘いをいただいたことがきっかけです。

02 御社で販売している主力商品は?

プリザーブドフラワーの手作りアレンジです。あとは花束風アレンジ、ディズニー系アレンジなども行っています。

03 Yahoo!ショッピングでよいところは?

実店舗がなくても、自分たちがお客様を思って行動すると信頼・信用を獲得できること、低コストで出店が可能なこと、遠方の人にも当店のアレンジを知っていただけること、などがあります。

04 ほかのショッピングモールにも出店していますか?

1つ1つが「心」を込めた手作り商品です。ほかに出店したことで現在のアレンジの品質が劣化して、お客様の信頼を損ないたくないので、手広くしていません。

05 Facebook クーポンや LINE@ などの SNS サービスを利用していますか?

Yahoo!のクーポンは利用していますが、ほかのサービスは利用していません。

06 Yahoo!ショッピングに希望することは?

今のところ特にありません。

07 購入者の方で印象に残っている方はいますか?

個別に注意をいただいたお客様ですね。弊社にとって大事なアドバイスをいただけたお客様ですので、特に印象に残っています。喜びの声をいただいたお客様も、今後の作成のモチベーションアップにつながりますので、ともに印象に残っています。

08 今後取り扱っていきたい商品はありますか?

今のところ、さらにお客様に喜ばれるようなアレンジを提供したいと考えています。新しいアレンジ作りを努力して考え、出品していきたいです。

interview / ストアの成功事例

03 美味しいお酒を手頃な価格でお届け

ワイン、ビール、日本酒などさまざまなお酒をお財布にもやさしい価格で販売するストアを紹介します。

酒はない

会社名
株式会社花井

ストア名
酒はない

URL
http://store.shopping.yahoo.co.jp/sakenohanai/

社内の風景

会社概要
世界の厳選ワインを中心に、焼酎・日本酒などリーズナブルにお届けしている

[美味しいワインをメインに販売!]

01 Yahoo!ショッピングへの出店を決めたきっかけは?

以前出店していた楽天市場の売り上げが伸び悩んでいたため、出店を決意しました。今ではターゲットの市場を Yahoo!ショッピングへスイッチできたことで、当店のギネス記録を更新し続けています。

02 御社で販売している主力商品は?

ワインが中心です。特にリーズナブルで美味しいチリやオーストラリア、スペインのワインに人気が集まっています。

03 Yahoo!ショッピングでよいところは?

運営と管理がしやすいところでしょうか。あと、お客様の質もよいです。一番の魅力は Yahoo! JAPAN からの集客も期待できるところです。

04 ほかのショッピングモールにも出店していますか?

知り合いからの誘いもあり、Amazon に出店しています。

05 Facebook クーポンや LINE@ などの SNS サービスを利用していますか?

LINE@ は使用していませんが、Yahoo!ショッピングで提供する Facebook の懸賞ツール「Crocos マーケティング」を活用しています。

06 Yahoo!ショッピングに希望することは?

市場の拡大はもちろん、テレビ CM などプロモーションをもっと多く打ち出してほしいです。

07 購入者の方で印象に残っている方はいますか?

ネット経由でいつも当店をご利用いただくお客様が、実店舗まで遊びに来ていただけたことです。遠方の方で、観光で来たついでにとおっしゃってましたが、とても嬉しかったです。突然のことでびっくりしました。

08 今後取り扱っていきたい商品はありますか?

世界の旨安ワインはもちろんですが、ウィスキーやブランデー、逸品おつまみなどをもっと増やしていきたいです。

04 環境にやさしいトイレットペーパーを販売

環境問題が叫ばれるなか、アメニティに気を配る方も多くなってきている今日このごろ。エコロジーなトイレットペーパーを販売するストアを紹介します。

株式会社花井／有限会社マルトミ通販

グリーンコンシューマーのお店

社内の様子

会社名
有限会社マルトミ通販

ストア名
グリーンコンシューマーのお店

URL
http://store.shopping.yahoo.co.jp/green-consumer-shop/

会社概要
牛乳パックなどを再利用して、上質のエコトイレットペーパー・ティシュを家庭や事業所までお届けしている

[エコで体にやさしいトイレタリー商品がいっぱい！]

01 Yahoo!ショッピングへの出店を決めたきっかけは？

モールによって、お客様の層が違います。Yahoo!ショッピングは環境に関して、エコ意識高いお客様が多く訪ねるモールと思い、出店を決めました。

02 御社で販売している主力商品は？

上質の再生原料と富士山の豊富な湧水で作られたトイレットペーパーとティシュペーパー、キッチンペーパーを販売しております。

03 Yahoo!ショッピングでよいところは？

お客様のエコ意識はほかのモールより高く感じます。出店料と販売手数料が無料になったことは大変助かります。

04 ほかのショッピングモールにも出店していますか？

楽天市場に出店しています。

05 Facebook クーポンや LINE@ などの SNS サービスを利用していますか？

Yahoo!ショッピングではまだです。ぜひ利用させていただきたいと思います。

06 Yahoo!ショッピングに希望することは？

もっといろいろなイベントを企画してほしいです。

07 購入者の方で印象に残っている方はいますか？

沖縄からのご注文のお客様です。運送料と商品の値段がほぼ一緒にもかかわらず2～3年の間続けて、ご注文をいただきました。

08 今後取り扱っていきたい商品はありますか？

ペット用品（シーツなど）を考えています。

013

interview

ストアの成功事例

05 ネットショップを多角的に展開するグッズ関連ショップ

着ぐるみパジャマ、パーティグッズ、スマートフォンアクセサリー、キャラクターグッズを販売するグッズ関連のストアを紹介します。

着ぐるみパジャマ magicmarket

会社名
株式会社アーヴィ

ストア名
着ぐるみ パジャマ magicmarket

URL
http://store.shopping.yahoo.co.jp/magicmarket/

着ぐるみパジャマの例

会社概要
インターネット通信販売および商品卸

[パーティグッズやキャラクターグッズで多くの人々を笑顔に!]

01 Yahoo!ショッピングへの出店を決めたきっかけは?

インターネットショッピングにおいて複数の店舗展開を検討した際に、2店舗目としてYahoo!ショッピングに出店しました。

02 御社で販売している主力商品は?

着ぐるみパジャマ、パーティグッズ、スマートフォンアクセサリー、キャラクターグッズなどです。

03 Yahoo!ショッピングでよいところは?

Yahoo! JAPANのトップページ経由、あるいはヤフオク!経由、検索結果と連動した顧客誘導が見込める点です。

04 ほかのショッピングモールにも出店していますか?

楽天市場、Amazon、ビッダーズ、ポンパレモールです。自社サイトでも販売しております。

05 Facebookクーポンや LINE@ などの SNS サービスを利用していますか?

現在、クーポンを製作中です。

06 Yahoo!ショッピングに希望することは?

CSVデータの修正の際にcode(コード)だけで変更ができると非常に便利です。

07 購入者の方で印象に残っている方はいますか?

特定のお客様ではありませんが、他店舗(自店舗)に比べてまとめ買いのお客様が非常に多いですね。Yahoo!検索からの検索が多いと思います。

08 今後取り扱っていきたい商品はありますか?

新規お取引可能なメーカー様がいらっしゃいましたら、積極的に取り扱いを増やしていきたいです。

06 お客様から求められる価値ある商品を販売

手ごろな価格でニーズの高い商品を販売している「道具満足」を紹介します。

道具満足

会社名
アルファ工業株式会社

ストア名
道具満足

URL
http://store.shopping.yahoo.co.jp/dougumanzoku/

倉庫の様子

会社概要
価値ある商品をお客様に納得いただける価格での販売を目的として、「あればいいな」と言われる商品を企画開発

[工具のことならお任せ! 使いやすくてリーズナブルな商品がいっぱい!]

01 Yahoo!ショッピングへの出店を決めたきっかけは?

以下の3つの理由で出店を決めました。
① オリジナル製品のPRができると考えたから
② 商社様、販社様経由の販売だったのでユーザー様との距離が遠過ぎたのでネットショップなら要望などが直接聞けると考えたから
③ 卸業をしていた時の在庫品を処分したかったから

02 御社で販売している主力商品は?

マルチ電動工具・電動刃物研ぎ機・トリプルホビーグラインダー・鉄工用ドリル刃・充電式草刈バリカン・電動除雪機・ソーラーセンサーライト・大型扇風機・アイストーン・コンパクトベンチバイス・電動式耕運機・手動工具・マルチ洗浄機などです。

03 Yahoo!ショッピングでよいところは?

販売品・販売価格・販売スタイルなど、すべてにおいて制約が少なく販売店独自の考えを受け入れてもらえることです（もちろんモラルを厳守した上での寛容さだと思いますが……）。

04 ほかのショッピングモールにも出店していますか?

ネッシーにてネット業者向けの販売をしています。楽天市場でユーザーに販売しています。

05 FacebookクーポンやLINE@などのSNSサービスを利用していますか?

現時点では利用しておりませんが、早めの導入を考えています。

06 Yahoo!ショッピングに希望することは?

弊社の販売品は見た目ではわかりにくいので、動画を掲載できれば、ユーザーの方に使用イメージを描いていただけると思います。

07 購入者の方で印象に残っている方はいますか?

以下の2つが印象に残っています。
① 除雪機をお求めになられた年配のユーザーの方から助かっていますとの礼状は時々いただきます。お菓子まで送っていただいた際は礼状とお菓子を社員全員にまわします。
② リピートの最高は49回のお買上げです。

08 今後取り扱っていきたい商品はありますか?

毎年数点オリジナルの新製品を企画開発していますが、今開発中の製品は以下の2つです。
① 充電式の除雪機
② 高齢者・マンション居住の方にもお使いいただける多目的なゴミ出しカート

interview

ストアの成功事例

07 金属アレルギーで悩む方へアクセサリーピアスを販売

アクセサリーピアスをつけたいけど金属アレルギーも気になる。そんな方に向けて金属アレルギー防止のアクセサリーピアスを販売しているストアを紹介します。

ブロムダールピアス

会社名
メディカルエルスト（株）

ストア名
ブロムダールピアス

URL
http://store.shopping.yahoo.co.jp/blomdahljapan/

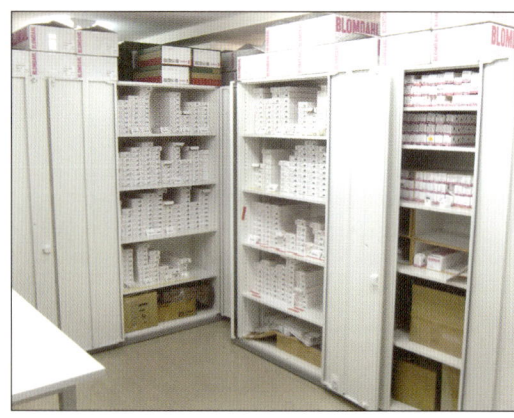

社内の様子

会社概要
金属アレルギーで悩んでいる方にもっとも安全で信頼おけるスウェーデンのブロムダール製品のアクセサリーピアスを販売

[金属アレルギー防止用のアクセサリーピアスを多くの方に!]

01 Yahoo!ショッピングへの出店を決めたきっかけは？

今まで病院向けの金属アレルギー防止の穴あけ用ピアスを中心に販売しておりましたが、このたびアクセサリーピアスを一般ユーザー向けに販売することになりWebショップを開設。出店無料が決め手となりました。

02 御社で販売している主力商品は？

スウェーデンのブロムダール社製、金属アレルギー防止のアクセサリーピアスです。純度99.8%のチタンと医療用プラスチックを素材にしたものを中心に約400種類出品しています。

03 Yahoo!ショッピングでよいところは？

販売方法やポイントのシステム、顧客からの入金確認などシンプルでわかりやすいところです。特に、出店料金が無料なのはとても魅力です。

04 ほかのショッピングモールにも出店していますか？

現在は出店しておりませんが、今後は拡販のためにほかのモールにも出店をする予定です。

05 Facebook クーポンや LINE@ などの SNS サービスを利用していますか？

現在は利用しておりませんが、今後は幅広く情報を提供するために必要となってくると思います。

06 Yahoo!ショッピングに希望することは？

購入者にとって利用価値の高いサービスを提供して頂き、より多くの顧客を集めていただきたいと思います。

07 購入者の方で印象に残っている方はいますか？

出店して最初にリピート購入して頂いた方です。製品を気に入っていただいた結果なので、とても嬉しく思いました。

08 今後取り扱っていきたい商品はありますか？

現在はアクセサリーピアスのみの取り扱いとなっておりますが、ピアス周辺の関連製品も取り扱っていきたいと考えています。

08 心にも温かい「灯り」をもっと多くの人に！

照明器具や電材などを手ごろな価格で販売しているストアを紹介します。

メディカルエルスト（株）／felicita 株式会社

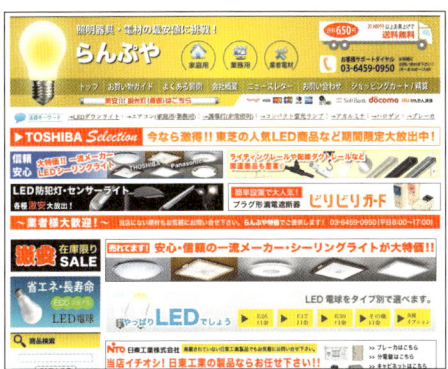

らんぷや

会社名
felicita 株式会社

ストア名
らんぷや

URL
http://store.shopping.yahoo.co.jp/lampya/

社内の様子

会社概要
照明器具・電材の専門店。メーカーの正規商品を安価で提供している

[メーカーいち押しの人気商品を格安でお届け!]

01 Yahoo!ショッピングへの出店を決めたきっかけは？

父親が経営する会社を見て育ち、成功を夢見て起業したことがきっかけでした。Yahoo! JAPAN が持つ市場規模に期待して、Yahoo!ショッピングへの出店を決意しました。

02 御社で販売している主力商品は？

照明器具を中心に、電材全般を取り扱っています。

03 Yahoo!ショッピングでよいところは？

Yahoo! JAPAN がバックボーンにあるところです。当店では業者様向け商材が多いことから、Yahoo!検索から業者様に見つけていただく機会が多いので、非常に助かっています。

04 ほかのショッピングモールにも出店していますか？

「二兎追うものは一兎をも得ず！」とありますように、ほかのモールには出店しておりません。

05 Facebook クーポンや LINE@ などの SNS サービスを利用していますか？

特に利用しておりません。

06 Yahoo!ショッピングに希望することは？

どちらかというと Yahoo!ショッピングは BtoC の場ですが、BtoB 向け E コマース市場としても、間口を広げてほしいです。

07 購入者の方で印象に残っている方はいますか？

出店したばかりの頃、私の受注ミスでお客様にたいへんお叱りを受けたことがあります。真摯に受け止め対応したことで、今では上得意のお客様としてお取引いただいております。

08 今後取り扱っていきたい商品はありますか？

電材は種類がとても多く幅広いので、利便性の高いストアとして、もっとたくさんの電材商品を増やしていきたいです。

本書の付録 PDF について

　本書では付録 1「Yahoo!ショッピングお助け FAQ」、付録 2「出店者向けツール機能比較一覧」を付録 PDF として用意しています。ぜひ本書を合わせて活用してください。
　付録 PDF は、以下の「Small Business Support シリーズ」のサイトからダウンロードできます。

● **Small Business Support シリーズのダウンロードサイト**
URL　http://shoeisha.co.jp/book/sbs/

付録 1「Yahoo!ショッピングお助け FAQ」

付録 2「出店者向けツール機能比較一覧」

本書におけるストアクリエイター Pro 対応の内容について

　ストアクリエイター Pro に対応した内容については、節の見出しの番号の上に PRO のアイコンをつけています。

PRO のアイコン

Chapter
1

無料化で変わる Yahoo!ショッピング

Yahoo!ショッピングの出店費用無料化は、Yahoo! JAPAN が行う「eコマース革命」の1つでしかありません。Yahoo!ショッピングは、ユーザーが使うインターフェースやサービス、店舗が使う機能面でも大きく変化しています。

Chapter 1　無料化で変わるYahoo!ショッピング

01 Yahoo!ショッピングの特徴を知る

eコマース革命により無料化に加えサービス面でも進化を続けています。どのようなサービスがあるのか？　どのようなユーザーが来店するのか？　出店する前に知っておきたい特徴を整理しておきましょう。

■ 個人出店での販売

　Yahoo!ショッピングでは、個人での出店が可能となりました。今まで法人と個人事業主が対象でしたが、個人出店が可能になったことによって、さまざまな形態での出店ができるようになりました。

　例えば、趣味で始めたハンドメイド商品を販売する、副業としてネット販売を始めてみるなどの出店できるようになりました。また、中古販売もできますので、今までヤフオク!に出店していた商品もYahoo!ショッピングで販売可能です。

　出店後の店舗構築もストア構築・運営ツール（ストアクリエイターPro）が用意されているので、専門知識がなくても簡単にストアを構築することができます（ストアクリエイターProについては第3章を参照）。

　決済についても、購入者が商品を受け取ってからストアに代金が入金される「Yahoo!ショッピングあんしん取引」によって、個人出店でも安心してユーザーが注文できる仕組みが用意されています。

　個人出店の場合、クーポンや懸賞、ニュースレターの配信ができないなどの機能制限がありますが、無料で簡単に安心して利用できるので、リスクがなく利便性が高い出店形態と言えます。

Yahoo!ショッピングで物を売るメリット

なお、個人出店にあたっては、利用資格を満たし、出店期間中はこれを維持することが必要となります。利用資格は以下のとおりです。

① 18歳以上であること
② 日本語を理解し読み書きできること
③ Yahoo! JAPAN IDを取得していること
④ Yahoo!ウォレットに登録していること
⑤ Yahoo!プレミアム会員であること
⑥ そのほか、Yahoo! JAPAN所定の利用登録を完了していること
⑦ Yahoo! JAPAN利用規約第2編第13章Yahoo!ショッピングガイドラインにおいて、Yahoo!ショッピングの運営上問題がないと判断されること

■ 日本最大級のポータルサイト Yahoo! JAPAN

　Yahoo!ショッピングを知る上で押さえておきたいのは、日本最大級のポータルサイトであるYahoo! JAPANが運営しているショッピングモールであり、その中に位置するショッピングモールだということです。

　Yahoo! JAPANの週間ページビュー（以下PV）は、約143億PV（Yahoo! JAPAN媒体資料より引用）という圧倒的なアクセスがあります。その媒体力を活かし、ポータルサイトのトップページはもちろん、検索結果や知恵袋等からショッピングへ誘導しています。後述する「eコマース革命宣言」以降、Yahoo! JAPANのコンテンツからYahoo!ショッピングへの連動と誘導が進められています。

　2013年10月7日に行われた「Yahoo! JAPANストアカンファレンス2013」において、Yahoo! JAPANが「eコマース革命」を宣言しました。

　その場における出店無料化発表は、Yahoo! JAPANの決意と覚悟が感じられます。その機運がショッピングの大きな流れになり、出店を大きく加速させるとともに集客にも大きな影響をおよぼすものと考えられます。

　この流れは、Yahoo!ショッピング出店者には大きなチャンスとなります。Yahoo! JAPANは、2019年までに日本で一番大きなEC市場にすると明言しました。それだけ大きな市場に出店することは、大勢のユーザーがいるとともに競合店が多いことを意味しますが、ユーザーに支持されるストアを作ることができれば、その大きな市場のメリットを受けられることになります。

eコマース革命宣言

■ Tポイントとの連携

　Yahoo!ショッピングでは、買い物する金額に応じて購入者に獲得ポイントが貯まります。その獲得したポイントは、Tポイントとして利用できます。つまり、Yahoo!ショッピングでのポイント＝Tポイントです。

　このポイント連携によって、Yahoo!ショッピングで貯めたポイントを実社会（街）で使え、またTポイントが貯まるコンビニやレストランなど、実社会で獲得したポイントをYahoo!ショッピングで使うことができるのです。

> **Memo　Tポイントを利用するには**
>
> Yahoo!ショッピングでの支払いにTポイントを利用するには、利用可能なポイント残高を持つYahoo! JAPAN IDでログインしていることが必要となります。Yahoo!ショッピングで貯めたTポイントを、コンビニやレストラン等のTポイント提携先で利用するには、Yahoo! JAPAN IDにTカード番号の登録が必要となります。

Yahoo!ショッピングでTポイントが貯まる、使える

　ネット上ではさまざまなポイントを獲得できますが、実社会と連携しているTポイントはユーザーにとって魅力があります。Yahoo!ショッピングのユーザーがTポイントを利用する機会はもちろん増えますが、TポイントユーザーがYahoo!ショッピングを利用する機会も増えることになります。Yahoo! JAPAN負担でポイントが付加されるキャンペーンも定期的に実施されており、Tポイント連携のよってユーザーメリットが高いショッピングモールとなりました。

　ユーザーメリットは集客と購買率に影響しますので、今後ますますYahoo! JAPAN会員の増加が期待できます。ポイント獲得状況、ポイント利用履歴は、ポイント通帳で確認できるほか、有効期限のお知らせがメールで届きます。期間限定ポイント（キャンペーンでの付加ポイントなど）も使い忘れることがなく便利です。

■ Yahoo!プレミアム会員

　Yahoo! JAPAN には、会員特典が多数ある Yahoo!プレミアム会員があります。月額 380 円（税別）の有料サービスですが、Yahoo!ショッピングを利用するユーザーには、非常にお得なサービスが満載のサービスとなっています。

Yahoo!プレミアム会員のサービス

　Yahoo!プレミアム会員のサービスはいろいろありますが、その中でも特筆すべきは「お買いものあんしん補償」です。Yahoo!ショッピングでの購入商品、ヤフオク!での落札商品を対象として、商品の未着トラブル、配送時の破損、届いてからの盗難・破損、メーカー保証を過ぎた故障に補償金がでる会員限定のサービスです（補償にあたって書類や補償対象商品の現物などの提出と審査がある。また、年間の補償金限度額は通算 10 万円。そのため、個々の補償金の限度額が少なくなる場合や補償金が支払われない場合もある）。

Yahoo!プレミアム会員限定・お買いものあんしん補償

　このようにユーザーが安心するサービスが、Yahoo!ショッピングには用意されています。出店者とユーザーが安心して買い物できるのが Yahoo!ショッピングの特徴の 1 つです。

■ 多くのユーザーが集まる仕掛け

Yahoo! JAPANのトップページでは、「おすすめセレクション」として4商品を表示させてYahoo!ショッピングに誘導させています。一見、広告のような表示ですが、季節や流行に合わせたアイテムをYahoo! JAPANがピックアップして表示させています。リンク先は、特集ページや検索結果ページ等、トップページは非常に多くのアクセスがありますので、この「おすすめセレクション」から多くのユーザーがYahoo!ショッピングに集まります。

おすすめセレクション

Yahoo! JAPANは日本最大級のポータルサイトとして、多くの検索が行われます。その検索キーワードに連動して、Yahoo!ショッピングの商品が「売れ筋ランキング」もしくは「ショッピング検索結果」として表示されます。ほかにも、Yahoo!知恵袋やさまざまなYahoo! JAPANのコンテンツから誘導したり、キャンペーン企画を告知して、Yahoo!ショッピングの集客を図っています。

「ワイン」で検索した時に表示される「売れ筋ランキング」

「花 ギフト」で検索した時に表示される「ショッピング検索結果」

02 無料で自由がある ショッピングモール

ネットモールとして今まで常識化されていた出店料を無料にして、外部リンクも許可したYahoo!ショッピング。「無料」と「自由」に加え「集客力・運営ツール」の強化により、より売りやすいモールになりました。

■ 出店料無料とは

　Yahoo!ショッピングの「出店料無料」とは、運営の固定費の無料を意味しています。具体的には、初期費用・毎月の固定費（今までの月額利用料）、売上ロイヤルティ（今までの販売手数料1.7〜6.0％）がすべて無料となります。つまり、Yahoo!ショッピングでお店を持つために、実質の費用負担はありません。

　ただし、実質無料であっても、商品が売れた時には、購入者に還元するポイント（Tポイント）の原資、その商品がアフィリエイト経由だった場合にアフィリエイトパートナーに支払う報酬原資、決済方法によってかかる手数料は負担することになります。また、有料オプションを使用する場合には、その費用が実費でかかります。

> **Memo 有料となるものについて**
>
> Yahoo!ショッピングにおいて有料となるものは、大きく分けて以下の3種類です。
>
> ・商品が売れた時にかかる手数料関係
> ・有料で提供されているサービス（有料オプション）
> ・各種広告

Yahoo!ショッピングの特長、「無料」が凄い！

■ 商品が売れた時にかかる手数料について

　商品が売れた場合、購入者にはポイントが還元されます。還元されるポイントについては、ストア側で任意に設定できますが、購入価格の最低1％を店舗が負担することになります。

　また、その商品購入がアフィリエイト経由だった場合、商品紹介元となるアフィリエイトパートナーに成功報酬費用として購入価格の最低1％（1〜50％の間で任意に店舗が設定）を支払うこととなります。加えて、アフィリエイト手数料として、成功報酬費用の30％を負担することになります。

なお、購入者が決済サービスを使用した場合には、その決済によって手数料が発生します。

決済サービスの種類は、クレジットカード決済・モバイル支払い（キャリア決済）・モバイルSuica決済・コンビニ決済・ペイジー決済です。

このうち、クレジットカード決済はすべてのストアで導入しなければなりませんが、ほかの決済サービスは任意となっています（個人出店の場合は、クレジットカード決済のみ）。この決済サービスは、決済方法の提供と代金回収がセットとなっていますので、月末に締めて翌月末に決済された金額から手数料を引かれた金額が指定口座に振り込まれます（入金サイクルを月に複数回にする場合には、別途手数料がかかる）。

画面上には細かい数字が並びますので、実際にどのくらいかかるのか、ピンとこない方もいると思います。そんな方は「月額費用シミュレーション（Yahoo!ショッピング出店のご案内ページ）」で、月商から推定費用が計算されますので、試してみてください。

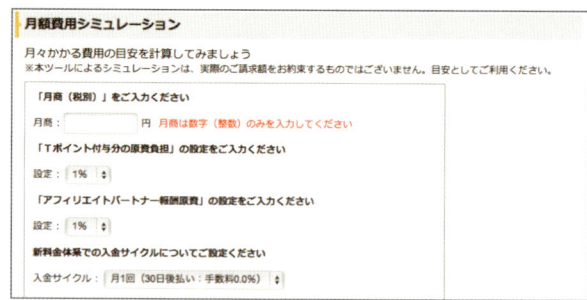

月額費用シミュレーションの画面

■ 外部リンクを自由にできる

Yahoo!ショッピングでは外部リンクが可能となりました。通常、ネットモールは、売上ロイヤルティを徴収するので、同じ商品を販売している独自サイトやほかのネットモールへのリンクは許可していません。理由は、ほかのサイトで商品を購入されると、売上ロイヤルティが徴収できなくなるからです。

しかし、Yahoo!ショッピングには売上ロイヤルティが発生しませんので、外部リンクも自由に開放されています。今までは、メーカーサイトなど、申請することで外部リンクできる仕組みがありましたが、商品に紐付けられた関連サイトに限られていました。今回の「eコマース革命」により、外部リンクが自由になりましたので、Yahoo!ショッピングで独自サイトを告知して送客することもできるようになりました。

また、商品購入やニュースレターの申し込みなどで集めたメールアドレスは一括でダウンロードできますので、自社の販促等に使うことも可能です（ただし、同意を得たメールアドレスとなる）。

ストアが取得したメールアドレスをダウンロードできないモールもありますので、そういった意味では外部リンクとともにメールアドレスも自由に活用できるのも、Yahoo!ショッピングの特徴と言えます。

Yahoo!ショッピングの特長、「自由」が凄い！

■ 販売できない商材

　無料になり自由度の広がったYahoo!ショッピングと言えども、販売できない商材や販売に関する規制がありますので、注意が必要です。以下、Yahoo!ショッピングストア運用ガイドラインより抜粋します。

> 3 取扱商品・販売形態について
> (1) 以下の商品の販売は禁止します。
> 　ア 銃器類、火薬（玩具花火を除きます）などの危険物
> 　イ 非合法商品全般
> 　ウ いわゆる合法・脱法ドラッグ、国内販売の禁止されている医薬品、高度管理医療機器（コンタクトレンズを除きます）
> 　エ 著作権、商標権、パブリシティ権、肖像権、個人情報など他人の権利を侵害する商品、諸法規・公序良俗に反するもの
> 　オ 不動産
> 　カ 金融商品（有価証券、商品先物取引、貸金業にあたる取引、保険など）、宝くじ、勝馬投票券、会員権など
> 　キ 旅行サービス（取次を含みます。航空券・乗車券を除きます）
> 　ク 職業紹介、労働者派遣、医療相談、法律相談
> 　ケ たばこ
> 　コ 中古下着
> 　サ 動物（魚類、昆虫類、虫類、両生類を除きます）およびはく製
> 　シ 精力剤
> 　ス 身体機能検査キット（検体を郵送などで検査センターなどに返送しておこなうもの。ただし、紹介されている検査機関についてプライバシーマークまたはISMS認証を取得していることがサイト上で確認できた場合を除きます）
> 　セ 販売に際して法律で義務づけられている免許、資格条件を満たしていない商品
> 　ソ 武器として使用される目的を持つ商品や犯罪に使用されるおそれがある商品
> 　タ 譲渡や転売が禁止されているもの、悪用されるおそれがあるもの
> 　チ 開運、魔よけを標榜（ひょうぼう）する高額商品
> 　ツ 販売価格を固定できない商品（購入した時点で価格が確定しない商品、見積りが発生する商品）
> 　テ レーザーポインター（PSCマークがあることを写真で明示されているものは除きます）
> 　ト 情報を商品としたもの
> 　ナ 開栓または開封済みの飲料または食品（健康食品含みます）
> 　ニ 中古のコンタクトレンズ
> 　ヌ アダルト関連商品
> 　ネ その他、当社が不適切と判断した商品
> (2) 以下の販売方法および役務提供は禁止します。
> 　ア 個人輸入代行による販売方法
> 　イ 特定商取引に関する法律第41条に定める特定継続的役務の提供または特定継続的役務の提供を受ける権利の販売
> 　ウ 物販に付随しない役務提供（ただし特別ルールで定める役務提供を除きます）

(3) 以下の商品の販売は禁止していますが、当社の定める基準に基づき、別途契約を締結することで販売できる場合があります。
　ア　興行チケット
　イ　自動車車体（ただし、特別ルールで定める二輪自動車等については別途契約の必要はありません）

(4) 当社の定める基準に基づき、別途契約を締結することで、特定の商品の販売または特定の販売方法を認める場合があります。

(5) 以下の商品の販売については、販売の可否についての審査をおこないます。商品を販売するにあたり免許や許認可が必要なものについては、免許・許認可証のコピーの提出を求める場合もあります。また、すでにご提出いただいている場合であっても、当社が求めたときには免許や許認可証のコピーをあらためてご提出いただきます。
　ア　酒類全般
　イ　医薬品、医薬部外品、医療機器、化粧品、健康食品全般
　ウ　コンタクトレンズ
　エ　ブランド品
　オ　ふぐ
　カ　中古品全般（アンティークを含む）
　キ　その他、当社が審査を必要と判断した商品

他、ブランド品、福袋等お客様が内容を確認できない商品、中古品の取り扱いについても規制がありますので、関連する商材を扱う場合には、Yahoo!ショッピングストア運用ガイドラインを確認して対応することが必要です。

■ 無料出店セミナーを利用できる

　Yahoo! JAPANでは、Yahoo!ショッピングやヤフオク!について、「Yahoo! JAPAN eコマース革命セミナー」と題して、出店への疑問を解決するための無料セミナーが用意されています。全国各地で行われていますので、参加してみてはいかがでしょうか？

　Yahoo! JAPANのスタッフの方々に、Yahoo!ショッピングのことを直接聞けるチャンスでもあります。セミナーに参加することで、モチベーションも上がります。

　以下のサイトからセミナー開催状況とセミナーへの申し込みができます。

・Yahoo! JAPAN eコマース革命セミナー
　URL　http://business.ec.yahoo.co.jp/seminar/

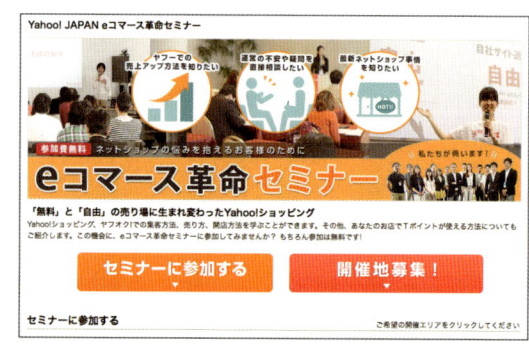

Yahoo! JAPAN eコマース革命セミナー紹介ページ

Chapter

2

Yahoo!ショッピングの出店フロー

第1章で、Yahoo!ショッピングの機能と「できること」をだいたい理解できたと思います。第2章では、実際にYahoo!ショッピングへの出店の申し込みを行い、開店準備を進めていきましょう。

01 Yahoo!ショッピングに出店申請をする

Yahoo!ショッピングに出店するには、出店申請するところから始まります。ストアを構築したあとに、開店する際に審査が行われます。この2つの審査を通過して、晴れてストアが開店となります。

■ 出店前に決めておくこと

　Yahoo!ショッピングへの出店申し込み時には、販売商品の申告がありますので、事前に販売する商品を決めておく必要があります。

　販売する商品によっては、販売するための免許や許可が必要なものもあります。酒類、医薬品、健康食品、コンタクトレンズ、ブランド品、河豚（ふぐ）、中古品などを販売する場合には、必要な免許などを確認したうえで、販売商品を決めてください。

　なお、出店申し込みの段階で、販売商品を厳密に決める必要はありません。

　雑貨や野菜、文房具、洋服という大まかなくくりで問題ありません。広域的に考えて、販売できると思われる商品を申請してください。

■ ストア名について

　出店申し込み時には、「ストア名」「ストアアカウント」を決める必要があります。ストア名は文字どおり店舗の名前です。ストア名には制限が設けられております。以下、Yahoo!ショッピングストア運用ガイドラインより、ストア名についての説明を引用します。

① ストア名は、Yahoo!ショッピングにおける店舗名です。
② 全角16文字以内(32バイト以内)の文字数とします。
③ 使用可能な文字は以下のとおりです。
　【全角】：ひらがな、カタカナ、漢字、「・(ナカグロ)」、「'(クォーテーション)」
　【半角】：英数字、「&(アンド)」、「.(ドット)」、「-(ハイフン)」、「!(エクスクラメーションマーク)」、「(スペース)」
　※ ストア名の先頭には記号を使用いただけません。
　※ ストア名の末尾には「&(アンド)」、「-(ハイフン)」を使用いただけません。
　※ 記号は連続で使用いただけません。
④ 装飾語や不要な文言は原則使用いただけません。
⑤ すでに利用されているストア名と同一もしくは類似したストア名の使用はご遠慮ください。
⑥ 第三者の権利を侵害するものは使用いただけません。
⑦ 他の法人や団体の名称の一部または全部は使用いただけません。
⑧ 「ヤフー」「Yahoo!」の名称は使用いただけません。ただし、自社サイト等と区別をするために本来のストア名の末尾に「店」「SHOP(大文字、小文字)」「ショップ」と組み合わせて使用いただくことは可能です。

ストア名については、いろいろな考え方がありますが、わかりやすいストア名にすることをおすすめします。会社名と同じである必要はありません。屋号として考えてください。

　理想的なストア名は、販売している商材がわかる名前です。例えば、来店してくれたユーザーが、今は購入しないけれども気になるストアとしてブラウザの「お気に入り」に登録した場合、デフォルトでストア名が登録されます。

　後日、ユーザーが思い出して「お気に入り」からストアにアクセスしようと思った時に、商材と結びつくストア名であれば、直感的にそのまま来店してもらえます。まったく結びつかないストア名であれば、お気に入りを見てもそのままになってしまう可能性があり、来店機会を失うことにつながります。

　同じ理由ですが、英語表記も避けたほうが賢明です。すべての人が英語をそのまま読めるわけではありません。ストア名での検索も英語で検索する人は多くないので、カタカナ表記にしたほうがよいでしょう。

　例えば、ベーグルを売っているストアであれば、「Bagel Shop Happy」より「ベーグルショップHappy」、それより「ベーグル専門店　ハッピー」のほうが、よりわかりやすくユーザーに伝わります。「伝わる」ということは覚えてもらうことにつながります。

　ストア名は単なるお店の名前だけではなく、せっかく来店してくれたユーザーを少しでも逃がさない要素にもなりますので、販売する商材が専門的であればあるほど、ストア名に反映させるべきです。

　なお、ストア名は半年に1回変更することができますが、極端にストア名が変わってしまうと、ユーザーに違うストアだと思われますので、一部の変更程度で留めるのが望ましいでしょう。

　ストアアカウントは、そのままストアのURLとなります。例えば、ストアアカウントが「abcdefg」の場合、ストアのURLは「http://store.shopping.yahoo.co.jp/abcdefg /」となります。使える文字列は、半角の小文字英数字とハイフンのみです。3文字以上20文字以内となります。

　また、「yahoo」の文字列や意味のない文字列は使用できません。なお、申し込み後、ストアアカウントは変更できません。

そのほかに必要な情報

出店申し込み時に必要なほかの情報として、以下のものがあります。

・クレジットカード情報
・代表者情報
・銀行口座情報

　ポイント原資や決済手数料などは、登録したクレジットカードからの支払いとなります。反対に、購入者がポイントで支払った費用などは、登録した銀行口座に振り込まれます。

■「プロフェッショナル出店」と「ライト出店」

　Yahoo!ショッピングへの出店形態には、「プロフェッショナル出店」と「ライト出店」の2種類があります。

　ライト出店は簡単ですぐに開店できますが、機能やストア構築に制限があります。一方、プロフェッショナル出店はすべての機能が使えてストア編集の自由度もありますが、ストア構築にはある程度の専門知識が必要となり、設定項目も多いために、開店までには時間がかかります。

　なお、個人出店の場合には、ライト出店のみとなります。

　「お試しで出店したい。手間なく簡単で、とりあえず商品販売ができればよい」という場合には、ライト出店でもかまいません。

ライト出店について

　ライト出店は専門知識がなくても簡単に早く出店できることを優先しています。そのため、機能と設定が簡素化されています。機能面では、ニュースレターの配信ができない、クーポンが発行できない、統計レポート機能がない、決済方法がクレジットカード決済のみ、商品の一括管理（出品、注文、在庫）ができない、などの制限があります。

　構築面では、カレンダー掲載ができない、トピックス掲載ができない、METAタグ（ページ本文以外にキーワードや説明文を埋め込み、そのページの情報を定義するタグ。SEO対策として有効）が利用できない、カスタムページの作成ができない、隠しページ（IDとパスワードによるアクセス制限を設けたページ。得意客向け特別販売を行う場合などに使う）の作成ができない、きょうつく・あすつく情報の対応ができない、商品特定情報（JANコード、ISBNコードなど）の対応ができない、注文フォームにおいてお届け日時、ギフト包装フォームなどの対応ができない、などの制限があります。

プロフェッショナル出店

　ネット販売をしっかり運営して高い売上を目指すにはプロフェッショナル出店を選んでください。ストア構築に手間はかかりますが、それはユーザーにとってよりわかりやすく訴求するページが作れることを意味します。

　HTMLの知識は必要ですが、簡単な知識を身に付ければ十分魅力的なページが作れます。Yahoo!ショッピングで用意されている機能は、新規顧客獲得やデータ分析に役立ちますので、施策を講じることが可能となります。

　売上確保には商品点数も必要となります。商品点数が増えてくると、その商品管理（ストアページ、在庫等）が大変になりますが、プロフェッショナル出店なら一括管理ができます。ストアを拡張していくには一歩一歩の前進が必要となりますので、現時点で知識がなく販売商品の広がりが見えてなくても、ネット販売の可能性を広げたいなら、Yahoo!ショッピングの機能を使いストア構築ができるよう、プロフェッショナル出店後に勉強しながら進めていく方法をおすすめいたします。

　なお、出店申し込み後は、プロフェッショナル出店からライト出店への変更はできません。

	ライト出店	プロフェッショナル出店
ストア構築日数	商品数が1、2点のストアで数分程度	3週間から1ヶ月程度
ストア構築の難易度	低い	高い
ストアデザイン設定	3ステップで完了	多項目の設定が必要
スマホだけでのストア構築	○	△（最適化されていない）
1商品の紹介に利用できる商品画像点数	6点	6点およびHTMLタグによる追加掲載可能
商品管理（出品、注文、在庫）	1商品ごと	一括管理可能
ニュースレター配信機能	ー	○
広告（有償）の利用	準備中	○
統計レポート機能	ー	○
決済方法	クレジットカード決済のみ	5つの決済方法 ・クレジットカード決済 ・モバイル支払い（キャリア決済） ・モバイルsuica決済 ・コンビニ決済 ・ペイジー決済
ユーザーとの取引方法	Yahoo! JAPANが売買を仲介 ※Yahoo!ショッピングあんしん取引を利用	直接

プロフェッショナル出店とライト出店の内容比較表

■ 出店方法

　Yahoo!ショッピングへの出店申し込みには、Yahoo! JAPAN IDが必要となります。Yahoo! JAPAN ID登録ページ（Yahoo! JAPANのトップページの右上部分、「無料ID活用」をクリック、画面遷移したあと、画面右上部分、[Yahoo! JAPAN ID登録]ボタンをクリック）にて取得できます。

Yahoo! JAPAN ID登録画面

01 Yahoo!ショッピングに出店申請をする

033

また、取得したYahoo! JAPAN IDをYahoo! JAPANビジネスIDと連携する必要があります。この2つのIDは似ていますが種類が異なります。

簡単に説明すると、Yahoo! JAPANビジネスIDは企業対象、一方のYahoo! JAPAN IDは個人対象となります。Yahoo!ショッピングは企業向けのサービスとなりますので、企業対象のビジネスIDも必要になるという仕組みです。

この2つのIDを連携させておくことで、Yahoo! JAPAN IDを使ってYahoo!ショッピング管理画面（ストアクリエイター、ストアクリエイターPro）にログインすることができるようになります。

	Yahoo! JAPAN ID	Yahoo! JAPANビジネスID
対象	個人のユーザー	法人（企業）のユーザー
IDの文字列	自分で決める	Yahoo! JAPANが指定
IDの利用開始	取得後、すぐに利用可能	取得後、所定の認証手続きが必要

Yahoo! JAPANビジネスIDとYahoo! JAPAN IDの違い

Yahoo! JAPANビジネスIDを持っている場合は、連携させてからログインしてください。ビジネスIDをお持ちでない方は、Yahoo!ショッピングお申し込み情報入力後に、Yahoo! JAPANビジネスIDの設定画面にて発行される流れとなります。

申し込み完了後は、登録したメールアドレスに案内が届きますので、その内容に従って開店準備を進めていくこととなります。

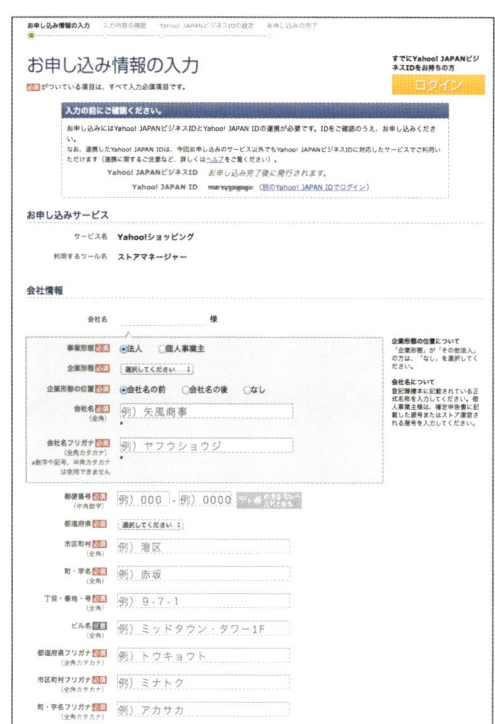

Yahoo!ショッピングお申し込み画面

Yahoo! JAPANビジネスIDの設定画面

02 開店に向けて事前に準備する

Yahoo!ショッピングへの出店の申し込みが終わったら、開店に向けて準備を進めましょう。各種設定・ストア構築・商品登録の前に、まずは販売する商品や画像を準備しておきましょう。

■ 開店時のストアの状態について

　Yahoo!ショッピングの出店申し込みが終わっても、開店させるにはストアを構築して各種設定を行わなければなりません。

　出店申し込みした段階では実店舗で例えると店舗の場所を確保しただけで、お店の看板もなく商品も並んでない状態です。ここから商品を並べて購入できる状態にしなければなりません。

商品の登録を考える

　そこで考えなければならないのは、開店時にどれだけの商品を並べるかです。極端な話、1つの商品登録だけでも開店することはできます。

　数百点の商品を掲載してから開店する方法もあります。開店するだけが目的であれば1点の商品登録でもよいかもしれませんが、販売することが目的であれば数百点とは言わなくても数十点の商品登録は必要となります。開店時にどこを基準に開店させるかを考えておくことで、ストア構築のスケジュールも見えてきます。

　ストア開店後は、いつ商品が購入されるかわかりません。購入された場合、受注処理と配送を行う流れになります。実店舗だと、お客様から商品を受け取り、レジで会計して、商品を梱包し、お客様に渡す作業です。ネット販売の受注業務を経験している方は問題ありませんが、初めての方はこのような業務に慣れる必要があります。そのことも踏まえて、開店時の商品点数を考えてください。

ライト出店とプロフェッショナル出店におけるスタンスの違い

　ライト出店の場合には、気軽に商品登録を行い販売を開始してみてください。ライト出店では、ストア構築を行うという概念はなく、商品登録自体がストア構築になるという感覚です。

　プロフェッショナル出店の場合には、開店時を「ステップ1」としてプレオープン的に考えるのがよいと思います。プレオープンといってもユーザーにとっては開店している以上、「プレ」ではないのですが、店舗側が少しずつストア運営に慣れていく流れを作ります。

```
┌─────────────────────────┬─────────────────────────┐
│ ライト出店              │ プロフェッショナル出店  │
│                         │                         │
│  【Yahoo!ショッピング】 │  【Yahoo!ショッピング】 │
│         気軽に1つの商品の│        「ステップ1」としてプレ│
│         登録から販売     │        オープン的に考える    │
│                         │                         │
└─────────────────────────┴─────────────────────────┘
```

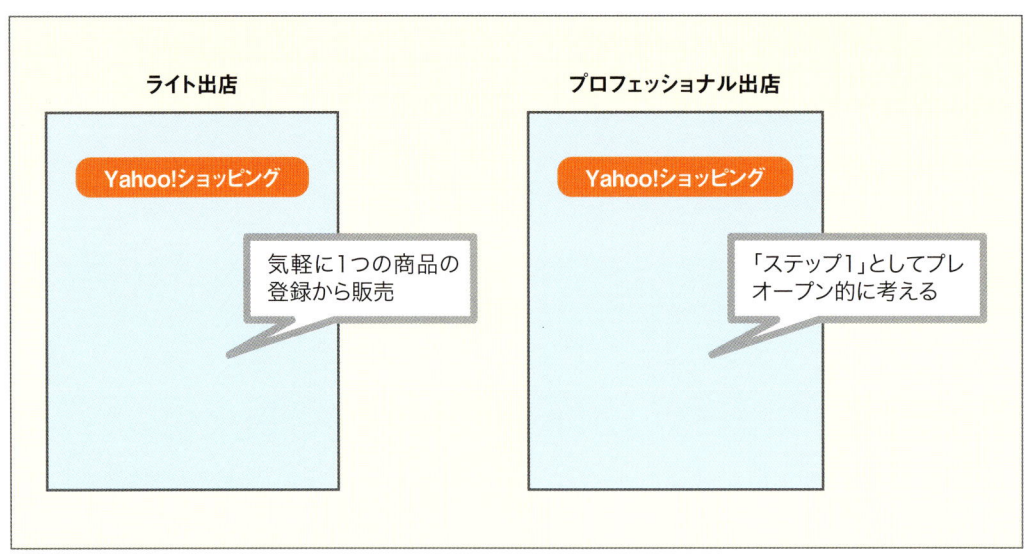

ライト出店とプロフェッショナル出店

　開店時はまだ受注管理などを行う管理画面の操作に慣れていません。注文ごとに決済方法、配送時間、梱包等が異なるので、「注文」→「受注処理」→「商品配送」の流れの中でつまづくことも予想されます。そのことは、ユーザーに迷惑をかけることにもつながりますので、できるだけそのリスクをなくすことが必要です。ですから、開店時から「一気に売るぞ」と力を入れるよりも、気持ち的にはプレオープンとして、徐々に忙しくさせていくイメージでストア構築をしていくことをおすすめいたします。

　まずは、力を入れたい、売りたい商品を中心に商品登録をして開店するのがよいでしょう。商品のカテゴリ分けが必要な場合には、主要カテゴリだけ設ける状態でかまいません。

　開店後は、商品を追加掲載しカテゴリも合わせて増やしていきます。その後、ストア内を充実させるとともに販促企画を行っていきます。これらは本書の後半で説明します。

03 どのようなストアにするかイメージする

ネット販売をするにあたり、「どのようなストアにするのか」を考えなければなりません。

■ 商品を並べるだけでは売れないのは実店舗もネットショップも同じ

商品を並べれば売れるものではなく、そのお店で買う理由がなければ魅力的なストアとは言えません。

ストアの特徴、他店と比べた時の強み、差別化できることを考えて、それをデザインや文章で表現して伝えていく必要があります。言うなれば「ストアのキャッチコピー」を作る作業です。

偶然商品が売れる場合もありますが、それでも理由があるはずです。「安かったのか」「デザインが優れていたのか」「サービスが良かったのか」など、何らかの理由があったから売れたのです。

ユーザーが購入したことは「結果」ですが、その結果に導くために「買ってもらえる理由」を作り表現することが重要です。

■ キャッチコピーを考える

今やネットショップは星の数ほど存在します。Yahoo!ショッピングの中でも、同じ商材を扱っているストアがあると思います。特徴のないストアでは、せっかく来店してくれたユーザーも離脱する可能性が高くなります。購入する理由が特にないのですから、購買率も当然低くなります。だからこそ、お店の特徴をアピールする必要があるのです。

商品の魅力を伝える

例えば、雑貨を販売するストアの場合を考えてみましょう。単なる「雑貨屋」ではユーザーには響きません。主な商品が輸入雑貨で、現地直接買い付けの商品もあるのなら「現地買い付けの輸入雑貨」となります。

輸入地域が特定されていれば、「現地買い付け、北欧からの直輸入雑貨」のほうがわかりやすく魅力的です。これは国産でもかまいません。日本製が主な商材であれば「安心の国産、高品質生活雑貨」という表現もあるでしょうし、輸入も国産も扱っているのであれば「カラフルなキッチン雑貨」「レトロな生活雑貨」「エコで便利な雑貨」など、セレクトしている基準を主張します。

037

商品のコンセプトを伝える

　もちろん、厳密でなくてもかまいません。「カラフルなキッチン雑貨」のお店で、レトロな雑貨を販売してもよいのです。主な商品展開のコンセプトとして、ユーザーに主張することが大切です。このようなアピールは、専門店の考え方と似ています。同じ商品を購入するのなら、専門店のほうが安心して購入意欲が高まるという考え方です。実店舗でも同じことが言えますが、何でも販売しているお店よりも、専門店のほうが知識もあり品揃えもあるので、同じ商品でも説得力が増し訴求させることができます。

商品への「こだわり」を伝える

　家具の製造販売をする場合はどうでしょう。「手作り家具」では普通な感じです。一方、「腕利きの職人が作っている」のであれば「匠が作る家具」というアピールですが、もう1つ「押し」が弱い感じがします。その職人にスポットを当てると「頑固なおやじが作る家具」となります。これだけで、どのような家具なのかがわかります。

　老舗の佃煮屋だった場合なら、そのまま「老舗の佃煮」ではなく「創業80年、老舗の佃煮」と数字を入れることで、よりいっそう伝わりやすくなります。

　「創業80年、三代目が味を受け継いだ佃煮」ならもっと買いたくなります。

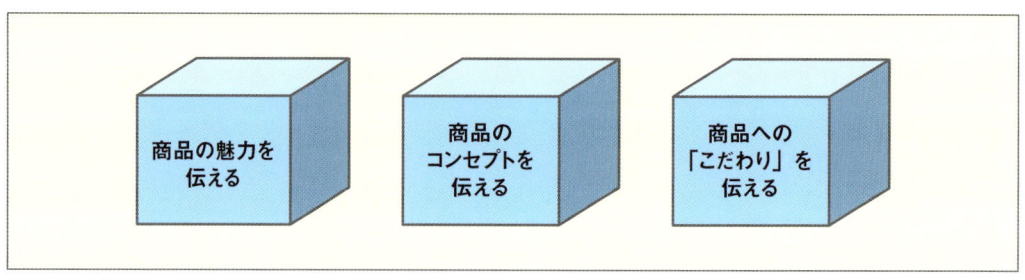

キャッチコピー

　このように、「ストアのキャッチコピー」ができれば、それにそって枝葉を付け、ストアの特徴、ほかと比べた時の強み、差別化をアピールします。それには販売する商品も当然大きく関係してきます。

　次節にある「商品選定」と「ストアのキャッチコピー」は一緒に考えて、魅力的なストアを目指してください。

04 販売する商品を選ぶ

すでに実店舗を持っている、もしくはほかでネットショップを運営している方であれば商品がすでにある状態です。一方、初めてストアに出店する方であれば新規に商品選びをする必要があります。

■ 販売する商品について

　Yahoo!ショッピングで販売する商品を決めなければ店頭に商品を並べることはできません。販売する商品は2つの考え方があります。

　現在扱っている商品があるのであれば、それをメイン商材として扱うという考え方と、新たに商品を仕入れて販売するという考え方です。

現在扱っている商品を販売する場合

　現在扱っている商品をネットショップで販売する場合には、仕入れルートも確保され仕入れ価格もわかっているので手間はそれほどかかりませんが、取り扱いラインナップの中から商品を決めるので限られた選択肢となります。

商品を仕入れて販売する場合

　新たに商品を仕入れる場合には、商品探しから始めなければなりません。取引のある問屋から仕入れる、仕入れ先も新規開拓をして仕入れる、このどちらかとなります。仕入れ先を新規開拓する場合には、選択肢は幅広く、仕入れ方法も自由です。総合卸問屋（ネット仕入れの仕組みもある）で商品をセレクトして販売する、などいろいろな仕入れる方法が考えられます。

自作した商品を販売する場合

　自分で（または知人が）製作したものを販売するという方法です。繊維製品や雑貨工業品の場合には、家庭用品品質表示法に従って品質表示する必要があります。

コネクションを利用して仕入れた商品を販売する

　知り合いのお店の商品を販売する、海外の知り合いから現地買い付けしてもらい商品を販売するという方法です。

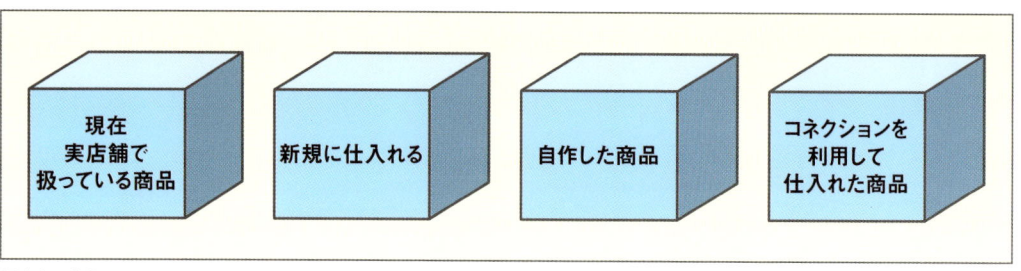

販売する商品

■ ニーズの有無を見極める

　また、商品の選定においては、今流行っているニーズのある商品を扱うのか、自分の趣味に合った好きな商品を扱うのか、になります。どのようなストアにするのかということにも関係してきますので、しっかり考えるべきところです。

　一般的には、現在扱っている商品を基本として、自分が知識のある分野の商品を扱うことからスタートすることが無難です。

　商品をただ並べただけでは売れません。商品説明も重要になります。取り扱う商品の知識があるということは、その商品の魅力を伝えるためにも必要な要素です。

■ 新たに商品を仕入れて販売する場合のコツ

　新たに商品を仕入れる場合には、自分の趣味に合った好きな商品を扱うことをおすすめします。好きなだけに商品の魅力をより伝えやすくなるからです。それはお店の魅力を伝える上でのバロメーターにもなります。

　前項の例で言うと、「現地買い付け」「北欧からの直輸入雑貨」であれば北欧好きなことが背景にあると説得力が増します。「頑固なおやじが作る家具」なら、職人になったストーリーやこだわりが背景にあると商品の魅力が増します。

　「創業80年、三代目が味を受け継いだ佃煮」なら、佃煮への愛着とお店の歴史を伝えることで佃煮の価値も高まります。

　今流行っているニーズのある商品を新規に仕入れて扱う場合は、流行という要素に左右されます。常に流行を見つつニーズを探っての販売となりますが、その商品ラインナップ自体をストアの特徴とすれば、取り扱い商材から魅力的なストアを作ることも可能です。

05 商品ページに必要な素材を用意する

販売する商品が決まったら、商品ページを作るための素材（商品画像・商品名・商品コード・商品価格・キャッチコピー・商品情報）を用意しておきます。事前に準備しておくと、商品登録がスムーズに行えます。

商品画像を用意する

商品画像は、メイン画像1枚と詳細画像5枚が掲載できます。最低メイン画像だけは用意しておいてください。詳細画像はのちのちの対応でもかまいませんが、新たに撮影するのであれば、一緒に撮影したほうが効率的です（商品画像については第4章の10「画像の管理」を参照）。

商品名を用意する

商品名は、その商品内容がわかりやすいようなものにします。全角75文字（半角150文字）以内となっていますが、スマートフォンの商品一覧には全角30文字までしか表示されません（スマートフォンの商品ページにはすべて表示される）。

商品コードを決めておく

商品コードは、お店側が管理する上で必要な商品と紐付いた番号です。商品コードで使えるのは、半角英数字と半角ハイフン、99文字以内となります。

なお、この商品コードは、そのままページIDとして商品ページのURL（大文字は小文字に置き換えられる）となります。例えば、商品コードが「ABC-123」の場合、商品ページのURLは「http://store.shopping.yahoo.co.jp/ストア名/abc-123.html」となります。

商品価格を決めておく

商品価格は、メーカー希望小売価格・通常販売価格・特価の3つが設定できますが、必須項目の通常販売価格が実際に販売される価格として公開ページに反映されます。

キャッチコピーを考える

キャッチコピーは、商品名を補足する文章として全角30文字（半角60文字）以内で登録できます（ライト出店での商品登録にキャッチコピーはない）。

商品情報を用意する

商品情報は、その商品の説明を記載します。全角500文字以内となります。このほかに、HTMLで編集できる「商品説明欄」が設けられていますので、必要に応じて編集してください。

PRO 06 ストアのデザインをする

販売する商品に関する準備ができたら、商品を販売するストアのデザインをします。

■ ストアのデザインをする

　プロフェッショナル出店では、ストアデザインとしてストアの構築をしなければなりません。ストアデザインは「ヘッダー」「サイドメナビ」「フッター」で構成されています。ストアのデザインには「かんたんモード」と「通常モード」が用意されています。かんたんモードでは、HTMLの知識がなくても編集・設定できますが、通常モードでは、HTMLでの編集となり、画像も含めてデザイン処理する必要があります。

　かんたんモードでの編集でも構いませんが、テキストベースでデザイン処理されていない画面となり、ストアとしては少し寂しい感じになってしまいます。できればデザイン処理したストアデザインが用意できると、ストアとしてのイメージもよくなります。

ヘッダーを用意する

　ヘッダーは、ストアの看板やグローバルナビゲーション（主要なコンテンツへリンクさせたメニュー。Yahoo!ショッピングの場合、ストアトップ・会社概要・お買い物ガイドなどを掲載するのが一般的）でデザインされます。

サイドナビを用意する

　サイドナビには、サイト内検索、商品カテゴリー、営業カレンダーがデザインされます。フッターには、お買い物ガイドとして送料等の情報をデザインします。

■ デザインを外部に依頼する場合

　自分でデザインするのが難しい場合は、サイト制作のスキルのある知人にお願いするもの方法です。もちろん業者にお願いしても構いません。

　ストアデザインは、お店の顔となりイメージを左右しますので、販売する商品やストアに合った配色やデザインで構築するのが理想的です。

　なお、ストアのデザインはいつでも変更できますので、開店スケジュールに合わせて、どの程度のデザインと構築が必要かを考え対応すべきです。

07 配送業者と交渉する

ストアのデザインができたら、実際にユーザーが商品を購入したあとに行う発送する仕組みを用意しなければなりません。

■ 開店前に配送の仕組みを用意する

　ネット販売では商品配送が必須となります。開店前に配送業者を決めておく必要があります。すでに既存業務で宅配業者と契約している場合でも、新たに宅配業者と契約する場合でも、配送料金を交渉してみてください。配送料金は、ネット販売においてネックになる要素です。ユーザーは商品代金と別途配送料金を負担することになります。送料無料サービスを行うにしても、配送料金はストア負担となります。
　どちらにしても、その費用をダイレクトに負担することになりますので、少しでも費用を抑えることはストア運営の重要な施策となります。

配送サービスを利用する

　小さくて重量の軽い商品であれば、メール便を利用すると発送コストの負担を軽減できます。また、Yahoo!ショッピングには出店者向けサービスとして、「西濃運輸のストア配送サービス」があります。配送料金は全国一律490円（税別）というサービスです。荷物のサイズは3辺の長さが130cmまで、重量は20kgまでOKなので、よほど大きな商品でない限り適用となります。
　全国一律料金や低価格の配送料金設定は、一般的な契約では難しいので、このサービスは非常に魅力があります。初期費用や固定費もありませんので、検討する価値は大いにあると思います。

■ 梱包方法を決める

　商品配送とともに、商品の梱包も必須となります。ネット販売の場合、ユーザーと接する機会は、メールと商品を送る時だけですので、梱包はサービスとして大事な要素となります。
　商品が傷つかないことはもちろんですが、かといって過剰に包装して経費がかかってしまっても困ります。商品に適切な梱包を考え梱包資材を用意しておくことが大切です。

ギフト対応をする

　また、ギフト対応も必要です。ギフトラッピング用資材も用意しておくことをおすすめいたします。梱包資材やラッピング資材は、ネットでも注文できますので、いつくかのサイトで比べてみると、取り扱い商品に最適な資材が見つかると思います。

PRO
08 開店までのスケジュールを考える

ストアのデザイン、配送方法などが決まったら、いよいよ開店まで秒読み段階です。

■ 開店までのスケジュール

　開店するまでには、各種設定と商品登録を行い、開店申請して承認されなければなりません。開店申請では、Yahoo!ショッピングで販売する上でシステム上の必須項目と法的表記のチェックが行われ、承認されると晴れて販売可能となります。

> **Memo　簡易構築ツール**
> ライト出店の簡易構築ツール「ストアクリエイター」の詳細は第6章を参照してください。

　例えば、必須項目が設定されていない場合や、薬事法や食品衛生法に抵触する表記がある場合には、修正を求められ修正後に再度開店申請を行うことになります。なお、ライト出店の場合には、開店申請は必要ありません。ストアの設定・ストアのデザイン・商品の登録の3ステップで開店となります。

　開店申請できる状態にするためには、ショッピングカートに関係する設定、ストアデザインの設定、ページ作成と商品登録をしなければなりません。

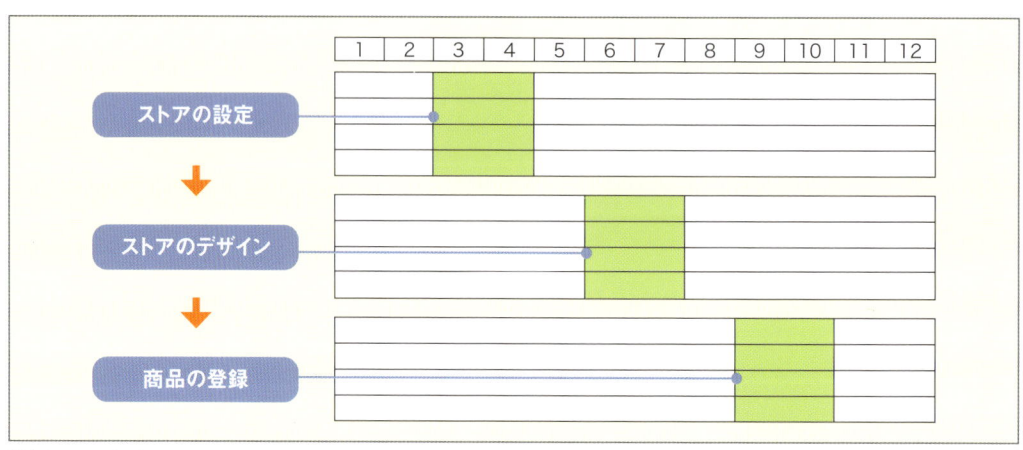

開店までのスケジュール

ストアの設定

　ショッピングカートで注文が受けられるようにするために、以下の設定を行います。

- ストア情報
- プライバシーポリシー
- お買い物ガイド
- ストアのアカウント情報
- システム情報
- 受信メールアドレス
- メールテンプレート
- 支払い方法
- お届け情報
- 送料
- 手数料

ストアのデザインの設定

ストアのデザインを決めるために、設定を行います。

- テンプレートによるデザイン情報
- 共通部分のデザイン（ヘッダー、サイドナビ、フッター）

商品の登録用ページの作成

商品の登録を行い販売可能にするために、以下のページの作成を行います。

- トップページ
- カテゴリーページ
- 商品ページ（商品登録）

以上の設定が完了するまでのスケジュールを作りましょう。

開店日を決めることのメリット

開店日を暫定的に決めることで、逆算してスケジュールが作れます。まずは「いつ開店するのか？」を決めてください。もちろん、現時点での暫定でかまいません。それが決まれば、やるべきことを順番に設定し商品登録をしていくだけです。

設定項目はたくさんあるように思いますが、難しいことは何もありません。もちろん、マニュアルも用意されています。この設定や登録は、Yahoo!ショッピングの仕組みがどうなっているのかを知る上でも大切ですので、1つ1つクリアしていってください。

■ HTMLや画像編集スキルによってスケジュールは変化する

スケジュールの目安を考えてみましょう。ショッピングカートで注文が受けられるようにするための設定は、2～3日かかると思いますが、おそらく日常業務を行いながらの対応になるかと思いますので、3～5日の時間をとって行うのがよいでしょう。

ストアのデザインを決めるための設定は、ストアを構築する人のスキルによって左右されます。ストアのデザインには「かんたんモード」と「通常モード」が用意されていることは前述したとおりです。

かんたんモードを利用する

　HTML や画像編集のスキルがない、または自信がない場合、ストアのデザインは「かんたんモード」で設定してください。かんたんモードなら1日で作業は終わりますが、日常業務を行いながら制作する場合、2〜3日でスケジュールを組んだほうが無難です。

通常モードを利用する

　HTML や画像編集のスキルがある場合、ストアのデザインは「通常モード」で設定するとよいでしょう。デザインと HTML での構築が作業にともないますので、デザインを決める段階の事前準備を含めると1週間くらい必要かもしれません。日常業務を行いながらだと2週間程度が目安となります。

　商品の登録が最も時間がかかる作業になりますが、登録する商品点数により大きく変わります。開店時にどの商品を掲載するかを明確にしてから、登録に必要な素材（商品説明、商品画像等）を用意して商品登録を行いましょう。

　商品の設定をコピーして商品を増やす機能もありますので、慣れてしまえば商品の登録は時間がかかる作業ではありません。商品登録数が10点前後の場合には2日くらい、30点くらいでしたら5日くらい50点くらいなら7日位の作業時間が必要になると思います。日常業務を行いながらだと、プラス2、3日で予定したほうがよいでしょう。

　各設定や商品登録は、業者に頼むこともできます。その場合には、業者のスケジュールに合わせて考えてください。

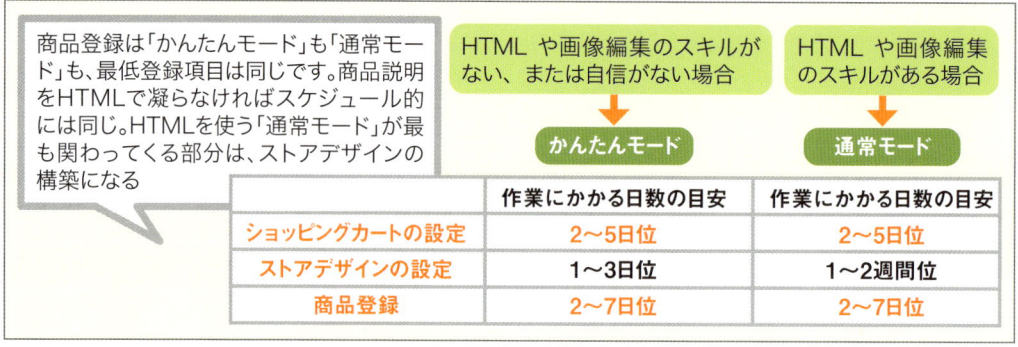

> 商品登録は「かんたんモード」も「通常モード」も、最低登録項目は同じです。商品説明を HTML で凝らなければスケジュール的には同じ。HTML を使う「通常モード」が最も関わってくる部分は、ストアデザインの構築になる

	HTML や画像編集のスキルがない、または自信がない場合　**かんたんモード**	HTML や画像編集のスキルがある場合　**通常モード**
	作業にかかる日数の目安	作業にかかる日数の目安
ショッピングカートの設定	2〜5日位	2〜5日位
ストアデザインの設定	1〜3日位	1〜2週間位
商品登録	2〜7日位	2〜7日位

HTML や画像編集スキルによるスケジュールの変化

開店申請

　各種設定と商品登録を終われば、開店申請を行いますが、開店申請してから承認されるまでは数日かかります（その時の開店申請の混雑具合で日数が異なる）。承認がおりずに修正を求められることもありますので、2〜7日くらいで考えておいてください。

　以上を踏まえて、スケジュールを確定します。スケジュールは紙に書いて貼っておくことをおすすめします。赤ペンで書き込みながらスケジュールどおりに進んでいるかをチェックしていってください。

Chapter

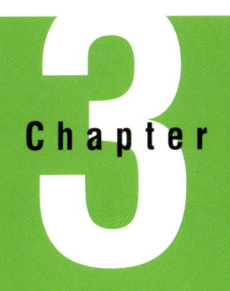

3

ストアの各種設定をする

Yahoo!ショッピングへの出展申請をしただけではネット販売は開始できません。前項の後半でスケジュールについて説明しましたが、各種設定・商品登録を行い、商品が販売できる状態にストアを構築して開店申請を行う必要があります。この章では各種設定について具体的に説明していきます。

PRO

01 管理画面（ストアクリエイター Pro）へのログイン

出店申請が受理されれば、管理画面へのログイン情報がメールで送られてきます。出店申込時に設定した Yahoo! JAPAN ID と Yahoo! JAPAN ビジネス ID を使ってログインします。

1 ストアクリエイター Pro にログインする

ストアクリエイター Pro は、Yahoo!ショッピングのストア構築・運営ツールです。各種設定、商品登録、商品管理、顧客管理、統計情報など、ストア構築・運用に必要なものが揃っています。

❶ Yahoo!ビジネスセンターに Yahoo! JAPAN ID でログインする

❷ ログイン画面で、画面右に「Yahoo! JAPAN ビジネス ID」と「連携している Yahoo! JAPAN ID」が表示される

❸ その下にある「ご利用中のサービス」の「ストアクリエイター Pro」をクリックしてログインする

❹ 旧ストア運営・管理ツール「ストアマネージャー」は、2014年6月末まで使用可能。「ストアマネージャー」をクリックしてログインする

Memo　ストアクリエイター Pro を利用する上での推奨環境

ストアクリエイター Pro を利用する上での推奨環境は、以下のようになっていますが、ほかの環境（例えば OS：Mac OS、ブラウザ：safari など）でも一部の不具合はあるものの問題なく利用できる場合もあります。ご利用の環境にて試してみてください。

・推奨OS：Microsoft Windows
・推奨ブラウザ：Windows Internet Explorer 7.0以上（Ver.10まで）、Firefox 最新版

---

2 アラート・通知設定

Yahoo!ショッピングでは、編集したページを公開ページに反映させた、ユーザーから注文が入ったなど、何かのアクション時にメールが送信されます。まずは、そのメールを受信するメールアドレスを設定しておきましょう。

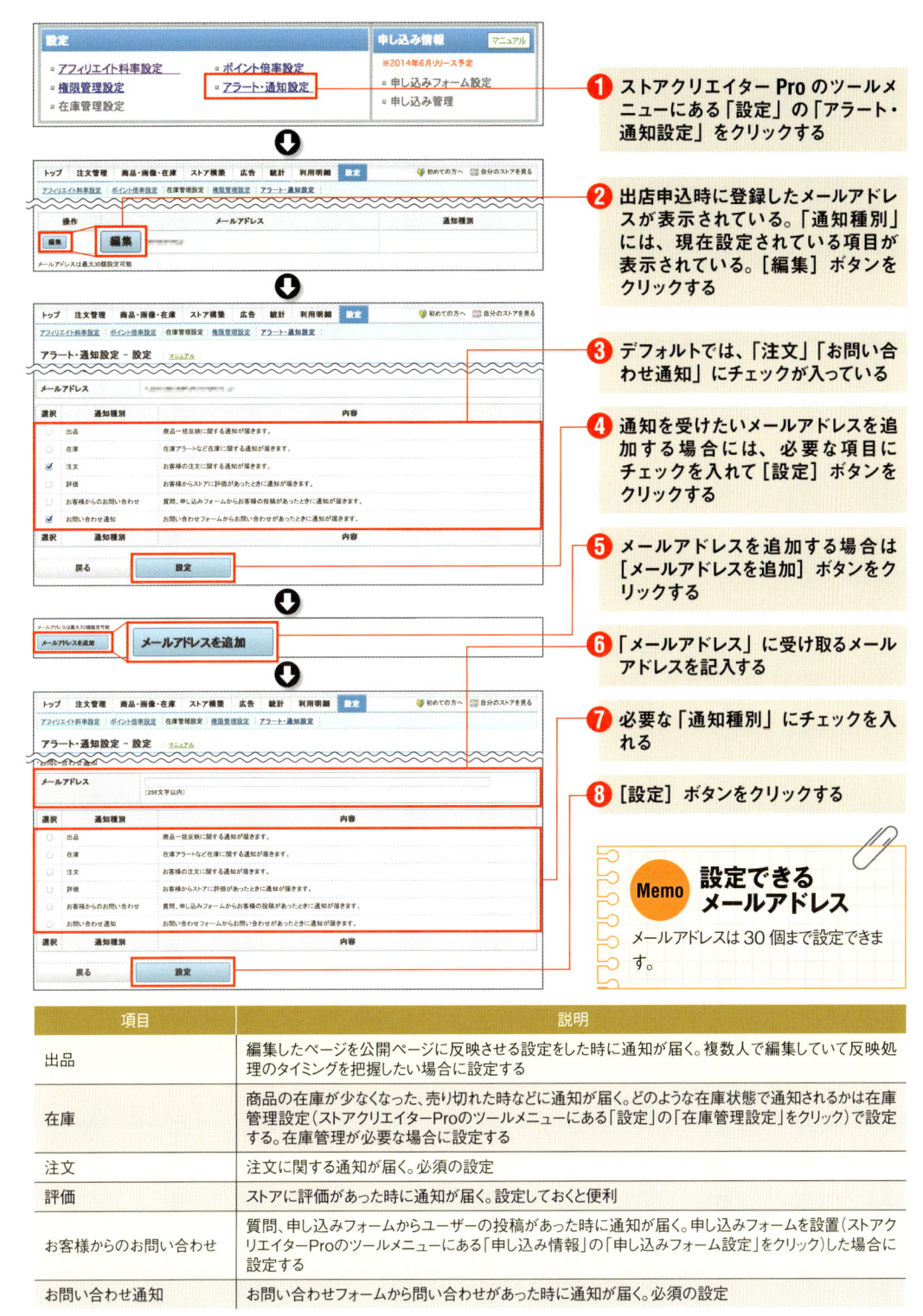

01 管理画面（ストアクリエイターPro）へのログイン

❶ ストアクリエイターPro のツールメニューにある「設定」の「アラート・通知設定」をクリックする

❷ 出店申込時に登録したメールアドレスが表示されている。「通知種別」には、現在設定されている項目が表示されている。[編集]ボタンをクリックする

❸ デフォルトでは、「注文」「お問い合わせ通知」にチェックが入っている

❹ 通知を受けたいメールアドレスを追加する場合には、必要な項目にチェックを入れて[設定]ボタンをクリックする

❺ メールアドレスを追加する場合は[メールアドレスを追加]ボタンをクリックする

❻ 「メールアドレス」に受け取るメールアドレスを記入する

❼ 必要な「通知種別」にチェックを入れる

❽ [設定]ボタンをクリックする

Memo 設定できるメールアドレス
メールアドレスは30個まで設定できます。

項目	説明
出品	編集したページを公開ページに反映させる設定をした時に通知が届く。複数人で編集していて反映処理のタイミングを把握したい場合に設定する
在庫	商品の在庫が少なくなった、売り切れた時などに通知が届く。どのような在庫状態で通知されるかは在庫管理設定（ストアクリエイターProのツールメニューにある「設定」の「在庫管理設定」をクリック）で設定する。在庫管理が必要な場合に設定する
注文	注文に関する通知が届く。必須の設定
評価	ストアに評価があった時に通知が届く。設定しておくと便利
お客様からのお問い合わせ	質問、申し込みフォームからユーザーの投稿があった時に通知が届く。申し込みフォームを設置（ストアクリエイターProのツールメニューにある「申し込み情報」の「申し込みフォーム設定」をクリック）した場合に設定する
お問い合わせ通知	お問い合わせフォームから問い合わせがあった時に通知が届く。必須の設定

アラート・通知設定の項目

PRO

02 ストアに必要な情報を掲載するための設定

ストアに掲載しなければならない情報の設定を行います。1つ1つの情報には意味があります。それを理解しながら設定しましょう。

1 ストア情報を設定する

ストアクリエイターProのツールメニューにある「ストア構築」の「ストア情報設定」をクリックして「ストア情報設定」ページに移動します。

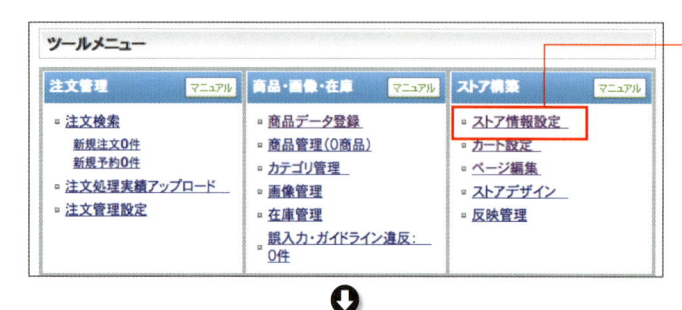

❶ ストアクリエイターProのツールメニューにある「ストア構築」の「ストア情報設定」をクリックする

❷ 「ストア情報」では、出店申込時に記載したストア名が登録されている

❸ 「ストア紹介文」は、ストアでの会社概要ページ、Yahoo!ショッピングでの「ストア名で探す(ストア一覧)」などで表示される紹介文となります

❹ 「ストア画像」は、ショッピングカート、モバイル版のストア看板、「ストア名で探す(ストア一覧)」などで表示される画像となる

❺ 「ストア情報補足」は、ストアの会社概要ページ「ストア情報」欄に掲載できる情報。HTMLでの編集が可能。テキスト入力の場合には、編集補助ツールにて文字の装飾が簡単にできる。基本情報以外の補足を掲載する時に利用する

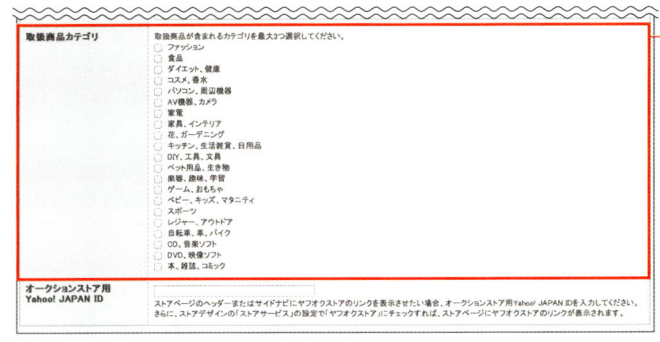

ストア情報設定画面

❻「取扱商品カテゴリ」は「ストア名で探す（ストア一覧）」で使用されるカテゴリとなる。最大3つまで設定できるので、関連カテゴリにはチェックしておこう

❼必要な記入が終わったら、画面下の[確認]ボタンをクリックする。確認画面で内容を確認する

❽内容に問題がなければ、画面下の[設定]ボタンをクリックして完了

2 会社情報を設定する

「ストア情報設定」のメニューにある「会社情報設定」にて設定します。「会社情報」では、特定商取引に関する法律に基づく情報を登録します。

特定商取引法では、購入者が不当な損害を受けないよう、販売する責任として連絡が取れる情報を記載しなければなりません。

❶「ストア情報設定」の「会社情報設定」をクリックする

❷住所、電話番号、担当者、メールアドレスなどの、必須項目を記入する。記入した内容はストアの会社概要ページに表示される

❸「お問い合せ情報補足」は、ストアの会社概要ページ「お問い合せ情報」欄に掲載できる情報。HTMLでの編集が可能。テキスト入力の場合には、編集補助ツールにて文字の装飾が簡単にできる。お問い合わせ情報の補足を掲載する時に利用する

❹必要な記入が終わったら、画面下の[確認]ボタンをクリックする。確認画面で内容を確認する

❺内容が問題なければ、画面下の[設定]ボタンをクリックすれば登録完了

Memo ストア情報について

ストア情報は、必要に応じて変更できますので、担当者などの変更時には情報を更新してください。

02 ストアに必要な情報を掲載するための設定

051

3 免許・許可証設定を設定する

商品の販売に免許や許可証が必要な場合に、その免許番号などを記入します。

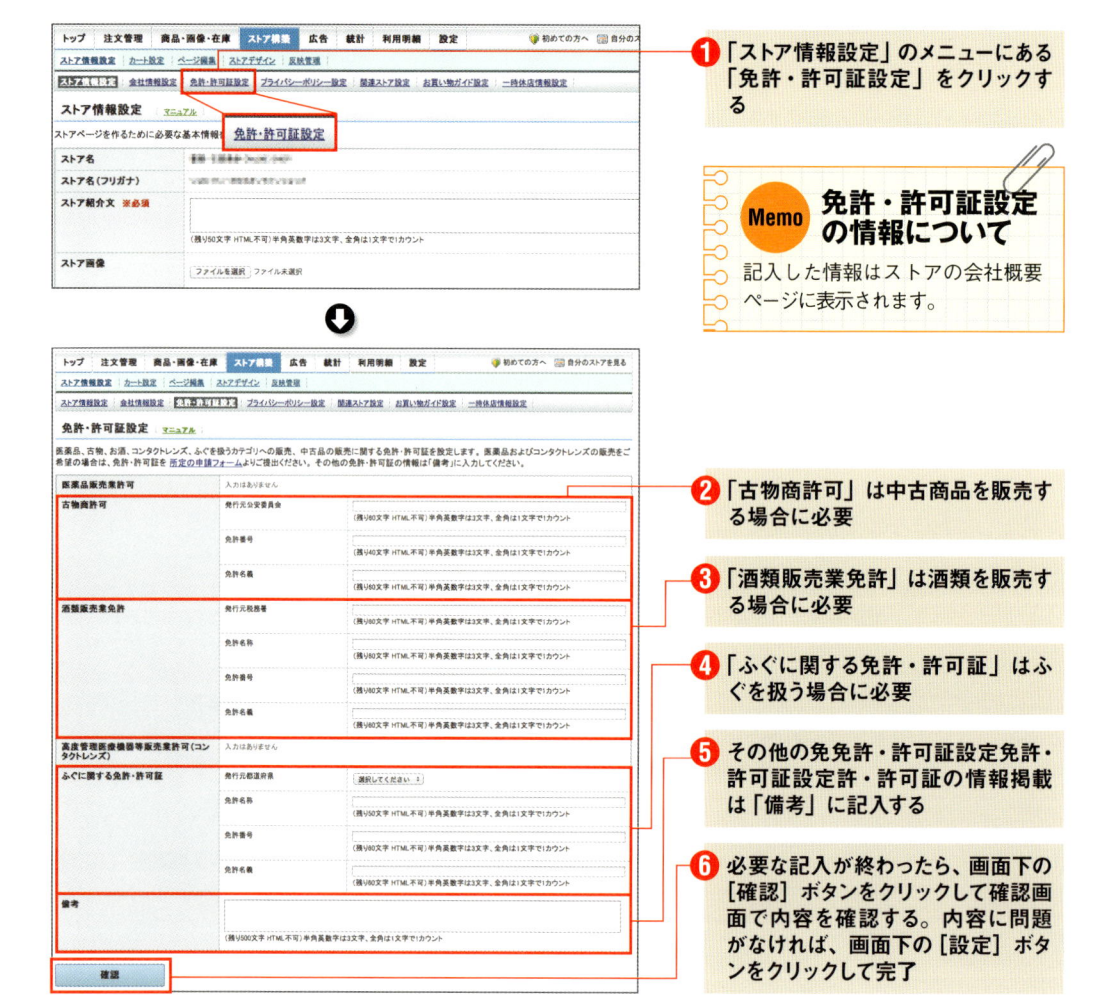

❶ 「ストア情報設定」のメニューにある「免許・許可証設定」をクリックする

Memo　免許・許可証設定の情報について
記入した情報はストアの会社概要ページに表示されます。

❷ 「古物商許可」は中古商品を販売する場合に必要

❸ 「酒類販売業免許」は酒類を販売する場合に必要

❹ 「ふぐに関する免許・許可証」はふぐを扱う場合に必要

❺ その他の免許免許・許可証設定免許・許可証設定許・許可証の情報掲載は「備考」に記入する

❻ 必要な記入が終わったら、画面下の［確認］ボタンをクリックして確認画面で内容を確認する。内容に問題がなければ、画面下の［設定］ボタンをクリックして完了

4 プライバシーポリシーを設定する

「ストア情報設定」のメニューにある「プライバシーポリシー設定」にて設定します。ネット販売では、ユーザーの住所などの個人情報を扱うことになります。個人情報の取り扱いについての方針を明記しなければなりません。難しそうな感じがしますが、サンプル文章が用意されていますので、その文章を参考にして記入すれば難しくありません。

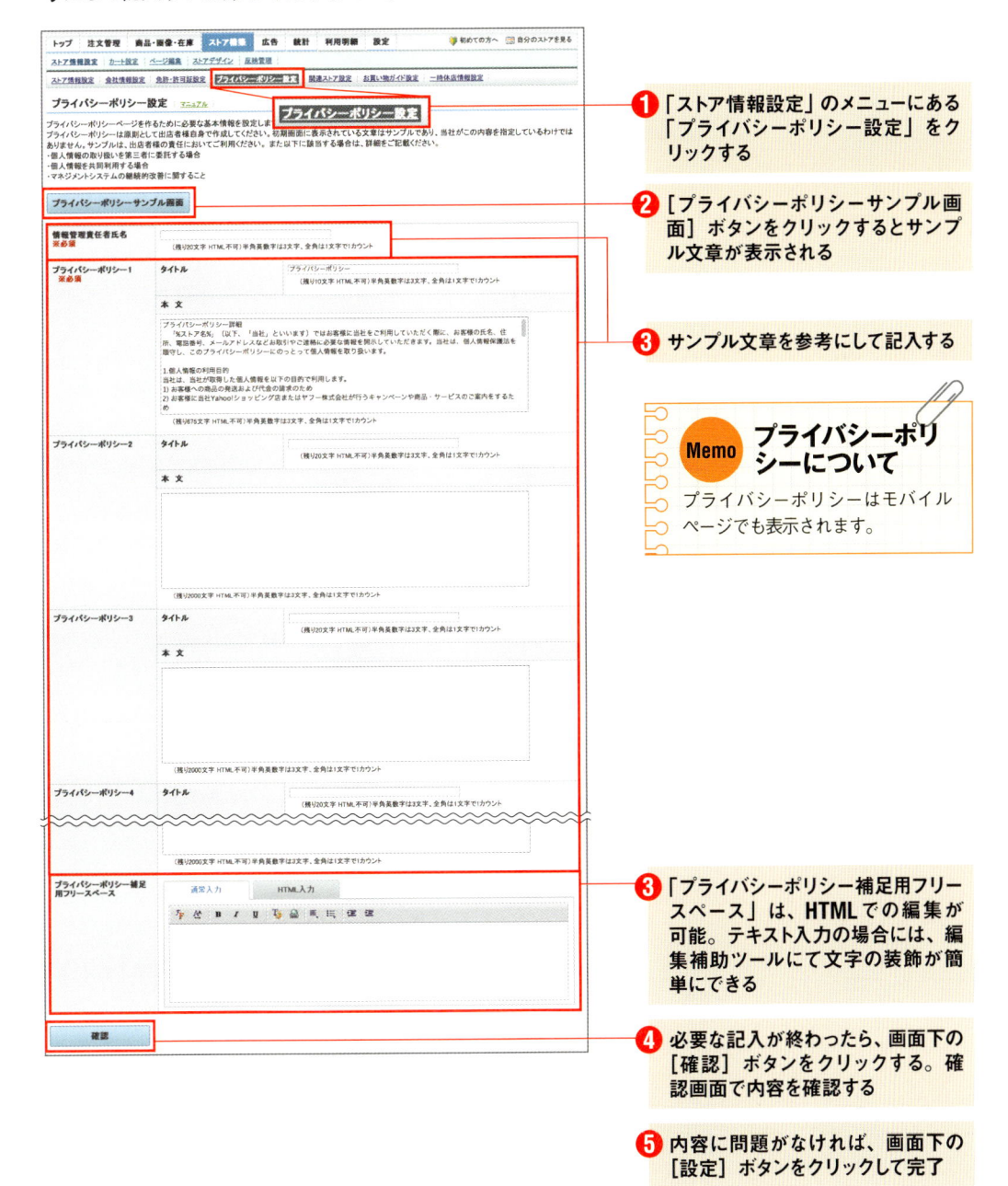

❶ 「ストア情報設定」のメニューにある「プライバシーポリシー設定」をクリックする

❷ [プライバシーポリシーサンプル画面] ボタンをクリックするとサンプル文章が表示される

❸ サンプル文章を参考にして記入する

Memo プライバシーポリシーについて
プライバシーポリシーはモバイルページでも表示されます。

❸ 「プライバシーポリシー補足用フリースペース」は、HTMLでの編集が可能。テキスト入力の場合には、編集補助ツールにて文字の装飾が簡単にできる

❹ 必要な記入が終わったら、画面下の[確認]ボタンをクリックする。確認画面で内容を確認する

❺ 内容に問題がなければ、画面下の[設定]ボタンをクリックして完了

ストアに必要な情報を掲載するための設定

5 お買い物ガイド「お支払いについて」を設定する

「ストア情報設定」のメニューにある「お買い物ガイド設定」で設定します。設定項目は「お支払について」「販売条件」「お届けについて」「返品、交換、保証について」「お支払先情報設定」に分かれています。ストアの「お買い物ガイド」ページで表示される内容です。すべての項目でサンプル文章が用意されていますので、参考にしながら記入してください。ユーザーが購入時に気になる情報になりますので、漏れることなく必要な情報を記載しましょう。それでは、「お支払について」から設定していきます。

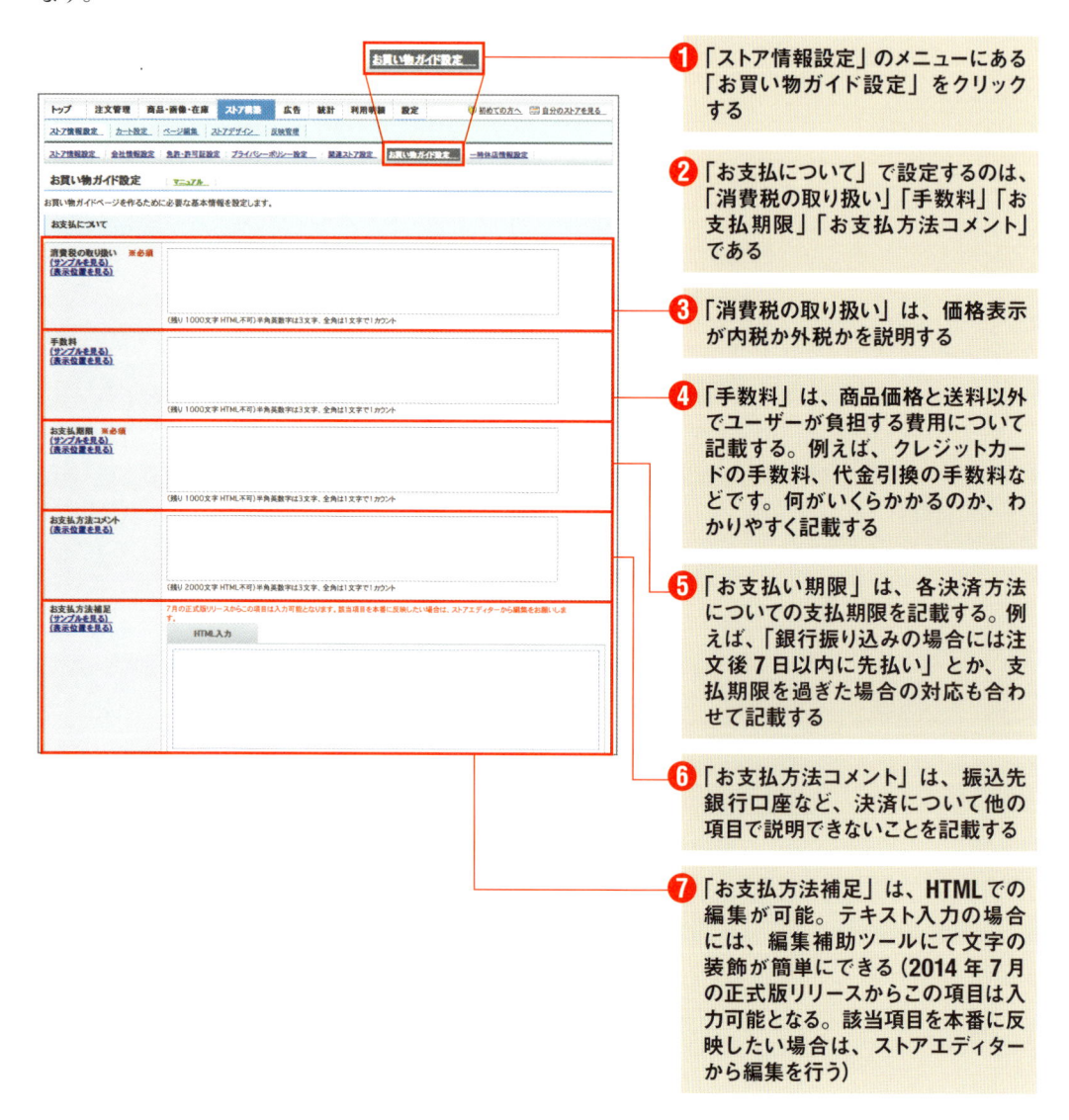

❶ 「ストア情報設定」のメニューにある「お買い物ガイド設定」をクリックする

❷ 「お支払について」で設定するのは、「消費税の取り扱い」「手数料」「お支払期限」「お支払方法コメント」である

❸ 「消費税の取り扱い」は、価格表示が内税か外税かを説明する

❹ 「手数料」は、商品価格と送料以外でユーザーが負担する費用について記載する。例えば、クレジットカードの手数料、代金引換の手数料などです。何がいくらかかるのか、わかりやすく記載する

❺ 「お支払い期限」は、各決済方法についての支払期限を記載する。例えば、「銀行振り込みの場合には注文後7日以内に先払い」とか、支払期限を過ぎた場合の対応も合わせて記載する

❻ 「お支払方法コメント」は、振込先銀行口座など、決済について他の項目で説明できないことを記載する

❼ 「お支払方法補足」は、HTMLでの編集が可能。テキスト入力の場合には、編集補助ツールにて文字の装飾が簡単にできる(2014年7月の正式版リリースからこの項目は入力可能となる。該当項目を本番に反映したい場合は、ストアエディターから編集を行う)

6 お買い物ガイド「販売条件」を設定する

「販売条件」で設定するのは、アルコール商品とその販売方法です。

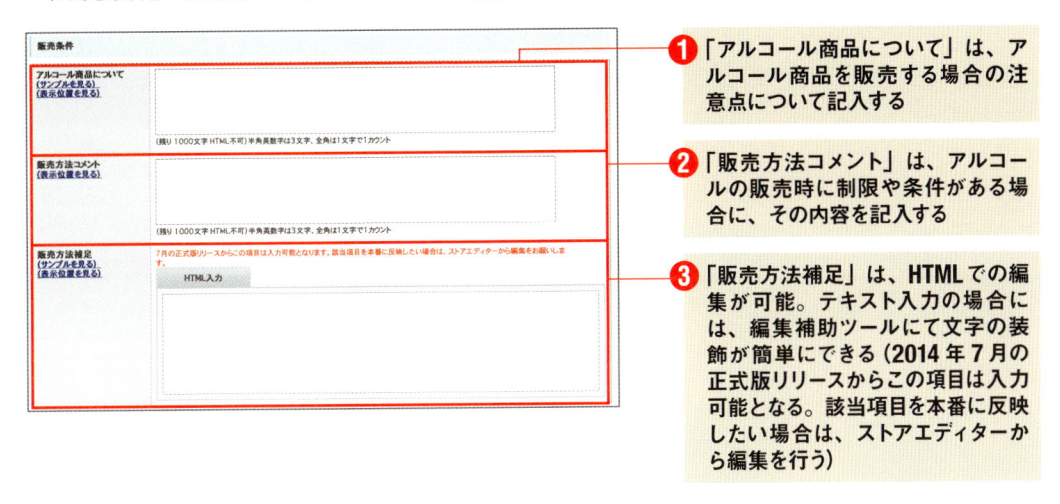

❶ 「アルコール商品について」は、アルコール商品を販売する場合の注意点について記入する

❷ 「販売方法コメント」は、アルコールの販売時に制限や条件がある場合に、その内容を記入する

❸ 「販売方法補足」は、HTMLでの編集が可能。テキスト入力の場合には、編集補助ツールにて文字の装飾が簡単にできる（2014年7月の正式版リリースからこの項目は入力可能となる。該当項目を本番に反映したい場合は、ストアエディターから編集を行う）

7 お買い物ガイド「お届けについて」を設定する

「お届けについて」で設定するのは、「送料」「引き渡し時期」「海外への配送」「お届け方法コメント」です。

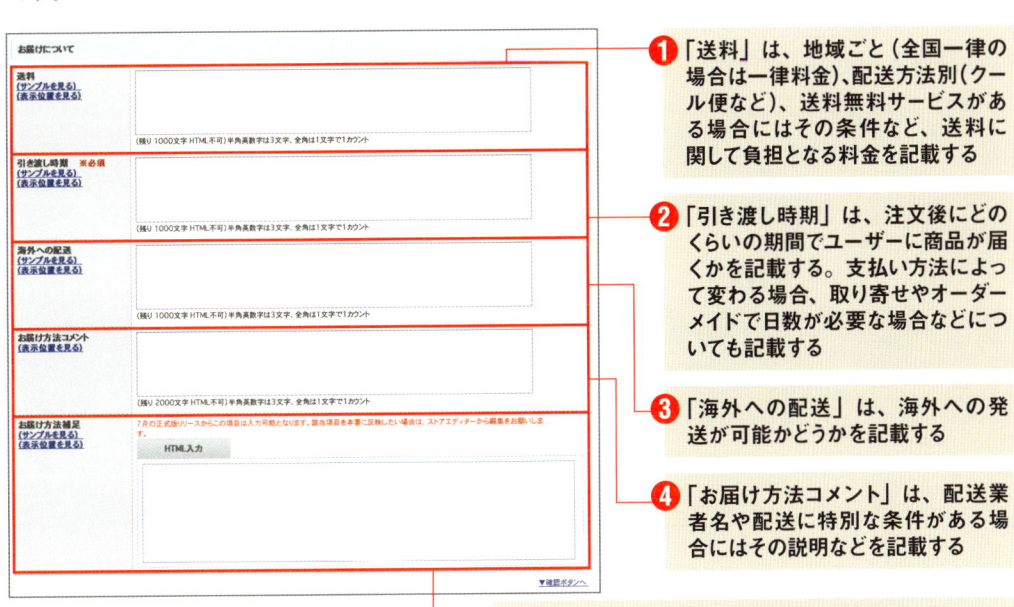

❶ 「送料」は、地域ごと（全国一律の場合は一律料金）、配送方法別（クール便など）、送料無料サービスがある場合にはその条件など、送料に関して負担となる料金を記載する

❷ 「引き渡し時期」は、注文後にどのくらいの期間でユーザーに商品が届くかを記載する。支払い方法によって変わる場合、取り寄せやオーダーメイドで日数が必要な場合などについても記載する

❸ 「海外への配送」は、海外への発送が可能かどうかを記載する

❹ 「お届け方法コメント」は、配送業者名や配送に特別な条件がある場合にはその説明などを記載する

❺ 「お届け方法補足」は、HTMLでの編集が可能。テキスト入力の場合には、編集補助ツールにて文字の装飾が簡単にできる（2014年7月の正式版リリースからこの項目は入力可能となる。該当項目を本番に反映したい場合は、ストアエディターから編集を行う）

8 お買い物ガイド「返品、交換、保証について」を設定する

「返品、交換、保証について」で設定するのは、「返品・交換コメント」「返品、交換」「商品の保証」「保証対象商品」「保証限度額」「保証期間」「保証対象外商品」です。

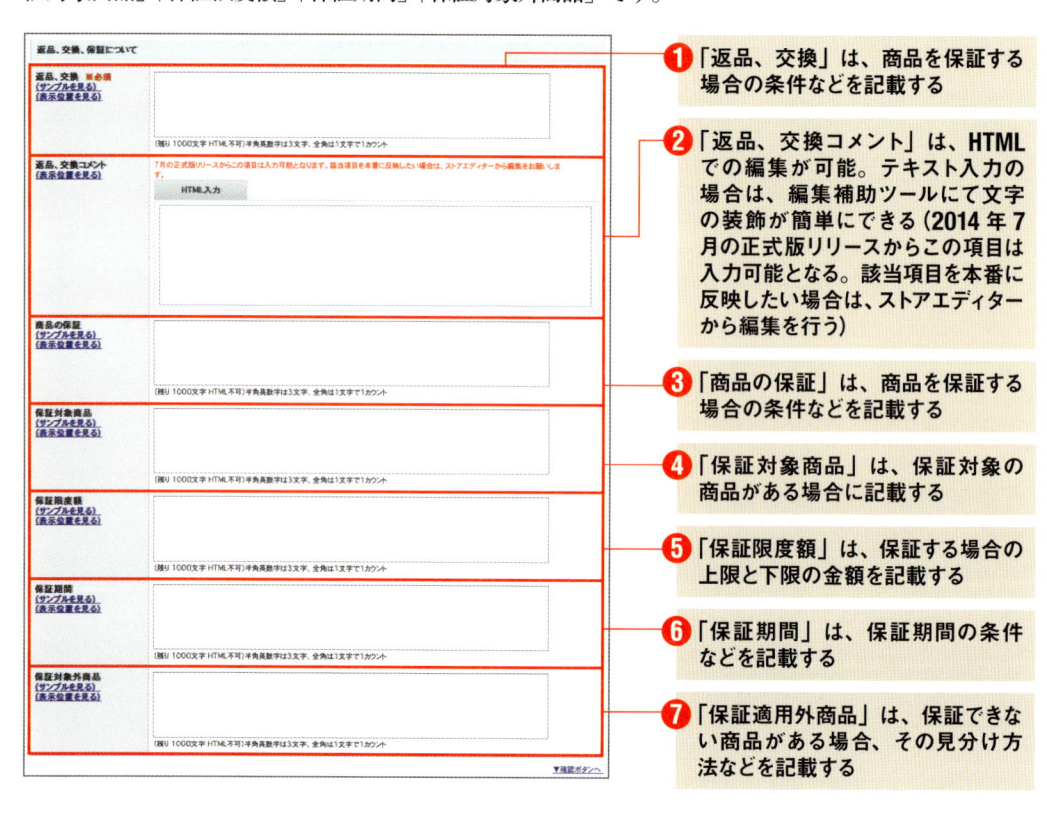

❶ 「返品、交換」は、商品を保証する場合の条件などを記載する

❷ 「返品、交換コメント」は、HTMLでの編集が可能。テキスト入力の場合は、編集補助ツールにて文字の装飾が簡単にできる（2014年7月の正式版リリースからこの項目は入力可能となる。該当項目を本番に反映したい場合は、ストアエディターから編集を行う）

❸ 「商品の保証」は、商品を保証する場合の条件などを記載する

❹ 「保証対象商品」は、保証対象の商品がある場合に記載する

❺ 「保証限度額」は、保証する場合の上限と下限の金額を記載する

❻ 「保証期間」は、保証期間の条件などを記載する

❼ 「保証適用外商品」は、保証できない商品がある場合、その見分け方法などを記載する

9 お買い物ガイド「お支払先情報設定」を設定する

「お支払先情報設定」で設定するのは、支払い先として「会社名」、「情報」、「リンク先URL」を設定します。

❶ 支払い先の「会社名」を記載する。全角で30文字以内で入力する

❷ 支払い先の「情報」を記載する。全角で200文字以内で入力する

❸ 支払い先の「リンク先URL」を記載する

❹ 支払い先情報は全部で10件まで登録できる

❺ 必要な記入が終わったら、画面下の[確認]ボタンをクリックする。確認画面で内容を確認する

❻ 内容に問題がなければ、画面下の[設定]ボタンをクリックして完了

PRO

03 基本設定を行う

ショッピングカートで注文を受ける、送料や手数料の計算をする、ユーザーにメールを返信するなど、ショッピングカートに必要な設定を行います。

基本設定の設定

「基本設定」で設定するのは、ショッピングカートでユーザーが注文をする時に表示される項目です。

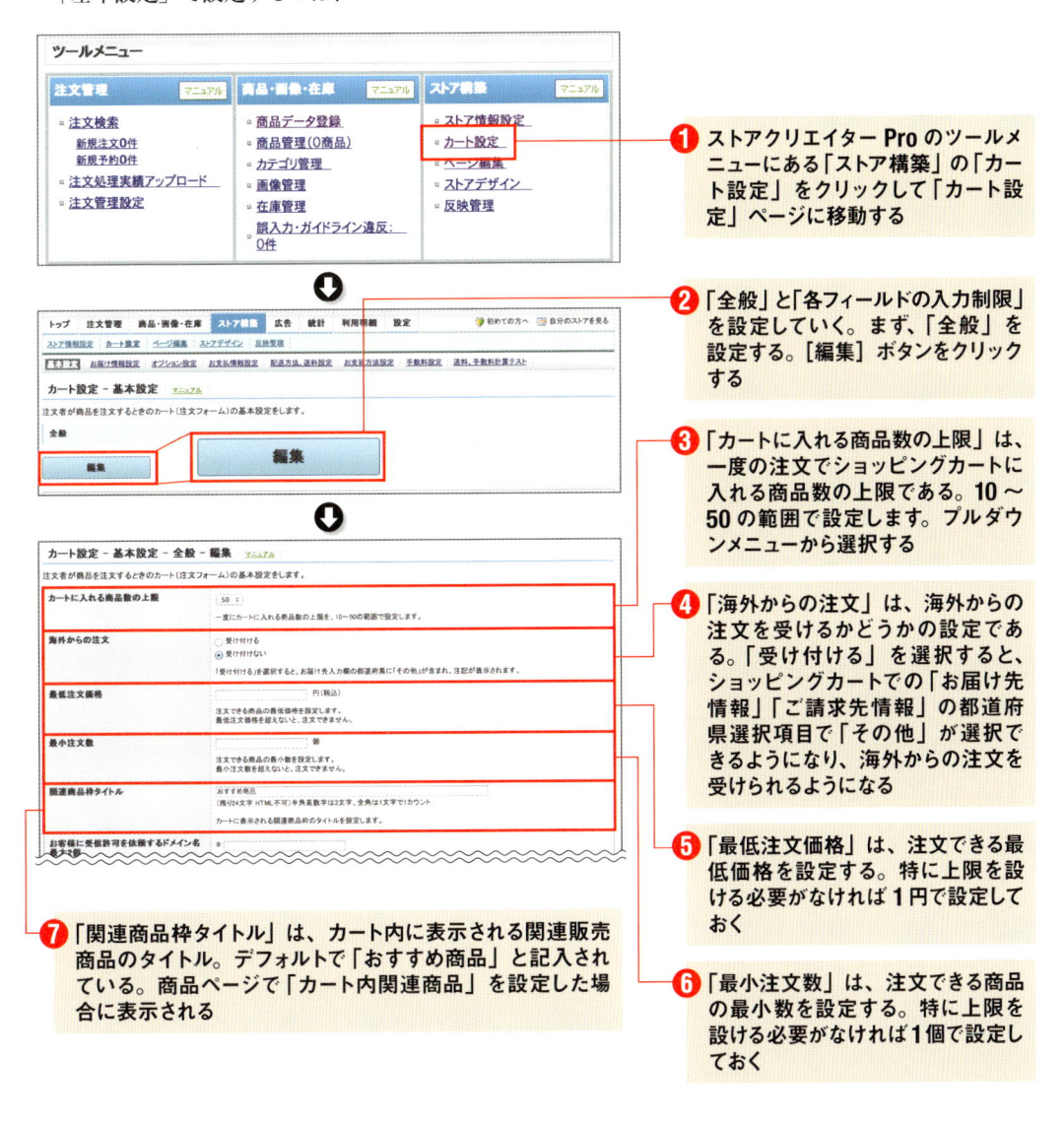

❶ ストアクリエイター Pro のツールメニューにある「ストア構築」の「カート設定」をクリックして「カート設定」ページに移動する

❷ 「全般」と「各フィールドの入力制限」を設定していく。まず、「全般」を設定する。[編集]ボタンをクリックする

❸ 「カートに入れる商品数の上限」は、一度の注文でショッピングカートに入れる商品数の上限である。10～50の範囲で設定します。プルダウンメニューから選択する

❹ 「海外からの注文」は、海外からの注文を受けるかどうかの設定である。「受け付ける」を選択すると、ショッピングカートでの「お届け先情報」「ご請求先情報」の都道府県選択項目で「その他」が選択できるようになり、海外からの注文を受けられるようになる

❺ 「最低注文価格」は、注文できる最低価格を設定する。特に上限を設ける必要がなければ1円で設定しておく

❻ 「最小注文数」は、注文できる商品の最小数を設定する。特に上限を設ける必要がなければ1個で設定しておく

❼ 「関連商品枠タイトル」は、カート内に表示される関連販売商品のタイトル。デフォルトで「おすすめ商品」と記入されている。商品ページで「カート内関連商品」を設定した場合に表示される

057

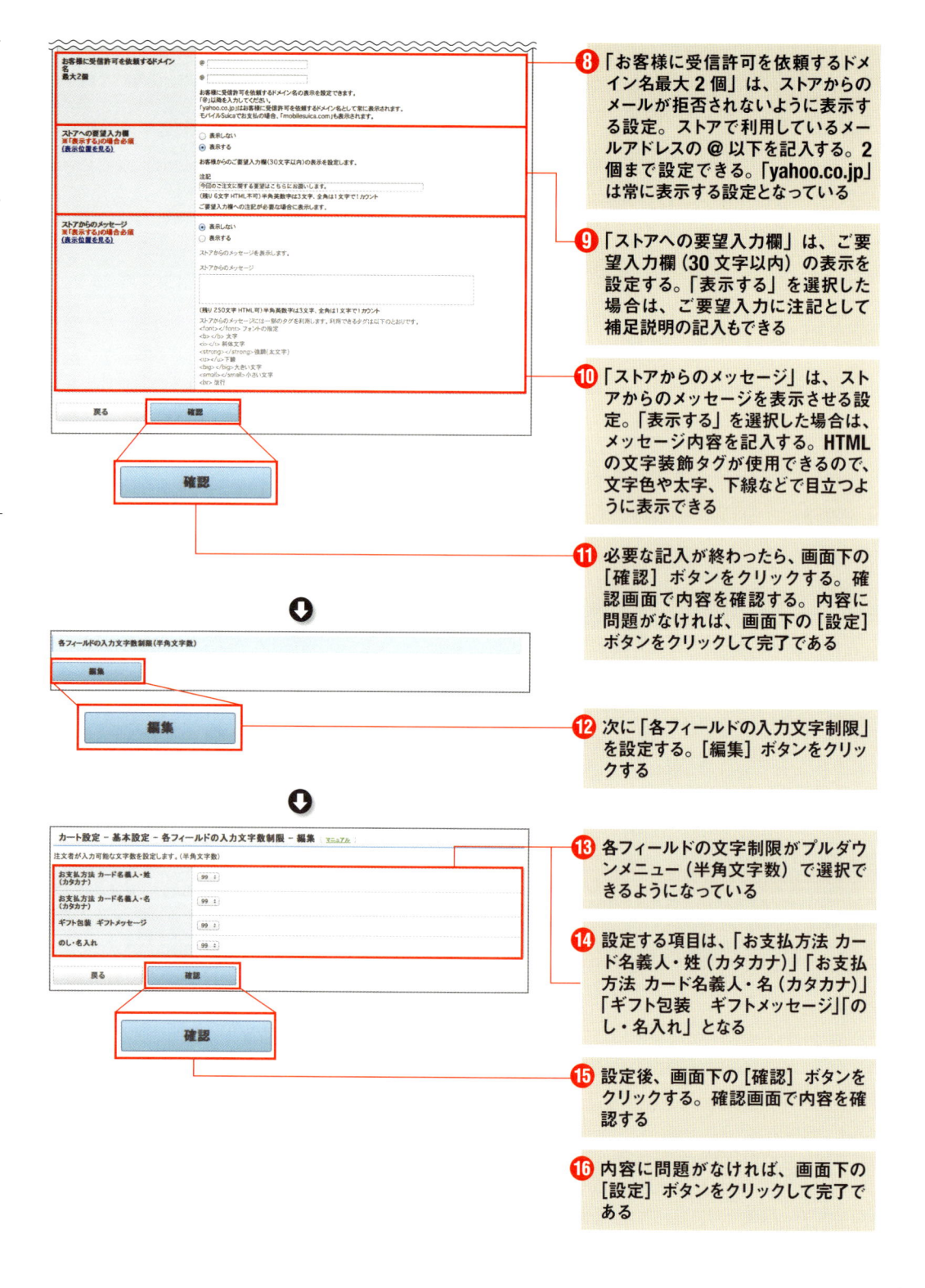

Chapter 3 ストアの各種設定をする

❽ 「お客様に受信許可を依頼するドメイン名最大2個」は、ストアからのメールが拒否されないように表示する設定。ストアで利用しているメールアドレスの @ 以下を記入する。2個まで設定できる。「yahoo.co.jp」は常に表示する設定となっている

❾ 「ストアへの要望入力欄」は、ご要望入力欄（30文字以内）の表示を設定する。「表示する」を選択した場合は、ご要望入力に注記として補足説明の記入もできる

❿ 「ストアからのメッセージ」は、ストアからのメッセージを表示させる設定。「表示する」を選択した場合は、メッセージ内容を記入する。HTMLの文字装飾タグが使用できるので、文字色や太字、下線などで目立つように表示できる

⓫ 必要な記入が終わったら、画面下の［確認］ボタンをクリックする。確認画面で内容を確認する。内容に問題がなければ、画面下の［設定］ボタンをクリックして完了である

⓬ 次に「各フィールドの入力文字制限」を設定する。［編集］ボタンをクリックする

⓭ 各フィールドの文字制限がプルダウンメニュー（半角文字数）で選択できるようになっている

⓮ 設定する項目は、「お支払方法 カード名義人・姓（カタカナ）」「お支払方法 カード名義人・名（カタカナ）」「ギフト包装　ギフトメッセージ」「のし・名入れ」となる

⓯ 設定後、画面下の［確認］ボタンをクリックする。確認画面で内容を確認する

⓰ 内容に問題がなければ、画面下の［設定］ボタンをクリックして完了である

058

PRO

04 お届け情報設定を行う

「お届け情報設定」では、ショッピングカートでのお届け希望日時指定欄やお届け先入力欄の設定を行います。

お届け方法の設定

購入者に商品をお届けする配送方法を設定します。

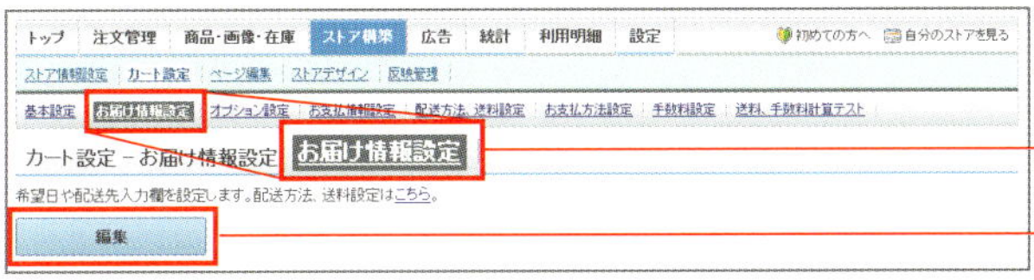

❶ 「カート設定」メニューの「お届け情報設定」をクリックして設定する。設定するのは「配送希望日時」「配送先」。[編集] ボタンをクリックする

❷ 「配達希望日時」は、配達日時指定をさせるどうかの設定である。「希望日」で「表示する」を選択すると、ショッピングカートで「お届け希望日」欄が表示される

❸ 「選択できる配達日」を設定する

Memo お届け希望日について
ここで指定した日程が「お届け希望日」として選択できるようになります。

❹ 「希望時間帯」で「表示する」を選択すると、ショッピングカートで「お届け時間」欄が表示される。最大24件の時間帯が設定できる

❺ [追加] ボタンをクリックすると追加設定できる

❻ 「配送先」は、お届け先の所属情報入力欄を表示させるかどうかの設定である。「所属1」「所属2」「注記」を設定できる

❼ 必要な記入が終わったら、画面下の [確認] ボタンをクリックする。確認画面で内容を確認する。内容に問題がなければ、画面下の [設定] ボタンをクリックして完了である

Memo お届け時間について
ここで指定した時間帯が「お届け時間」として選択できるようになります。

Chapter 3 ストアの各種設定をする

PRO

05 オプション設定を行う

「オプション設定」では、ショッピングカートにおけるギフト包装やのし・名入れ、請求書などの帳票や年齢確認欄の設定を行います。

オプションの設定

❶ 「カート設定」メニューの「オプション設定」をクリックして設定する

❷ 設定するのは「ギフト包装」「のし・名入れ」「帳票」「年齢確認」「独自の質問設定」となる。[編集] ボタンをクリックする

❸ 「ギフト包装」は、ギフト包装を受け付けるかどうかの設定である。「表示する」を選択すると、ショッピングカートで「ギフト包装」欄が表示される

❹ 「ギフト包装の種類」では、受け付けるギフトラッピングの種類を任意記入する。[追加] ボタンをクリックして 30 件まで設定できる

Memo ギフト包装について
ここで設定した項目が「ギフト包装」として選択できるようになります。

❺ 「ギフト包装の有料・無料」では、無料か有料かを設定する。有料の場合はその価格を設定する

❻ 「ギフトメッセージの受け付け」では、ギフト希望の際、メッセージ記入を受け付けるかどうかを設定する

❼ 「のし・名入れ」は、のし・名入れを受け付けるかどうかを設定する。「表示する」を選択すると、ショッピングカートで「のし・名入れ」欄が表示される

❽ 「のしの種類」では、受け付けるのしの種類を任意で記入する。[追加] ボタンで 30 件まで設定できる

Memo のしの種類について
ここで設定した項目が「のし」として選択できるようになります。

❾ 「名入れの受け付け」では、のし希望の際、名入れを受け付けるかどうかを設定する

060

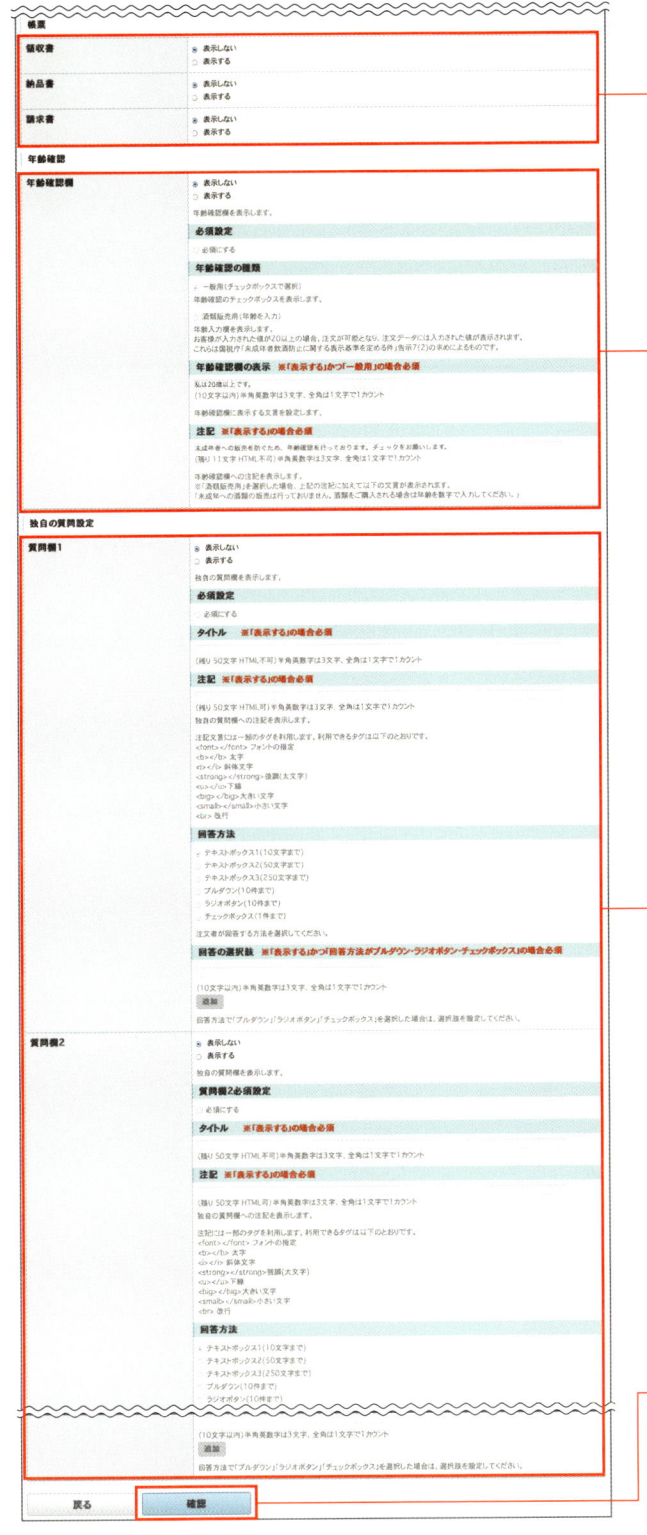

❿「帳票」は、「領収書」「納品書」「請求書」の発行を受け付けるかどうかの設定である。「表示する」を選択すると、必要有無を選択できるチェックボックスが表示される

⓫「年齢確認」は、年齢確認をするかどうかの設定である。「表示する」を選択すると、ショッピングカートで「年齢確認」欄が表示される。
「必須設定」は、年齢確認を必須項目にするかどうかの設定である。
「年齢確認の種類」では、「一般用」か「酒類販売用」のどちらかを設定する。
「年齢確認欄の表示」では、「年齢確認の種類」で「一般」を選択した場合、チェックボックスの隣に表示させる文言を入力する。
「注記」では、年齢確認欄の前に表示させたい文言を入力する。空欄の場合は表示されない

⓬「独自の質問設定」は、任意質問欄を設定するかどうかの設定である。「表示する」を選択すると、設定した「タイトル」で質問などを受け付けることができる。
「必須設定」「タイトル」「注記」「回答方法」「回答の選択肢」を設定できる

⓭必要な記入が終わったら、画面下の［確認］ボタンをクリックする。確認画面で内容を確認する。内容に問題がなければ、画面下の［設定］ボタンをクリックして完了である

05 オプション設定を行う

061

Chapter 3 ストアの各種設定をする

PRO

06 お支払い情報設定を行う

「お支払情報設定」では、ショッピングカートでの注文者情報、請求先の所属の設定を行います。

お支払情報の設定

❶「カート設定」メニューの「お支払情報設定」をクリックして設定する

❷ [編集] ボタンをクリックする

❸「注文者情報」は、「カード名義人」「注文者の生年月日」の入力欄を設けるかどうかを設定する

❹「請求先情報」は、ご請求先住所欄で所属情報の入力欄を設けるかどうかを設定する。「所属1」「所属2」「注記」を設定できる

❺ 必要な記入が終わったら、画面下の [確認] ボタンをクリックする。確認画面で内容を確認する。内容に問題がなければ、画面下の [設定] ボタンをクリックして完了である

PRO

07 配送方法、送料設定を行う

「配送方法、送料設定」では、ショッピングカートの配送方法と送料の設定を行います。

配送方法、送料の基本設定

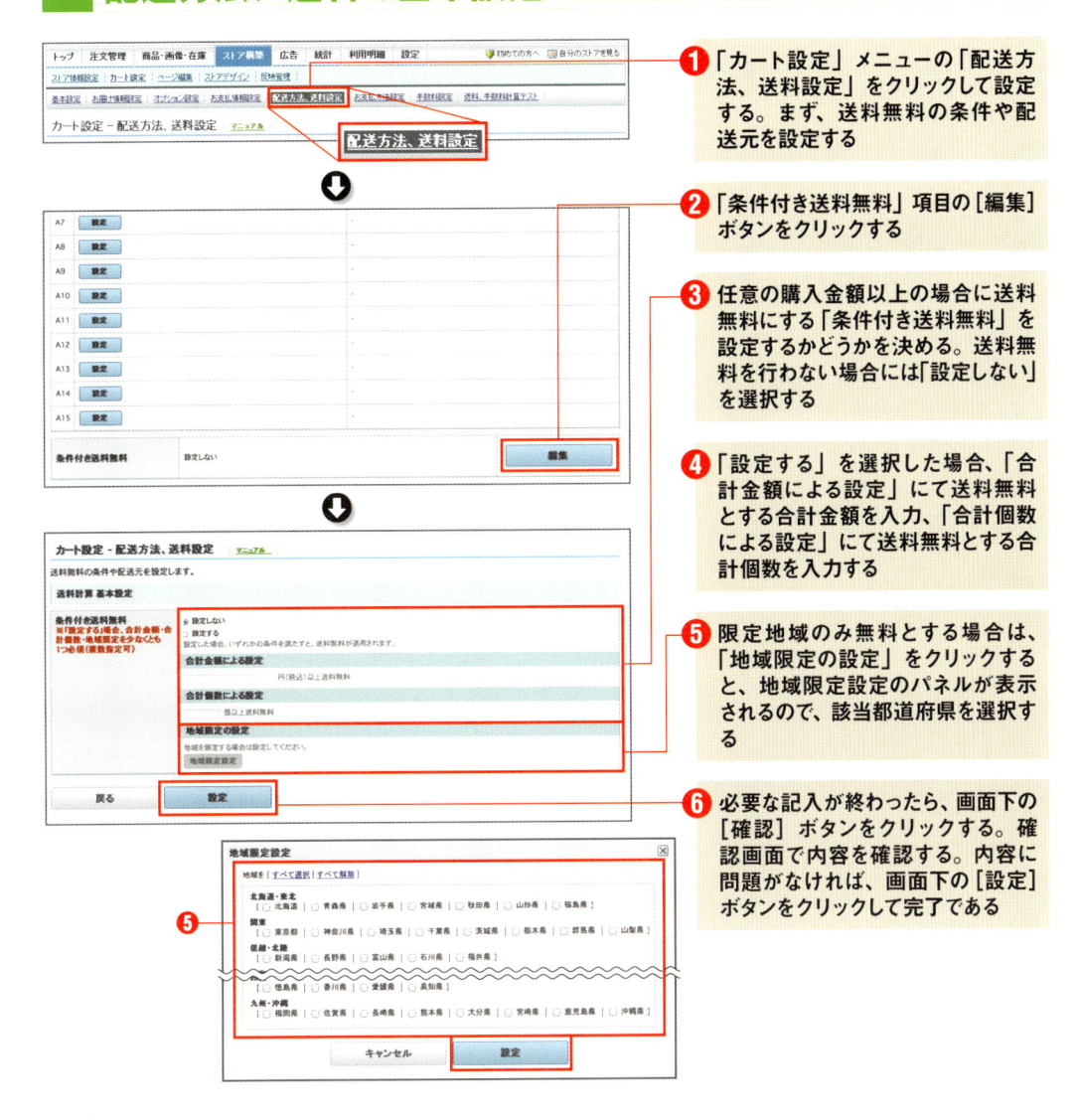

❶「カート設定」メニューの「配送方法、送料設定」をクリックして設定する。まず、送料無料の条件や配送元を設定する

❷「条件付き送料無料」項目の[編集]ボタンをクリックする

❸ 任意の購入金額以上の場合に送料無料にする「条件付き送料無料」を設定するかどうかを決める。送料無料を行わない場合には「設定しない」を選択する

❹「設定する」を選択した場合、「合計金額による設定」にて送料無料とする合計金額を入力、「合計個数による設定」にて送料無料とする合計個数を入力する

❺ 限定地域のみ無料とする場合は、「地域限定の設定」をクリックすると、地域限定設定のパネルが表示されるので、該当都道府県を選択する

❻ 必要な記入が終わったら、画面下の[確認]ボタンをクリックする。確認画面で内容を確認する。内容に問題がなければ、画面下の[設定]ボタンをクリックして完了である

063

配送方法と送料表の設定

次に、配送方法と送料表を設定します。

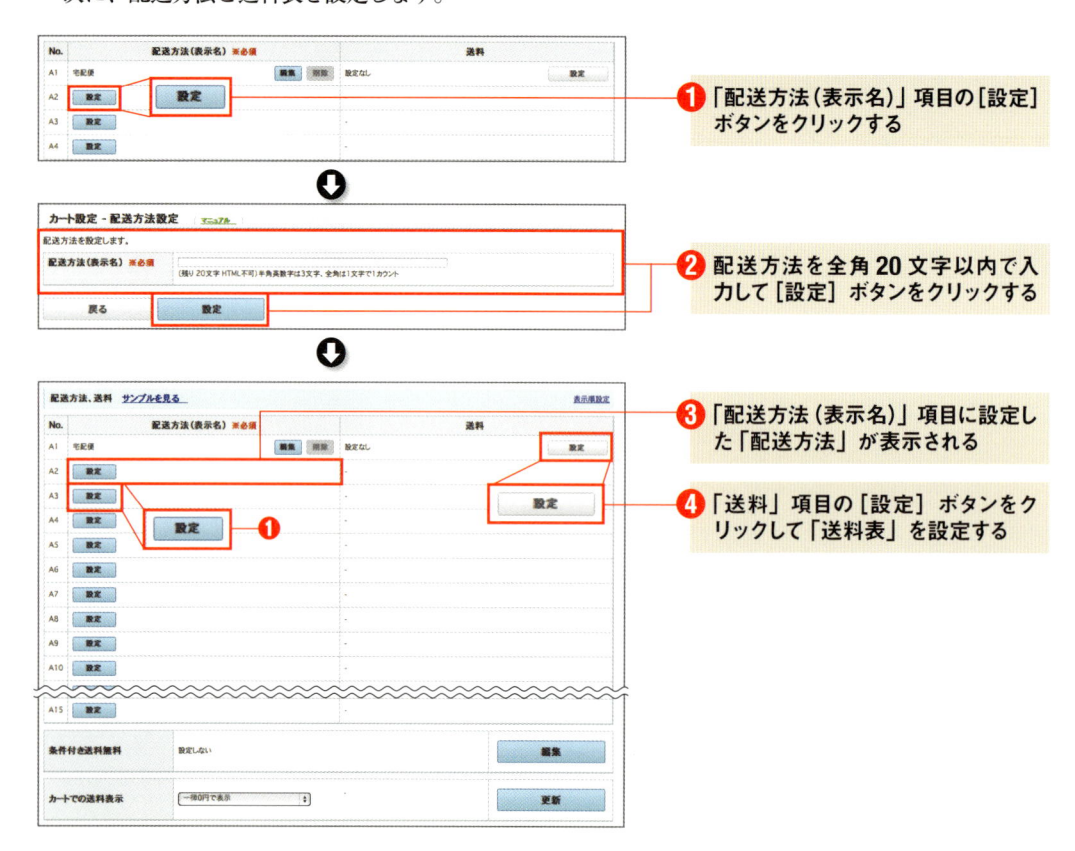

❶ 「配送方法（表示名）」項目の［設定］ボタンをクリックする

❷ 配送方法を全角20文字以内で入力して［設定］ボタンをクリックする

❸ 「配送方法（表示名）」項目に設定した「配送方法」が表示される

❹ 「送料」項目の［設定］ボタンをクリックして「送料表」を設定する

POINT 商品ごとの配送方法設定が可能

「配送方法（表示名）」項目で設定した配送送料表は15パターンの登録ができます。登録された配送送料表は、商品ページの設定で商品ごとに個別適用できるため、特定商品群や特定商品における個別設定が可能です。

1軸による設定	1つの基準で送料金額を設定する
全国一律送料	全国一律の送料金額を設定
都道府県別送料	都道府県別の送料金額を設定
重さ別送料	重さ別の送料金額を設定
個数別送料	個数別の送料金額を設定
金額別送料	合計金額別の送料金額を設定
2軸による設定	2つの基準（単位）を設けて、組み合わせた送料金額を設定する
都道府県×重さ別送料	都道府県別と重さ別を組み合わせて送料金額を設定
都道府県×個数別送料	都道府県別と個数別を組み合わせて送料金額を設定
都道府県×金額別送料	都道府県別と合計金額別を組み合わせて送料金額を設定

1軸と2軸による送料金額の設定

全国一律送料：全国一律の送料金額を設定

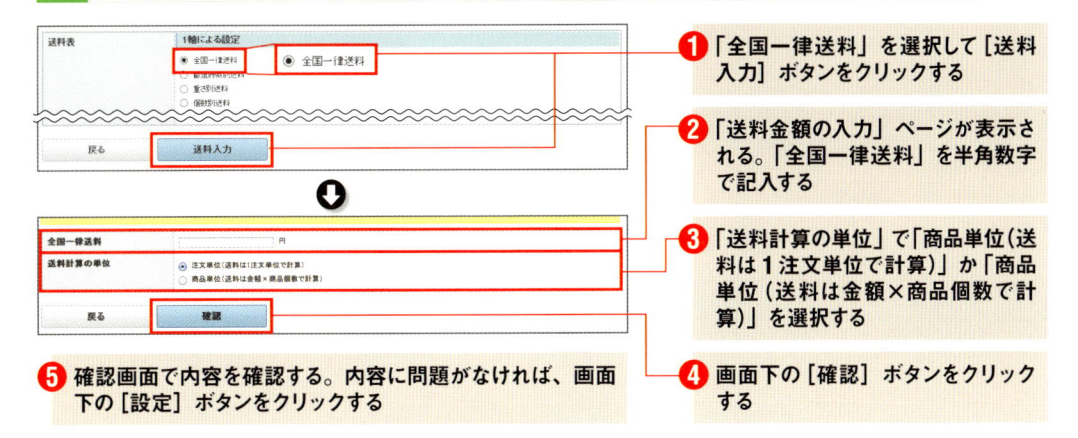

❶ 「全国一律送料」を選択して［送料入力］ボタンをクリックする

❷ 「送料金額の入力」ページが表示される。「全国一律送料」を半角数字で記入する

❸ 「送料計算の単位」で「商品単位（送料は1注文単位で計算）」か「商品単位（送料は金額×商品個数で計算）」を選択する

❹ 画面下の［確認］ボタンをクリックする

❺ 確認画面で内容を確認する。内容に問題がなければ、画面下の［設定］ボタンをクリックする

都道府県別送料：都道府県別の送料金額を設定

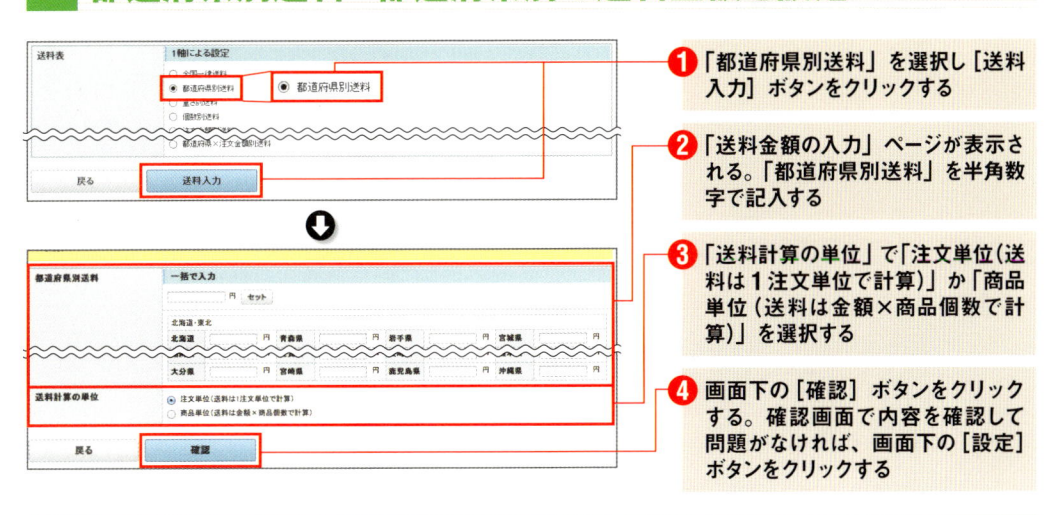

❶ 「都道府県別送料」を選択し［送料入力］ボタンをクリックする

❷ 「送料金額の入力」ページが表示される。「都道府県別送料」を半角数字で記入する

❸ 「送料計算の単位」で「注文単位（送料は1注文単位で計算）」か「商品単位（送料は金額×商品個数で計算）」を選択する

❹ 画面下の［確認］ボタンをクリックする。確認画面で内容を確認して問題がなければ、画面下の［設定］ボタンをクリックする

重さ別送料：重さ別の送料金額を設定

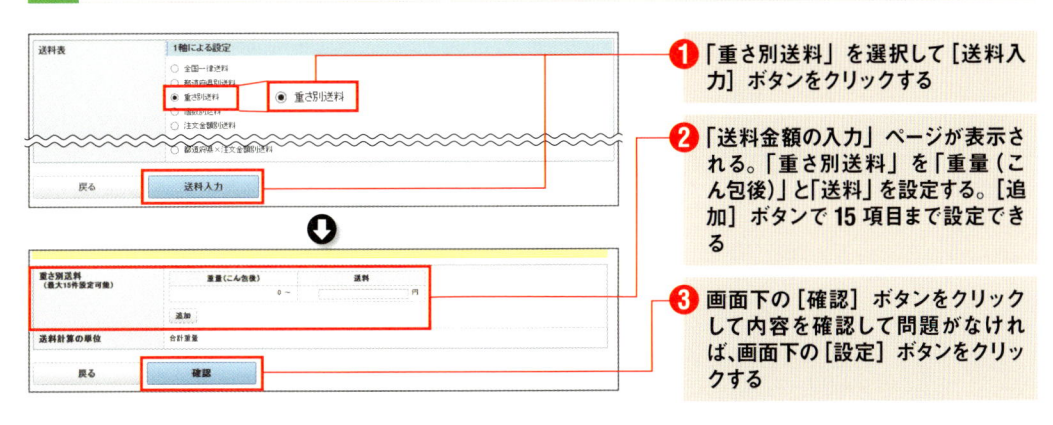

❶ 「重さ別送料」を選択して［送料入力］ボタンをクリックする

❷ 「送料金額の入力」ページが表示される。「重さ別送料」を「重量（こん包後）」と「送料」を設定する。［追加］ボタンで15項目まで設定できる

❸ 画面下の［確認］ボタンをクリックして内容を確認して問題がなければ、画面下の［設定］ボタンをクリックする

配送方法、送料設定を行う

個数別送料：個数別の送料金額を設定

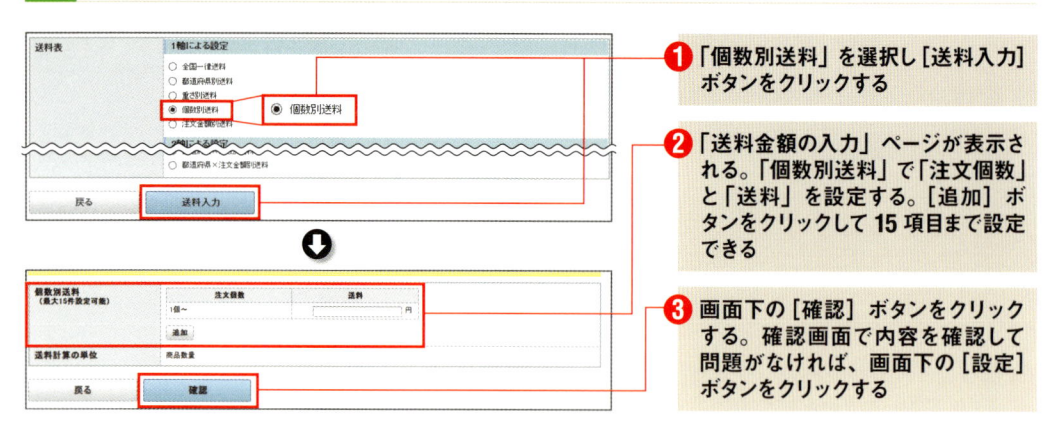

❶ 「個数別送料」を選択し[送料入力]ボタンをクリックする

❷ 「送料金額の入力」ページが表示される。「個数別送料」で「注文個数」と「送料」を設定する。[追加]ボタンをクリックして15項目まで設定できる

❸ 画面下の[確認]ボタンをクリックする。確認画面で内容を確認して問題がなければ、画面下の[設定]ボタンをクリックする

注文金額別送料：合計金額別の送料金額を設定

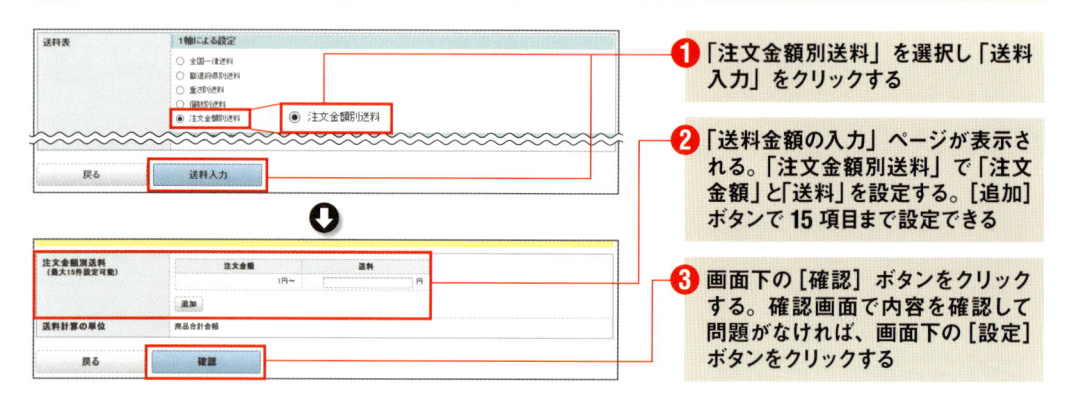

❶ 「注文金額別送料」を選択し「送料入力」をクリックする

❷ 「送料金額の入力」ページが表示される。「注文金額別送料」で「注文金額」と「送料」を設定する。[追加]ボタンで15項目まで設定できる

❸ 画面下の[確認]ボタンをクリックする。確認画面で内容を確認して問題がなければ、画面下の[設定]ボタンをクリックする

都道府県×重さ別送料：都道府県別と重さ別を組み合わせて送料金額を設定

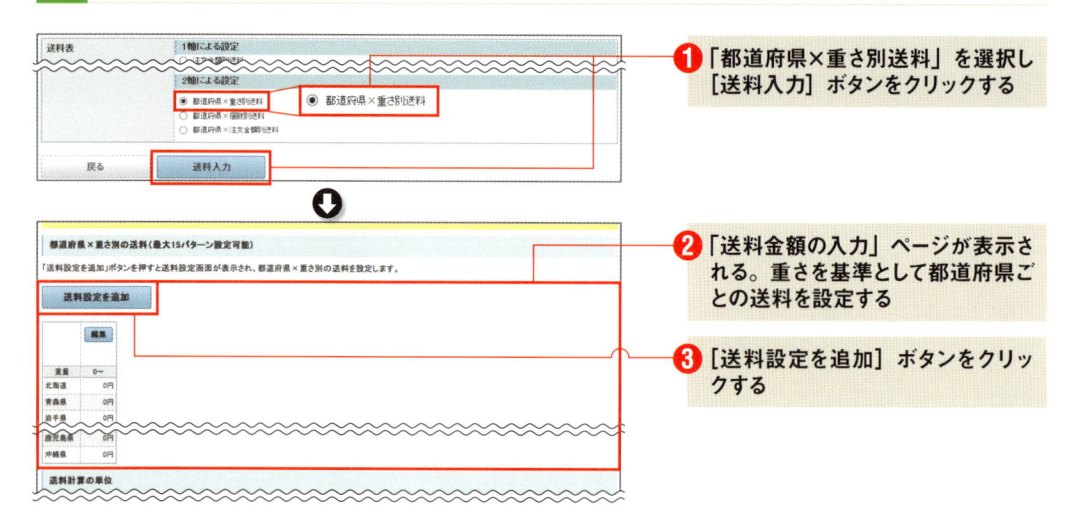

❶ 「都道府県×重さ別送料」を選択し[送料入力]ボタンをクリックする

❷ 「送料金額の入力」ページが表示される。重さを基準として都道府県ごとの送料を設定する

❸ [送料設定を追加]ボタンをクリックする

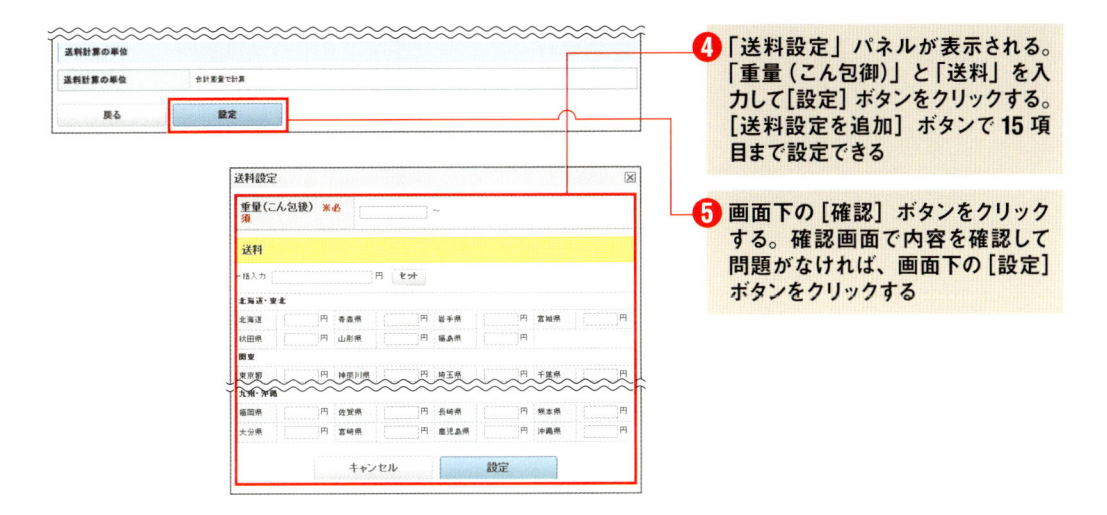

④「送料設定」パネルが表示される。「重量（こん包御）」と「送料」を入力して[設定]ボタンをクリックする。[送料設定を追加]ボタンで15項目まで設定できる

⑤ 画面下の[確認]ボタンをクリックする。確認画面で内容を確認して問題がなければ、画面下の[設定]ボタンをクリックする

都道府県×個数別送料：都道府県別と個数別を組み合わせて送料金額を設定

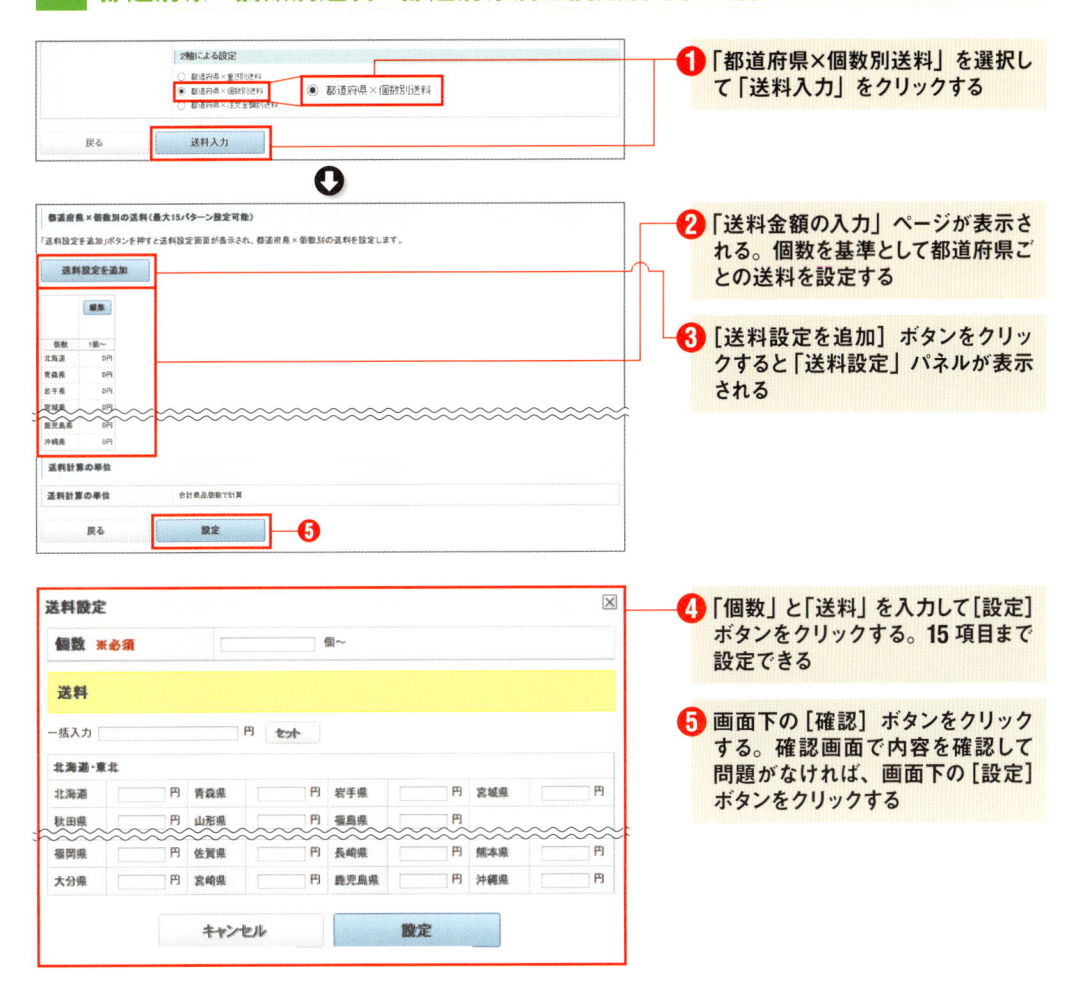

① 「都道府県×個数別送料」を選択して「送料入力」をクリックする

② 「送料金額の入力」ページが表示される。個数を基準として都道府県ごとの送料を設定する

③ [送料設定を追加]ボタンをクリックすると「送料設定」パネルが表示される

④ 「個数」と「送料」を入力して[設定]ボタンをクリックする。15項目まで設定できる

⑤ 画面下の[確認]ボタンをクリックする。確認画面で内容を確認して問題がなければ、画面下の[設定]ボタンをクリックする

07 配送方法、送料設定を行う

067

都道府県×注文金額別送料：都道府県別と注文金額別を組み合わせて送料金額を設定

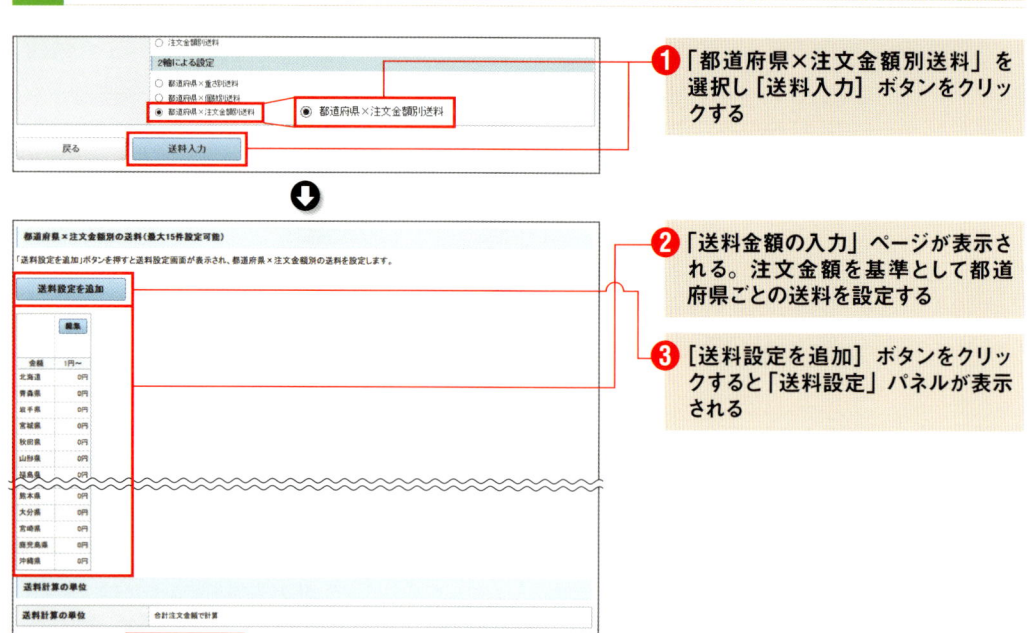

❶「都道府県×注文金額別送料」を選択し[送料入力]ボタンをクリックする

❷「送料金額の入力」ページが表示される。注文金額を基準として都道府県ごとの送料を設定する

❸ [送料設定を追加]ボタンをクリックすると「送料設定」パネルが表示される

❹「注文金額」と「送料」を入力して[設定]ボタンをクリックする。15項目まで設定できる

❺ 画面下の[確認]ボタンをクリックする。確認画面で内容を確認して問題がなければ、画面下の[設定]ボタンをクリックして完了である

PRO

08 お支払方法設定を行う

「お支払方法設定」では、商品代金の支払方法の設定を行います。

お支払方法の設定

❶ 「カート設定」メニューの「お支払方法設定」にて設定する

❷ 「お支払方法」項目の[編集]ボタンをクリックして設定する。ここでは「銀行振込」を例にして設定する

❸ 「お支払種別」で「前払い」か「後払い」を選択する

❹ 「お支払方法名」でお支払い方法入力欄に表示する項目名を入力する

❺ 「請求書に表示するメッセージ」「お支払い方法に関するメッセージ」には任意設定なので必要に応じて入力する

❻ 「利用金額制限」には、この支払方法で利用金額の上限を設ける時にその金額を入力する。入力しない場合、金額制限は設けられない

❼ 必要事項を記入後、画面下の[確認]ボタンをクリックする

❽ 確認画面で内容を確認して問題がなければ、画面下の[設定]ボタンをクリックする。「お支払方法」項目に登録したお支払方法が表示される。登録したお支払い方法をストアに表示するか表示しないかを設定するには、[表示順を編集]ボタンをクリックする

❾ 「表示」にチェックが入っているお支払い方法が表示される。チェックすると、「お支払方法の表示順設定」にも表示され、表示順番を設定できる

❿ 編集後、[設定]ボタンをクリックすれば完了。ほかの支払方法も同様に設定する

069

PRO

09 手数料設定を行う

「手数料設定」では、支払い方法における手数料の設定を行います。

手数料の設定

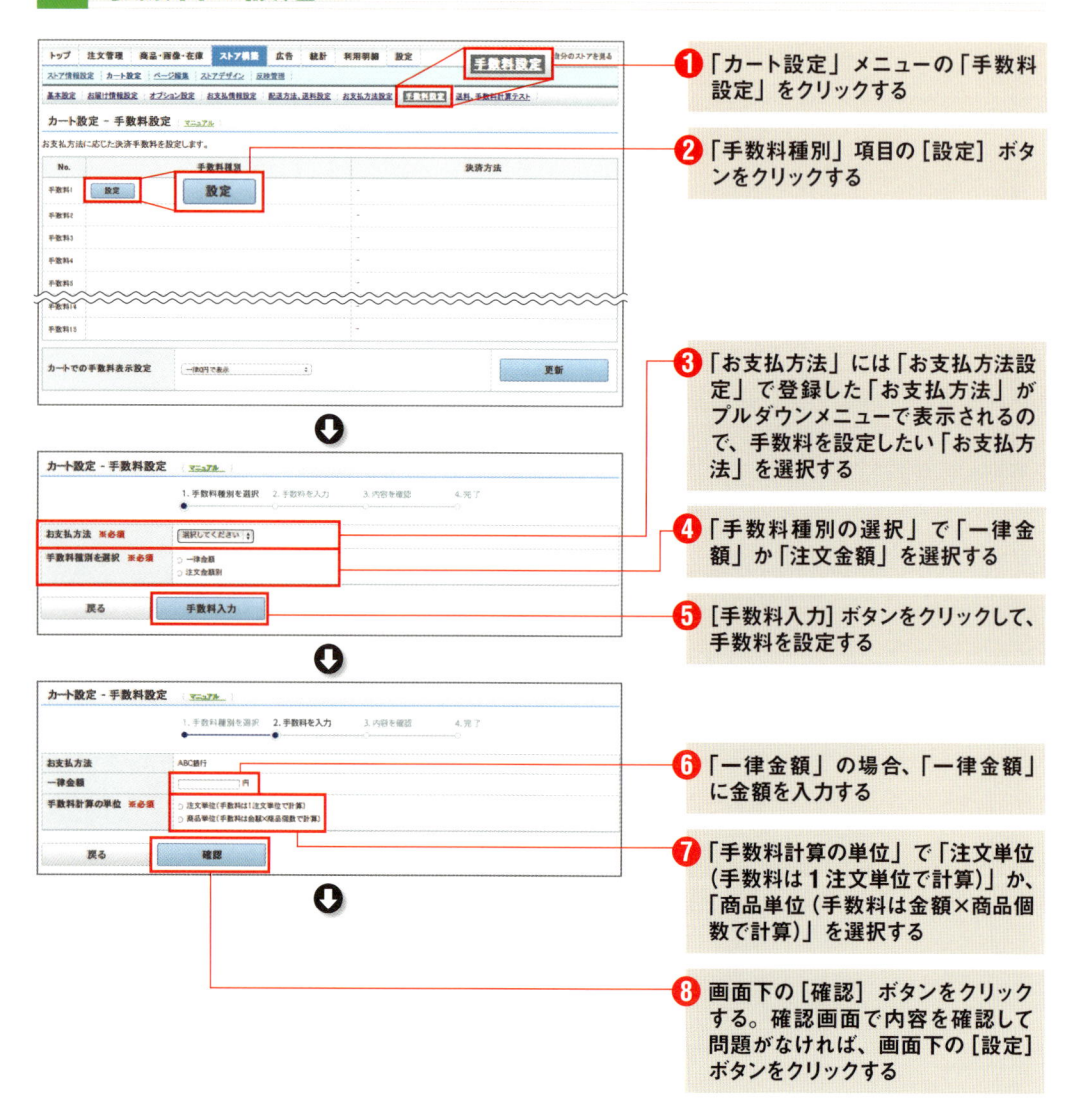

❶ 「カート設定」メニューの「手数料設定」をクリックする

❷ 「手数料種別」項目の[設定]ボタンをクリックする

❸ 「お支払方法」には「お支払方法設定」で登録した「お支払方法」がプルダウンメニューで表示されるので、手数料を設定したい「お支払方法」を選択する

❹ 「手数料種別の選択」で「一律金額」か「注文金額」を選択する

❺ [手数料入力]ボタンをクリックして、手数料を設定する

❻ 「一律金額」の場合、「一律金額」に金額を入力する

❼ 「手数料計算の単位」で「注文単位(手数料は1注文単位で計算)」か、「商品単位(手数料は金額×商品個数で計算)」を選択する

❽ 画面下の[確認]ボタンをクリックする。確認画面で内容を確認して問題がなければ、画面下の[設定]ボタンをクリックする

❾ 「お支払方法」項目に登録したお支払方法が表示される

❿ 「注文金額別」の場合、注文金額を基準に手数料を設定する。[追加]ボタンで15項目まで設定できる

⓫ 画面下の[確認]ボタンをクリックする。確認画面で内容を確認して問題がなければ、画面下の[設定]ボタンをクリックする

送料、手数料のテスト計算

設定した送料と手数料で、正しく計算されるかをテストしてみましょう。

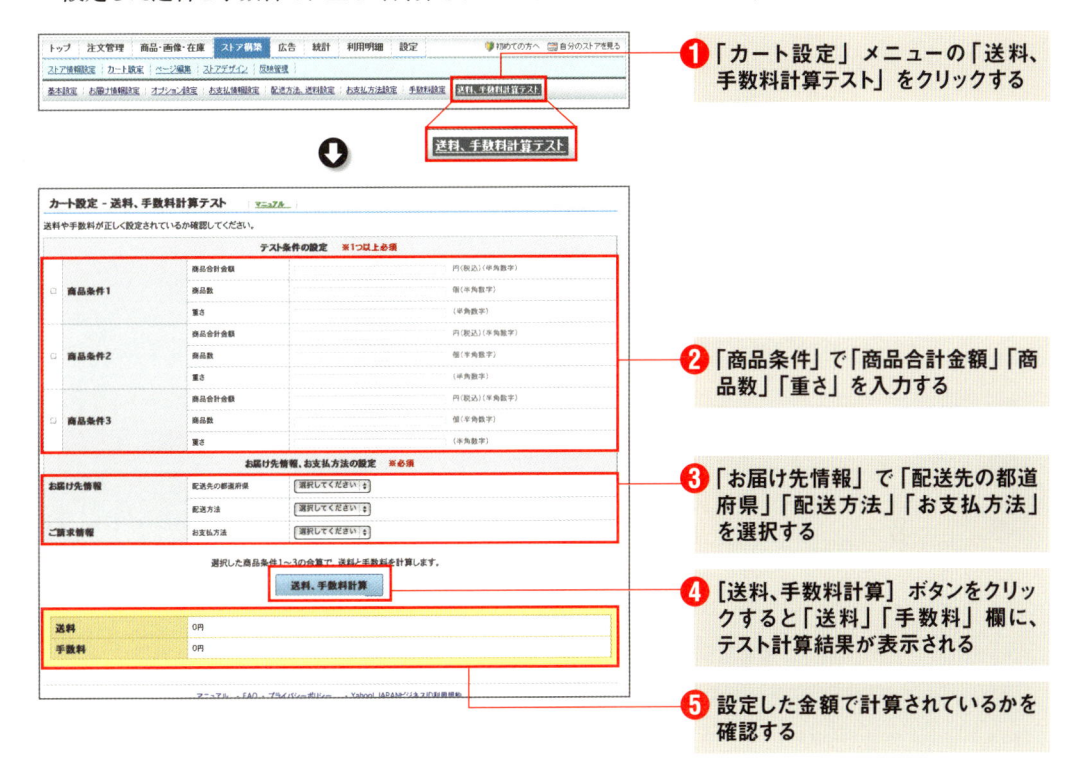

❶ 「カート設定」メニューの「送料、手数料計算テスト」をクリックする

❷ 「商品条件」で「商品合計金額」「商品数」「重さ」を入力する

❸ 「お届け先情報」で「配送先の都道府県」「配送方法」「お支払方法」を選択する

❹ [送料、手数料計算]ボタンをクリックすると「送料」「手数料」欄に、テスト計算結果が表示される

❺ 設定した金額で計算されているかを確認する

PRO

10 メールテンプレートと帳票の設定を行う

注文を受けてから必要な、ユーザーへのメールや納品書の発行には、メールテンプレート、帳票の設定が必要となります。

1 メールテンプレートの種類

ユーザーに送るメールには「注文承諾メール」「出荷通知メール」「その他メール」の種類があります。それぞれにテンプレートが設定できます。

テンプレート	説明
注文承諾メール	注文があるとユーザーにもストアにも「注文内容確認メール」が自動配信される。「注文承諾メール」は、ストアから注文内容を確認したあと、注文を承諾することをユーザーに通知するメール。手動で送信するか、自動配信するかを選べる
出荷通知メール	商品を出荷したことをユーザーに通知するメール。手動で送信するか、自動配信するかを選べる
その他メール	上記以外の注文管理に使用するメールのテンプレートを作成できる。入荷予定の案内、入金の案内、アフターフォローメールなど、必要に応じてテンプレートを設定する

メールテンプレート

2 メールテンプレートの設定

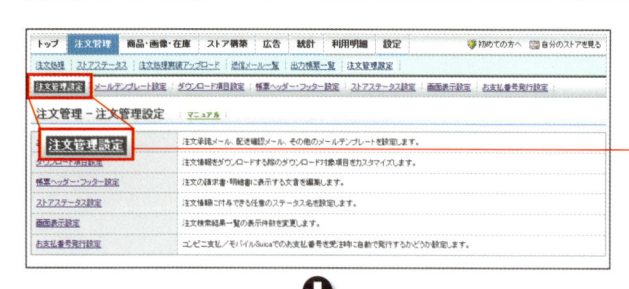

❶「注文管理」の「注文管理設定」をクリックすると「注文管理設定」ページが表示される

❷ メニューの「メールテンプレート設定」をクリックしてメールテンプレートを設定する

10 メールテンプレートと帳票の設定を行う

❸ ここでは、「注文承諾（PC）」のテンプレートを編集する。「注文承諾(PC)」の［編集］ボタンをクリックすると、テンプレート編集画面が表示される

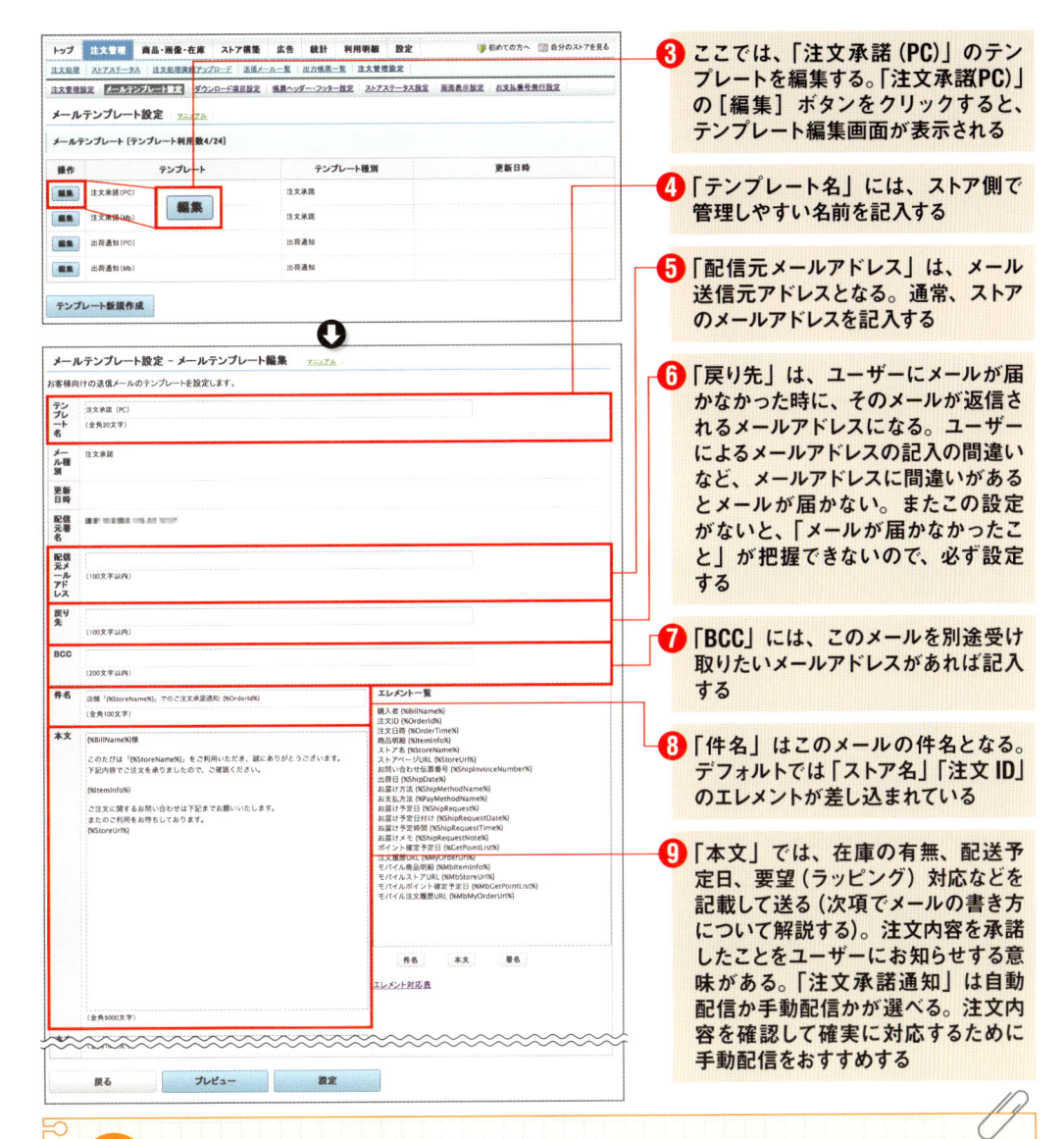

❹ 「テンプレート名」には、ストア側で管理しやすい名前を記入する

❺ 「配信元メールアドレス」は、メール送信元アドレスとなる。通常、ストアのメールアドレスを記入する

❻ 「戻り先」は、ユーザーにメールが届かなかった時に、そのメールが返信されるメールアドレスになる。ユーザーによるメールアドレスの記入の間違いなど、メールアドレスに間違いがあるとメールが届かない。またこの設定がないと、「メールが届かなかったこと」が把握できないので、必ず設定する

❼ 「BCC」には、このメールを別途受け取りたいメールアドレスがあれば記入する

❽ 「件名」はこのメールの件名となる。デフォルトでは「ストア名」「注文ID」のエレメントが差し込まれている

❾ 「本文」では、在庫の有無、配送予定日、要望（ラッピング）対応などを記載して送る（次項でメールの書き方について解説する）。注文内容を承諾したことをユーザーにお知らせする意味がある。「注文承諾通知」は自動配信か手動配信かが選べる。注文内容を確認して確実に対応するために手動配信をおすすめする

Memo モバイルへのメール

「モバイルテンプレート」においては、端末の画面が小さいというモバイル環境を考えて、「PCテンプレート」の内容を簡潔にしたものを用意します。「配信方法」はストアクリエイターProでの設定がありませんので、内容を「モバイルのメール」に変更してください。

POINT エレメント

エレメントとは、ユーザーの名前や注文IDなどの情報をメール内に自動的に差し込ませる機能です。エレメントを利用すれば、注文内容、配送先住所などもメール内に自動的に記載されます。本文入力欄の右側に表示されている「エレメント対応表」から使用したい（自動的に記載させたい）項目を選んで、それをメール内の表示させたい位置に入力してください。

073

3 メールテンプレートを利用してメールを作成

メールテンプレートの本文を編集していきましょう。まずは「注文確認メール」を編集します。

```
このたびは <%ストア名%> をご利用いただきありがとうございます。

このメールは、ご注文の確認のために自動送信されています。
内容を確認の上、あらためて「注文承諾メール」をお送りいたしますのでお待ちください。

このメールに覚えがない場合、ご不明な点がございましたら、
お手数ですが、以下までご連絡ください。

--------------------
<%ストア名%>
担当：○○○○

〒000-0000 ここに住所
電話番号：000-000-0000
E-mail：xxx@xxxx.jp
営業時間：○○時～○○時
--------------------
```
注文確認メール：例

❶「注文確認メール」では、ユーザーに注文内容を確認してもらう意味があるので、注文内容は自動で挿入される。ショッピングカートからの注文を受け付けた時点で自動配信されるので、この時点では、正式に売買契約が成立しているわけではない（注文確認メールで売買契約が成立する）

❷ 手順❶の入力例のように、挨拶文とストアの連絡先を掲載するのが基本となる（「注文確認メール」には署名欄の設定がないので、本文中に連絡先を記載する）

```
送料、手数料を含めた正式なお支払金額については、
ストアからの「注文承諾メール」でお知らせいたします。
```
送料に関する記載例 ①

```
離島などへお届けは別途送料がかかります。正式なお
支払金額については、ストアからの「注文承諾メール」
でお知らせいたします。
```
送料に関する記載例 ②

❸ 注文内容は、本文の下に自動的に差し込まれる。離島などへの配送で別途送料計算が必要な場合、割引や手数料などショッピングカートの自動計算で対応できない場合には、左の例のような一文を記載することも必要である

> **POINT 定休日や長期休暇への対応**
>
> また、定休日にメール返信ができない場合や長期休暇の場合にも、その旨を記載することをおすすめします。「注文確認メール」は自動配信となりますので、ユーザーが不安にならないように記載してください。

```
<%ストア名%>
```
注文承諾メール（配信元 署名）の記載例

❹「注文承諾メール」では、注文内容を確認したあとで、正式にその注文を受注することをユーザーに伝えるメールとなる。配信元 署名・件名・本文・署名に分かれているエレメントを上手に使って、印象の良いメールに仕上げる。左の例のように、「ストア名」を記載する

```
ご注文ありがとうございます。【<%ストア名%>】<%
注文番号%>
```

注文承諾メール（件名）：例

❺ ストア名と運営会社名が異なる場合には、「ストア名」のあとに（運営会社名）としてもよい。左の例のように、「ストア名」「注文番号」を記載する

```
<%注文者名%>様

「<%ストア名%>」お客様担当の○○と申します。
この度は数あるショップの中から当店をお選びいただき、誠にありがとうございます。

以下の商品のご注文を承りましたので、ご連絡させていただきました。
商品の発送は○月○○日の予定です。
商品到着まで、今しばらくお待ちくださいませ。
商品出荷の際には「出荷通知メール」をお送りいたします。

***************************************************
■注文番号：<%注文番号%>

■ご注文詳細
<%商品明細%>

※次のURLで、お届け先などご注文内容の詳細をご確認いただけます。
<%注文履歴URL%>
***************************************************

ご注文に関するお問い合わせは下記までお願いいたします。
なお、お問い合わせの際には
【受注番号】【ご注文者様名】をお知らせください。
```

注文承諾メール（本文）の記載例

❻ メールを受け取ったユーザーが誤って削除しないように、件名だけで判断できることが必要である。左の例のように、注文へのお礼、発送予定、注文番号、注文詳細、お問い合わせの注意事項などを記載する

```
--------------------
<%ストア名%>
<%URL%>
担当：○○○○
<%ストア名%>は○○○○が運営しています。

〒000-0000 ここに住所
電話番号：000-000-0000
E-mail：xxx@xxxx.jp
営業時間：○○時～○○時
--------------------
```

注文承諾メール（署名）の記載例

❼ ネット販売は直接顔が見えない接客となるので、担当者の名前は必ず記載することが重要である。また、丁寧な文面にすることと、読みやすい文面にすることが大切である。左の例のように、ストア名と連絡先を掲載する。ストア名と運営会社名が異なる場合は、電話での応対がストア名ではなく会社名となり、ユーザーが間違えたと勘違いするので、「<%ストア名%>は○○○○が運営しています。」の一文を入れることをおすすめする

Chapter 3 ストアの各種設定をする

```
■銀行振込みをご選択のお客様へ
 前払いとなりますので、ご入金確認後に発送させていただきます。
 お振込み口座は以下のとおりです。
 ○日以内にご入金ください。
 なお、振込手数料はお客様のご負担となります、ご了承ください。

 ＜お振込み口座＞
 ○○銀行　○○支店　（支店番号 ×××）
 普通　×××××××
 口座名義：○○○○（フリガナ表記）
```
支払い方法のお知らせの記載例

❽ 支払い方法によってインフォメーションが必要となる。例えば、銀行振込の場合なら、左の例のように振込先口座と支払い期限、振込手数料について記載する

⬇

```
■代金引換をご選択のお客様へ
 商品配達時に、配送員に代金をお支払いください。
 配送業者は○○○です。
 お支払いは、現金のほか、クレジットかカード決済・電子マネー決済がご利用いただけます。
 代金引換の手数料 324 円はお客様のご負担となります、ご了承ください。
```
代金引換の場合の記載例

❾ 代金引換の場合なら、左の例のように、支払い方法、配送業者名、代金引換手数料について記載する

⬇

```
<%ストア名%>
```
「出荷通知メール（配信元 署名）」の記載例

❿ 「出荷通知メール」では、商品を出荷した旨をユーザーに伝えるメールとなる。配信元 署名・件名・本文・署名に分かれている。ユーザーが商品到着まで安心していただけるような内容にする。「注文承諾メール」と同様である

⬇

```
商品出荷のお知らせ【<%ストア名%>】<%注文番号%>
```
出荷通知メール（件名）の記載例

⓫ ほかにも出荷通知メールは左の例のように、件名だけで伝わるようにする

⬇

```
<%注文者名%> 様

「<%ストア名%>」お客様担当の○○です。
この度は当店をご利用いただき誠にありがとうございました。

ご注文いただきました商品は、本日発送いたしました。
お届けまで今しばらくお待ち下さいませ。

■お届けに関して
 お届け方法：<%お届け方法%>
 お届け予定日：<%お届け予定日%>
 お問い合わせ伝票番号：<%お問い合わせ伝票番号%>
 配送業者：○○○○
```

⓬ 左の例のように、伝票番号から配送状況がわかるようにすることが大切である。利用している配送業者が、伝票番号から配送状況確認をできるサービスを行っているか確かめて、そのURLも案内する

```
■配送に関してのお問い合わせ
  配送状況、お問合せ先は、下記URLよりご確認頂けます。
  http://www.xxx.jp/xxx.html
  伝票番号【<%お問い合わせ伝票番号%>】にてお問い合わせ下さい。
  ※データの反映が遅れることもございます。

■ご注文詳細
  注文番号：<%注文番号%>
  ※次のURLで、注文内容の詳細をご確認いただけます。
  <%注文履歴URL%>

梱包につきましては、発送の際に十分注意をしておりますが、
お手元に商品が届きましたら、商品の破損や不足など、ご確認ください。
万が一不具合などございましたら、お手数ですがストアまでご連絡ください。

なお、悪天候や交通事情などで、商品到着が予定より遅れる場合がございます。
ご理解とご了承いただきますよう、どうぞお願いいたします。

今後とも「<%ストア名%>」をどうぞよろしくお願いいたします。

▼顧客評価、商品レビューにご協力ください▼
ご注文時「ご利用ストアおよび商品の評価メール」を選択されていた場合、
後ほど「顧客評価メール」をお届けいたします。
当店のご利用につきして、ご感想、ご意見など、どうぞお寄せ下さい。
また、商品のご感想などのレビュー投稿も合わせてお願いいたします！
```

出荷通知メール（本文）の記載例

POINT 顧客評価と商品レビューのお願いを記載する

顧客評価と商品レビューのお願いも記載しておいたほうがよいでしょう。顧客評価は、ショッピングカートの最終確認画面にて「ご利用ストアおよび商品の評価メール」にチェックを入れたユーザーが対象となります。2週間後にメールが自動配信され、そのメールからストア評価ができる仕組みになっています。
商品レビューは、ユーザーが任意に投稿する仕組みになっています。「その他の通知」を使って、商品レビューをお願いするメールを設定して配信することで、投稿を促す方法もあります。

```
<%注文者名%> 様

お世話になっております。
「<%ストア名%>」お客様担当の○○と申します。

前回、ご案内させていただきましたが
今回のご注文につきましてキャンセル処理が完了いた
しました。

またのご利用をお待ちしております。
```

キャンセルメール（本文）の記載例

⓮「キャンセルメール」では、注文をキャンセルする場合、ユーザーに伝えるメールとなる。注文ステータスを「キャンセル」にすると自動的に送信される。キャンセルは、ユーザーの都合による場合とストアの都合による場合があるので、両方に対応する文面にしておく必要がある。「キャンセルメール」は本文のみ編集可能である

POINT キャンセルメール本文の「前回」という記載について

キャンセルメール本文に「前回、ご案内させていただきましたが」と記載してあるのは、ユーザーとのやり取りが必ずあってからキャンセル処理となるからです。

注文ステータスを「キャンセル」にする前に、必ずメールまたは電話で連絡することになります。注文間違いなど、ユーザーの都合による場合は、ユーザーからキャンセルの申し出がありますので、それに対して承る旨を伝えてからキャンセル処理を行います。

商品が確保できない、前払い期限が過ぎても入金がないなど、ストアの都合による場合は、ストアから購入者にキャンセルせざるを得ない事情を伝える連絡を行ってからキャンセル処理を行います。

いずれにしても、キャンセル扱いとする場合には、トラブルにならないよう丁寧に対応することが大切です。それぞれの場合を想定して、「その他の通知」で対応するメールをテンプレート化しておくのも方法です。

4 帳票のヘッダーとフッターを設定する

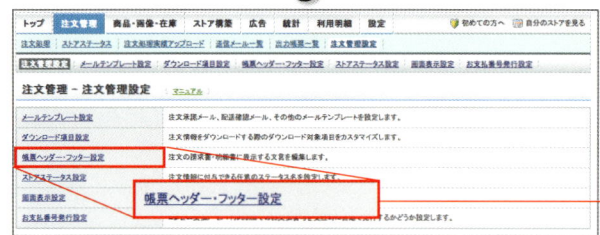

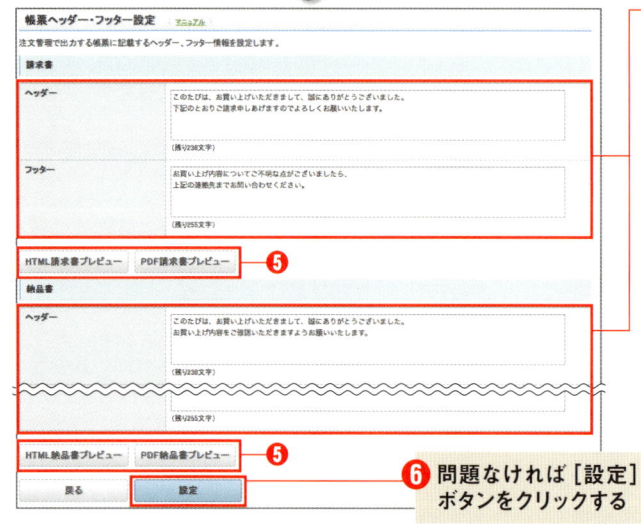

❶「注文管理」の「注文管理設定」をクリックすると「注文管理設定」ページが表示される

❷ メニューから「帳票ヘッダー・フッター設定」をクリックして設定する

❸ 帳票の種類は、「請求書」「ピッキングリスト」「出荷リスト」「納品書（お買い上げ明細書）」となる。HTMLもしくはPDFでの出力が可能

Memo 帳票機能

帳票機能を使えば、納品書や請求書を簡単に発行できます。

❹ 帳票で任意に設定できるのは、ヘッダーとフッター部分。商品購入のお礼を掲載するなど、オリジナルな文面を設定する

❺ [HTML請求書プレビュー] [PDF請求書プレビュー] [HTML納品書プレビュー] [PDF納品書プレビュー] の各ボタンで、それぞれの帳票がプレビュー画面で確認できる

注意! 帳票について

帳票には、基本的情報は自動的に差し込まれているので、ヘッダー、フッターを編集した帳票がどのようになるのか、確認しながら設定してください。

❻ 問題なければ [設定] ボタンをクリックする

Chapter 4

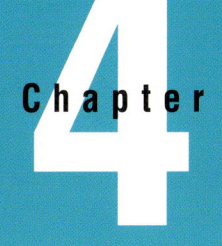

ストアクリエイターProでストアを構築する

第3章ではYahoo!ショッピングで注文が受けられるように各種の設定を行いました。これでショッピングカートが稼働して注文が受けられるようになりました。次はストアを構築して商品を並べる準備を行います。この章ではストアのデザイン設定を説明していきます。

01 ストアのデザインを決めるための設定

ストアを構築するにあたり、ストアのサイト構造、各ページやパーツの役割、商品ページの構成を理解することが必要です。

■ ストアは開店してからがスタート!

ストアは開店時に構築したら終わりではなく、そこからがスタートとなります。商品の追加やそれに伴うカテゴリ追加、販促ページの作成など、ストアを充実していく必要があります。とりあえず構築するのとその役割や意味がわかっていて構築するのとでは、その後の構築に影響します。1つ1つ理解しながら構築していきましょう。

■ ストアの構造

Yahoo!ショッピングでのストアは下図の構造となります。

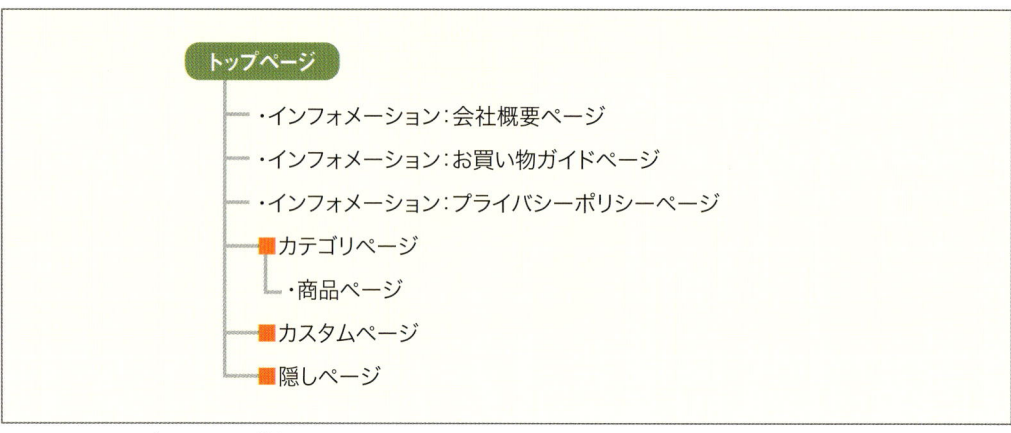

```
トップページ
  ├─ ・インフォメーション：会社概要ページ
  ├─ ・インフォメーション：お買い物ガイドページ
  ├─ ・インフォメーション：プライバシーポリシーページ
  ├─ ■カテゴリページ
  │     └─ ・商品ページ
  ├─ ■カスタムページ
  └─ ■隠しページ
```

Yahoo!ショッピングでのストアの構造

「トップページ」はストアの入口となるページです。どんなストアなのか？ 何を販売しているのか？ おすすめの商品は何か？ トップページでストアの特徴がわかるように情報を掲載します。

「会社概要ページ」「お買い物ガイドページ」「プライバシーポリシーページ」は、前章の設定により自動的にページが作られます。「会社概要ページ」は、ストアの基本的な情報と特定商取引に関する法律に基づく表記が記載されます。

「お買い物ガイドページ」は、支払い方法、手数料、配送、返品などに関して必要な情報が記載されます。

「プライバシーポリシーページ」は、個人情報の取り扱いについて記載されます。「カテゴリ」は商品をカテゴリ分けした数だけ設けます。カテゴリの下位階層にカテゴリを設定することもできます。例えば、食品を販売するストアであれば、「スイーツ」のカテゴリを第一階層として、その下位階層に「洋菓子」「和菓子」を第二階層として設定するという感じです。大分類・中分類・小分類と必要に応じて階層を設定します。ただし、カテゴリの階層はあまり深くなってしまいますと、商品にたどり着くのにクリック回数が増えてしまい、商品が見つけにくくなってしまいますので注意が必要です。

「商品ページ」は必ずカテゴリに紐付き、カテゴリの下位階層に設置することになります。「カスタムページ」は、自由なデザイン（HTML）が掲載できるページです。何かを説明するページ（例えば「よくある質問ページ」など）を設ける時などに使用します。

「隠しページ」は、そのページにIDとパスワードを設定してアクセス制限を設けることができるページです。特別な商品を掲載して、特定のユーザーにだけ購入できるようにするなど、特定の人だけに見せたい場合に利用します。

なお「カテゴリページ」「商品ページ」「カスタムページ」「隠しページ」は必要に応じて増やしていくことができます。

■ ストア構築管理画面

Yahoo!ショッピングは「ストアクリエイターPro」にて各種設定、注文管理、ストア構築を行いますが、ストア構築（商品登録、ページ編集、カテゴリ管理、画像管理など）を行う管理画面は「ストアエディタ」と呼びます。各種設定、注文管理を行うページでは、左上ロゴが「Yahoo! JAPAN ストアクリエイターPro」になっていますが、「ストアエディタ」ページでは、左上ロゴが「Yahoo! JAPAN ストア」になります。各ページには「ストアクリエイターPro」トップページの「ツールメニュー」もしくはヘッダーメニューから移動できます。

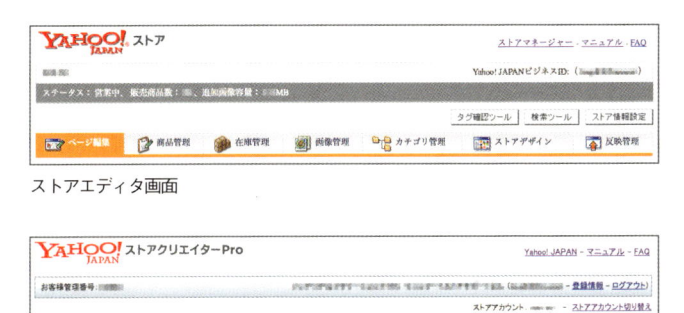

ストアエディタ画面

ストアクリエイターPro画面

ストアクリエイターProの「ツールメニュー」

■ ストア作成モード

　Yahoo!ショッピングにおけるストア構築は、「かんたんモード」と「通常モード」の2つが用意されています。

▍かんたんモード

　「かんたんモード」はホームページの構築作業に慣れていない方でも構築できる、文字どおり簡単な作成モードです。各パーツを組み込んであるデザインが用意されておりますので、イメージカラーを選んで各パーツを編集するだけでストア構築ができます。

　テキスト中心のシンプルな構築ですのでデザイン性はありませんが、とりあえず開店させたい場合にはおすすめです。

▍通常モード

　一方、「通常モード」は各パーツの配置やレイアウトのカスタマイズができる作成モードです。自由度が高い分、HTMLでのホームページ構築作業に慣れた方でないと難しい作業になるかもしれません。

　最終的に目指すのは「通常モード」で作るデザイン性があり訴求力のあるストアですが、ストア構築に自信がない方は「かんたんモード」で開店させて、ストア運営に慣れたら「通常モード」に切り替えて構築し直す（デザインをリニューアルする）のも1つの方法です。

　初期設定では「かんたんモード」になっています。この編集モードの切り替えは、ストアエディタ画面の右上にある［ストア情報設定］ボタンをクリックして設定できます。

　左側の「ストア情報設定メニュー」の「エディター設定」にて、希望の編集モードにチェックを入れて［更新］ボタンをクリックしてください。

　「かんたんモード」では隠されていた編集機能も「通常モード」に設定するとメニューに表示されるようになります。

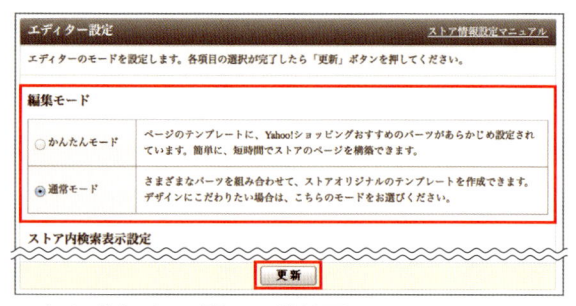

エディター設定における編集モード設定画面

■ ストア構築におけるパーツとテンプレート

　Yahoo!ショッピングでは、ストア看板やサイドメニュー、営業カレンダーなど、各ページに共通で表示されるデザイン部分をパーツとして用意しています。そのパーツを組み合わせたレイアウトをテンプレートとして登録することで、パーツやレイアウトを変更すると、そのテンプレートを使用しているページが一括して変更される仕組みになっています。

　テンプレートは、共通設定（すべてのページに共通するレイアウト部分）として「ヘッダー」「サイ

ドナビ」「フッター」が、ページレイアウト（共通設定ではない本文部分）として「トップページ」「カテゴリページ」「商品ページ」「カスタムページ」が用意されています。

　「ヘッダー」はヘッダー用のパーツの組み合わせによってレイアウトされています。「サイドナビ」「フッター」も同様です。例えば、ヘッダーのパーツである看板部分を変更すれば、すべてのページのヘッダーの看板部分が変更されます。「ヘッダー」はページ上部に表示、「サイドナビ」はページの左部分（「通常モード」では左右に設置可能）に表示、「フッター」はページ下部に表示されます。

　パーツには、設定すれば自動表示してくれる便利な機能があります。例えば、休日設定をカレンダーで自動表示する、カテゴリやランキング、おすすめ商品を自動表示してリンク設定するなど、HTMLの知識がなくてもストアが賑やかになり回遊を促すように構築できます。

　なお、「かんたんモード」ではパーツを増やしたり表示する場所を並べ替えたりはできません。「通常モード」では、各パーツを表示させる（使う）かどうかとその順番が設定できます。パーツとテンプレートの概念は慣れないとわかりにくいかもしれません。

　「かんたんモード」と「通常モード」では、パーツの編集も若干異なりますので、各パーツの設定や編集は「かんたんモード」と「通常モード」に分けて、次項以降で解説するとして、ここではパーツの内容の役割について解説していきます。また、パーツは「トップページ」「カテゴリページ」「商品ページ」「カスタムページ」でも使用することができます。

看板

　「看板」はヘッダーで使用するパーツです。文字どおりストアの看板的役割をしています。ストア名、ストア説明（サブタイトルやキャッチコピー）を掲載します。看板を見ただけで、ユーザーがどのようなお店なのかわかることが大切です。「かんたんモード」でも「通常モード」でも使用できるパーツです。

パンくずリスト

　「パンくずリスト」はヘッダーで使用するパーツです。現在位置を表示します。トップページから開いているページの階層までがテキストで表示されます。テキストには該当ページがリンク設定されているので、ユーザーが現在位置を把握するとともに、上位階層に移動できる役割があります。ちなみに、「パンくずリスト」という名称は、童話「ヘンデルとグレーテル」に由来されていると言われています。「かんたんモード」でも「通常モード」でも使用できるパーツです。

ページ移動ボタン

　「ページ移動ボタン」は、ヘッダーで使用することができるパーツです。「一つ上のページ」「前のページ」「次のページへ」と移動できるボタンを表示させて、現在ページから移動させやすくさせる役割があります。「かんたんモード」では使用できません。「通常モード」でしか使用できないパーツです。

ストア内検索

　「ストア内検索」は、ヘッダーとサイドナビで使用するパーツです。ユーザーがストア内の商品を検索したい時に、キーワードから該当商品を抽出させる機能があります。検索オプションを設定すると、

---

01 ストアのデザインを決めるための設定

083

キーワードに対して「をすべて含む（and検索）」「のうち少なくとも1つを含む（or検索）」「を含まない（not検索）」を利用させることができます。また、価格指定（○○円〜○○円）でも検索させることができます。「かんたんモード」でも「通常モード」でも使用できるパーツです。

ストアサービス

「ストアサービス」は、ヘッダーとサイドナビで使用するパーツです。「ストアトップ」「ショッピングカート」「会社概要」「ニュースレター申し込み」「お買い物ガイド」「お問い合せ」など、カテゴリページ、商品ページ、カスタムページ以外の主要ページへ移動させるボタンを表示させることができます。「かんたんモード」でも「通常モード」でも使用できるパーツです。

人気ランキング

「人気ランキング」は、ヘッダー・サイドナビ・フッターで使用するパーツです。「注文数が多い商品をランキング形式でトップ5を自動表示させます。直近7日間が自動集計されて毎日更新される仕組みになっています。ユーザーに何が売れているかを把握させることで、売れ筋商品をアピールするとともに、その商品に誘導する役割があります。「かんたんモード」でも「通常モード」でも使用できるパーツです。

おすすめ商品

「おすすめ商品」は、ヘッダー・サイドナビ・フッターで使用するパーツです。ストア側でおすすめしたい商品を商品画像で表示させ、その商品へリンクさせることができます。商品ページへワンクリックで移動させることができるので、新入荷商品や一押し商品をアピールするのに有効です。「かんたんモード」でも「通常モード」でも使用できるパーツです。

カレンダー

「カレンダー」は、ヘッダー・サイドナビ・フッターで使用するパーツです。ストアの営業日や休日をカレンダー式で2ヶ月分自動表示させることができます。営業日はユーザーにとって受注対応してくれるかどうか気になる要素です。休日を営業カレンダーでしっかり告知して、ユーザーが一目でわかるようにしましょう。「かんたんモード」でも「通常モード」でも使用できるパーツです。

カスタムページ表示

「カスタムページ表示」は、サイドナビで使用するパーツです。作成したカスタムページを表示させてリンクします。「かんたんモード」でも「通常モード」でも使用できるパーツです。

ストア内商品カテゴリ

「ストア内商品カテゴリ」は、サイドナビで使用するパーツです。設定したカテゴリを表示してリンクします。第一階層のカテゴリが表示されますが、第二階層（そのカテゴリの下位階層）のカテゴリを表示するパターンなど、いくつかの表示タイプが用意されています。「かんたんモード」でも「通常モード」でも使用できるパーツです。

トピックス

「トピックス」は、サイドナビで使用するパーツです。任意のページへのリンクを画像とテキストで表示することができます。特集ページなど、ユーザーに見てもらいたいコンテンツへの誘導に利用できます。「かんたんモード」でも「通常モード」でも使用できるパーツです。

店長紹介

「店長紹介」は、サイドナビで使用するパーツです。店長（店主）の画像と挨拶文が掲載できます。また、Yahoo!ブログか Yahoo!ジオシティーズのブログへのリンク設定ができます。ネット販売は直接顔を合わせて接客できません。顔写真の掲載は、販売している側が少しでも見えてユーザーに安心してもらうために必要です。また、同じ理由でブログは人となりをわかってもらうためにも役立ちます。「かんたんモード」でも「通常モード」でも使用できるパーツです。

インフォメーション

「インフォメーション」は、フッターで使用するパーツです。お支払いや配送についてのお買い物ガイド、会社概要などの抜粋が掲載できます。その抜粋から詳細ページにリンクさせて使用します。ユーザーは購入する際に必ず支払いや配送についての確認をしますので、お買い物ガイドページに移動させることなく表示することはストア構築において大切な要素となります。「かんたんモード」でも「通常モード」でも使用できるパーツです。

コピーライト

「コピーライト」は、フッターで使用するパーツです。「Copyright © 企業名もしくはストア名 All Right Reserved.」のように、コピーライトを表示させます。ページの最も下部分に表示されます。「かんたんモード」でも「通常モード」でも使用できるパーツです。

フリースペース

「フリースペース」は、ヘッダー・サイドナビ・フッターに使用することができます。HTMLで自由に編集できるスペースとなります。複数のフリースペースを利用することができます。「かんたんモード」でも「通常モード」でも使用できるパーツです。

PRO

02 かんたんモードで編集する ①テンプレートの選択

「かんたんモード」を使えば、HTMLの知識がなくてもストアの構築が可能です。

かんたんモードにおける編集について

　かんたんモードはレイアウトの制限がありテキストベースの構築となりますので、デザイン的には寂しい部分もありますが、構築が簡単で時間がかかりません。HTMLの知識がない方やとにかく早く開店させたい方には、おすすめの編集モードです。当初「かんたんモード」で構築して、ストア運営に慣れHTMLを勉強してから、「通常モード」に切り替えデザインを充実させていく方法もよいと思います。

1 テンプレート選択（かんたんモード）

　「かんたんモード」では、テンプレートが固定されています。各パーツの配置やレイアウトのカスタマイズはできませんが、ストア全体のイメージカラーを選ぶことができます。用意されているイメージカラーは「オレンジイエロー」「メローレッド」「スイートピンク」「ナチュラルブラウン」「フォレストグリーン」「ライトスカイブルー」「シルバーグレー」「スノーホワイト」の8色です。まずは、イメージカラーを設定してみましょう。

❶「ストア構築」の「ストアデザイン」または、ストアエディタの「ストアデザイン」をクリックしてストアデザインページに移動する

❷ 背景がエメラルドグリーンの帯が「デザイン設定＜かんたんモード＞」になっていることを確認する

❸ 画面左のストアデザインメニューの「テンプレート選択」をクリックすると画面が「テンプレート選択＜かんたんモード＞」に移動する

❹「1, テンプレートの種類を選択してください。」として「タイプ3」が表示・選択されている。テンプレートは、このタイプに固定される。このレイアウト（画面構成）にて構築していく

❺「2, テンプレートのイメージカラーを選択してください。」で好きなイメージカラーが設定できる

❻ イメージカラーの選択後、[更新]ボタンをクリックする

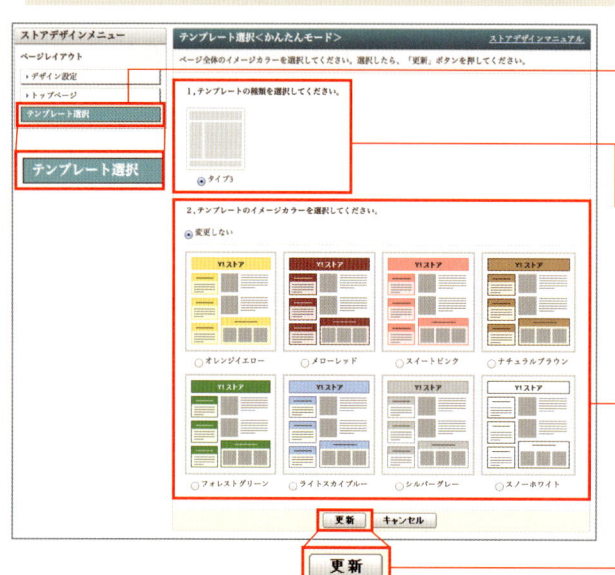

Memo 初期設定	**Memo** イメージカラーとは
初期設定では「かんたんモード」になっているが、ここが「基本テンプレート」になっている場合には、編集モードの切り替えを行い「かんたんモード」にしてください（ストアエディタ画面の右上にある［ストア情報設定］→「ストア情報設定メニュー」→「エディター設定」にて設定）。	ストア全体に基調カラーとしてレイアウトされるものです。8色の中からストアのイメージに合うイメージカラーを選択してください。

❼「確認パネル」が表示されるので、内容を確認して［保存］ボタンをクリックする

❽ 選択したイメージカラーに設定が変更されて、画面が「デザイン設定＜かんたんモード＞」に切り替わる（各設定にて「保存」ボタンをクリックした時も同じ流れとなる）

❾ イメージカラーが切り替わったかどうかを確認するには、画面左下の「プレビュー」ボタンをクリックする。現在設定されているストアデザインが表示される

Memo「かんたんモード」におけるページの横幅

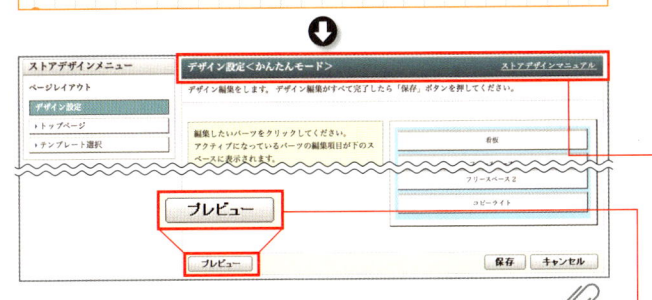

「かんたんモード」での横幅は950ピクセルに固定されています。

2 デザイン設定について（かんたんモード）

　イメージカラーの設定が終わったらパーツを編集してストアのデザインを行っていきます。パーツの編集はデザイン設定で行います。イメージカラーの設定後は、デザイン設定ページが表示されています。

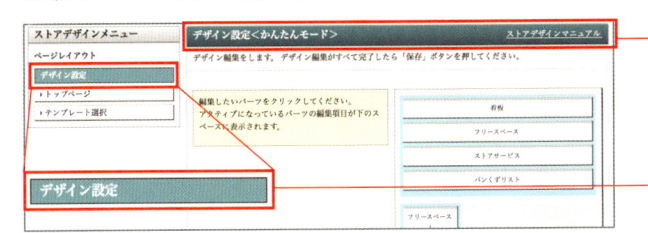

❶ 背景がエメラルドグリーンの帯が「デザイン設定＜かんたんモード＞」になっていることを確認する

❷ ほかのページの場合は、画面左の「ストアデザインメニュー」の「デザイン設定」をクリックする

かんたんモードでのデザイン設定について

　「デザイン設定」は各パーツを編集して行います。「かんたんモード」では、各パーツの配置が固定されています。

　各パーツの編集は画面上の各パーツ部分をクリックすると、その編集項目が画面下（各項目が並んでいるスペースの下部分）に表示されますので、その項目にそって行います。

　「かんたんモード」の場合、テンプレートが固定されていますので、デザイン設定画面では「ヘッダー」「サイドナビ」「フッター」に区別されていませんが、表示上は分かれています。次節から「ヘッダー」「サイドナビ」「フッター」ごとに、パーツの編集を解説します。

PRO

03 かんたんモードで編集する ②ヘッダーの設定

ここではかんたんモードにおける「ヘッダー」の設定方法について解説します。

1 看板の設定：タイプ1の場合

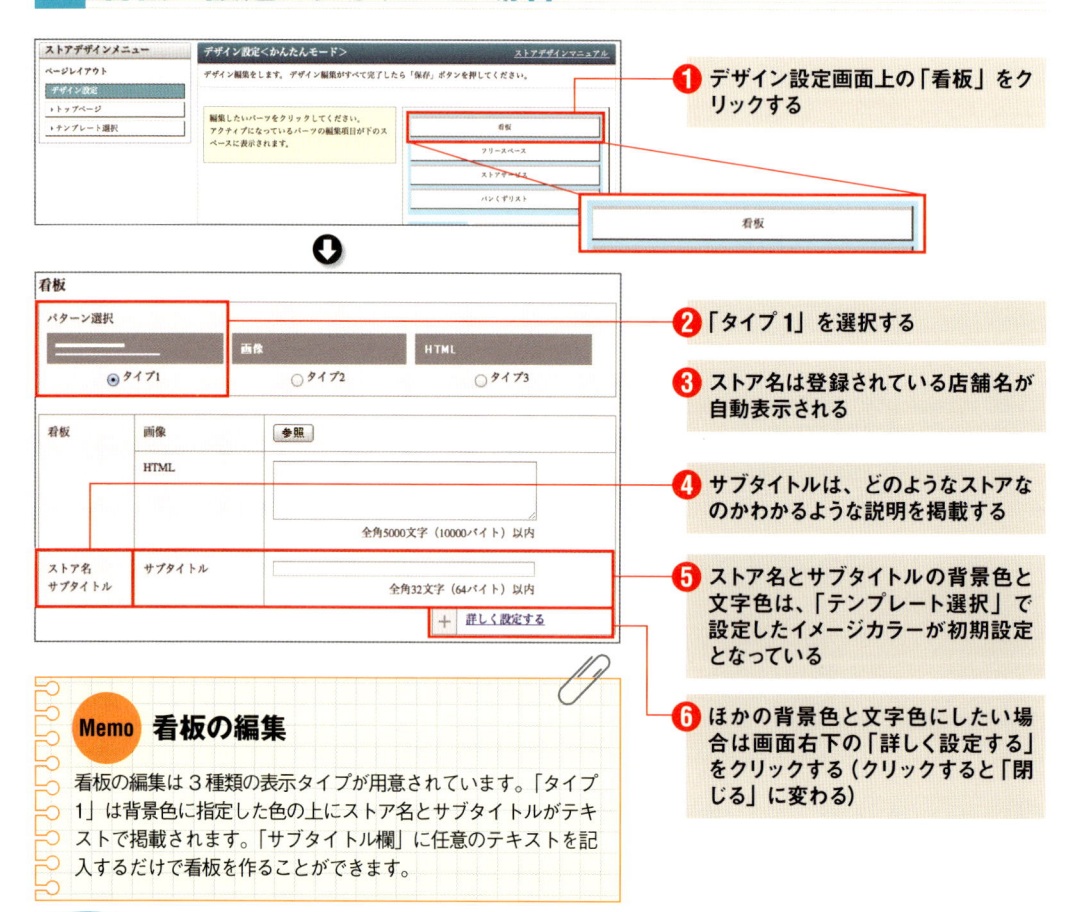

❶ デザイン設定画面上の「看板」をクリックする

❷ 「タイプ1」を選択する

❸ ストア名は登録されている店舗名が自動表示される

❹ サブタイトルは、どのようなストアなのかわかるような説明を掲載する

❺ ストア名とサブタイトルの背景色と文字色は、「テンプレート選択」で設定したイメージカラーが初期設定となっている

❻ ほかの背景色と文字色にしたい場合は画面右下の「詳しく設定する」をクリックする（クリックすると「閉じる」に変わる）

Memo 看板の編集

看板の編集は3種類の表示タイプが用意されています。「タイプ1」は背景色に指定した色の上にストア名とサブタイトルがテキストで掲載されます。「サブタイトル欄」に任意のテキストを記入するだけで看板を作ることができます。

POINT サブタイトルについて

単に「この商品群を売っています」ではなく、その商品群の中でも誰に向けて何を売っているのか、ストアの特徴として掲載すべきです。例えば、「お酒を売っています」より「世界中のワインを売っています」、「厳選した世界中のワインが1万本、あなたのワインが必ず見つかります」などです。お酒全般をアピールしたいのであれば、「お酒のことなら何でも揃う総合スーパー」という感じです。サブタイトルは全角32文字以内となっていますので、32文字の中に特徴を凝縮してください。

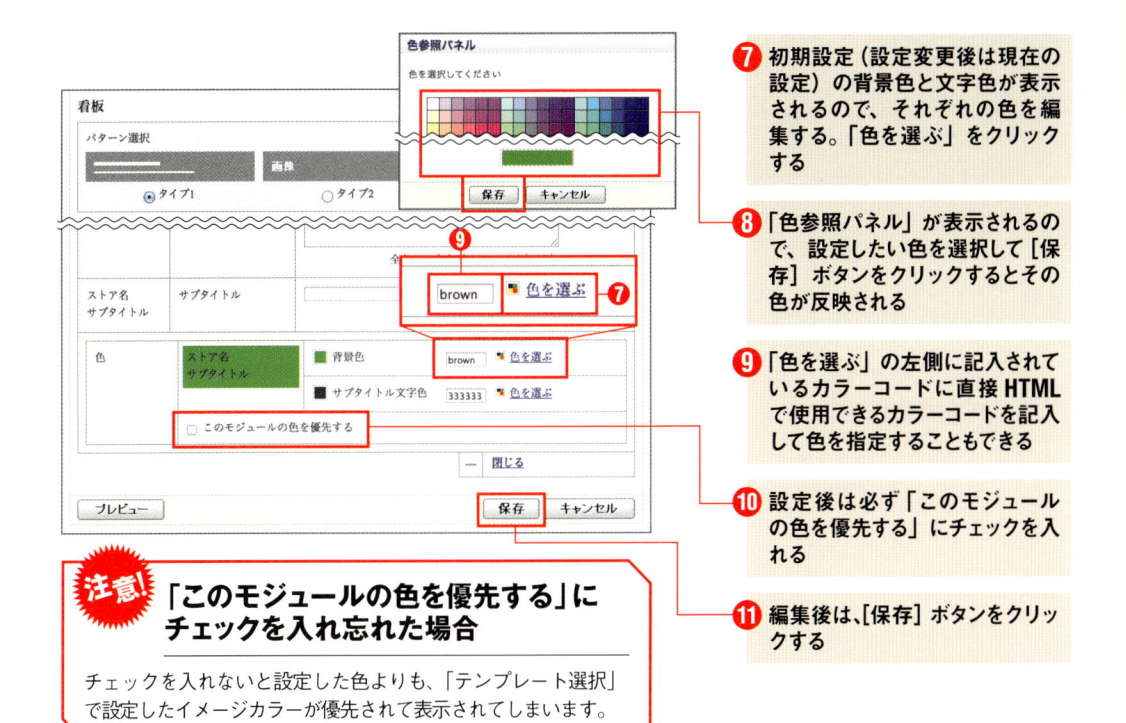

❼ 初期設定（設定変更後は現在の設定）の背景色と文字色が表示されるので、それぞれの色を編集する。「色を選ぶ」をクリックする

❽ 「色参照パネル」が表示されるので、設定したい色を選択して［保存］ボタンをクリックするとその色が反映される

❾ 「色を選ぶ」の左側に記入されているカラーコードに直接 HTML で使用できるカラーコードを記入して色を指定することもできる

❿ 設定後は必ず「このモジュールの色を優先する」にチェックを入れる

⓫ 編集後は、［保存］ボタンをクリックする

注意! 「このモジュールの色を優先する」にチェックを入れ忘れた場合

チェックを入れないと設定した色よりも、「テンプレート選択」で設定したイメージカラーが優先されて表示されてしまいます。

2 看板の設定：タイプ2の場合

「タイプ2」は看板となる画像をアップロードして、看板として使用します。

❶ 「タイプ2」を選択する

❷ 画像の［参照］ボタンより看板にしたい画像をアップロードする

❸ 画像はパソコン上から参照する方法と「画像管理」から参照する方法がある

Memo 「画像管理」について

本章の10「画像の管理」で解説します。

POINT 看板画像について

看板画像は原寸大・左寄せで掲載されます。「かんたんモード」の横幅は 950 ピクセルに固定されていますので、例えば横幅 900 ピクセルの看板画像であれば、右の 50 ピクセル空いて掲載となります。画像が 950 ピクセルより小さい場合には、足りない横幅部分に設定されている背景色が表示されてしまいます。背景色を白色にすれば背景色が消えて看板のみの表示となります。また、画像が 950 ピクセルより大きい場合には、大きい画像のまま掲載されます。例えば横幅 1000 ピクセルの看板画像であれば、右に 50 ピクセルはみ出て表示されます。

3 看板の設定：タイプ 3 の場合

「タイプ 3」は、HTML で編集したものを看板部分に表示させます。

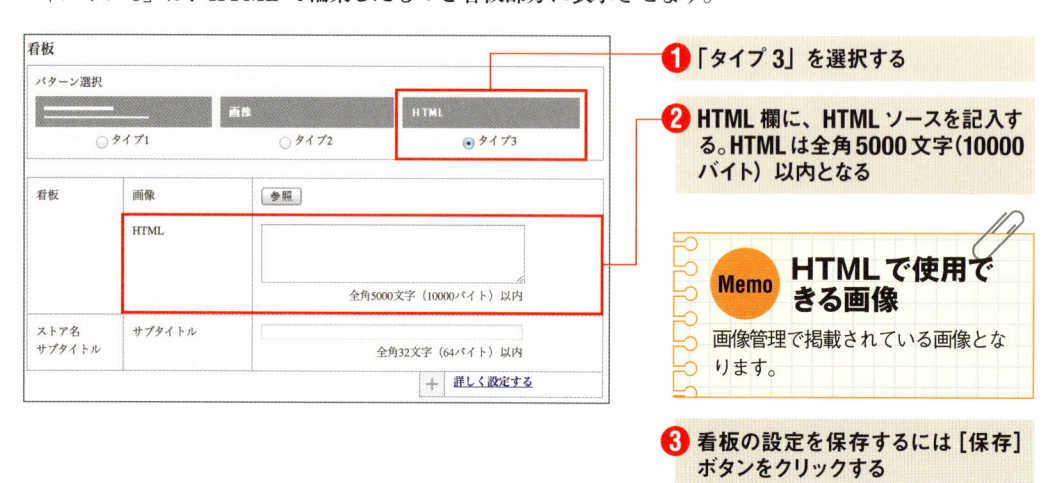

❶「タイプ 3」を選択する

❷ HTML 欄に、HTML ソースを記入する。HTML は全角 5000 文字（10000 バイト）以内となる

Memo HTMLで使用できる画像
画像管理で掲載されている画像となります。

❸ 看板の設定を保存するには [保存] ボタンをクリックする

4 フリースペースの設定

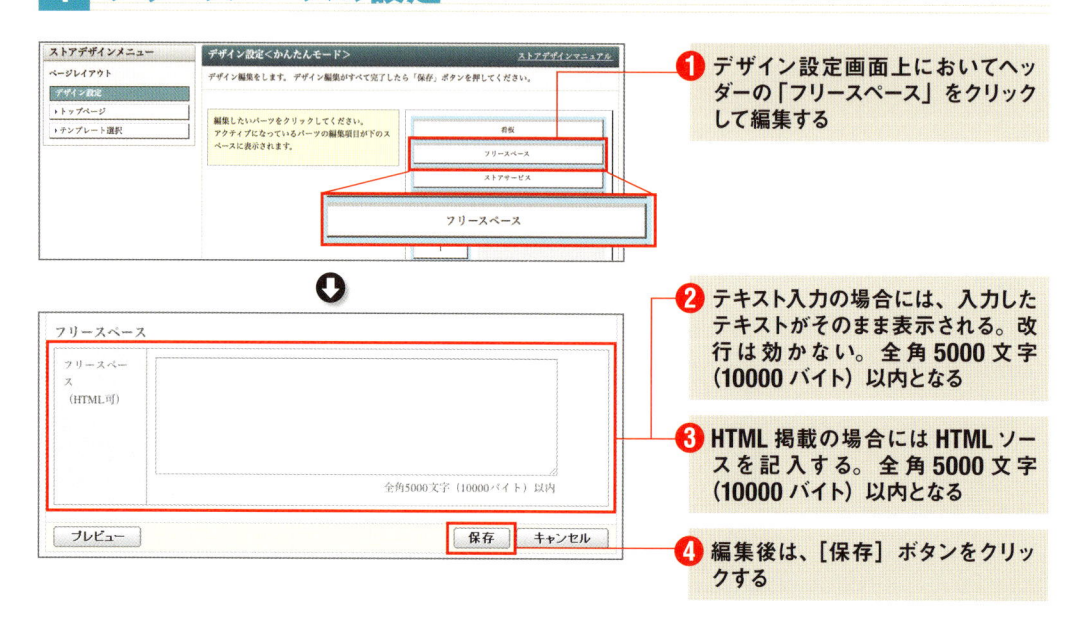

❶ デザイン設定画面上においてヘッダーの「フリースペース」をクリックして編集する

❷ テキスト入力の場合には、入力したテキストがそのまま表示される。改行は効かない。全角 5000 文字（10000 バイト）以内となる

❸ HTML 掲載の場合には HTML ソースを記入する。全角 5000 文字（10000 バイト）以内となる

❹ 編集後は、[保存] ボタンをクリックする

Memo フリースペースとは
看板の下部分に表示できるパーツです。キャンペーン情報、年末年始などの営業情報など、ヘッダーに追加する情報を記載します。掲載方法は、テキストの入力とHTMLの記入方法があります。

注意! 改行について
テキスト入力の場合、改行を入れることはできません。入力時にキーボードの改行キーで改行したところには半角スペースが入ります。なお、長いテキストは、横幅950ピクセルで自動的に改行されます。

5 ストアサービスの設定

❶ デザイン設定画面上においてヘッダー「ストアサービス」をクリックして編集する。設定後は必ず「このモジュールの色を優先する」にチェックを入れる

Memo ストアサービスとは
ストアサービスは自動設定となります。「ストアトップ」「カートを見る」「会社概要」「プライバシーポリシー」「ニュースレター申し込み」「お買い物ガイド」「お問い合せ」の項目が、それぞれのページにリンクされて表示されます。設定されているイメージカラーに準じてのデザインとなります。

❷ 編集後は、[保存]ボタンをクリックする

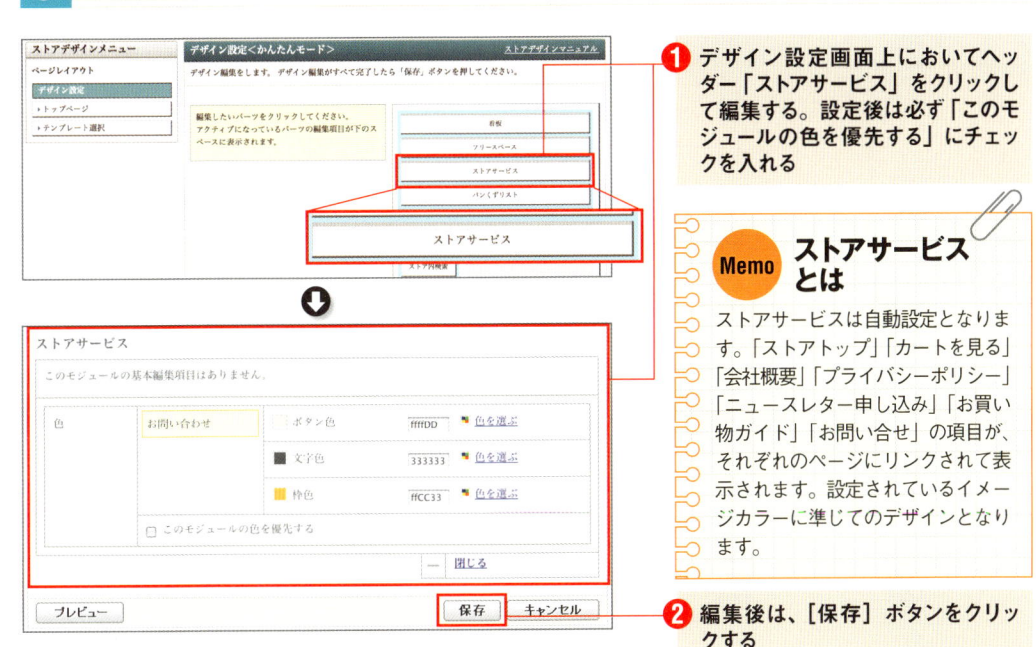

6 パンくずリストの設定

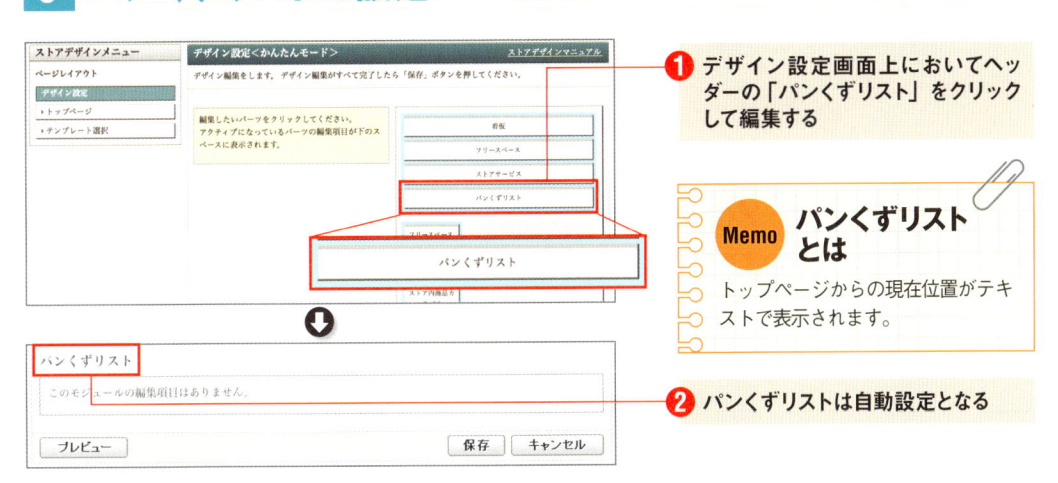

❶ デザイン設定画面上においてヘッダーの「パンくずリスト」をクリックして編集する

Memo パンくずリストとは
トップページからの現在位置がテキストで表示されます。

❷ パンくずリストは自動設定となる

03 かんたんモードで編集する② ヘッダーの設定

PRO

04 かんたんモードで編集する ③サイドナビの設定

ここではかんたんモードにおける「サイドナビ」の設定方法について解説します。

1 フリースペース1、2の設定

「フリースペース」は、サイドナビの上部（1）と下部（2）に表示できるパーツです。掲載方法は、テキストの入力とHTMLの入力の2つがあります。

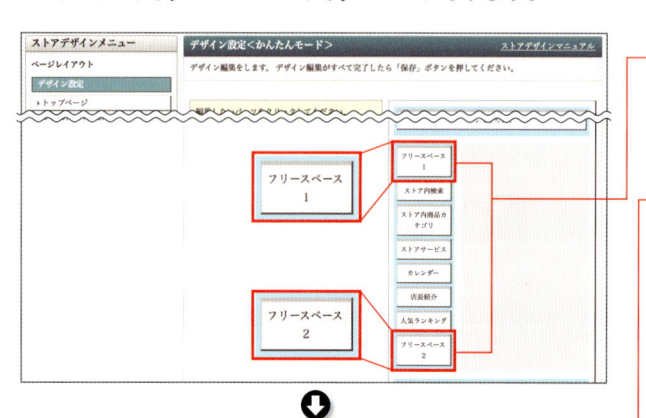

❶ デザイン設定画面上においてサイドナビの「フリースペース1」「フリースペース2」をクリックすると編集画面が開く

❷ テキスト入力の場合には、入力したテキストがそのまま表示される。全角5000文字（10000バイト）以内となる

注意! 改行について

テキスト入力の場合、改行を入れることはできません。入力時にキーボードの改行キーで改行したところには半角スペースが入ります。
サイドナビの横幅は200ピクセルとなっており、その横幅で自動的に改行されます。

❸ HTML掲載の場合にはHTMLソースを記入する。全角5000文字（10000バイト）以内となる

❹ 編集後、[保存]ボタンをクリックする

2 ストア内検索の設定

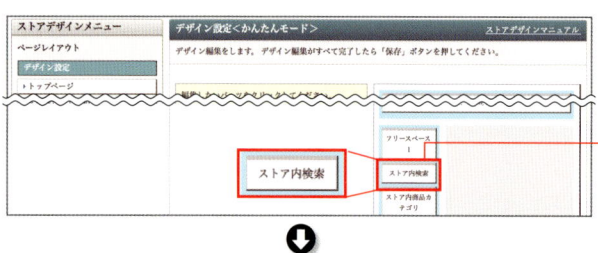

❶ デザイン設定画面上においてサイドナビの「ストア内検索」をクリックすると編集画面が開く

❷ ストア内検索では、設定したイメージカラーが初期設定となっている。ほかのタイトル背景色、タイトル文字色、枠色、背景色にしたい場合には、画面右下の「詳しく設定する」をクリックする（クリックすると「閉じる」に変わる）

❸ 初期設定（設定変更後は現在の設定）の背景色と文字色が表示されるので、それぞれの色を編集する。設定後は必ず「このモジュールの色を優先する」にチェックを入れる

❹ 編集後、[保存]ボタンをクリックする

❸ ストア内商品カテゴリの設定

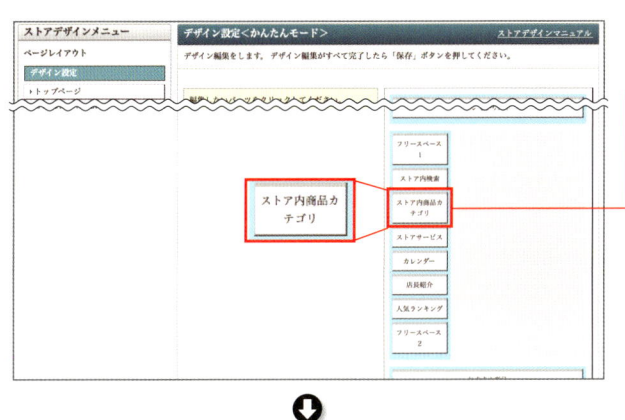

❶ デザイン設定画面上においてサイドナビの「ストア内商品カテゴリ」をクリックすると編集画面が開く

Memo ストア内商品カテゴリについて
ストア内商品カテゴリには、設定した商品カテゴリが表示されます。

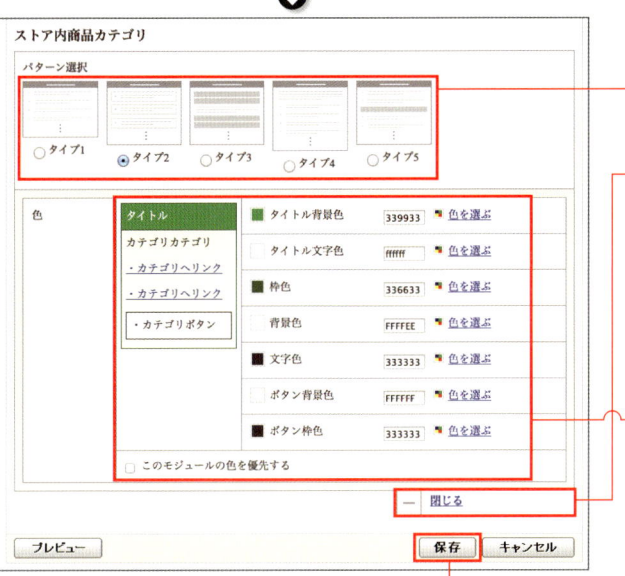

❷ 5つの表示パターンが用意されている

❸ ストア内商品カテゴリの配色はイメージカラーが初期設定となっている。ほかのタイトル背景色、タイトル文字色、枠色、背景色、ボタン背景色、ボタン枠色にしたい場合は、画面右下の「詳しく設定する」をクリックする（クリックすると「閉じる」に変わる）

❹ 初期設定（設定変更後は現在の設定）の背景色と文字色が表示されるので、それぞれの色を編集する。設定後は必ず「このモジュールの色を優先する」にチェックを入れる

❺ 編集後、[保存]ボタンをクリックする

04 かんたんモードで編集する③ サイドナビの設定

> **Memo** 5つの表示パターンについて
>
> 「タイプ1」「タイプ2」「タイプ3」は、第一階層のカテゴリのみ表示されます。
> 「タイプ4」は第二階層のカテゴリ(第一階層の下位階層)がある場合に、第一階層のカテゴリをクリックすると第二階層のカテゴリがサイドナビに表示されます。
> 「タイプ5」は、第一階層のカテゴリの下に第二階層のカテゴリが表示されるデザインです。
> イメージがつかみづらいので、各パターンを実際に試して(一度、設定を保存してプレビューにて確認)みて決めるのがよいと思います。

4 ストアサービスの設定

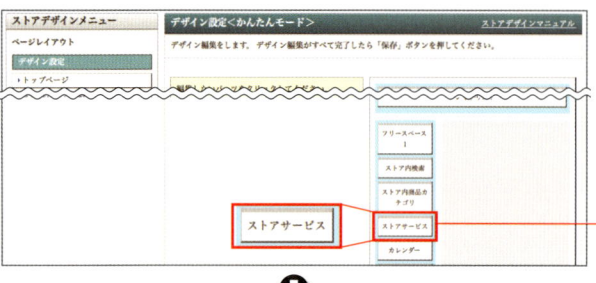

❶ デザイン設定画面上においてサイドナビの「ストアサービス」をクリックする

> **Memo** ストアサービスについて
>
> ストアサービスは自動設定となる。「ストアトップ」「カートを見る」「会社概要」「プライバシーポリシー」「ニュースレター申し込み」「お買い物ガイド」「お問い合せ」の項目が、それぞれのページにリンクされて表示されます。

❷ ストアサービスの配色はイメージカラーが初期設定となっている。ほかのボタン色、文字色、枠色にしたい場合には、画面右下の「詳しく設定する」をクリックする(クリックすると「閉じる」に変わる)

❸ 初期設定(設定変更後は現在の設定)の背景色と文字色が表示されるので、それぞれの色を編集する。設定後は必ず「このモジュールの色を優先する」にチェックを入れる

❹ 編集後、[保存]ボタンをクリックする

5 カレンダーの設定

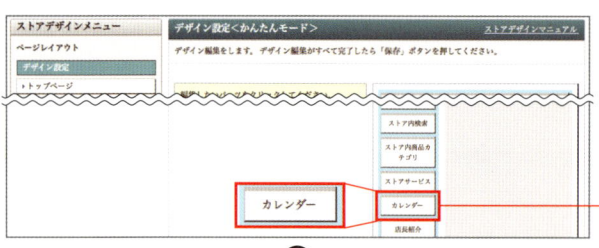

❶ デザイン設定画面上においてサイドナビの「カレンダー」をクリックすると編集画面が開く

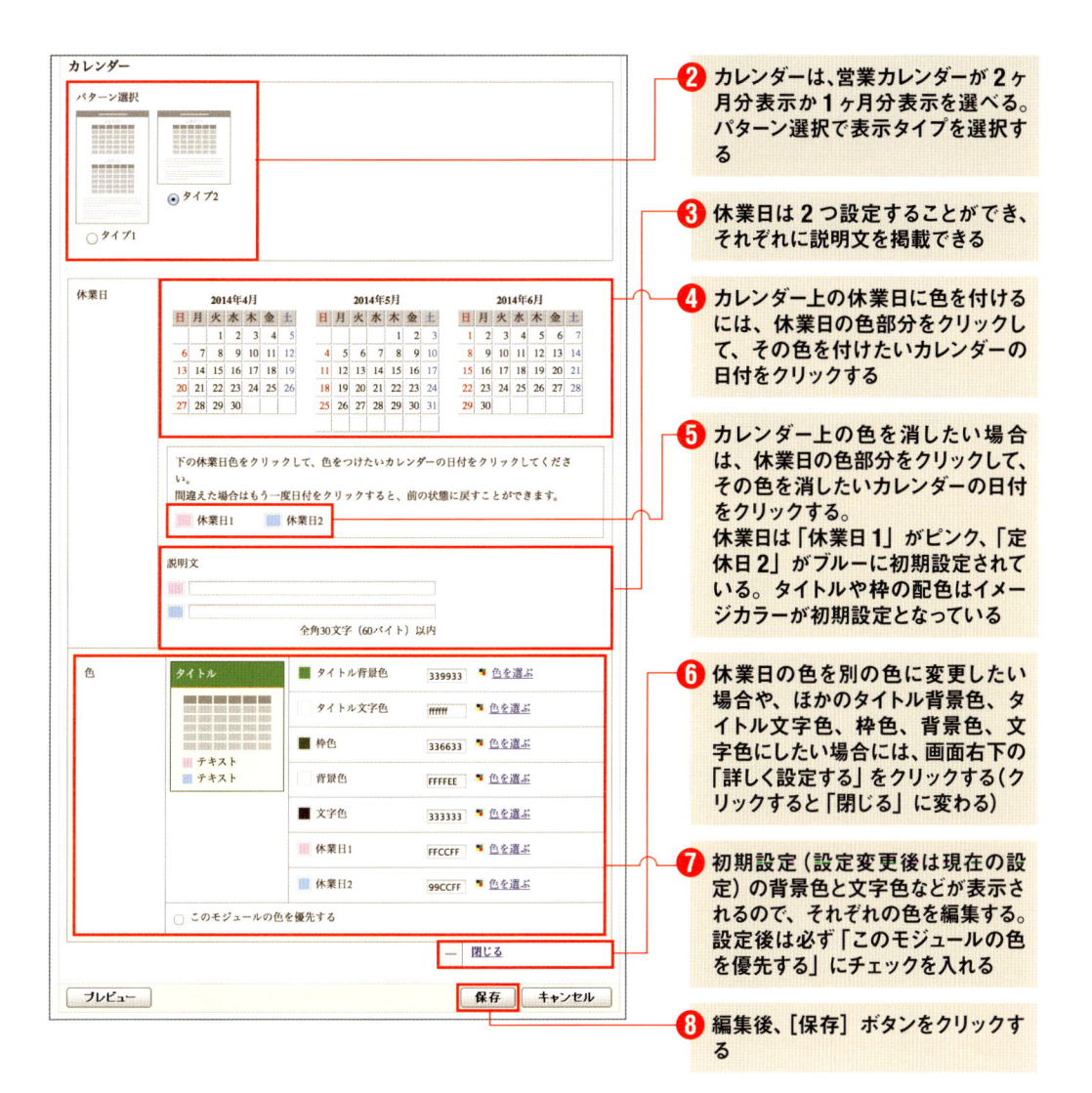

04 かんたんモードで編集する③ サイドナビの設定

❷ カレンダーは、営業カレンダーが2ヶ月分表示か1ヶ月分表示を選べる。パターン選択で表示タイプを選択する

❸ 休業日は2つ設定することができ、それぞれに説明文を掲載できる

❹ カレンダー上の休業日に色を付けるには、休業日の色部分をクリックして、その色を付けたいカレンダーの日付をクリックする

❺ カレンダー上の色を消したい場合は、休業日の色部分をクリックして、その色を消したいカレンダーの日付をクリックする。
休業日は「休業日1」がピンク、「定休日2」がブルーに初期設定されている。タイトルや枠の配色はイメージカラーが初期設定となっている

❻ 休業日の色を別の色に変更したい場合や、ほかのタイトル背景色、タイトル文字色、枠色、背景色、文字色にしたい場合には、画面右下の「詳しく設定する」をクリックする(クリックすると「閉じる」に変わる)

❼ 初期設定(設定変更後は現在の設定)の背景色と文字色などが表示されるので、それぞれの色を編集する。設定後は必ず「このモジュールの色を優先する」にチェックを入れる

❽ 編集後、[保存]ボタンをクリックする

POINT 休業日の入力例
「休業日1」は定休日。「定休日2」は午前中のみ営業、という使い分けもできます。

Memo 説明文が空欄の場合
説明文の部分は表示されず、カレンダー上に休業日の色が表示されるだけになります。

095

6 店長紹介の設定

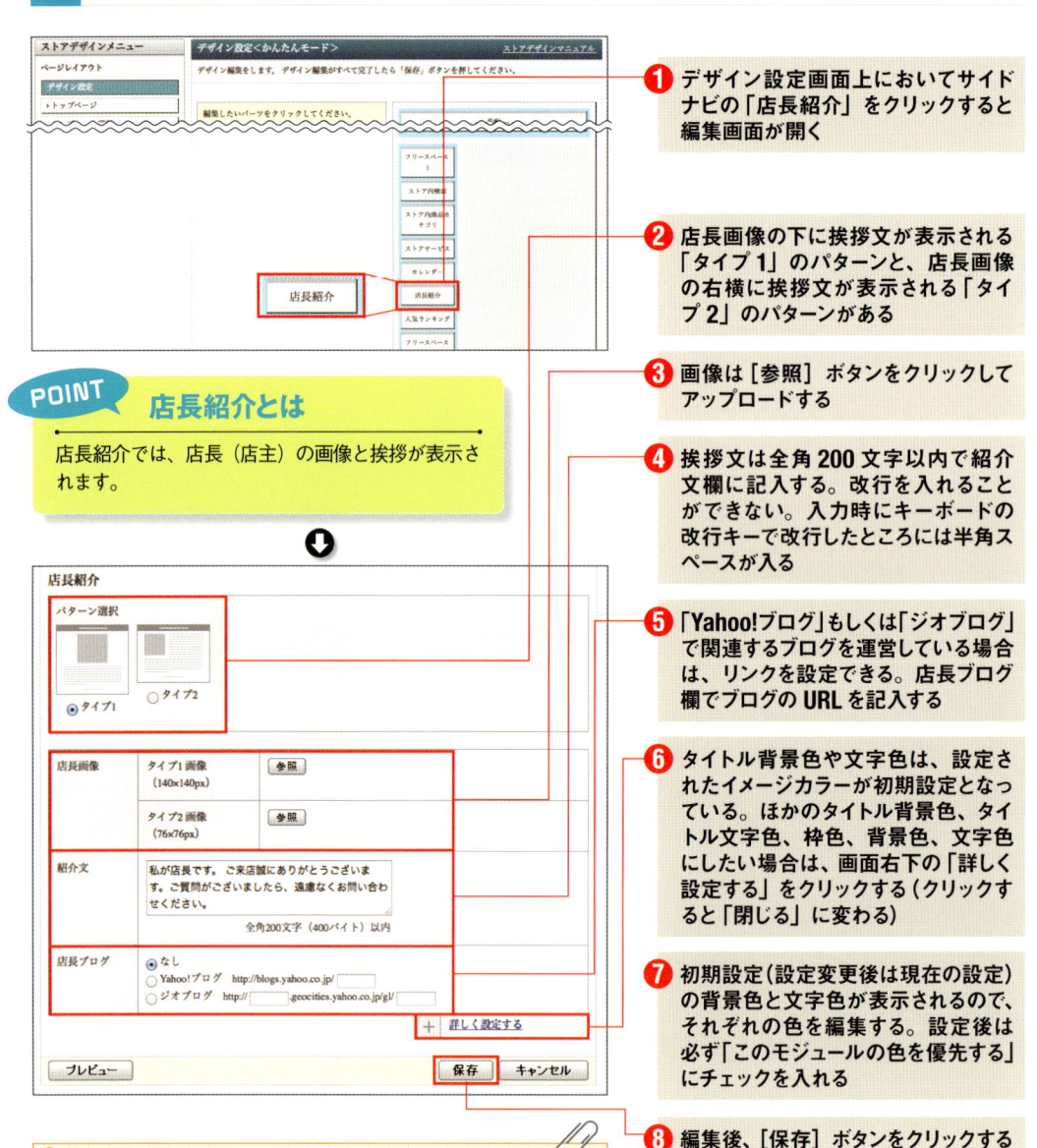

❶ デザイン設定画面上においてサイドナビの「店長紹介」をクリックすると編集画面が開く

❷ 店長画像の下に挨拶文が表示される「タイプ1」のパターンと、店長画像の右横に挨拶文が表示される「タイプ2」のパターンがある

❸ 画像は[参照]ボタンをクリックしてアップロードする

❹ 挨拶文は全角200文字以内で紹介文欄に記入する。改行を入れることができない。入力時にキーボードの改行キーで改行したところには半角スペースが入る

POINT 店長紹介とは

店長紹介では、店長(店主)の画像と挨拶が表示されます。

❺ 「Yahoo!ブログ」もしくは「ジオブログ」で関連するブログを運営している場合は、リンクを設定できる。店長ブログ欄でブログのURLを記入する

❻ タイトル背景色や文字色は、設定されたイメージカラーが初期設定となっている。ほかのタイトル背景色、タイトル文字色、枠色、背景色、文字色にしたい場合は、画面右下の「詳しく設定する」をクリックする(クリックすると「閉じる」に変わる)

❼ 初期設定(設定変更後は現在の設定)の背景色と文字色が表示されるので、それぞれの色を編集する。設定後は必ず「このモジュールの色を優先する」にチェックを入れる

❽ 編集後、[保存]ボタンをクリックする

Memo 店長画像について

「タイプ1」の店長画像の大きさは140×140ピクセル、「タイプ2」の店長画像の大きさは76×76ピクセルとなっています。サイズオーバーの画像は、縦横比を保ったままサイズ内に縮小されます。例えば、300×300ピクセルの画像を「タイプ1」に掲載すると、140×140ピクセルに縮小されて表示されます。300×150ピクセルの画像を「タイプ1」に掲載すると、140×70ピクセルに縮小されて表示されます。

Memo 画像の参照について

画像はパソコン上から参照する方法と、「画像管理」から参照する方法があります。「画像管理」については、この章の10「画像の管理」で解説します。

7 人気ランキングの設定

❶ デザイン設定画面上においてサイドナビの「人気ランキング」をクリックすると編集画面が開く

POINT 人気ランキングとは
人気ランキングには、直近7日間で注文が多かった商品トップ5が自動表示されます。

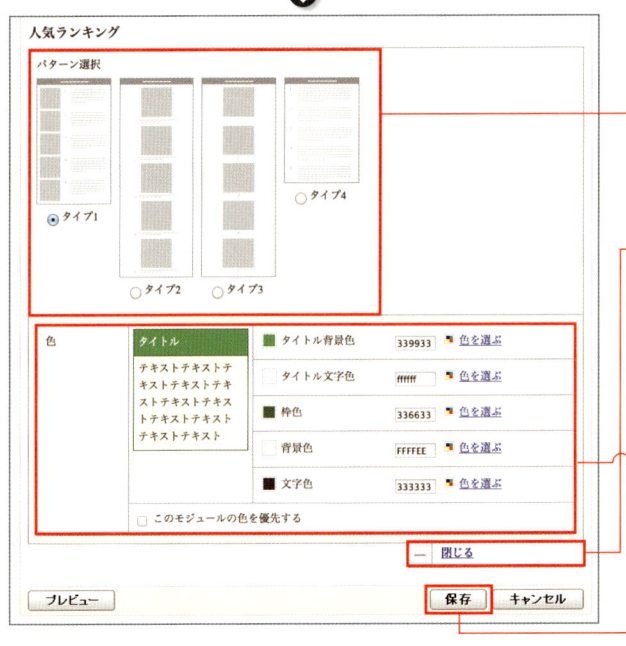

❷ 表示パターンは4種類用意されている。パターン選択で希望のタイプを選択する

❸ タイトル背景色や文字色は、設定されたイメージカラーが初期設定となっている。ほかのタイトル背景色、タイトル文字色、枠、背景色、文字色にしたい場合は、画面右下の「詳しく設定する」をクリックする（クリックすると「閉じる」に変わる）

❹ 初期設定（設定変更後は現在の設定）の背景色と文字色が表示されるので、それぞれの色を編集する。設定後は必ず「このモジュールの色を優先する」にチェックを入れる

❺ 編集後、[保存]ボタンをクリックする

Memo 表示パターンについて

表示パターンは右の表の4タイプがあります。

タイプ	説明
タイプ1	商品画像の右に商品名が表示される
タイプ2	商品画像の下に商品名が表示される
タイプ3	商品画像のみが表示される
タイプ4	商品名のみが表示される

表示パターン

---

04 かんたんモードで編集する ③サイドナビの設定

8 おすすめ商品の設定

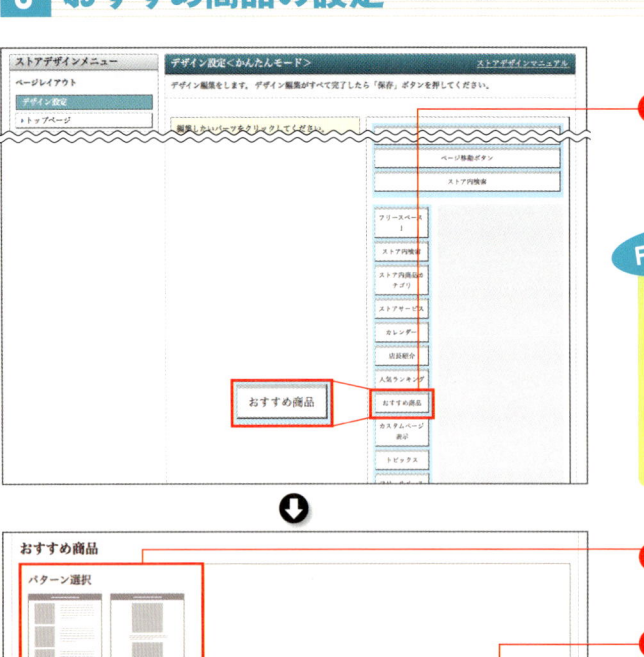

❶ デザイン設定画面上においてサイドナビの「おすすめ商品」をクリックすると編集画面が開く

POINT おすすめ商品とは
おすすめ商品は、ストア側がユーザーにおすすめする商品を任意で選んで表示させます。商品が登録されていないと設定できません。商品登録前は表示パターンとカラー設定だけをしておきましょう。

❷ 表示パターンは2つ用意されている。好みのパターンを選択する

❸ おすすめ商品として表示させる商品は、おすすめ商品欄にて[参照]ボタンをクリックして、登録した商品を選択して設定する

❹ 商品コードを直接記入して設定することもできる

❺ 初期設定として10商品が登録できるようになっているが、[入力項目を追加]ボタンをクリックすると、さらに10商品が登録できる

❻ タイトル背景色やタイトル文字色は、設定されたイメージカラーが初期設定なっている。ほかのタイトル背景色、タイトル文字色、枠色、背景色、文字色にしたい場合は、画面右下の「詳しく設定する」をクリックする(クリックすると「閉じる」に変わる)

❼ 初期設定(設定変更後は現在の設定)の背景色と文字色が表示されるので、それぞれの色を編集する。設定後は必ず「このモジュールの色を優先する」にチェックを入れる

❽ 編集後、[保存]ボタンをクリックする

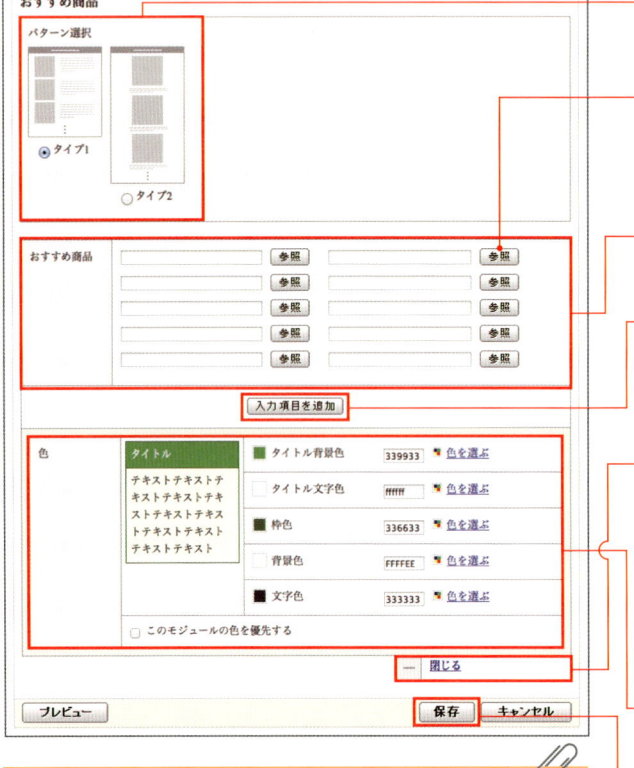

Memo 2つの表示パターンについて
「タイプ1」は商品画像の右横に商品名がレイアウトされます。
「タイプ2」は商品画像の下に商品名がレイアウトされます。

注意! 直接記入する場合

半角英数字、空白スペース、英字の大文字小文字に注意してください。商品コードが正確に一致しないと表示されません。

9 カスタムページ表示の設定

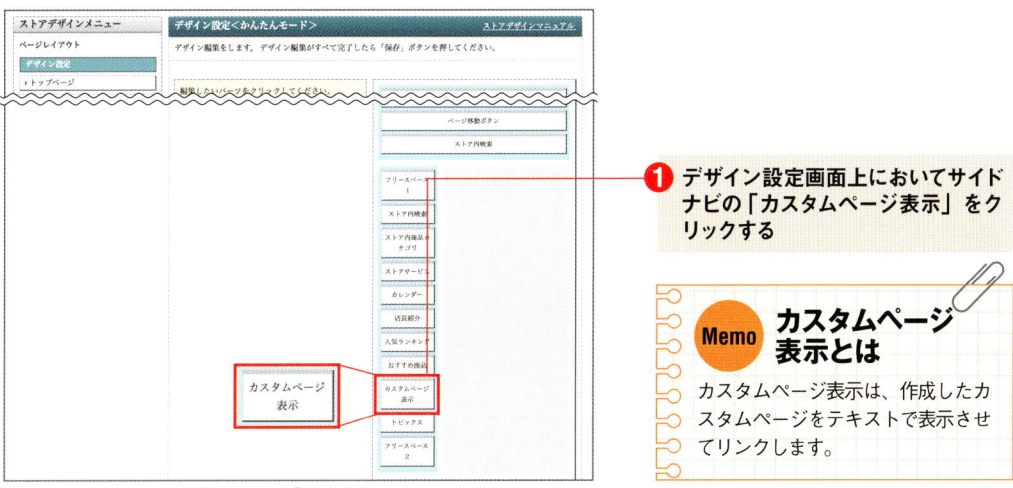

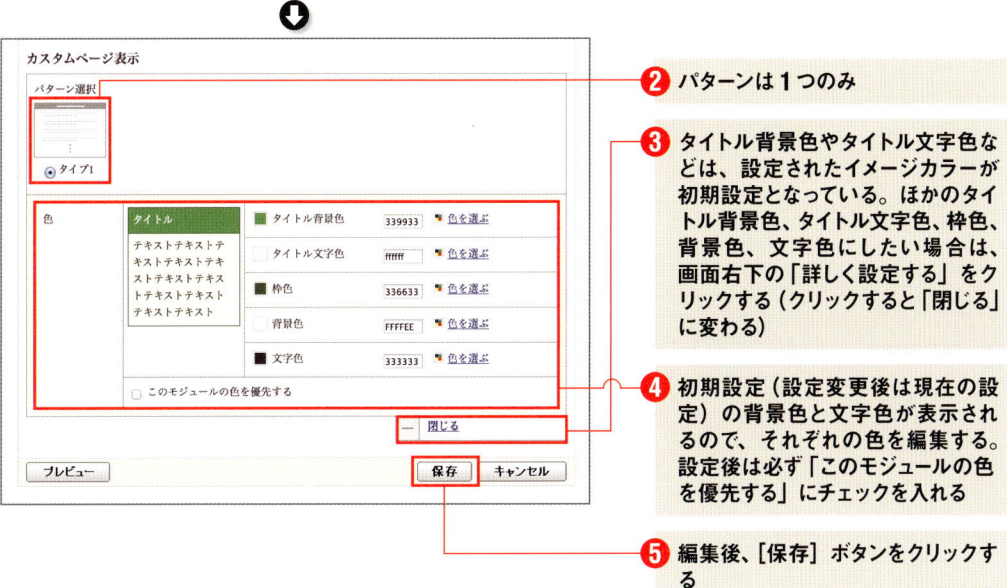

❶ デザイン設定画面上においてサイドナビの「カスタムページ表示」をクリックする

Memo カスタムページ表示とは
カスタムページ表示は、作成したカスタムページをテキストで表示させてリンクします。

❷ パターンは1つのみ

❸ タイトル背景色やタイトル文字色などは、設定されたイメージカラーが初期設定となっている。ほかのタイトル背景色、タイトル文字色、枠色、背景色、文字色にしたい場合は、画面右下の「詳しく設定する」をクリックする（クリックすると「閉じる」に変わる）

❹ 初期設定（設定変更後は現在の設定）の背景色と文字色が表示されるので、それぞれの色を編集する。設定後は必ず「このモジュールの色を優先する」にチェックを入れる

❺ 編集後、［保存］ボタンをクリックする

04 かんたんモードで編集する ③ サイドナビの設定

099

10 トピックスの設定

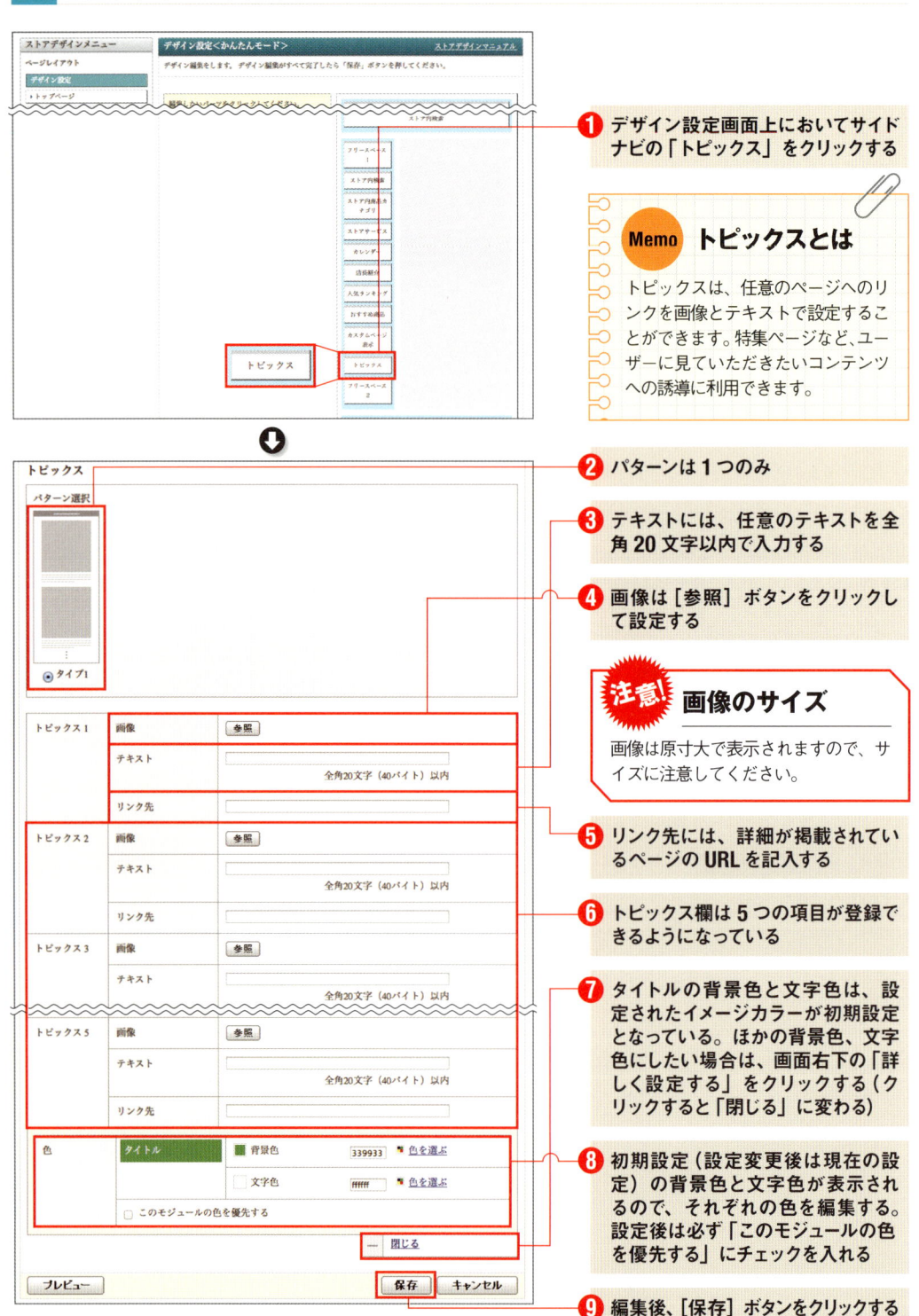

❶ デザイン設定画面上においてサイドナビの「トピックス」をクリックする

Memo トピックスとは
トピックスは、任意のページへのリンクを画像とテキストで設定することができます。特集ページなど、ユーザーに見ていただきたいコンテンツへの誘導に利用できます。

❷ パターンは1つのみ

❸ テキストには、任意のテキストを全角20文字以内で入力する

❹ 画像は[参照]ボタンをクリックして設定する

注意! 画像のサイズ
画像は原寸大で表示されますので、サイズに注意してください。

❺ リンク先には、詳細が掲載されているページのURLを記入する

❻ トピックス欄は5つの項目が登録できるようになっている

❼ タイトルの背景色と文字色は、設定されたイメージカラーが初期設定となっている。ほかの背景色、文字色にしたい場合は、画面右下の「詳しく設定する」をクリックする（クリックすると「閉じる」に変わる）

❽ 初期設定（設定変更後は現在の設定）の背景色と文字色が表示されるので、それぞれの色を編集する。設定後は必ず「このモジュールの色を優先する」にチェックを入れる

❾ 編集後、[保存]ボタンをクリックする

PRO

05 かんたんモードで編集する ④フッターの設定

ここではかんたんモードにおける「フッター」の設定方法について解説します。

デザイン設定：フッター

基本テンプレート画面上において画面下の「フッター」から各パーツをクリックして編集します。フッターはストア内のすべてのページにおいて画面下部分に表示されます。

1 おすすめ商品の設定

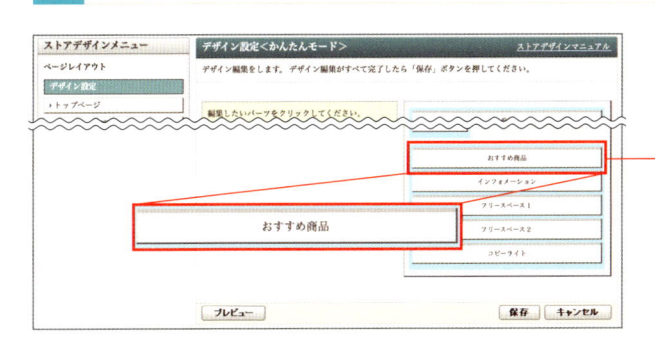

❶ デザイン設定画面上においてフッターの「おすすめ商品」をクリックする

POINT　おすすめ商品とは

おすすめ商品は、ストア側がユーザーにおすすめする商品を任意で選んで表示させます。商品が登録されていないと設定できませんので、商品登録前は表示パターンとカラー設定だけをしておきましょう。

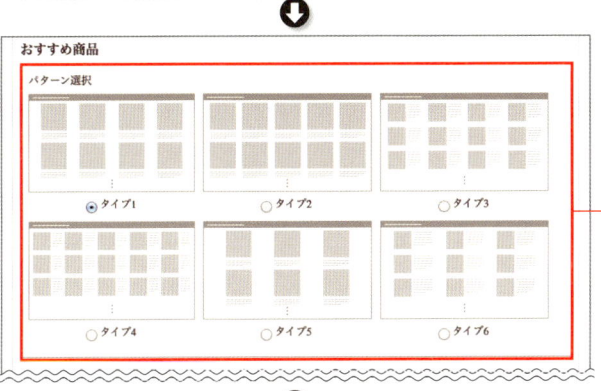

❷ 表示パターンは1行に表示させる商品数とレイアウトが異なる6つが用意されているので好みのものを選択する

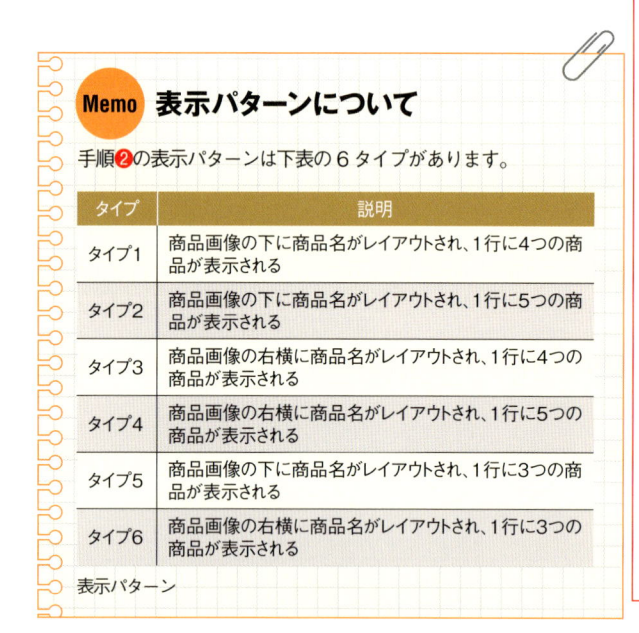

❸ おすすめ商品として表示させる商品は、おすすめ商品欄にて[参照]ボタンをクリックして登録した商品を選択して設定する

❹ 商品コードを直接記入して設定することもできる

注意！ 商品コードを直接記入する場合

半角英数字、空白スペース、英字の大文字小文字に注意してください。商品コードが正確に一致しないと表示されません。

❺ 初期設定として10商品が登録できるようになっているが[入力項目を追加]ボタンをクリックすると、さらに10商品が登録できる

❻ タイトル背景色やタイトル文字色は、設定されたイメージカラーが初期設定となっている。ほかのタイトル背景色、タイトル文字色にしたい場合は、画面右下の「詳しく設定する」をクリックする（クリックすると「閉じる」に変わる）

❼ 初期設定（設定変更後は現在の設定）の背景色と文字色が表示されるので、それぞれの色を編集する。設定後は必ず「このモジュールの色を優先する」にチェックを入れる

❽ 編集後、[保存]ボタンをクリックする

Memo 表示パターンについて

手順❷の表示パターンは下表の6タイプがあります。

タイプ	説明
タイプ1	商品画像の下に商品名がレイアウトされ、1行に4つの商品が表示される
タイプ2	商品画像の下に商品名がレイアウトされ、1行に5つの商品が表示される
タイプ3	商品画像の右横に商品名がレイアウトされ、1行に4つの商品が表示される
タイプ4	商品画像の右横に商品名がレイアウトされ、1行に5つの商品が表示される
タイプ5	商品画像の下に商品名がレイアウトされ、1行に3つの商品が表示される
タイプ6	商品画像の右横に商品名がレイアウトされ、1行に3つの商品が表示される

表示パターン

2 インフォメーションの設定

❶ デザイン設定画面上においてフッターのインフォメーション部分をクリックする

Memo インフォメーションとは

インフォメーションでは、お支払いや配送についてのお買い物ガイド、会社概要などの抜粋を表示して詳細を各コンテンツページにリンクさせます。

かんたんモードで編集する ④フッターの設定

❷ 掲載パターン（レイアウト）は固定されている

❸ 項目名には、タイトルを全角10文字以内で掲載する

❹ 情報欄は、テキストでの入力とHTMLでの掲載が可能。テキスト入力の場合は、入力したテキストがそのまま表示される。全角500文字（1000バイト）以内となる

注意！ **改行について**
テキスト入力の場合、改行を入れることはできません。入力時にキーボードの改行キーで改行したところには半角スペースが入ります。長いテキストは横幅で自動的に改行されます。

❺ HTML掲載の場合は、HTMLソースを記入する。全角500文字（1000バイト）以内となる

❻ リンク先URLには、詳細が掲載されているページのURLを記入する

❼ インフォメーション欄は初期設定で5つの項目が登録できるようになっているが、[入力項目を追加]ボタンをクリックすると、さらに5つの項目が登録できる

❽ タイトル背景色やタイトル文字色は、設定されたイメージカラーが初期設定となっている。ほかのタイトル背景色、タイトル文字色、枠色、背景色、文字色にしたい場合には、画面右下の「詳しく設定する」をクリックする（クリックすると「閉じる」に変わる）

❾ 初期設定（設定変更後は現在の設定）の背景色と文字色が表示されるので、それぞれの色を編集する。設定後は必ず「このモジュールの色を優先する」にチェックを入れる

❿ 編集後、[保存]ボタンをクリックする

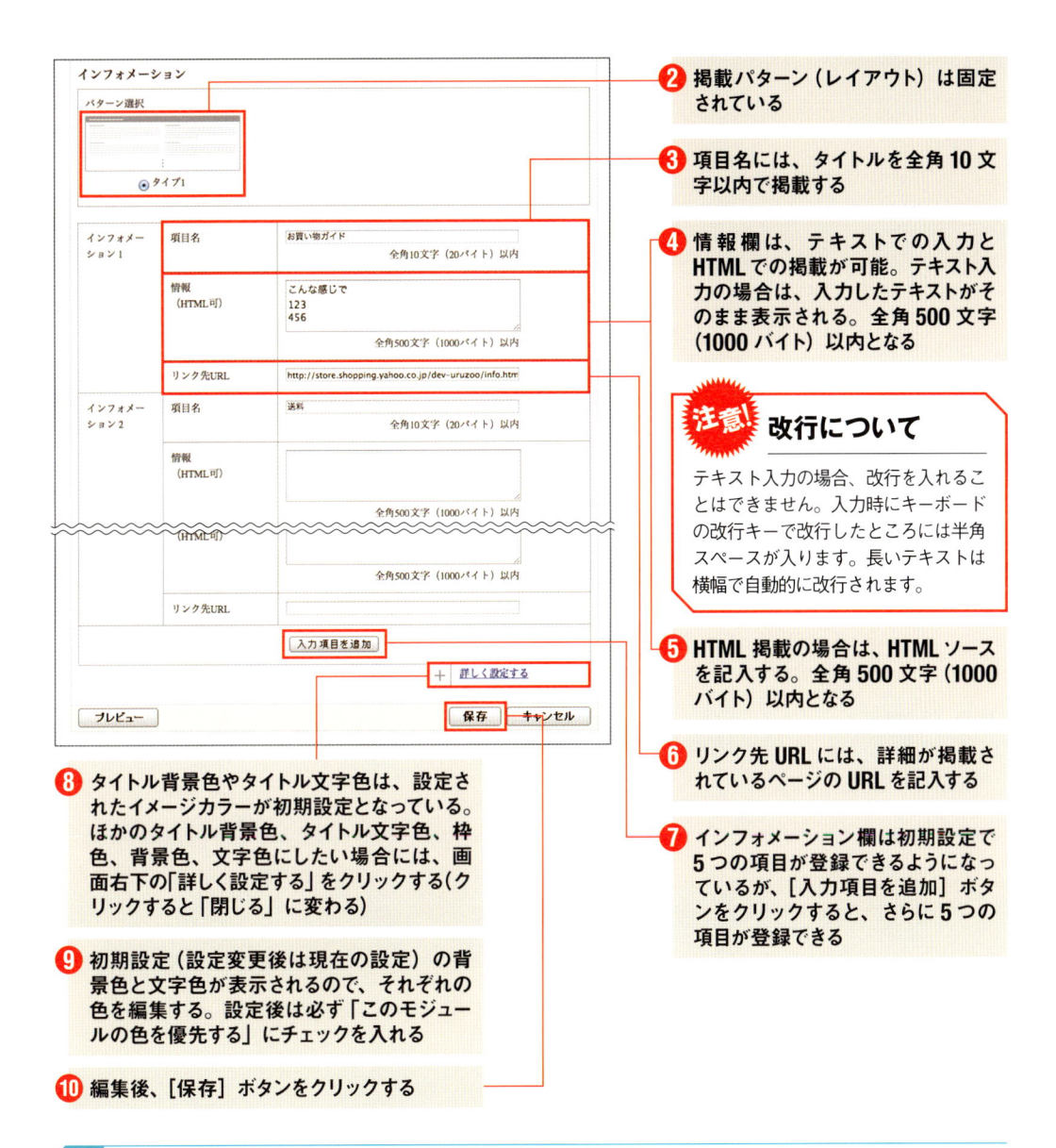

3 フリースペース1、2の設定

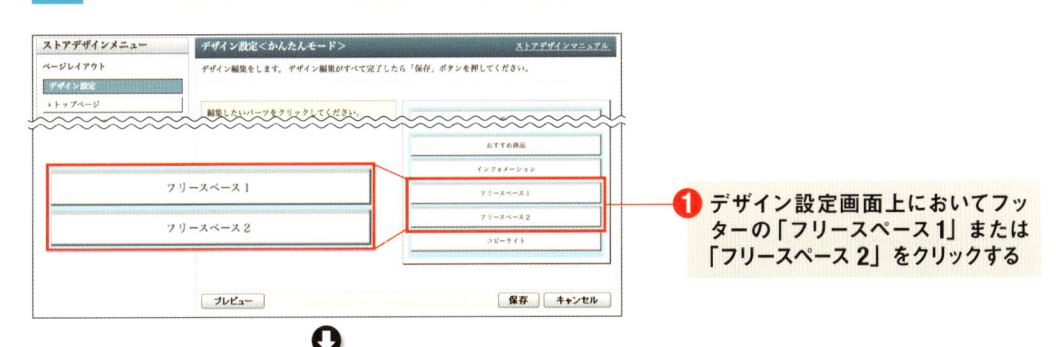

❶ デザイン設定画面上においてフッターの「フリースペース1」または「フリースペース2」をクリックする

103

Chapter 4 ストアクリエイター Pro でストアを構築する

❷ フッターに表示できるパーツとしてフリースペースが2つ用意されている

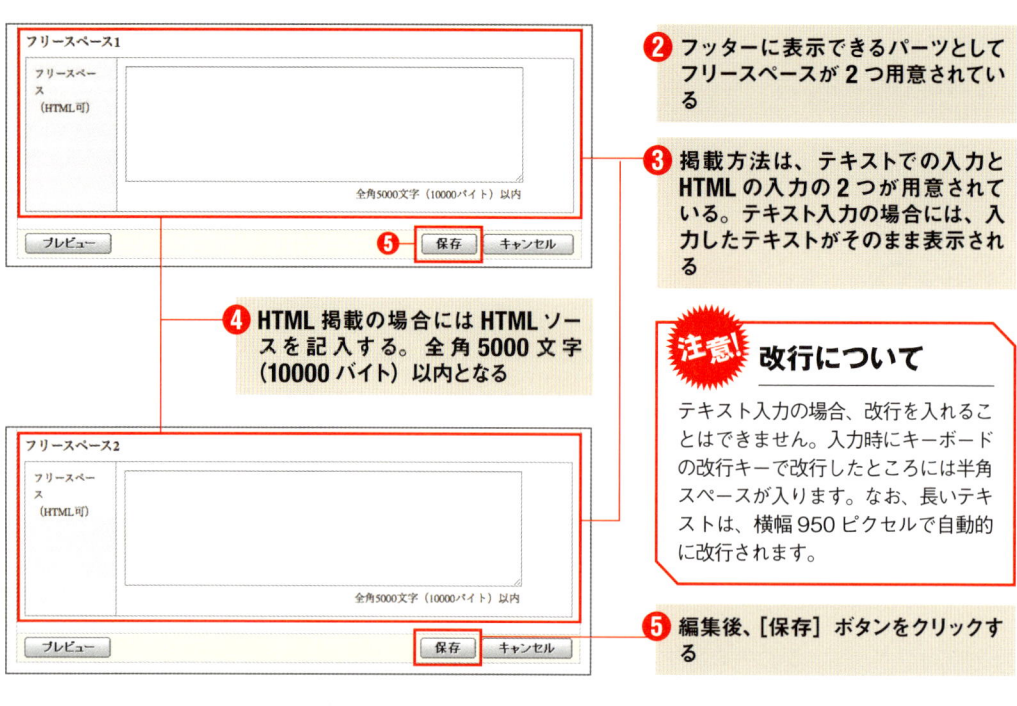

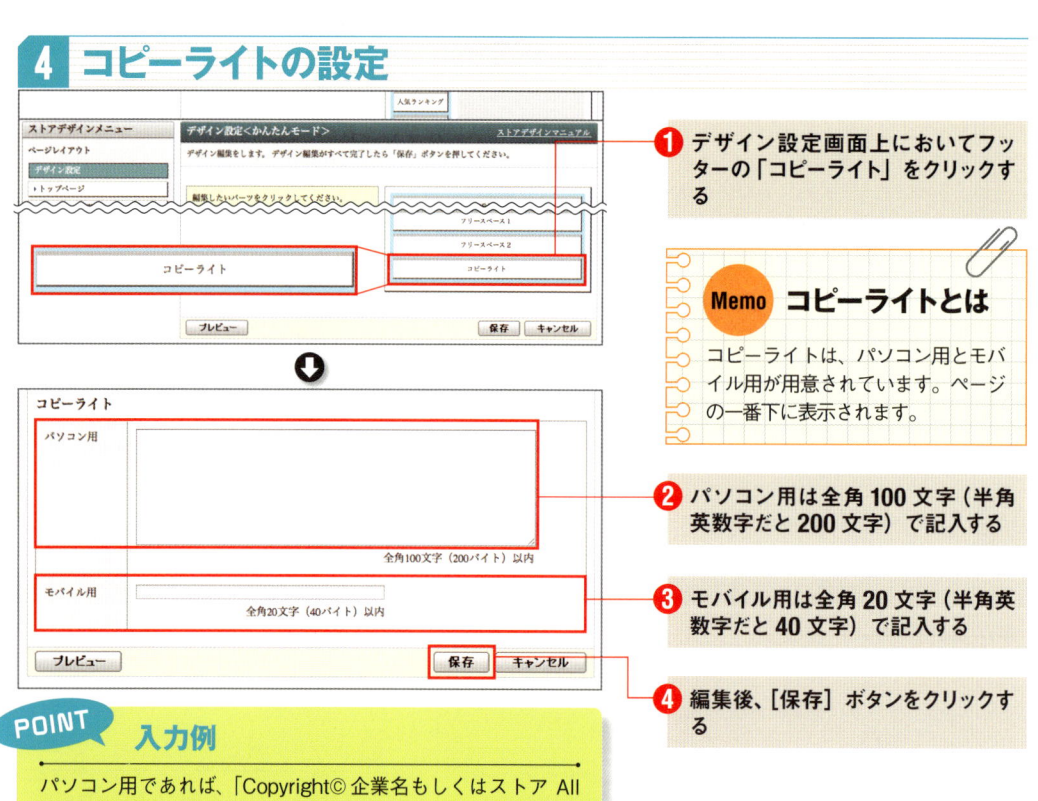

❸ 掲載方法は、テキストでの入力とHTMLの入力の2つが用意されている。テキスト入力の場合には、入力したテキストがそのまま表示される

❹ HTML掲載の場合にはHTMLソースを記入する。全角5000文字（10000バイト）以内となる

注意！改行について

テキスト入力の場合、改行を入れることはできません。入力時にキーボードの改行キーで改行したところには半角スペースが入ります。なお、長いテキストは、横幅950ピクセルで自動的に改行されます。

❺ 編集後、[保存]ボタンをクリックする

4 コピーライトの設定

❶ デザイン設定画面上においてフッターの「コピーライト」をクリックする

Memo コピーライトとは

コピーライトは、パソコン用とモバイル用が用意されています。ページの一番下に表示されます。

❷ パソコン用は全角100文字（半角英数字だと200文字）で記入する

❸ モバイル用は全角20文字（半角英数字だと40文字）で記入する

❹ 編集後、[保存]ボタンをクリックする

POINT 入力例

パソコン用であれば、「Copyright© 企業名もしくはストア All Right Reserved.」、モバイル用であれば、「Copyright© 企業名もしくはストア名.」と記入するのが一般的です。

06 通常モードで編集する ①テンプレートと全体の設定

「通常モード」を使えば、各パーツの配置やレイアウトをカスタマイズできます。

通常モードの編集について

通常モードの編集はHTMLの知識が必要ですが、デザイン性があり訴求力のあるストア構築が可能です。最初は、「かんたんモード」で構築しているストアの方も、HTMLを勉強して「通常モード」でデザイン性の高いストア構築を目指しましょう。

1 共通設定：テンプレート選択

「通常モード」では、カテゴリページで5つのテンプレート、商品ページで12個のテンプレートを登録できます。テンプレートでは、「カテゴリページ、商品ページの新規登録時にどのテンプレートを使用するか」という設定を行います。カテゴリページ、商品ページのテンプレート編集については、第5章にてページ制作の項目で解説します。ここでは、基本テンプレートがどのような役割をするのか把握してください。

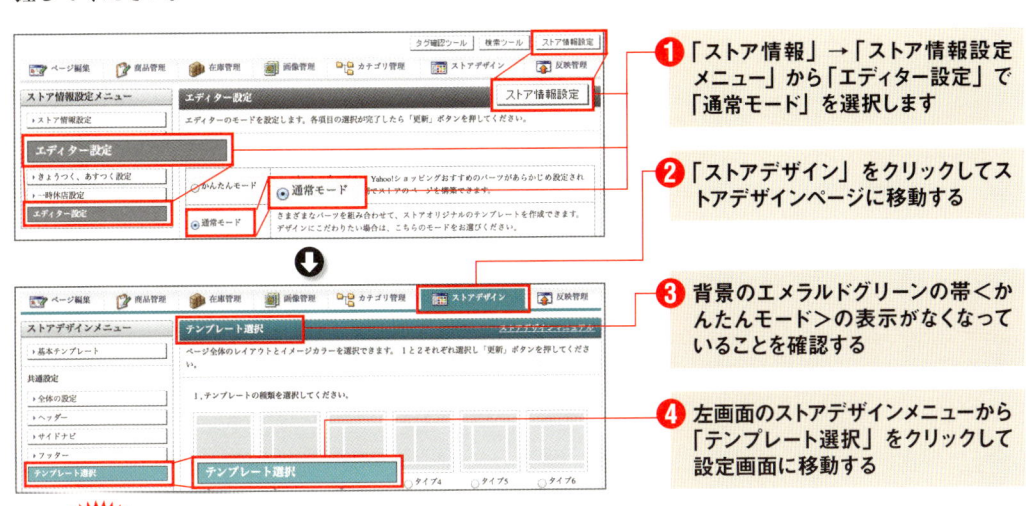

❶「ストア情報」→「ストア情報設定メニュー」から「エディター設定」で「通常モード」を選択します

❷「ストアデザイン」をクリックしてストアデザインページに移動する

❸ 背景のエメラルドグリーンの帯<かんたんモード>の表示がなくなっていることを確認する

❹ 左画面のストアデザインメニューから「テンプレート選択」をクリックして設定画面に移動する

注意！「デザイン設定<かんたんモード>」になっている場合

「デザイン設定<かんたんモード>」になっている場合には、編集モードの切り替えを行い「通常モード」にしてください。ストアエディタのヘッダーにある「ストア情報設定」→「エディター設定」にて変更できます。

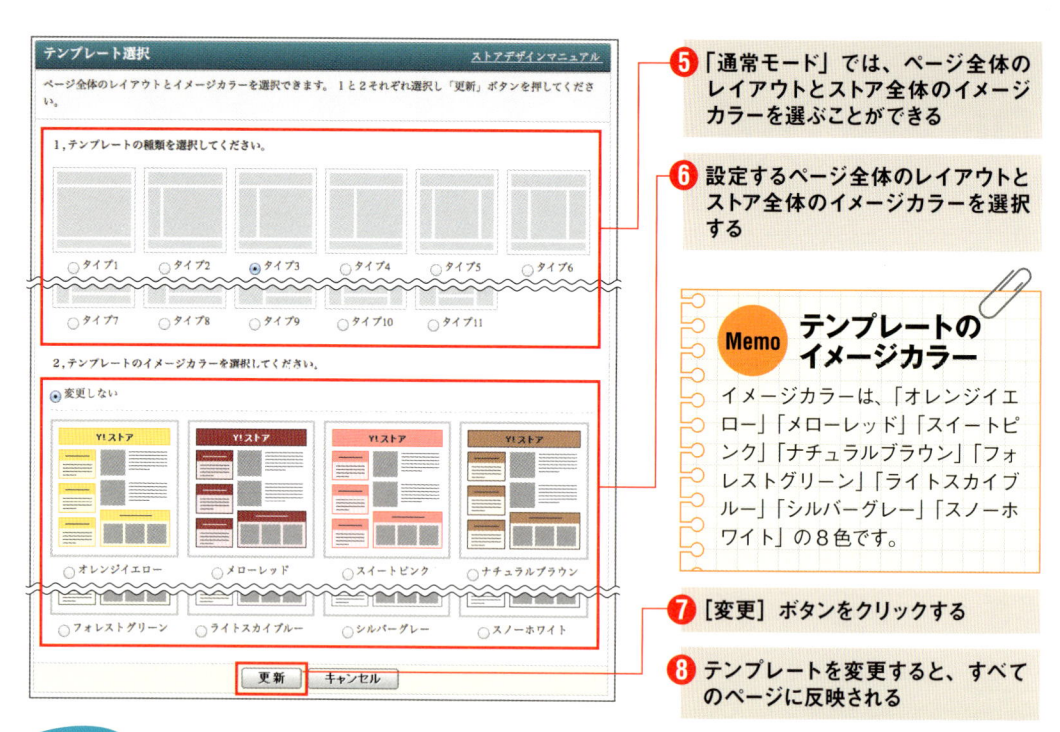

❺「通常モード」では、ページ全体のレイアウトとストア全体のイメージカラーを選ぶことができる

❻ 設定するページ全体のレイアウトとストア全体のイメージカラーを選択する

Memo テンプレートのイメージカラー

イメージカラーは、「オレンジイエロー」「メローレッド」「スイートピンク」「ナチュラルブラウン」「フォレストグリーン」「ライトスカイブルー」「シルバーグレー」「スノーホワイト」の8色です。

❼[変更]ボタンをクリックする

❽ テンプレートを変更すると、すべてのページに反映される

POINT テンプレートについて

各カテゴリページ、商品ページにおいて使用するテンプレートは、基本テンプレートが設定されていても各ページで個別に変更できますので、さほど重要なものではなく新規登録時の利便性として考えておいてください。

Memo レイアウトについて

用意されているレイアウトは11種類、イメージカラーは8種類です。レイアウトは、サイドナビなし、サイドナビが左側にある2カラム、サイドナビが両サイドにある3カラムがあります。タイプによってサイドナビの横幅が異なります。

サイドナビの横幅	該当するタイプ
横幅180ピクセル	「タイプ2」「タイプ5」「タイプ7」「タイプ10」
横幅200ピクセル	「タイプ3」「タイプ6」「タイプ8」「タイプ11」
横幅220ピクセル	「タイプ4」「タイプ9」

レイアウト

POINT 新しいテンプレートでレイアウトを変更したい場合

すでに設定したテンプレートのイメージカラーはそのままにして、新しいテンプレートでレイアウトを変更したい場合には、「2 テンプレートのイメージカラーを選択してください」で「変更しない」を選択してください（初期設定は「変更しない」になっている）。「変更しない」を選択していないと、設定しているパーツの色などが引き継がれずに変更されてしまいます。

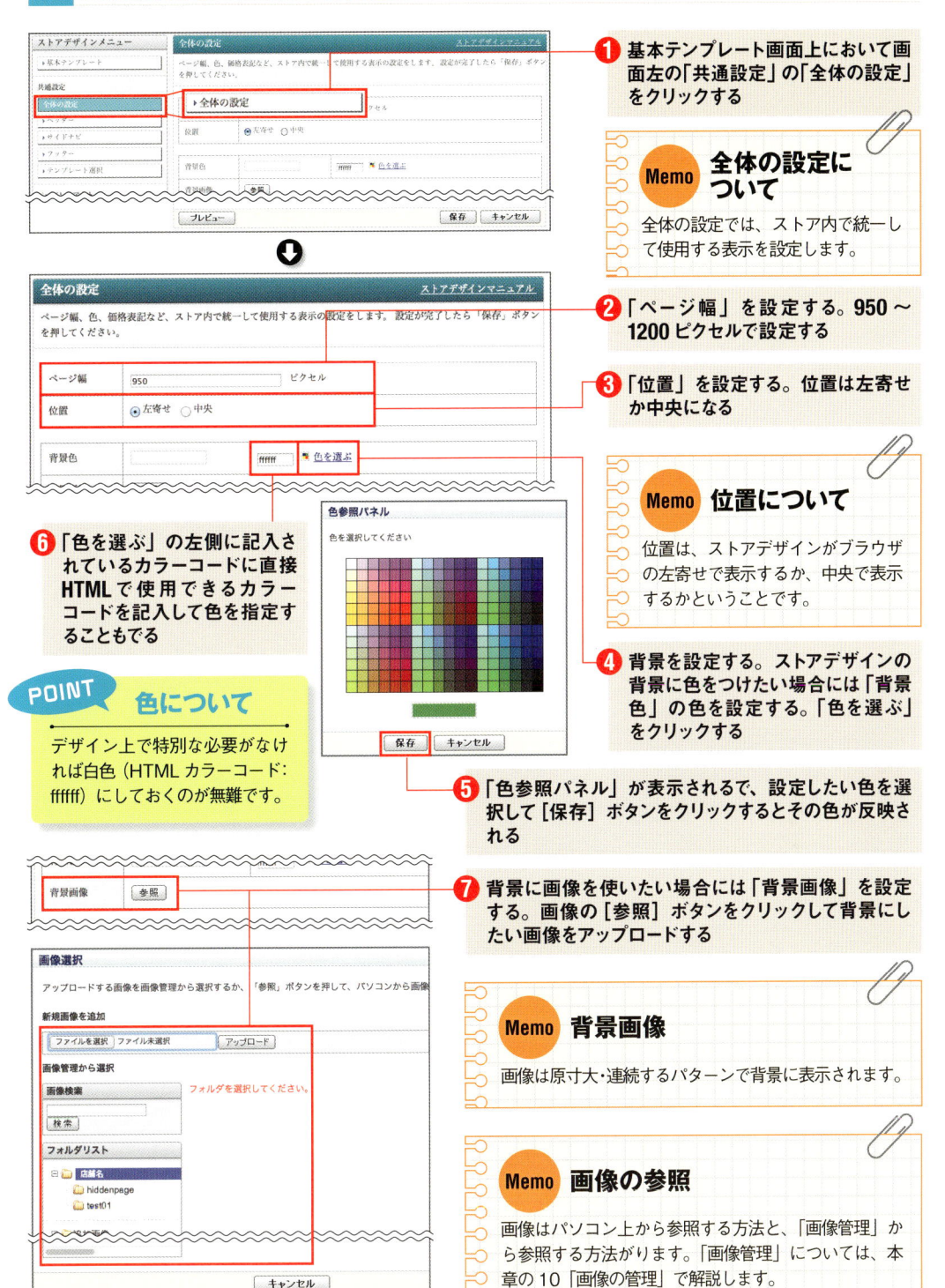

2 共通設定：全体の設定

❶ 基本テンプレート画面上において画面左の「共通設定」の「全体の設定」をクリックする

Memo 全体の設定について
全体の設定では、ストア内で統一して使用する表示を設定します。

❷ 「ページ幅」を設定する。950～1200ピクセルで設定する

❸ 「位置」を設定する。位置は左寄せか中央になる

Memo 位置について
位置は、ストアデザインがブラウザの左寄せで表示するか、中央で表示するかということです。

❻ 「色を選ぶ」の左側に記入されているカラーコードに直接HTMLで使用できるカラーコードを記入して色を指定することもでる

❹ 背景を設定する。ストアデザインの背景に色をつけたい場合には「背景色」の色を設定する。「色を選ぶ」をクリックする

POINT 色について
デザイン上で特別な必要がなければ白色（HTMLカラーコード：ffffff）にしておくのが無難です。

❺ 「色参照パネル」が表示されるで、設定したい色を選択して[保存]ボタンをクリックするとその色が反映される

❼ 背景に画像を使いたい場合には「背景画像」を設定する。画像の[参照]ボタンをクリックして背景にしたい画像をアップロードする

Memo 背景画像
画像は原寸大・連続するパターンで背景に表示されます。

Memo 画像の参照
画像はパソコン上から参照する方法と、「画像管理」から参照する方法がります。「画像管理」については、本章の10「画像の管理」で解説します。

06 通常モードで編集する① テンプレートと全体の設定

107

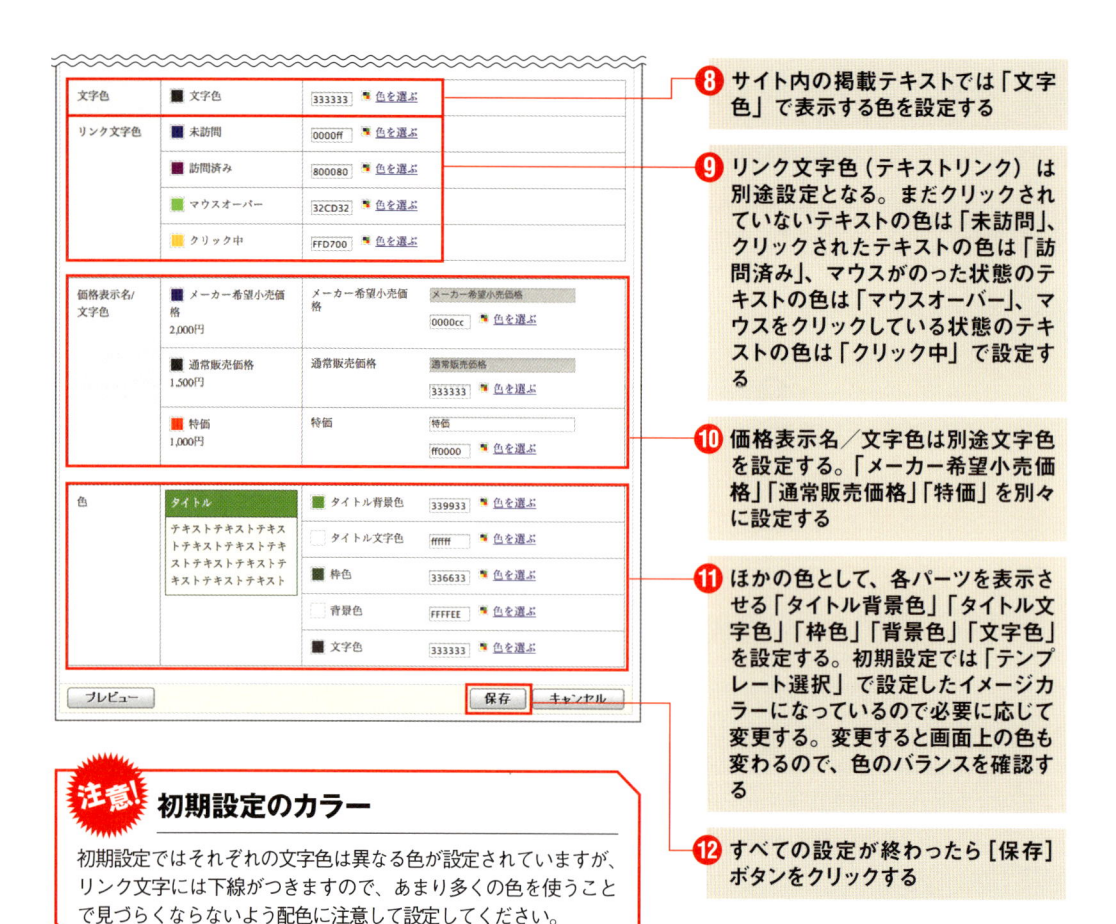

❽ サイト内の掲載テキストでは「文字色」で表示する色を設定する

❾ リンク文字色（テキストリンク）は別途設定となる。まだクリックされていないテキストの色は「未訪問」、クリックされたテキストの色は「訪問済み」、マウスがのった状態のテキストの色は「マウスオーバー」、マウスをクリックしている状態のテキストの色は「クリック中」で設定する

❿ 価格表示名／文字色は別途文字色を設定する。「メーカー希望小売価格」「通常販売価格」「特価」を別々に設定する

⓫ ほかの色として、各パーツを表示させる「タイトル背景色」「タイトル文字色」「枠色」「背景色」「文字色」を設定する。初期設定では「テンプレート選択」で設定したイメージカラーになっているので必要に応じて変更する。変更すると画面上の色も変わるので、色のバランスを確認する

⓬ すべての設定が終わったら［保存］ボタンをクリックする

注意！ 初期設定のカラー

初期設定ではそれぞれの文字色は異なる色が設定されていますが、リンク文字には下線がつきますので、あまり多くの色を使うことで見づらくならないよう配色に注意して設定してください。

注意！ 設定した文字色について

ここで設定した文字色は、イメージカラーより優先して表示されますが、「テンプレート選択」において、イメージカラーを変更すると、この「全体の設定」で設定した文字色はイメージカラーの設定に戻ってしまいます。

POINT 価格の文字色を工夫する

商品登録において必須設定は「通常販売価格」となるので、この文字色を価格表示の色として考え、それを基準に「メーカー希望小売価格」とセール時の「特価」の色を考えます。

各パーツを編集するには

全体の設定が終わったら各パーツを順番に編集していきましょう。

各パーツの編集は画面上の各パーツ部分をクリックすると、その編集項目が画面下（各項目が並んでいるスペースの下部分）に表示されますので、その項目にそって行います。次節からは、「ヘッダー」「サイドナビ」「フッター」ごとに、パーツの編集を解説します。

PRO

07 通常モードで編集する ②ヘッダーの設定

それでは、ヘッダーで利用できるパーツを1つずつ見てきましょう。編集したいパーツをクリックすると掲載内容が編集できます。ここではヘッダーの編集方法を紹介します。

1 ヘッダー共通設定：デザイン編集

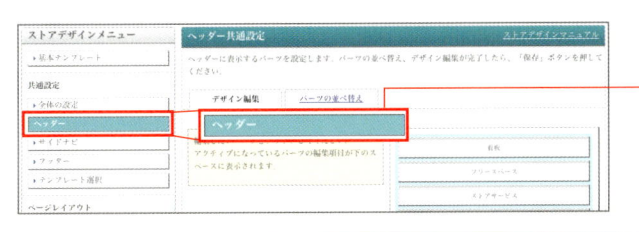

❶ 基本テンプレート画面上において画面左の「共通設定」の「ヘッダー」をクリックしてヘッダー共通設定画面を開く

Memo ヘッダーとは

ヘッダーはストア内のすべてのページにおいて上部分に表示されます。ヘッダーには以下のパーツが用意されており、必要なパーツを組み合わせて構築します。

- ・看板
- ・パンくずリスト
- ・ページ移動ボタン
- ・ストア内検索
- ・ストアサービス
- ・フリースペース

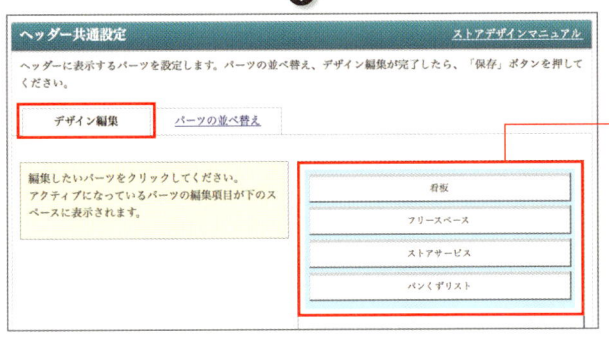

❷ 背景が水色で表示されているツールがアクティブ状態（現在ストアにて表示されている）となっているパーツである。初期設定では「看板」「フリースペース」「ストアサービス」「パンくずリスト」の順番で並んでいる。並んでいる順番でストアのページに表示される

2 ヘッダー共通設定：パーツの並べ替え

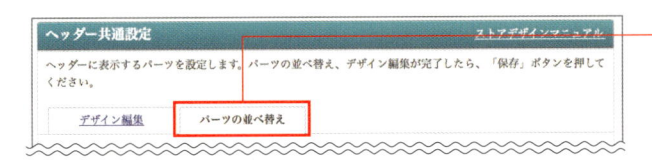

❶「パーツの並べ替え」タブをクリックする

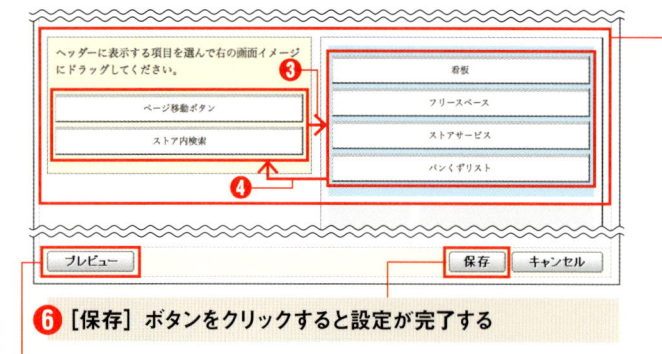

❷ 非アクティブ状態（現在ストアで表示されていない）のツールが黄色の背景で表示され、ヘッダーで利用できるすべてのツールが並ぶ

❸ 非アクティブなパーツをアクティブな状態にするには、対象ツールを黄色の背景（左）から水色の背景（右）にドラッグして移動させる

❹ 逆に、アクティブなパーツを非アクティブな状態にするには、対象ツールを水色の背景（右）から黄色の背景（左）にドラッグして移動させる

❺ アクティブ状態のツール（水色の背景）では、ドラッグで順番が動かせるので、表示させたい順番に設定する

❻ ［保存］ボタンをクリックすると設定が完了する

❼ ［プレビュー］ボタンをクリックすると設定後のヘッダーがどのように表示されるのかを確認できる

POINT ヘッダーに使うパーツについて

ヘッダーにすべてのパーツを使う必要はありません。必要なパーツだけをアクティブな状態にしてください。

3 看板の設定：タイプ1の場合

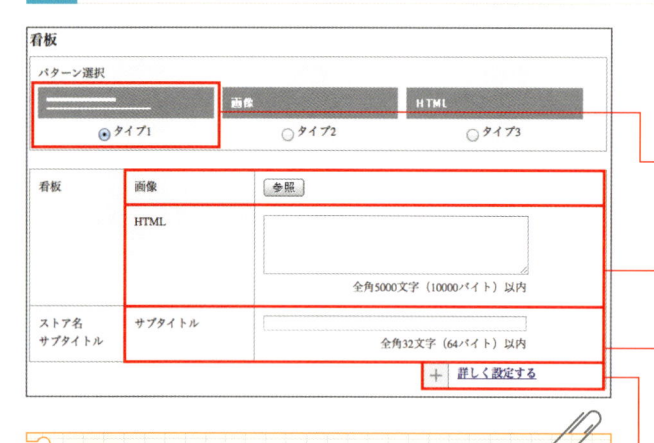

❶ デザイン編集画面上の「看板」をクリックする（「かんたんモード」と同じ編集方法となる）

❷ 看板の編集は3種類の表示タイプが用意されている。「タイプ1」を選択する

❸ ストア名は登録されている店舗名が自動表示される

❹ サブタイトルは、どのようなストアなのかわかるような説明を掲載する（全角で32文字まで）

❺ ストア名とサブタイトルの背景色と文字色は、「テンプレート選択」で設定したイメージカラーが初期設定となっている。ほかの背景色と文字色にしたい場合には、画面右下の「詳しく設定する」をクリックする（クリックすると「閉じる」に変わる）

Memo タイプ1

タイプ1は背景色に指定した色の上にストア名とサブタイトルがテキストで掲載されます。「サブタイトル欄」に任意のテキストを記入すると看板ができます。

POINT サブタイトルの説明文

単に「この商品群を売っています」ではなく、その商品群の中でも誰に向けて何を売っているのかを、ストアの特徴として掲載すべきです。例えば、「花を売っています」より「ギフト用の花を売っています」、「色鮮やかなギフト用アレンジメントでもらった人を笑顔にします」などです。花全般をアピールしたいのであれば、「生花からプリザーブドフラワーまで、より美しいアレンジメント」という感じです。サブタイトルは全角32文字以内となっていますので、32文字の中に特徴を凝縮してください。

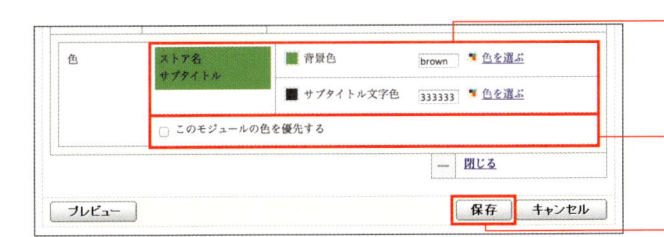

❻ 初期設定（設定変更後は現在の設定）の背景色と文字色が表示されるので、それぞれの色を編集する

❼ 設定後は必ず「このモジュールの色を優先する」にチェックを入れる

❽ 編集した後、[保存] ボタンをクリックする

注意！ 「このモジュールの色を優先する」について

「このモジュールの色を優先する」にチェックを入れないと設定した色よりも、「テンプレート選択」で設定したイメージカラーが優先されて表示されてしまいます。

4 看板の設定：タイプ2の場合

「タイプ2」は、看板となる画像をアップロードして、看板として使用します。

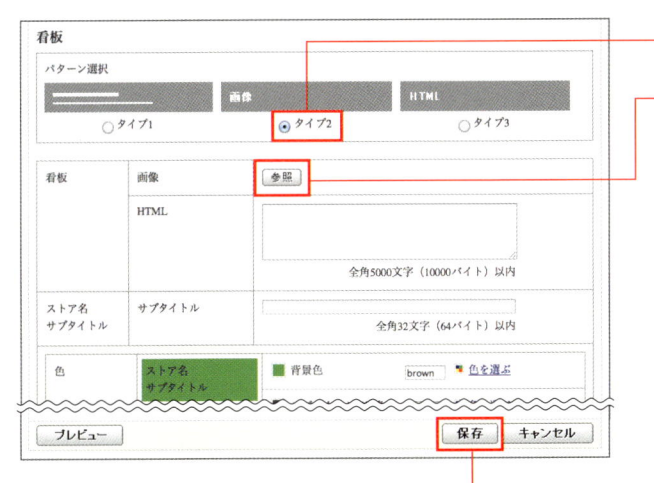

❶ 「タイプ2」を選択する

❷ 画像の [参照] ボタンをクリックして看板にしたい画像をアップロードする

Memo 画像について

画像はパソコン上から参照する方法と、「画像管理」から参照する方法があります。「画像管理」については、本章の10「画像の管理」で解説します。

Memo 画像の表示

画像は原寸大・左寄せで掲載されます。

❸ ヘッダーの横幅は「全体の設定」で設定した「ページ幅」になる。そのページ幅に合わせたサイズの画像を使う

❹ 編集した後、[保存] ボタンをクリックする

POINT ページ幅に合わせたサイズの看板画像

ページ幅より看板画像の横サイズが小さい場合には右側が空いてしまいます。例えば、ページ幅が1000ピクセルで、看板画像の横幅900ピクセルであれば、右側に100ピクセルが空いて掲載となります。足りない横幅部分に設定されている背景色が表示されてしまいます。背景色が表示されることでデザイン的におかしくなる場合には、背景色を白色にすれば看板のみの表示となります。逆に、ページ幅より画像横サイズが大きい場合には、大きなまま画像が掲載されます。例えば、ページ幅が1000ピクセルで、看板画像の横幅1200ピクセルであれば、右に200ピクセルはみ出て掲載されます。

111

5 看板の設定：タイプ3の場合

「タイプ3」は、HTMLで編集したままを看板部分に表示させます。

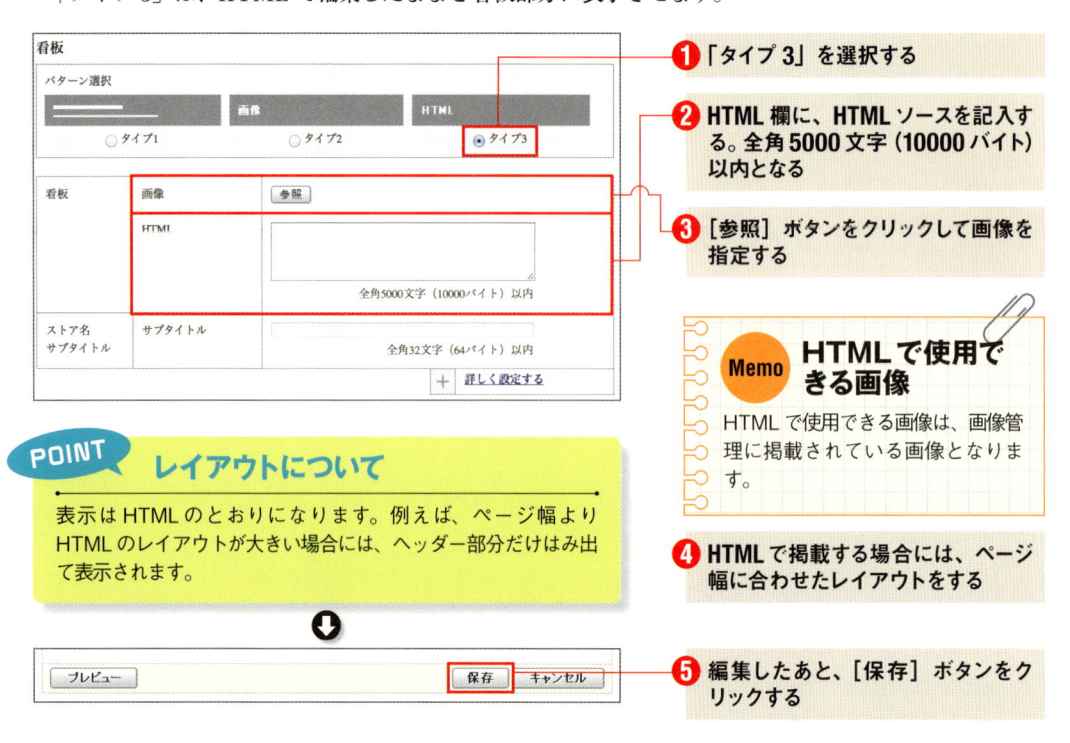

❶ 「タイプ3」を選択する

❷ HTML欄に、HTMLソースを記入する。全角5000文字（10000バイト）以内となる

❸ ［参照］ボタンをクリックして画像を指定する

Memo　HTMLで使用できる画像

HTMLで使用できる画像は、画像管理に掲載されている画像となります。

❹ HTMLで掲載する場合には、ページ幅に合わせたレイアウトをする

POINT　レイアウトについて

表示はHTMLのとおりになります。例えば、ページ幅よりHTMLのレイアウトが大きい場合には、ヘッダー部分だけはみ出て表示されます。

❺ 編集したあと、［保存］ボタンをクリックする

6 フリースペースの設定

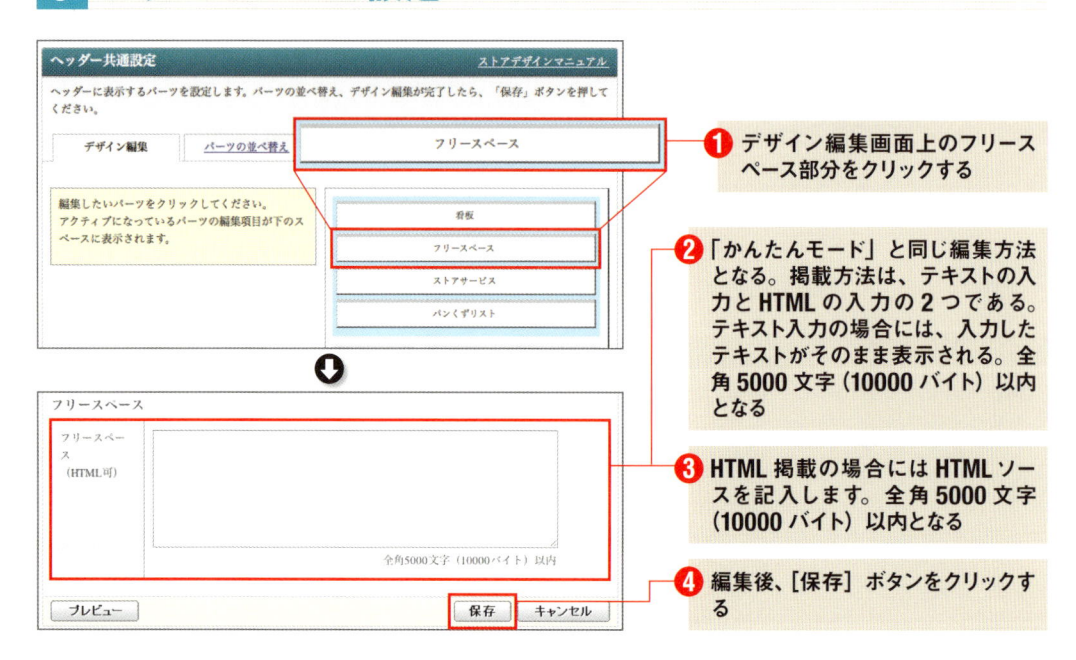

❶ デザイン編集画面上のフリースペース部分をクリックする

❷ 「かんたんモード」と同じ編集方法となる。掲載方法は、テキストの入力とHTMLの入力の2つである。テキスト入力の場合には、入力したテキストがそのまま表示される。全角5000文字（10000バイト）以内となる

❸ HTML掲載の場合にはHTMLソースを記入します。全角5000文字（10000バイト）以内となる

❹ 編集後、［保存］ボタンをクリックする

注意! 改行について

テキスト入力の場合、改行はできません。入力時にキーボードの改行キーで改行したところには半角スペースが入ります。なお、長いテキストは、「全体設定」の「ページ幅」で設定した横幅で自動的に改行されます。

7 ストアサービスの設定

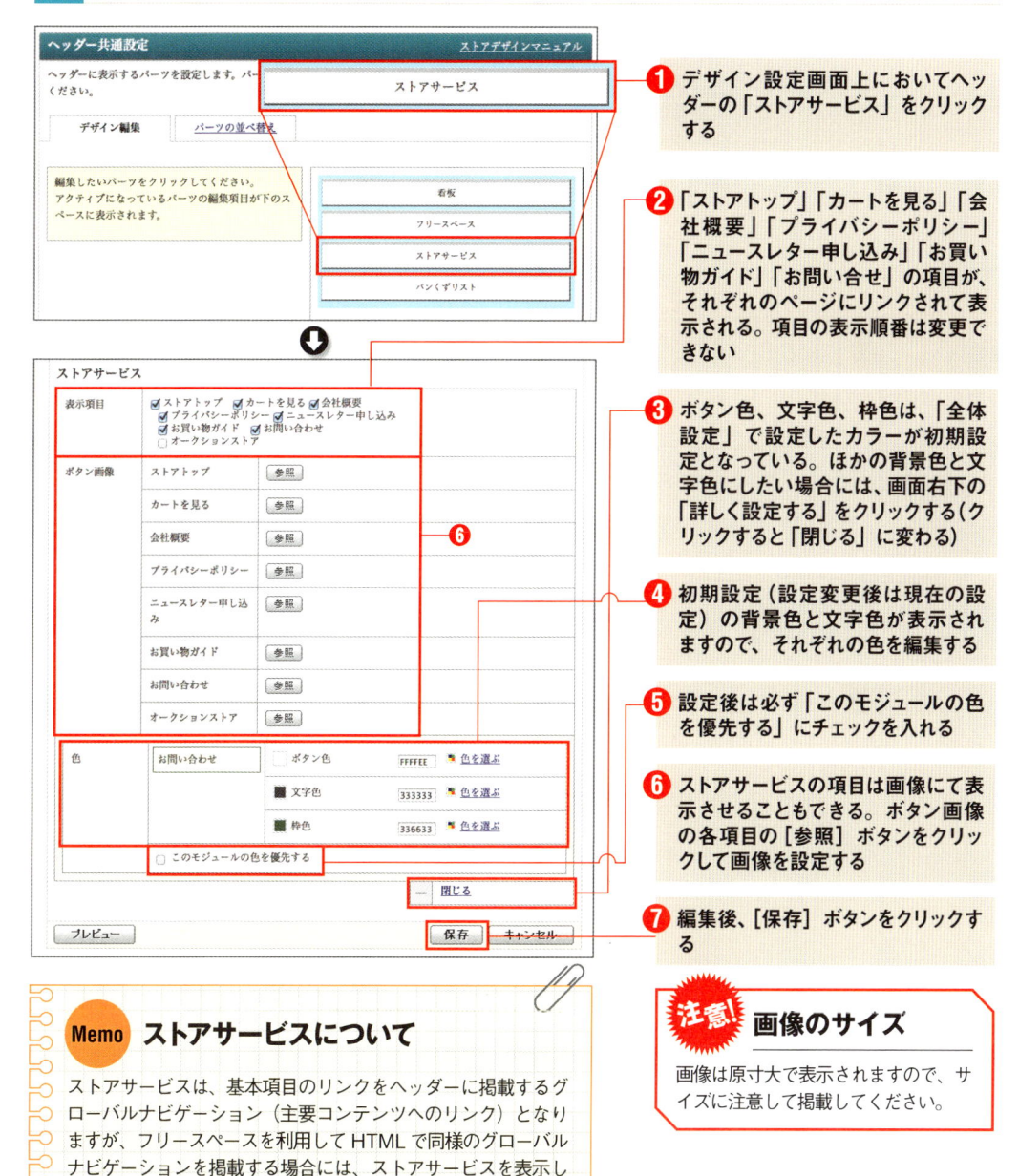

❶ デザイン設定画面上においてヘッダーの「ストアサービス」をクリックする

❷ 「ストアトップ」「カートを見る」「会社概要」「プライバシーポリシー」「ニュースレター申し込み」「お買い物ガイド」「お問い合せ」の項目が、それぞれのページにリンクされて表示される。項目の表示順番は変更できない

❸ ボタン色、文字色、枠色は、「全体設定」で設定したカラーが初期設定となっている。ほかの背景色と文字色にしたい場合には、画面右下の「詳しく設定する」をクリックする（クリックすると「閉じる」に変わる）

❹ 初期設定（設定変更後は現在の設定）の背景色と文字色が表示されますので、それぞれの色を編集する

❺ 設定後は必ず「このモジュールの色を優先する」にチェックを入れる

❻ ストアサービスの項目は画像にて表示させることもできる。ボタン画像の各項目の［参照］ボタンをクリックして画像を設定する

❼ 編集後、［保存］ボタンをクリックする

Memo ストアサービスについて

ストアサービスは、基本項目のリンクをヘッダーに掲載するグローバルナビゲーション（主要コンテンツへのリンク）となりますが、フリースペースを利用してHTMLで同様のグローバルナビゲーションを掲載する場合には、ストアサービスを表示しなくても（非アクティブ状態とする）かまいません。

注意! 画像のサイズ

画像は原寸大で表示されますので、サイズに注意して掲載してください。

07 通常モードで編集する② ヘッダーの設定

> **注意!** 「このモジュールの色を優先する」について
>
> 「このモジュールの色を優先する」にチェックにチェックを入れないと設定した色よりも、「テンプレート選択」で設定したイメージカラーが優先されて表示されてしまいます。

8 パンくずリストの設定

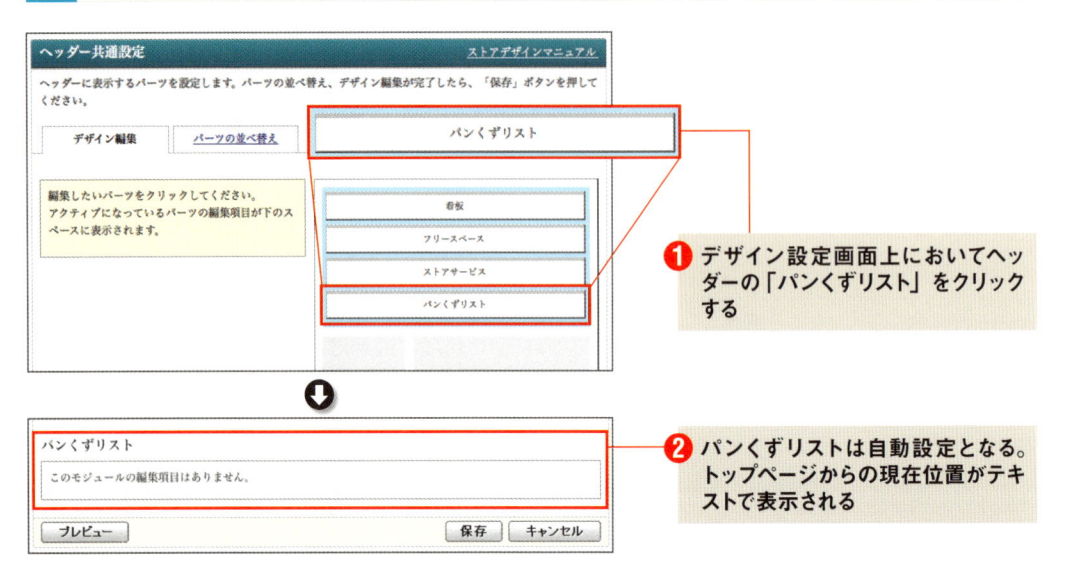

❶ デザイン設定画面上においてヘッダーの「パンくずリスト」をクリックする

❷ パンくずリストは自動設定となる。トップページからの現在位置がテキストで表示される

9 ページ移動ボタンの設定

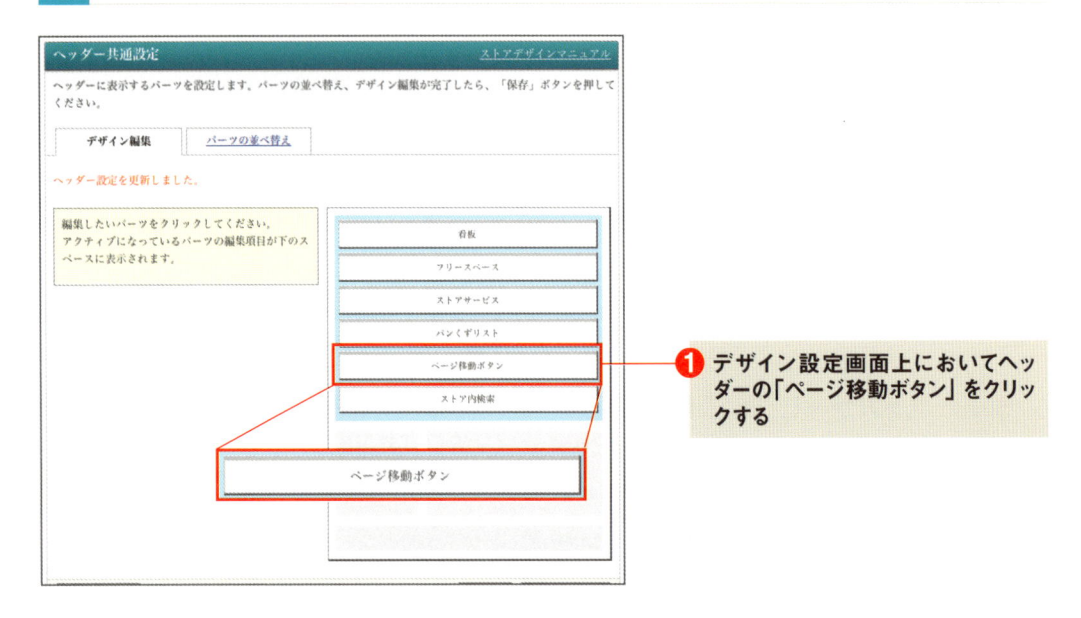

❶ デザイン設定画面上においてヘッダーの「ページ移動ボタン」をクリックする

Memo ページ移動ボタン

ページ移動ボタンを使うと、一つ上のページ、前のページ、次のページへ移動するというボタンを表示させることができます。

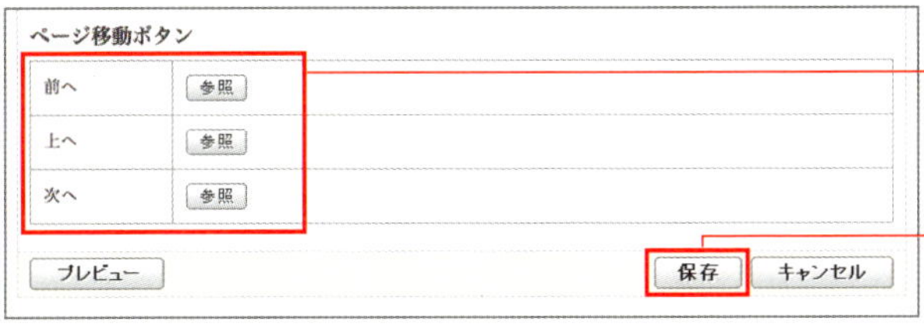

❷ 画像でのボタン設置となるので、[参照] ボタンをクリックして画像を設定する

❸ 編集後、[保存] ボタンをクリックする

10 ストア内検索の設定

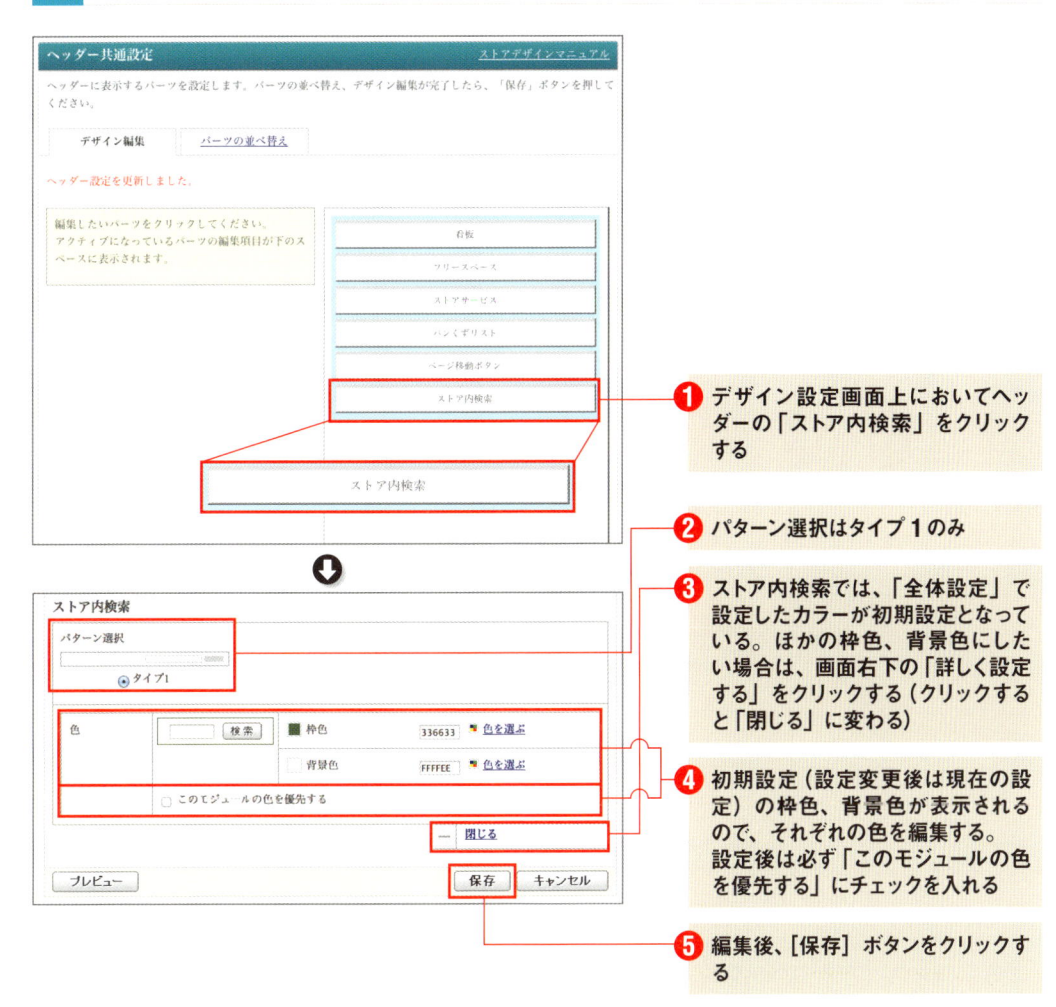

❶ デザイン設定画面上においてヘッダーの「ストア内検索」をクリックする

❷ パターン選択はタイプ1のみ

❸ ストア内検索では、「全体設定」で設定したカラーが初期設定となっている。ほかの枠色、背景色にしたい場合は、画面右下の「詳しく設定する」をクリックする（クリックすると「閉じる」に変わる）

❹ 初期設定（設定変更後は現在の設定）の枠色、背景色が表示されるので、それぞれの色を編集する。設定後は必ず「このモジュールの色を優先する」にチェックを入れる

❺ 編集後、[保存] ボタンをクリックする

PRO

08 通常モードで編集する ③サイドナビの設定

ここではサイドナビの編集方法について解説します。

1 サイドナビ共通設定：デザイン編集、パーツの並び替え

❶ 基本テンプレート画面上において画面左の「共通設定」の「サイドナビ」をクリックする

Memo サイドナビとは

サイドナビはストア内のすべてのページにおいて表示されます。「テンプレート選択」で2カラムのテンプレートの場合は左部分、3カラムのテンプレートの場合は左右に表示されます。以下のパーツが用意されており、必要なパーツを組み合わせて構築します。

・ストア内検索
・ストア内商品カテゴリ
・ストアサービス
・カレンダー
・店長紹介
・人気ランキング
・おすすめ商品
・カスタムページ表示
・トピックス
・フリースペース

❷ 背景が水色で表示されているツールがアクティブ状態（現在ストアにて表示されている）となっているパーツである。初期設定では「フリースペース1」「ストア内検索」「ストア内商品カテゴリ」「ストアサービス」「カレンダー」「店長紹介」「人気ランキング」「フリースペース2」の順番で並んでいる

Memo ストアページにおけるサイドナビの表示

並んでいる順番でストアのページに表示されます。

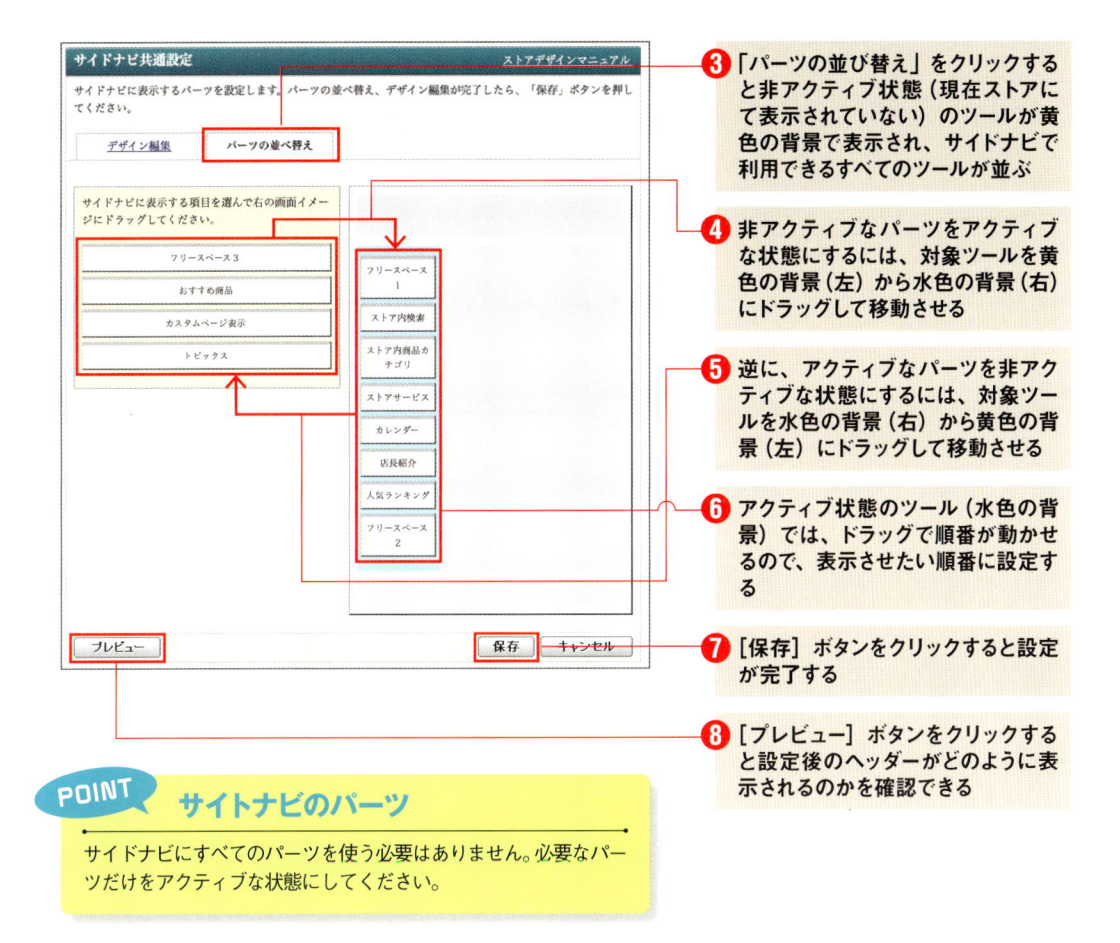

❸「パーツの並び替え」をクリックすると非アクティブ状態（現在ストアにて表示されていない）のツールが黄色の背景で表示され、サイドナビで利用できるすべてのツールが並ぶ

❹ 非アクティブなパーツをアクティブな状態にするには、対象ツールを黄色の背景（左）から水色の背景（右）にドラッグして移動させる

❺ 逆に、アクティブなパーツを非アクティブな状態にするには、対象ツールを水色の背景（右）から黄色の背景（左）にドラッグして移動させる

❻ アクティブ状態のツール（水色の背景）では、ドラッグで順番が動かせるので、表示させたい順番に設定する

❼［保存］ボタンをクリックすると設定が完了する

❽［プレビュー］ボタンをクリックすると設定後のヘッダーがどのように表示されるのかを確認できる

POINT　サイトナビのパーツ

サイドナビにすべてのパーツを使う必要はありません。必要なパーツだけをアクティブな状態にしてください。

　それでは、サイドナビで利用できるパーツを1つ1つ見てきましょう。編集したいパーツをクリックすると掲載内容が編集できます。

2 ストア内検索の設定

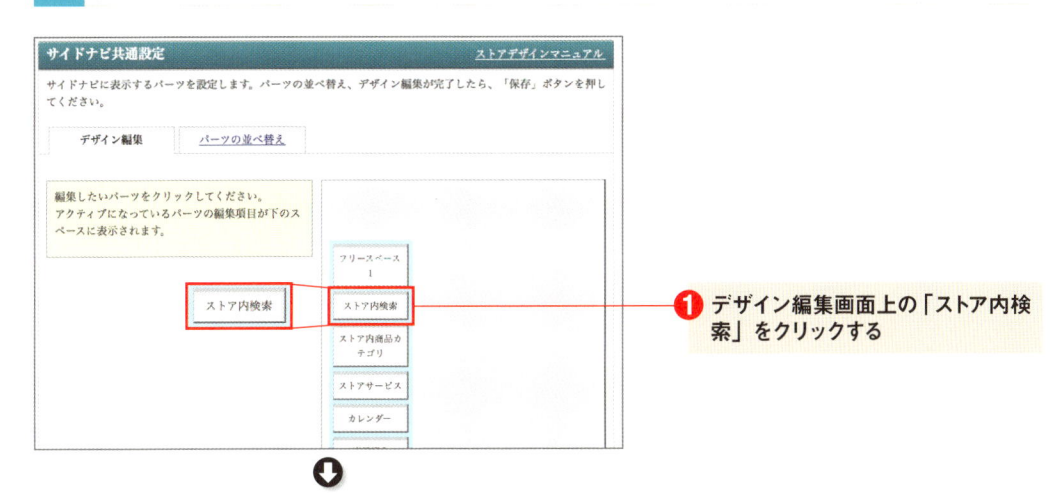

❶ デザイン編集画面上の「ストア内検索」をクリックする

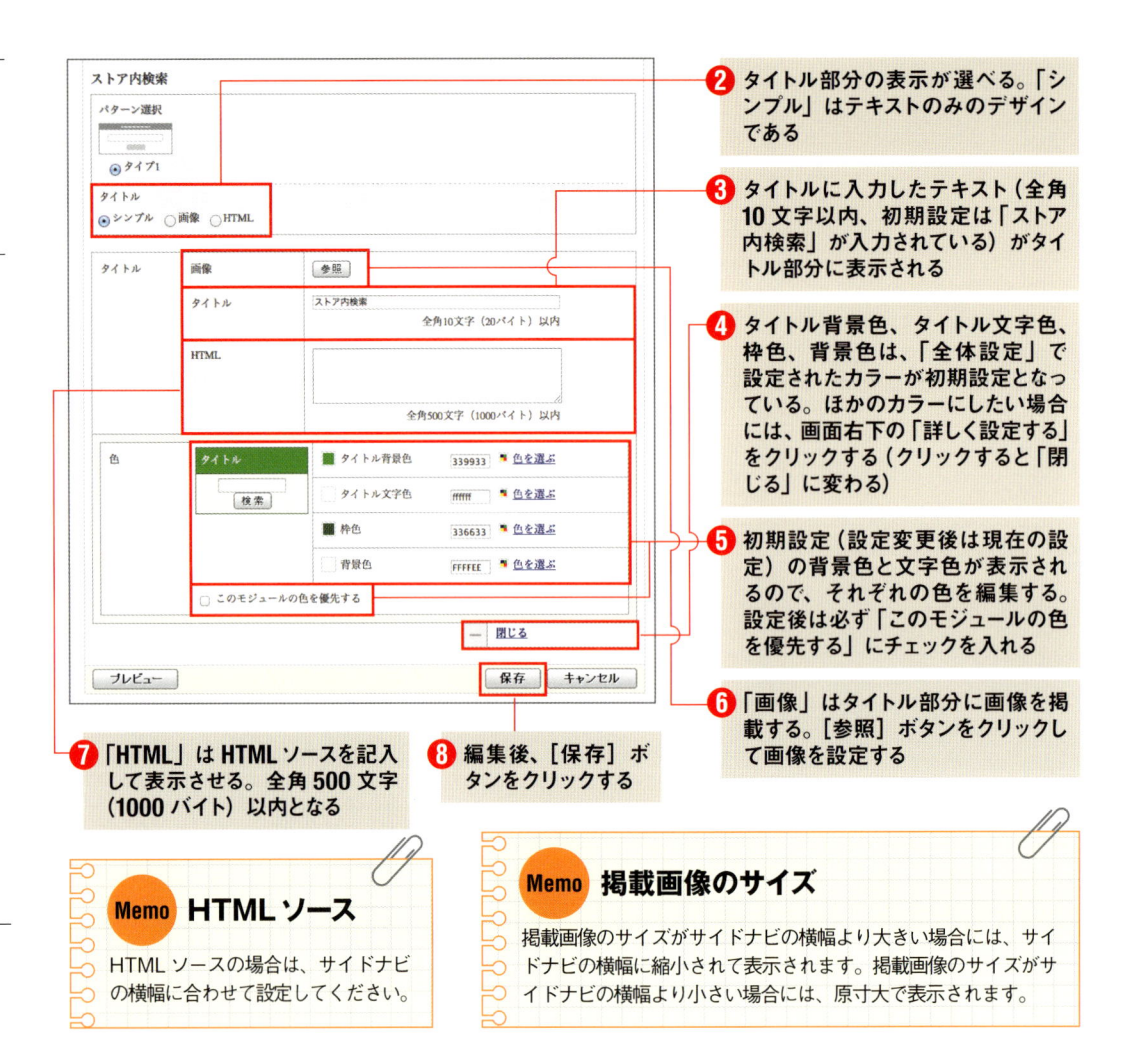

Chapter 4 ストアクリエイターProでストアを構築する

❷ タイトル部分の表示が選べる。「シンプル」はテキストのみのデザインである

❸ タイトルに入力したテキスト（全角10文字以内、初期設定は「ストア内検索」が入力されている）がタイトル部分に表示される

❹ タイトル背景色、タイトル文字色、枠色、背景色は、「全体設定」で設定されたカラーが初期設定となっている。ほかのカラーにしたい場合には、画面右下の「詳しく設定する」をクリックする（クリックすると「閉じる」に変わる）

❺ 初期設定（設定変更後は現在の設定）の背景色と文字色が表示されるので、それぞれの色を編集する。設定後は必ず「このモジュールの色を優先する」にチェックを入れる

❻ 「画像」はタイトル部分に画像を掲載する。［参照］ボタンをクリックして画像を設定する

❼ 「HTML」はHTMLソースを記入して表示させる。全角500文字（1000バイト）以内となる

❽ 編集後、［保存］ボタンをクリックする

> **Memo　HTMLソース**
> HTMLソースの場合は、サイドナビの横幅に合わせて設定してください。

> **Memo　掲載画像のサイズ**
> 掲載画像のサイズがサイドナビの横幅より大きい場合には、サイドナビの横幅に縮小されて表示されます。掲載画像のサイズがサイドナビの横幅より小さい場合には、原寸大で表示されます。

3 ストア内商品カテゴリの設定

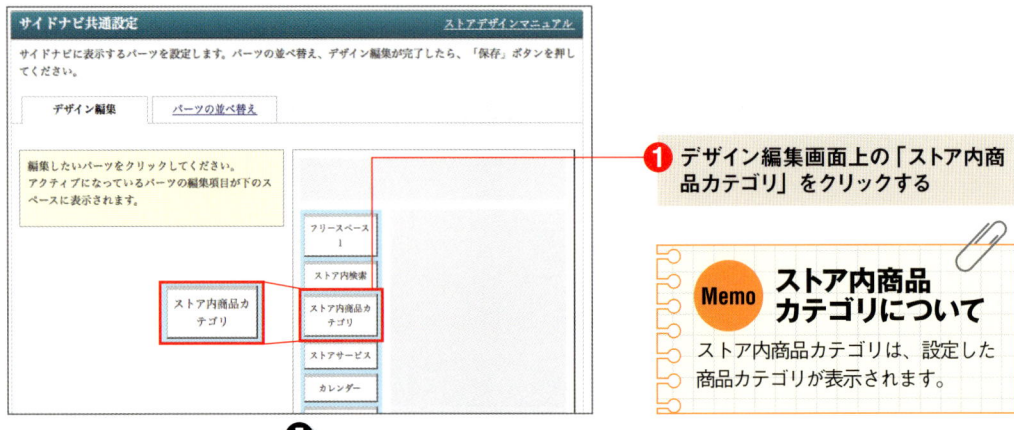

❶ デザイン編集画面上の「ストア内商品カテゴリ」をクリックする

> **Memo　ストア内商品カテゴリについて**
> ストア内商品カテゴリは、設定した商品カテゴリが表示されます。

08 通常モードで編集する③ サイドナビの設定

❷ 5つの表示パターンが用意されているので好みのものを選択する

❸ ストア内商品カテゴリのタイトル部分の表示を選ぶ。「シンプル」はテキストのみのデザインなる

❹ タイトルに入力したテキスト（全角10文字以内、初期設定は「商品カテゴリ」が入力されている）がタイトル部分に表示される。

❺ タイトル背景色、タイトル文字色、枠色、背景色、文字色、ボタン背景色、ボタン枠色は、設定されているカラーが初期設定となっている。ほかのカラーにしたい場合には、画面右下の「詳しく設定する」をクリックする（クリックすると「閉じる」に変わる）

❻ 初期設定（設定変更後は現在の設定）の背景色と文字色が表示されるで、それぞれの色を編集する。設定後は必ず「このモジュールの色を優先する」にチェックを入れる

❼ 「画像」はタイトル部分に画像を掲載する。[参照] ボタンをクリックして画像を設定する

❽ 「HTML」はHTMLソースを記入して表示させる。全角500文字（1000バイト）以内となる

❾ 編集後、[保存] ボタンをクリックする

Memo 5つの表示パターン

各パターンを設定・保存してプレビューにて確認してみるとよいでしょう。

タイプ	説明
「タイプ1」「タイプ2」「タイプ3」	第一階層のカテゴリのみ表示される
「タイプ4」	第二階層のカテゴリ（第一階層の下位階層）がある場合に、第一階層のカテゴリをクリックすると第二階層のカテゴリがサイドナビに表示される
「タイプ5」	第一階層のカテゴリの下に第二階層のカテゴリが表示される

5つの表示パターン

Memo 掲載画像のサイズ

掲載画像のサイズがサイドナビの横幅より大きい場合には、サイドナビの横幅に縮小されて表示されます。掲載画像のサイズがサイドナビの横幅より小さい場合には、原寸大にて表示されます。

POINT HTMLソースの場合

HTMLソースの場合には、サイドナビの横幅に合わせて設定してください。

4 ストアサービスの設定

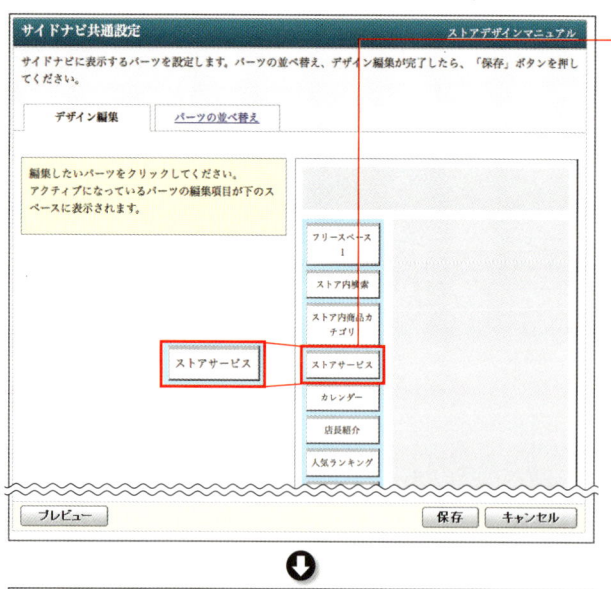

❶ デザイン設定画面上においてサイドナビの「ストアサービス」をクリックする

❷ 「ストアトップ」「カートを見る」「会社概要」「プライバシーポリシー」「ニュースレター申し込み」「お買い物ガイド」「お問い合せ」「オークションストア」の項目が、それぞれのページにリンクされて表示される。項目の表示順番は変更できない

❸ ボタン色、文字色、枠色は、「全体設定」で設定したカラーが初期設定となっている。ほかの背景色と文字色にしたい場合は、画面右下の「詳しく設定する」をクリックする（クリックすると「閉じる」に変わる）

❹ 初期設定（設定変更後は現在の設定）の背景色と文字色が表示されるので、それぞれの色を編集する

❺ 設定後は必ず「このモジュールの色を優先する」にチェックを入れる

❻ ストアサービスの項目は画像にて表示させることもできる。ボタン画像の各項目の[参照]ボタンをクリックして画像を設定する

❼ 編集後、[保存]ボタンをクリックする

> **注意!** 「このモジュールの色を優先する」について
>
> 「このモジュールの色を優先する」にチェックを入れないと設定した色よりも、「テンプレート選択」で設定したイメージカラーが優先されて表示されていまいます。

> **注意!** 画像について
>
> 画像は原寸大で表示されますので、サイズに注意して掲載してください。掲載画像のサイズがサイドナビの横幅より大きい場合には、サイドナビの横幅に縮小されて表示されます。掲載画像のサイズがサイドナビの横幅より小さい場合には、原寸大にて表示されます。

> **POINT** ヘッダーにストアサービスを表示させている場合
>
> ヘッダーにストアサービスを表示させている場合は、サイドナビにストアサービスを表示させる必要はありません。

5 カレンダーの設定

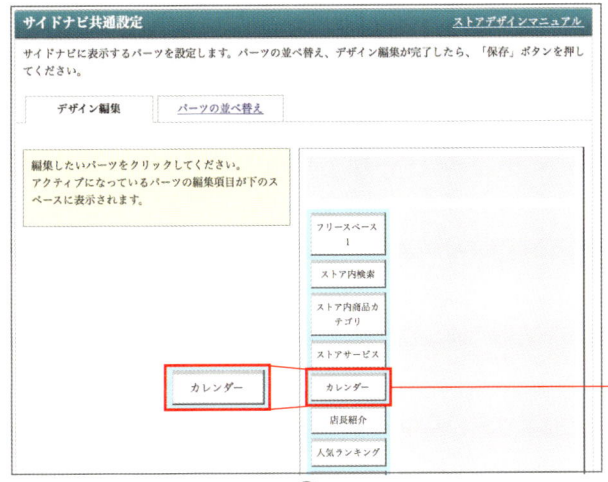

❶ デザイン設定画面上においてサイドナビの「カレンダー」をクリックする

Chapter 4　ストアクリエイターProでストアを構築する

❷ パターン選択で表示タイプを選択する。カレンダーは、営業カレンダーが2ヶ月分表示か1ヶ月分表示のどちらからを選べる

❸ 休業日は2つ設定することができ、それぞれに説明文を掲載できる

❹ カレンダー上の休業日に色を付けるには、休業日の色部分をクリックして、その色を付けたいカレンダーの日付をクリックする

❺ カレンダー上の色を消したい場合は、休業日の色部分をクリックして、その色を消したいカレンダーの日付をクリックする

❻ 休業日は「休業日1」がピンク、「定休日2」がブルーに初期設定されているタイトルや枠の配色はイメージカラーが初期設定となっている。休業日の色をほかの色に変更したい場合や、ほかのタイトル背景色、タイトル文字色、枠色、背景色、文字色にしたい場合は、画面右下の「詳しく設定する」をクリックする(クリックすると「閉じる」に変わる)

❼ 初期設定(設定変更後は現在の設定)の背景色と文字色が表示されるので、それぞれの色を編集する。設定後は必ず「このモジュールの色を優先する」にチェックを入れる

❽ カレンダーのタイトル部分の表示が選べる。「シンプル」はテキストでのデザインとなる

❾ タイトルに入力したテキスト(全角10文字以内、初期設定は「営業日カレンダー」が入力されている)がタイトル部分に表示される

❿ 「画像」はタイトル部分に画像を掲載する。[参照]ボタンで画像を設定する

⓫ 「HTML」ではHTMLソースを記入して表示できる。全角500文字(1000バイト)以内となる

⓬ 編集後、[保存]ボタンをクリックする

POINT　休業日の説明文

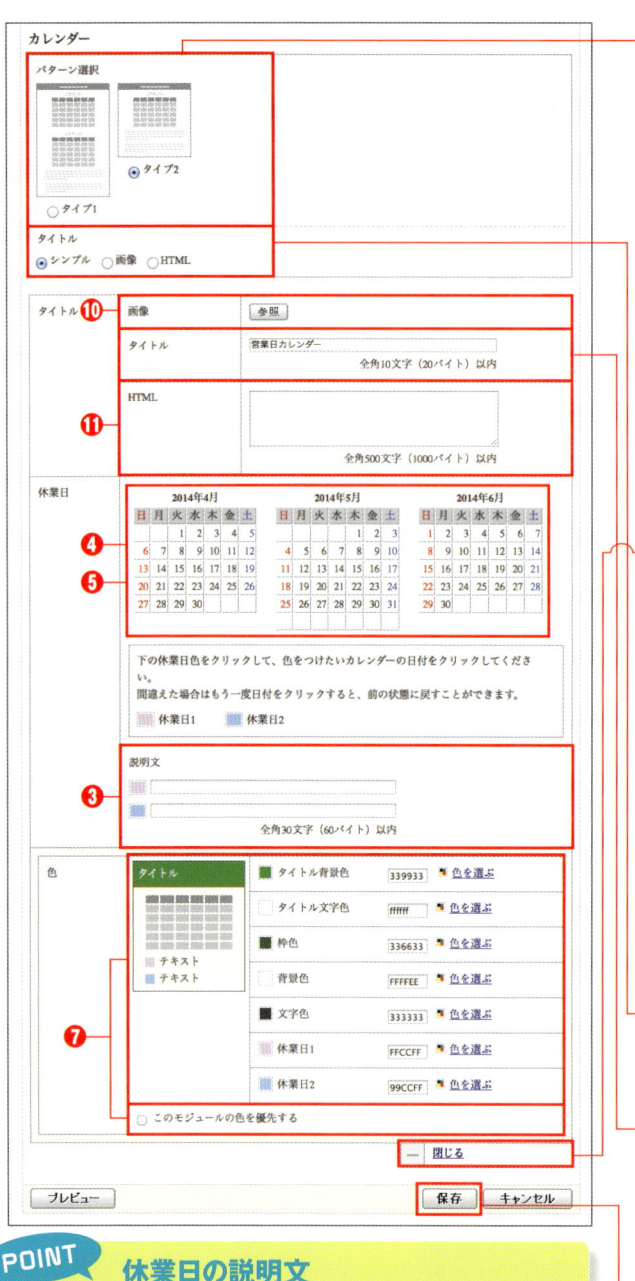

例えば、「休業日1」は定休日、「定休日2」は午前中のみ営業、という使い分けも可能です。

Memo　説明文が空欄の場合

説明文が空欄の場合には、説明文部分は表示されず、カレンダー上に休業日の色が表示されるだけになります。

122

| Memo | **掲載画像のサイズについて**

掲載画像のサイズがサイドナビの横幅より大きい場合には、サイドナビの横幅に縮小されて表示されます。掲載画像のサイズがサイドナビの横幅より小さい場合には、原寸大にて表示されます。

| Memo | **HTML ソースの場合**

HTML ソースの場合には、サイドナビの横幅に合わせて設定してください。

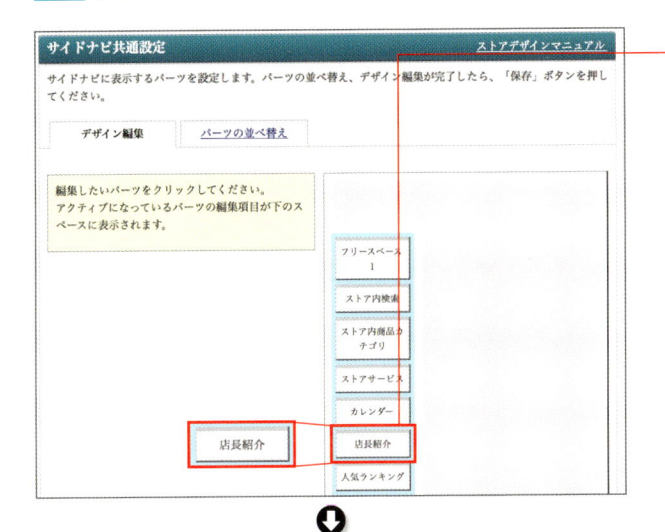

6 店長紹介の設定

❶ デザイン設定画面上においてサイドナビの「店長紹介」をクリックする

| Memo | **店長紹介**

店長（店主）の画像と挨拶が表示されます。

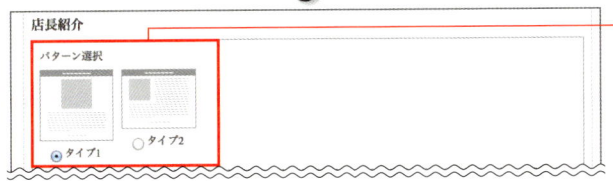

❷ 店長画像の下に挨拶文が表示される「タイプ1」のパターンと、店長画像の右横に挨拶文が表示される「タイプ2」のパターンから選択する

| Memo | **サイズオーバーの画像**

サイズオーバーの画像は、縦横比を保ったままサイズ内に縮小されます。例えば、300×300ピクセルの画像を「タイプ1」に掲載すると、140×140ピクセルに縮小されて表示されます。300×150ピクセルの画像を「タイプ1」に掲載すると、140×70ピクセルに縮小されて表示されます。

| Memo | **タイプについて**

パターン選択では下表の2つのタイプから選択できます。

タイプ	店長画像の大きさ
タイプ1	140×140ピクセル
タイプ2	76×76ピクセル

タイプ

Chapter 4 ストアクリエイターProでストアを構築する

❸ 店長画像は[参照]ボタンをクリックしてアップロードする。画像はパソコン上から参照する方法と、「画像管理」から参照する方法がある

Memo 画像管理
「画像管理」については、本章の10「画像の管理」で解説します。

❹ 挨拶文は全角200文字以内で紹介文欄に記入する

注意! 改行について
テキスト入力の場合、改行できません。入力時にキーボードの改行キーで改行したところには半角スペースが入ります。

❺ 「Yahoo!ブログ」もしくは「ジオブログ」で関連するブログを運営している場合は、リンク設定できる。店長ブログ欄にてブログのURLを記入する

❻ タイトル背景色や文字色は、「全体設定」で設定されたカラーが初期設定になっている。ほかのタイトル背景色、タイトル文字色、枠色、背景色、文字色にしたい場合には、画面右下の「詳しく設定する」をクリックする(クリックすると「閉じる」に変わる)

❼ 初期設定(設定変更後は現在の設定)の背景色と文字色が表示されるので、それぞれの色を編集する。設定後は必ず「このモジュールの色を優先する」にチェックを入れる

❽ 店長紹介のタイトル部分の表示が選べます。「シンプル」はテキストでのデザインである

❾ タイトルに入力したテキスト(全角10文字以内、初期設定は「私が店長です。…」が入力されている)がタイトル部分に表示される

❿ 「画像」はタイトル部分に画像を掲載する。[参照]ボタンをクリックして画像を設定する

Memo 掲載画像のサイズ
掲載画像のサイズがサイドナビの横幅より大きい場合は、サイドナビの横幅に縮小されて表示されます。掲載画像のサイズがサイドナビの横幅より小さい場合には、原寸大にて表示されます。

⓫ 「HTML」はHTMLソースを記入して表示させる。全角500文字(1000バイト)以内となる

POINT HTMLソースの場合
HTMLソースの場合には、サイドナビの横幅に合わせて設定してください。

⓬ 編集後、[保存]ボタンをクリックする

124

7 人気ランキングの設定

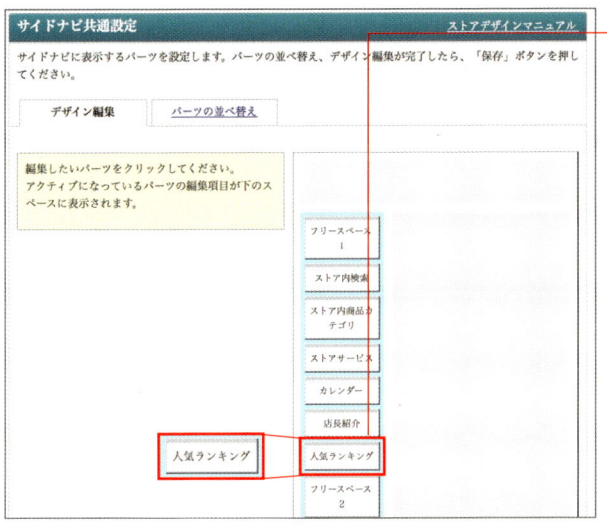

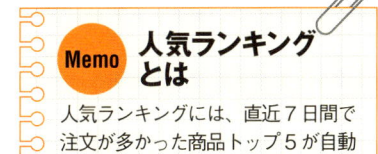

❶ デザイン設定画面上においてサイドナビの「人気ランキング」をクリックする

> **Memo 人気ランキングとは**
> 人気ランキングには、直近7日間で注文が多かった商品トップ5が自動表示されます。

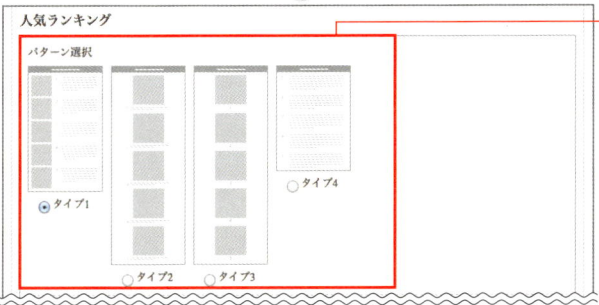

❷ 表示パターンは4種類用意されているので希望のタイプを選ぶ

> **Memo タイプ**
> パターン選択では下表の4つのタイプから選択できます。
>
> | タイプ | 説明 |
> | --- | --- |
> | タイプ1 | 商品画像の右に商品名が表示される |
> | タイプ2 | 商品画像の下に商品名が表示される |
> | タイプ3 | 商品画像のみが表示される |
> | タイプ4 | 商品名のみが表示される |
> | タイプ | |

通常モードで編集する③サイドナビの設定

❸ タイトル背景色や文字色は、設定されたイメージカラーが初期設定なっている。ほかのタイトル背景色、タイトル文字色、枠色、背景色、文字色にしたい場合には、画面右下の「詳しく設定する」をクリックする(クリックすると「閉じる」に変わる)

❹ 初期設定(設定変更後は現在の設定)の背景色と文字色が表示されるので、それぞれの色を編集する。設定後は必ず「このモジュールの色を優先する」にチェックを入れる

❺ 人気ランキングのタイトル部分の表示が選べる。「シンプル」はテキストでのデザインである

❻ タイトルに入力したテキスト(全角10文字以内、初期設定は「人気ランキング」が入力されている)がタイトル部分に表示される

❼ 「画像」はタイトル部分に画像を掲載される。[参照]ボタンをクリックして画像を設定する

❽ 「HTML」はHTMLソースを記入して表示させる。全角500文字(1000バイト)以内となる

❾ 編集後、[保存]ボタンをクリックする

Memo 掲載画像のサイズ

掲載画像のサイズがサイドナビの横幅より大きい場合には、サイドナビの横幅に縮小されて表示されます。掲載画像のサイズがサイドナビの横幅より小さい場合には、原寸大にて表示されます。

POINT HTMLソースの場合

HTMLソースの場合は、サイドナビの横幅に合わせて設定してください。

8 おすすめ商品の設定

❶ デザイン設定画面上においてサイドナビの「おすすめ商品」をクリックする

Memo おすすめ商品とは

おすすめ商品は、ストア側がユーザーにおすすめする商品を任意で選んで表示させます。商品が登録されていないと設定できませんので、商品登録前は表示パターンとカラー設定だけをしておきましょう。

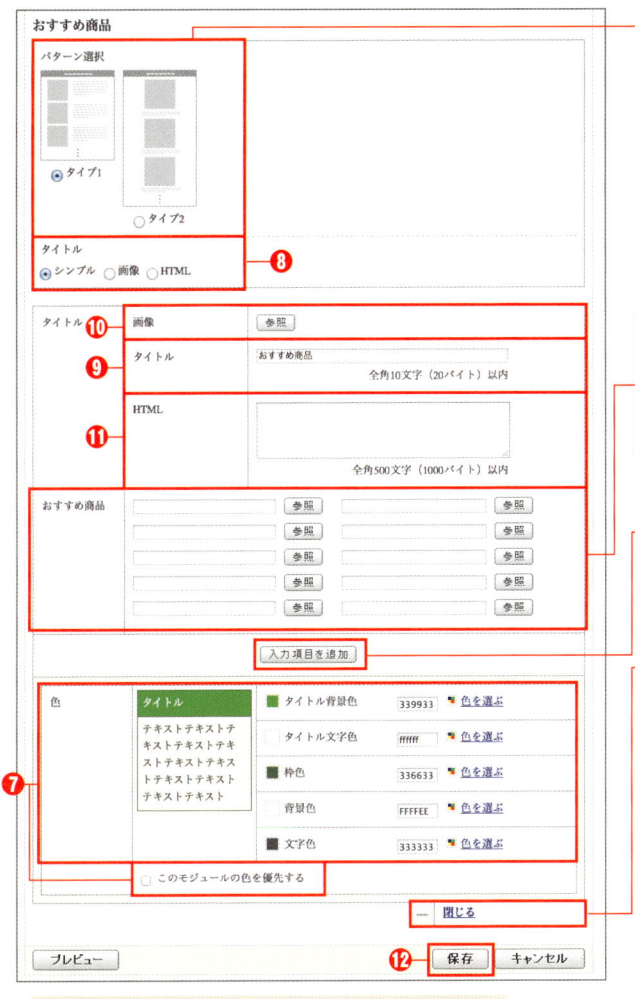

08 通常モードで編集する③ サイドナビの設定

❷ 表示パターンは、下表の2つが用意されている

タイプ	説明
タイプ1	商品画像の右横に商品名がレイアウトされる
タイプ2	商品画像の下に商品名がレイアウトされる

表示パターン

❸ おすすめ商品として表示させる商品は、おすすめ商品欄にて［参照］ボタンをクリックして登録した商品を選択して設定する

❹ 商品コードを直接記入して設定することもできる

❺ 初期設定として10商品が登録できるようになっているが、［入力項目を追加］ボタンをクリックすると、さらに10商品を登録できる

❻ タイトル背景色やタイトル文字色は、設定されたイメージカラーが初期設定なっている。ほかのタイトル背景色、タイトル文字色にしたい場合には、画面右下の「詳しく設定する」をクリックする（クリックすると「閉じる」に変わる）

❼ 初期設定（設定変更後は現在の設定）の背景色と文字色が表示されるので、それぞれの色を編集する。設定後は必ず「このモジュールの色を優先する」にチェックを入れる

❽ おすすめ商品のタイトル部分の表示が選べる。「シンプル」はテキストでのデザインである

❾ タイトルに入力したテキスト（全角10文字以内、初期設定は「おすすめ商品」が入力されている）がタイトル部分に表示される

❿ 「画像」はタイトル部分に画像を掲載する。［参照］ボタンをクリックして画像を設定する

⓫ 「HTML」はHTMLソースを記入して表示させる。全角500文字（1000バイト）以内となる

⓬ 編集後、［保存］ボタンをクリックする

注意！ 商品コードを直接入力する場合

商品コードを直接記入する場合は、半角英数字、空白スペース、英字の大文字小文字に注意してください。商品コードが正確に一致しないと表示されません。

POINT 掲載画像のサイズ

掲載画像のサイズがサイドナビの横幅より大きい場合は、サイドナビの横幅に縮小されて表示されます。掲載画像のサイズがサイドナビの横幅より小さい場合には、原寸大にて表示されます。

POINT HTMLソースの場合

HTMLソースの場合には、サイドナビの横幅に合わせて設定してください。

9 カスタムページ表示の設定

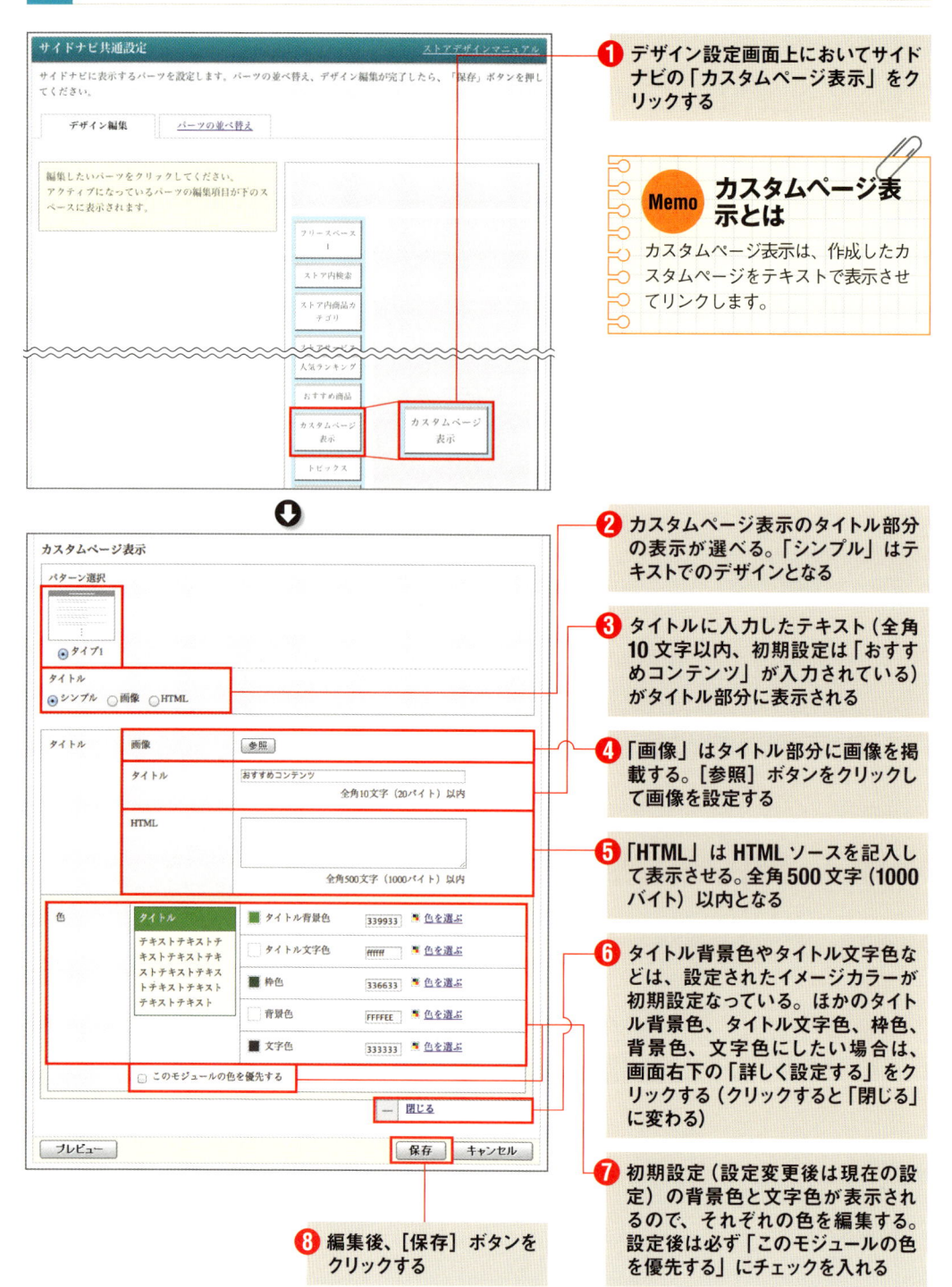

① デザイン設定画面上においてサイドナビの「カスタムページ表示」をクリックする

Memo カスタムページ表示とは
カスタムページ表示は、作成したカスタムページをテキストで表示させてリンクします。

② カスタムページ表示のタイトル部分の表示が選べる。「シンプル」はテキストでのデザインとなる

③ タイトルに入力したテキスト（全角10文字以内、初期設定は「おすすめコンテンツ」が入力されている）がタイトル部分に表示される

④ 「画像」はタイトル部分に画像を掲載する。[参照] ボタンをクリックして画像を設定する

⑤ 「HTML」はHTMLソースを記入して表示させる。全角500文字（1000バイト）以内となる

⑥ タイトル背景色やタイトル文字色などは、設定されたイメージカラーが初期設定なっている。ほかのタイトル背景色、タイトル文字色、枠色、背景色、文字色にしたい場合は、画面右下の「詳しく設定する」をクリックする（クリックすると「閉じる」に変わる）

⑦ 初期設定（設定変更後は現在の設定）の背景色と文字色が表示されるので、それぞれの色を編集する。設定後は必ず「このモジュールの色を優先する」にチェックを入れる

⑧ 編集後、[保存] ボタンをクリックする

POINT 掲載画像のサイズ

掲載画像のサイズがサイドナビの横幅より大きい場合には、サイドナビの横幅に縮小されて表示されます。掲載画像のサイズがサイドナビの横幅より小さい場合には、原寸大にて表示されます。

POINT HTMLソースの場合

HTMLソースの場合には、サイドナビの横幅に合わせて設定してください。

10 トピックスの設定

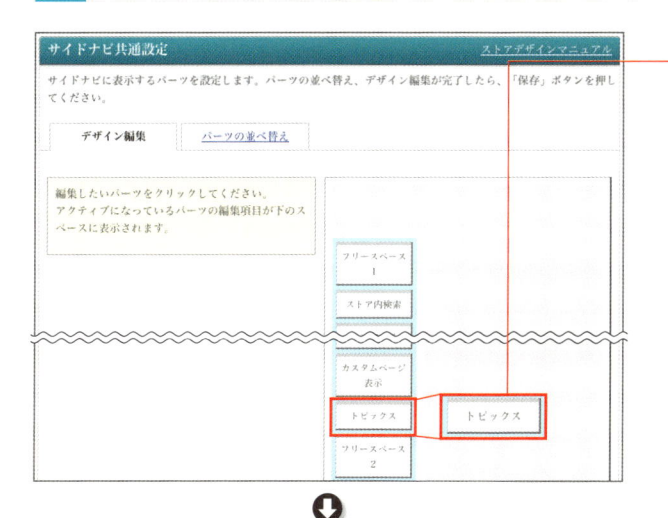

❶ デザイン設定画面上においてサイドナビの「トピックス」をクリックする

Memo トピックスについて

トピックスは、任意のページへのリンクを画像とテキストで設定できます。特集ページなど、ユーザーに見てもらいたいコンテンツへの誘導に利用できます。

❷ パターン選択はタイプ1しか選べない

❸ トピックスのタイトル部分の表示が選べる。「シンプル」はテキストでのデザインとなる

❹ タイトルに入力したテキスト（全角10文字以内、初期設定は「トピックス」が入力されている）がタイトル部分に表示される

❺ 「画像」はタイトル部分に画像を掲載する。[参照]ボタンをクリックして画像を設定する

❻ 「HTML」はHTMLソースを記入して表示させる。全角500文字（1000バイト）以内となる

POINT 掲載画像のサイズ

掲載画像のサイズがサイドナビの横幅より大きい場合には、サイドナビの横幅に縮小されて表示されます。掲載画像のサイズがサイドナビの横幅より小さい場合には、原寸大にて表示されます。

POINT HTMLソースの場合

HTMLソースの場合は、サイドナビの横幅に合わせて設定します。

❼ トピックス欄は 5 つの項目が登録できるようになっている。テキストには、任意のテキストを全角 20 文字以内で入力する

❽ 画像は［参照］ボタンをクリックして設定する

注意 画像について
画像は原寸大で表示されますので、サイズに注意してください。

❾ リンク先には、詳細が掲載されているページの URL を記入する

⓬ 編集後、［保存］ボタンをクリックする

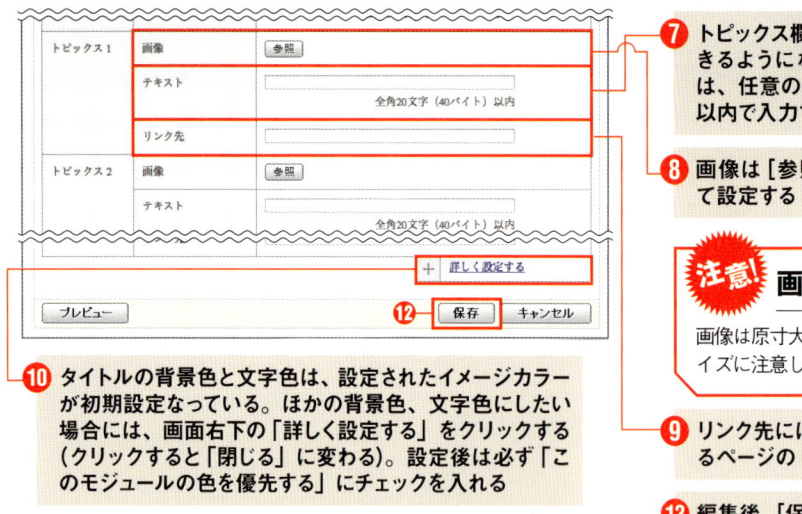

❿ タイトルの背景色と文字色は、設定されたイメージカラーが初期設定なっている。ほかの背景色、文字色にしたい場合には、画面右下の「詳しく設定する」をクリックする（クリックすると「閉じる」に変わる）。設定後は必ず「このモジュールの色を優先する」にチェックを入れる

⓫ 初期設定（設定変更後は現在の設定）の背景色と文字色が表示されるので、それぞれの色を編集する

11 フリースペースの設定

❶ デザイン設定画面上においてサイドナビの「フリースペース 1」または「フリースペース 2」「フリースペース 3」をクリックする

Memo フリースペース
サイドナビの上部と下部に表示できるパーツです。掲載方法は、テキストでの入力と HTML での掲載です。

❷ テキスト入力の場合には、入力したテキストがそのまま表示される。全角 500 文字（1000 バイト）以内となる

❸ HTML 掲載の場合には HTML ソースを記入する。全角 500 文字（1000 バイト）以内となる

❹ 編集後、［保存］ボタンをクリックする

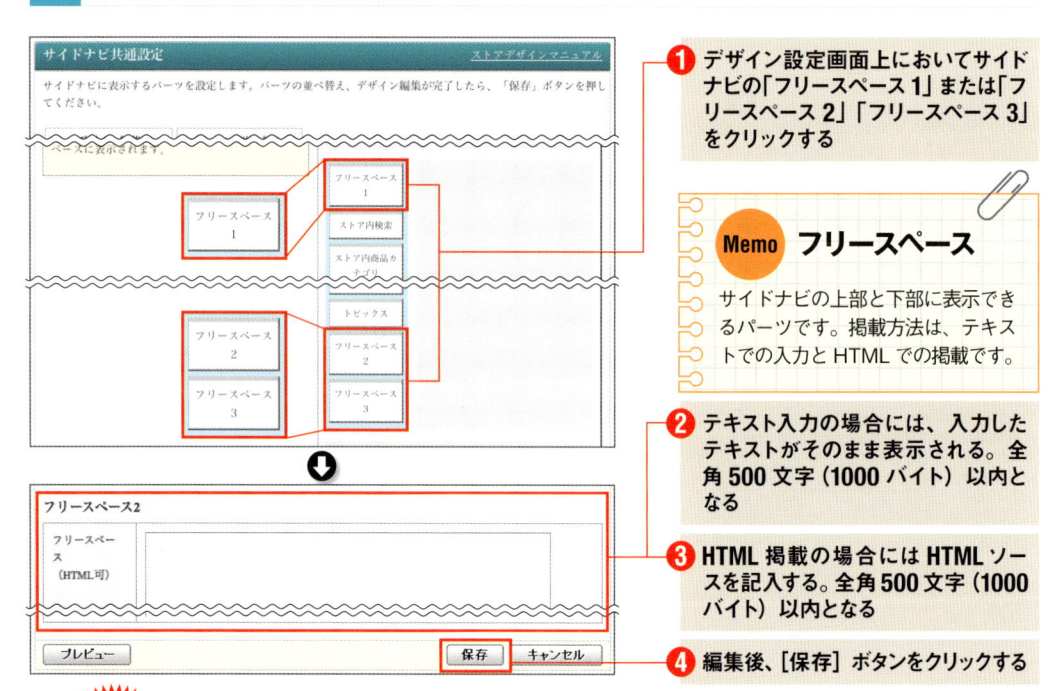

注意！ 改行について
テキスト入力の場合、改行できません。入力時にキーボードの改行キーで改行したところには半角スペースが入ります。「テンプレート選択」で設定した横幅で自動的に改行されます。

09 通常モードで編集する ④フッターの設定

ここでは通常モードにおけるフッター編集方法紹介します。

1 フッター共通設定：デザイン編集、パーツの並べ替え

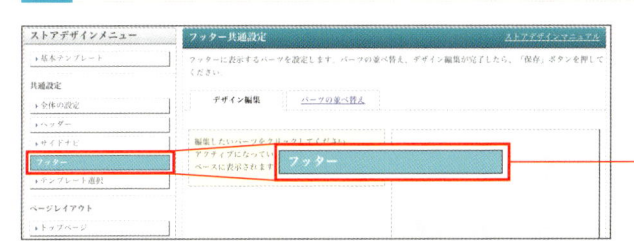

❶ 基本テンプレート画面上において画面左の「共通設定」の「フッター」をクリックする

Memo フッター

フッターはストア内のすべてのページにおいて画面下部分に表示されます。以下のパーツが用意されており、必要なパーツを組み合わせて構築します。

- おすすめ商品
- 人気ランキング
- 店長紹介
- コピーライト
- インフォメーション
- カレンダー
- フリースペース

❷ 背景が水色で表示されているツールがアクティブ状態（現在ストアにて表示されている）となっているパーツである。初期設定では「おすすめ商品」「インフォメーション」「フリースペース1」「フリースペース2」「コピーライト」の順番で並んでいる。並んでいる順番でストアのページに表示される

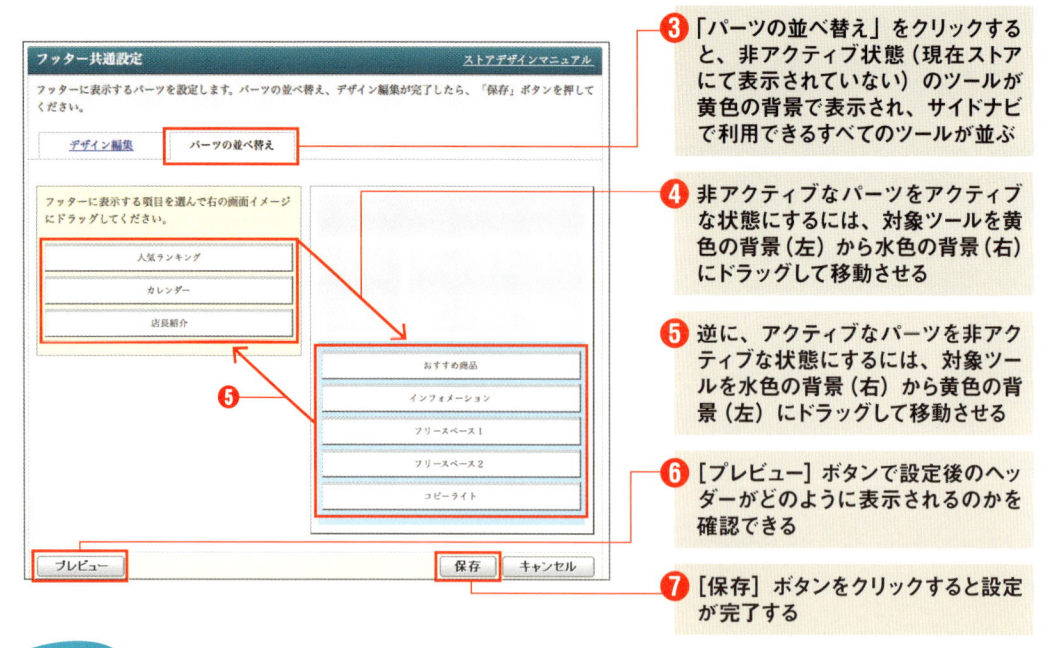

❸「パーツの並べ替え」をクリックすると、非アクティブ状態（現在ストアにて表示されていない）のツールが黄色の背景で表示され、サイドナビで利用できるすべてのツールが並ぶ

❹ 非アクティブなパーツをアクティブな状態にするには、対象ツールを黄色の背景（左）から水色の背景（右）にドラッグして移動させる

❺ 逆に、アクティブなパーツを非アクティブな状態にするには、対象ツールを水色の背景（右）から黄色の背景（左）にドラッグして移動させる

❻［プレビュー］ボタンで設定後のヘッダーがどのように表示されるのかを確認できる

❼［保存］ボタンをクリックすると設定が完了する

POINT パーツについて

フッターにすべてのパーツを使う必要はありません。必要なパーツだけをアクティブな状態にしてください。アクティブ状態のツール（水色の背景）では、ドラッグで順番が動かせますので、表示させたい順番に設定してください。

それではフッターで利用できるパーツを1つずつ見てきましょう。編集したいパーツをクリックすると掲載内容を編集できます。

2 おすすめ商品の設定

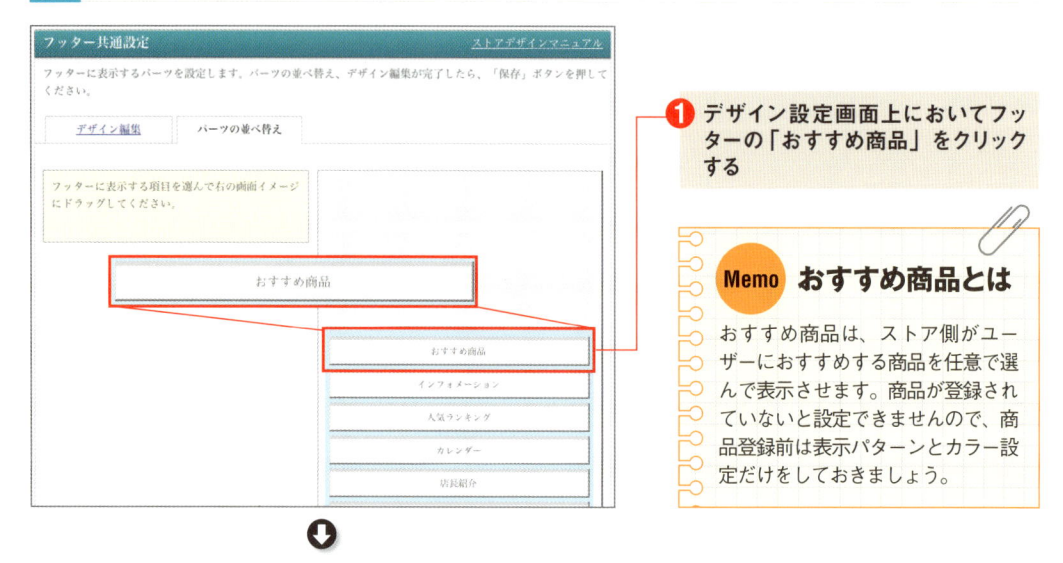

❶ デザイン設定画面上においてフッターの「おすすめ商品」をクリックする

Memo おすすめ商品とは

おすすめ商品は、ストア側がユーザーにおすすめする商品を任意で選んで表示させます。商品が登録されていないと設定できませんので、商品登録前は表示パターンとカラー設定だけをしておきましょう。

09 通常モードで編集する④ フッターの設定

❷ 表示パターンは1行に表示させる商品数とレイアウトが異なる6つのタイプが用意されている

Memo タイプ

タイプには右の表の6つが用意されています。

タイプ	説明
タイプ1	商品画像の下に商品名がレイアウトされ、1行に4つの商品が表示される
タイプ2	商品画像の下に商品名がレイアウトされ、1行に5つの商品が表示される
タイプ3	商品画像の右横に商品名がレイアウトされ、1行に4つの商品が表示される
タイプ4	商品画像の右横に商品名がレイアウトされ、1行に5つの商品が表示される
タイプ5	商品画像の下に商品名がレイアウトされ、1行に3つの商品が表示される
タイプ6	商品画像の右横に商品名がレイアウトされ、1行に3つの商品が表示される
タイプ	

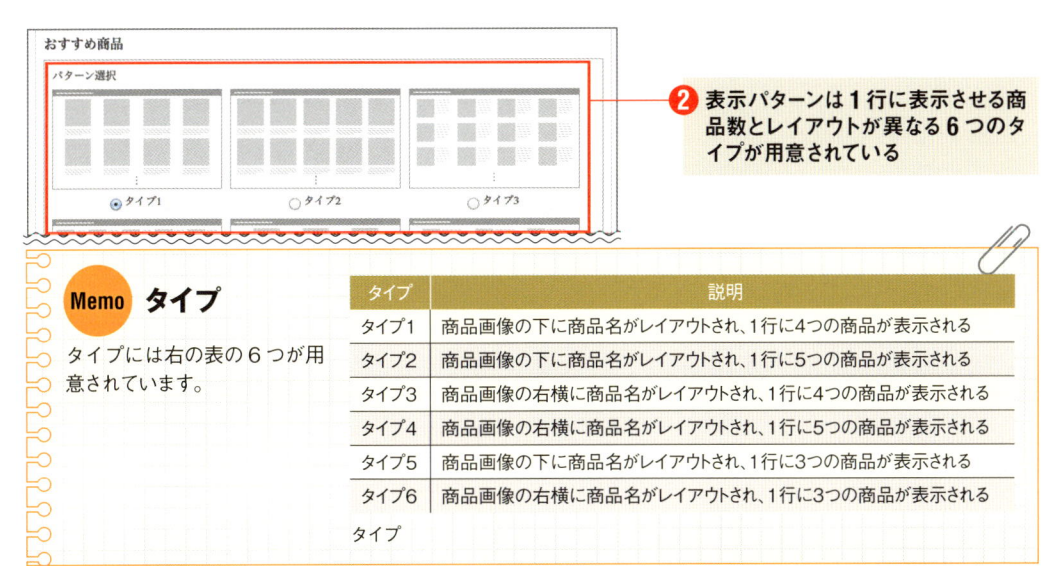

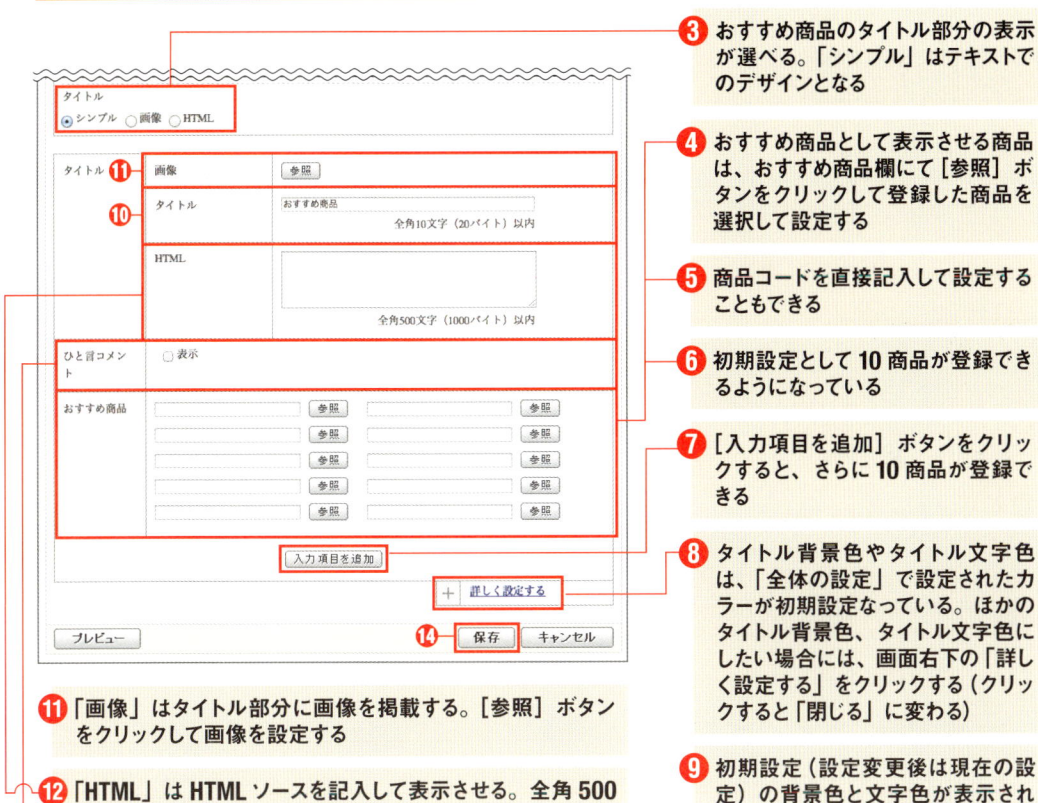

❸ おすすめ商品のタイトル部分の表示が選べる。「シンプル」はテキストでのデザインとなる

❹ おすすめ商品として表示させる商品は、おすすめ商品欄にて[参照]ボタンをクリックして登録した商品を選択して設定する

❺ 商品コードを直接記入して設定することもできる

❻ 初期設定として10商品が登録できるようになっている

❼ [入力項目を追加]ボタンをクリックすると、さらに10商品が登録できる

❽ タイトル背景色やタイトル文字色は、「全体の設定」で設定されたカラーが初期設定なっている。ほかのタイトル背景色、タイトル文字色にしたい場合には、画面右下の「詳しく設定する」をクリックする（クリックすると「閉じる」に変わる）

❾ 初期設定（設定変更後は現在の設定）の背景色と文字色が表示されるので、それぞれの色を編集する

❿ タイトルに入力したテキスト（全角10文字以内、初期設定は「トピックス」が入力されている）がタイトル部分に表示される

⓫ 「画像」はタイトル部分に画像を掲載する。[参照]ボタンをクリックして画像を設定する

⓬ 「HTML」はHTMLソースを記入して表示させる。全角500文字（1000バイト）以内となる

⓭ 「ひと言コメント」にチェックを入れると、各商品ページで登録した「ひと言コメント」欄がそのまま表示される

⓮ 編集後、[保存]ボタンをクリックする

133

POINT 画像について

画像は左寄せ・原寸大で表示されます。画像サイズが「テンプレート選択」で設定した横幅より小さい場合には、右側が空いて背景色が表示されます。背景色を表示させたくない場合には、背景色を白色（ffffff）に設定してください。

注意! 直接記入して設定する場合

直接記入する場合には、半角英数字、空白スペース、英字の大文字小文字に注意してください。商品コードが正確に一致しないと表示されません。

POINT HTMLソースの場合

HTMLソースの場合には、「テンプレート選択」の横幅に合わせて設定してください。

3 インフォメーションの設定

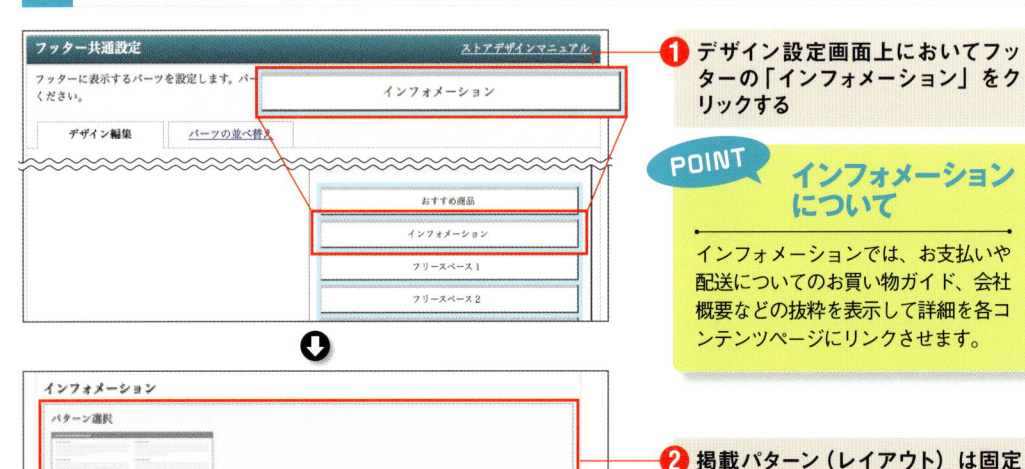

❶ デザイン設定画面上においてフッターの「インフォメーション」をクリックする

POINT インフォメーションについて

インフォメーションでは、お支払いや配送についてのお買い物ガイド、会社概要などの抜粋を表示して詳細を各コンテンツページにリンクさせます。

❷ 掲載パターン（レイアウト）は固定されている

注意! 改行について

テキスト入力の場合、改行できません。入力時にキーボードの改行キーで改行したところには半角スペースが入ります。長いテキストは横幅で自動的に改行されます。

Memo 画像の表示

画像は左寄せ・原寸大で表示されます。画像サイズが「テンプレート選択」で設定した横幅より小さい場合には、右側が空いて背景色が表示されます。背景色を表示させたくない場合には、背景色を白色（ffffff）に設定してください。

POINT HTMLソースの場合

HTMLソースの場合には、「テンプレート選択」の横幅に合わせて設定してください。

09

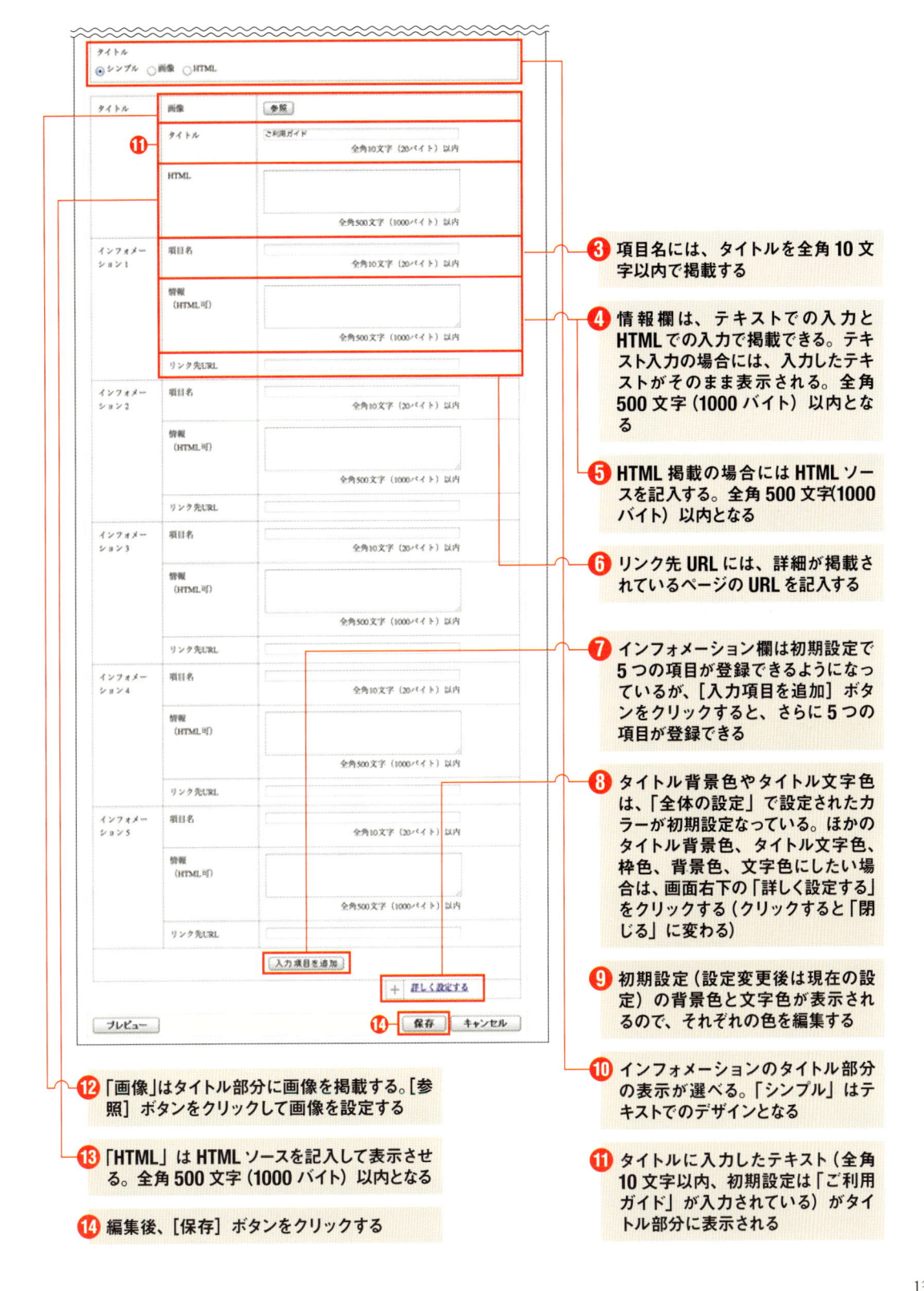

通常モードで編集する④フッターの設定

❸ 項目名には、タイトルを全角10文字以内で掲載する

❹ 情報欄は、テキストでの入力とHTMLでの入力で掲載できる。テキスト入力の場合には、入力したテキストがそのまま表示される。全角500文字（1000バイト）以内となる

❺ HTML掲載の場合にはHTMLソースを記入する。全角500文字（1000バイト）以内となる

❻ リンク先URLには、詳細が掲載されているページのURLを記入する

❼ インフォメーション欄は初期設定で5つの項目が登録できるようになっているが、[入力項目を追加]ボタンをクリックすると、さらに5つの項目が登録できる

❽ タイトル背景色やタイトル文字色は、「全体の設定」で設定されたカラーが初期設定なっている。ほかのタイトル背景色、タイトル文字色、枠色、背景色、文字色にしたい場合は、画面右下の「詳しく設定する」をクリックする（クリックすると「閉じる」に変わる）

❾ 初期設定（設定変更後は現在の設定）の背景色と文字色が表示されるので、それぞれの色を編集する

❿ インフォメーションのタイトル部分の表示が選べる。「シンプル」はテキストでのデザインとなる

⓫ タイトルに入力したテキスト（全角10文字以内、初期設定は「ご利用ガイド」が入力されている）がタイトル部分に表示される

⓬ 「画像」はタイトル部分に画像を掲載する。[参照]ボタンをクリックして画像を設定する

⓭ 「HTML」はHTMLソースを記入して表示させる。全角500文字（1000バイト）以内となる

⓮ 編集後、[保存]ボタンをクリックする

135

4 人気ランキングの設定

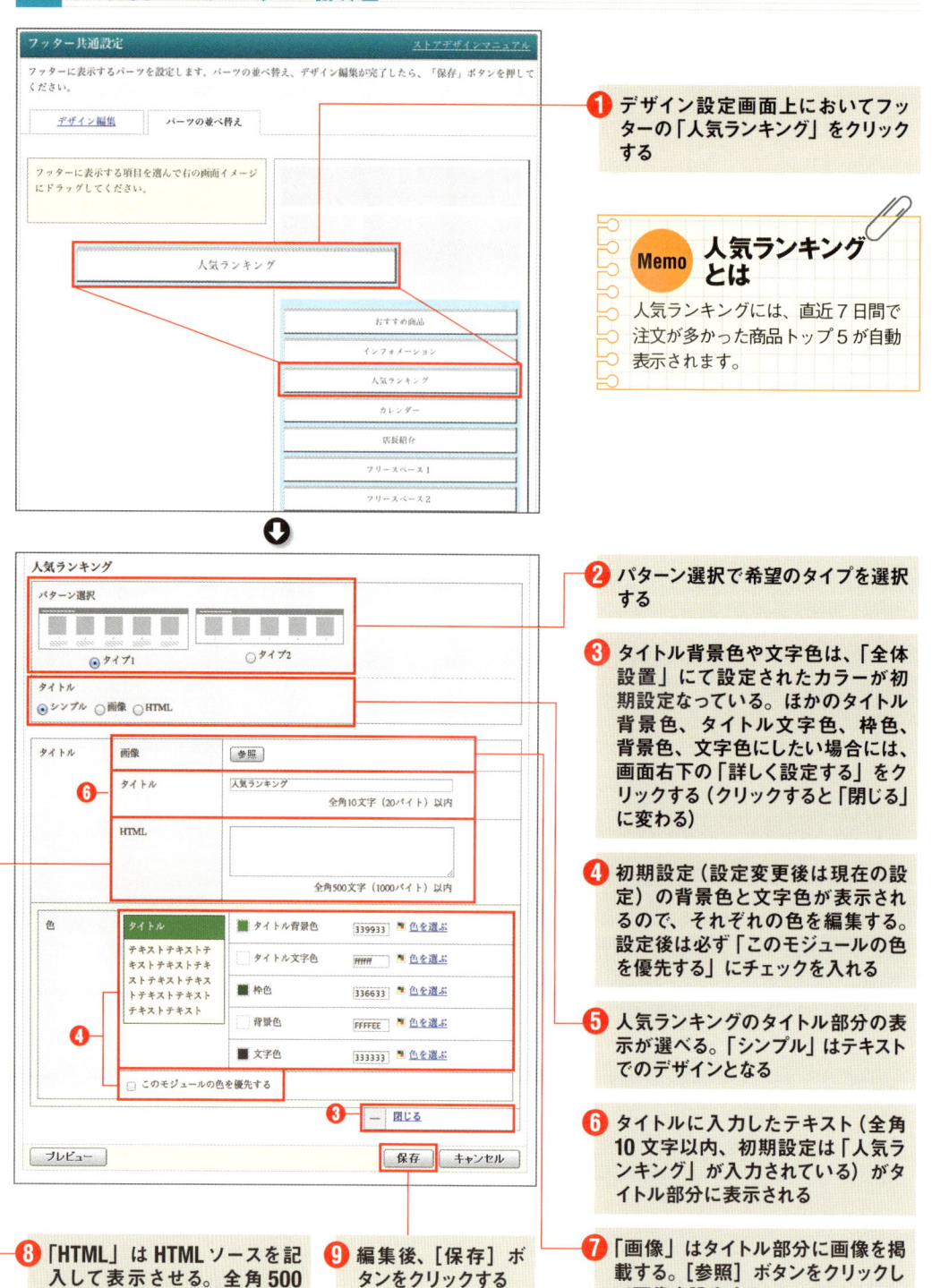

❶ デザイン設定画面上においてフッターの「人気ランキング」をクリックする

Memo 人気ランキングとは
人気ランキングには、直近7日間で注文が多かった商品トップ5が自動表示されます。

❷ パターン選択で希望のタイプを選択する

❸ タイトル背景色や文字色は、「全体設置」にて設定されたカラーが初期設定なっている。ほかのタイトル背景色、タイトル文字色、枠色、背景色、文字色にしたい場合には、画面右下の「詳しく設定する」をクリックする（クリックすると「閉じる」に変わる）

❹ 初期設定（設定変更後は現在の設定）の背景色と文字色が表示されるので、それぞれの色を編集する。設定後は必ず「このモジュールの色を優先する」にチェックを入れる

❺ 人気ランキングのタイトル部分の表示が選べる。「シンプル」はテキストでのデザインとなる

❻ タイトルに入力したテキスト（全角10文字以内、初期設定は「人気ランキング」が入力されている）がタイトル部分に表示される

❼ 「画像」はタイトル部分に画像を掲載する。[参照] ボタンをクリックして画像を設定する

❽ 「HTML」はHTMLソースを記入して表示させる。全角500文字（1000バイト）以内となる

❾ 編集後、[保存] ボタンをクリックする

Memo 表示パターン

表示パターンは下表の2種類が用意されています。

タイプ	説明
タイプ1	商品画像の下に商品名が表示される
タイプ2	商品画像のみが表示される

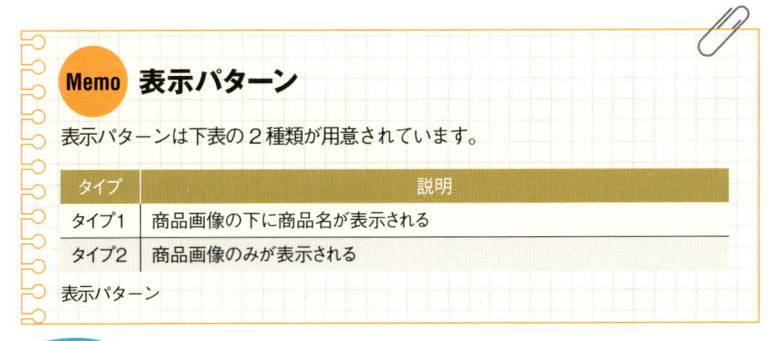

表示パターン

POINT 画像について

画像は左寄せ・原寸大で表示されます。画像サイズが「全体設定」で設定した横幅より小さい場合には、右側が空いて背景色が表示されます。背景色を表示させたくない場合には、背景色を白色（ffffff）に設定してください。

POINT HTMLソースの場合

HTMLソースの場合には、「テンプレート選択」の横幅に合わせて設定してください。

5 カレンダーの設定

❶ デザイン設定画面上においてフッターの「カレンダー」をクリックする

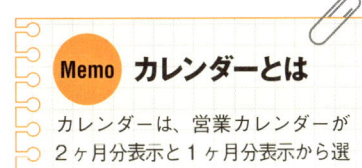

Memo カレンダーとは

カレンダーは、営業カレンダーが2ヶ月分表示と1ヶ月分表示から選べます。

09 通常モードで編集する④ フッターの設定

137

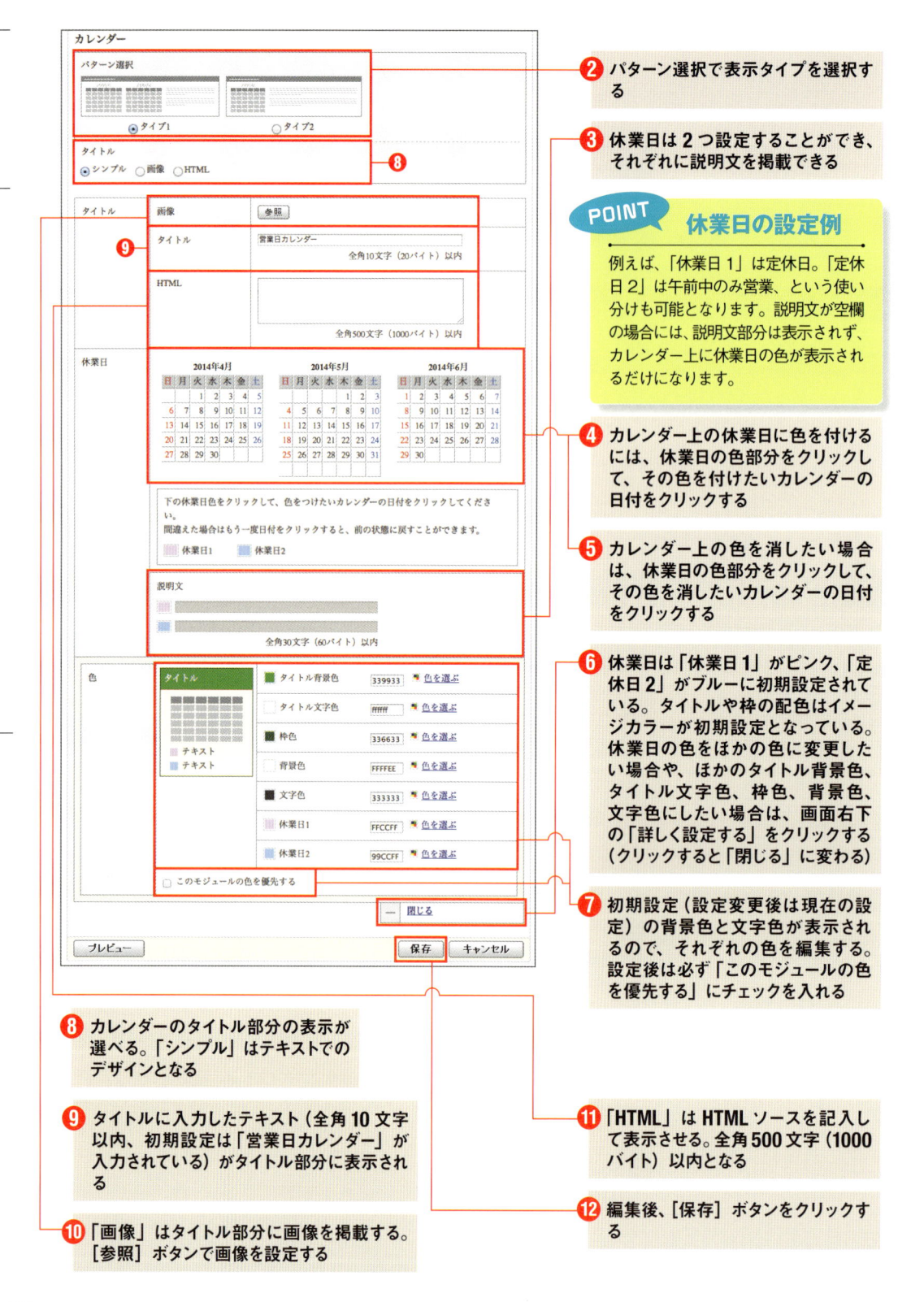

Chapter 4 ストアクリエイターProでストアを構築する

❷ パターン選択で表示タイプを選択する

❸ 休業日は2つ設定することができ、それぞれに説明文を掲載できる

POINT 休業日の設定例
例えば、「休業日1」は定休日、「定休日2」は午前中のみ営業、という使い分けも可能となります。説明文が空欄の場合には、説明文部分は表示されず、カレンダー上に休業日の色が表示されるだけになります。

❹ カレンダー上の休業日に色を付けるには、休業日の色部分をクリックして、その色を付けたいカレンダーの日付をクリックする

❺ カレンダー上の色を消したい場合は、休業日の色部分をクリックして、その色を消したいカレンダーの日付をクリックする

❻ 休業日は「休業日1」がピンク、「定休日2」がブルーに初期設定されている。タイトルや枠の配色はイメージカラーが初期設定となっている。休業日の色をほかの色に変更したい場合や、ほかのタイトル背景色、タイトル文字色、枠色、背景色、文字色にしたい場合は、画面右下の「詳しく設定する」をクリックする（クリックすると「閉じる」に変わる）

❼ 初期設定（設定変更後は現在の設定）の背景色と文字色が表示されるので、それぞれの色を編集する。設定後は必ず「このモジュールの色を優先する」にチェックを入れる

❽ カレンダーのタイトル部分の表示が選べる。「シンプル」はテキストでのデザインとなる

❾ タイトルに入力したテキスト（全角10文字以内、初期設定は「営業日カレンダー」が入力されている）がタイトル部分に表示される

❿ 「画像」はタイトル部分に画像を掲載する。［参照］ボタンで画像を設定する

⓫ 「HTML」はHTMLソースを記入して表示させる。全角500文字（1000バイト）以内となる

⓬ 編集後、［保存］ボタンをクリックする

POINT 画像について

画像は左寄せ・原寸大で表示されます。画像サイズが「全体設定」で設定した横幅より小さい場合には、右側が空いて背景色が表示されます。背景色を表示させたくない場合には、背景色を白色（ffffff）に設定してください。

POINT HTML ソースの場合

HTML ソースの場合には、「テンプレート選択」の横幅に合わせて設定してください。

6 店長紹介の設定

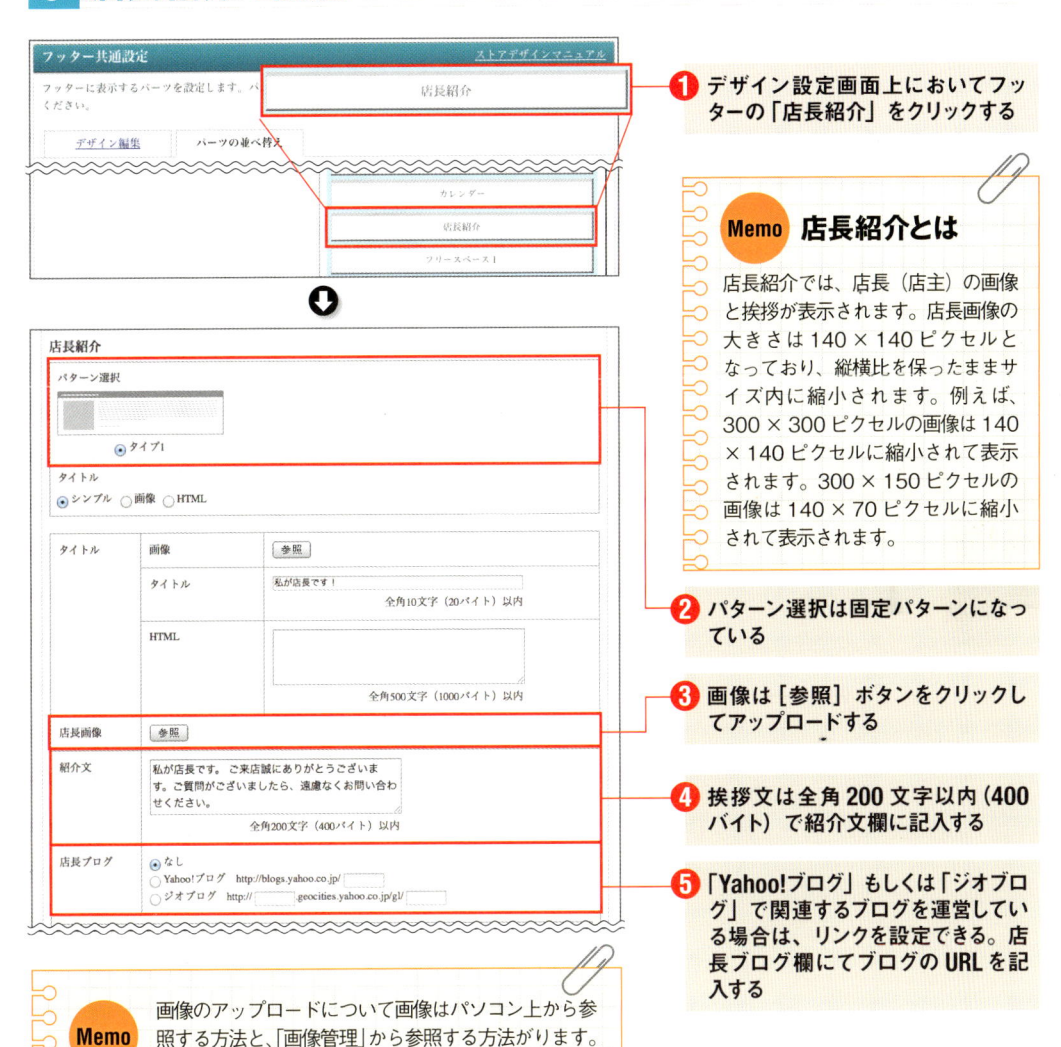

① デザイン設定画面上においてフッターの「店長紹介」をクリックする

Memo 店長紹介とは

店長紹介では、店長（店主）の画像と挨拶が表示されます。店長画像の大きさは 140 × 140 ピクセルとなっており、縦横比を保ったままサイズ内に縮小されます。例えば、300 × 300 ピクセルの画像は 140 × 140 ピクセルに縮小されて表示されます。300 × 150 ピクセルの画像は 140 × 70 ピクセルに縮小されて表示されます。

② パターン選択は固定パターンになっている

③ 画像は [参照] ボタンをクリックしてアップロードする

④ 挨拶文は全角 200 文字以内（400 バイト）で紹介文欄に記入する

⑤ 「Yahoo!ブログ」もしくは「ジオブログ」で関連するブログを運営している場合は、リンクを設定できる。店長ブログ欄にてブログの URL を記入する

Memo

画像のアップロードについて画像はパソコン上から参照する方法と、「画像管理」から参照する方法があります。「画像管理」については、本章の 10「画像の管理」で解説します。

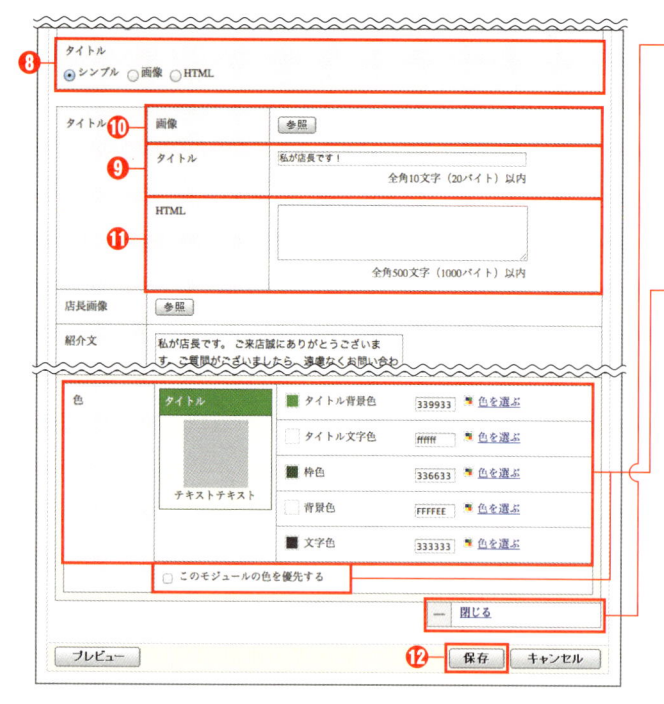

❻ タイトル背景色や文字色は、「全体設定」で設定されたカラーが初期設定なっている。ほかのタイトル背景色、タイトル文字色、枠色、背景色、文字色にしたい場合は、画面右下の「詳しく設定する」をクリックする（クリックすると「閉じる」に変わる）

❼ 初期設定（設定変更後は現在の設定）の背景色と文字色が表示されるので、それぞれの色を編集する。設定後は必ず「このモジュールの色を優先する」にチェックを入れる

❽ 店長紹介のタイトル部分の表示が選べる。「シンプル」はテキストのみのデザインとなる

❾ タイトルに入力したテキスト（全角10文字以内、初期設定は「私が店長です！」が入力されている）がタイトル部分に表示される

❿ 「画像」はタイトル部分に画像を掲載する。［参照］ボタンをクリックして画像を設定する

⓫ 「HTML」はHTMLソースを記入して表示させる。全角500文字（1000バイト）以内となる

⓬ 編集後、［保存］ボタンをクリックする

注意！ 改行について

改行はできません。入力時にキーボードの改行キーで改行したところには半角スペースが入ります。

Memo 画像について

画像は左寄せ・原寸大で表示されます。画像サイズが「全体設定」で設定した横幅より小さい場合には、右側が空いて背景色が表示されます。背景色を表示させたくない場合には、背景色を白色（ffffff）に設定してください。

POINT HTMLソースの場合

HTMLソースの場合は、「テンプレート選択」の横幅に合わせて設定します。

7 フリースペースの設定

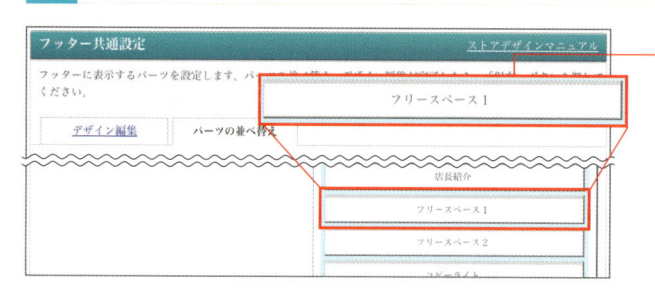

❶ デザイン設定画面上においてフッターの「フリースペース1またはフリースペース2」をクリックする

Memo フリースペースについて

フッターに表示できるパーツとしてフリースペースが2つ用意されています。掲載方法は、テキストの入力とHTMLの入力の2つから選べます。

❷ テキスト入力の場合には、入力したテキストがそのまま表示される

❸ HTMLの場合にはHTMLソースを記入します。いずれも全角5000文字（10000バイト）以内となる

❹ 編集後、[保存] ボタンをクリックする

注意！ 改行について

テキスト入力の場合、改行できません。入力時にキーボードの改行キーで改行したところには半角スペースが入ります。

POINT 長いテキストについて

長いテキストは、横幅950ピクセルで自動的に改行されます。

8 コピーライトの設定

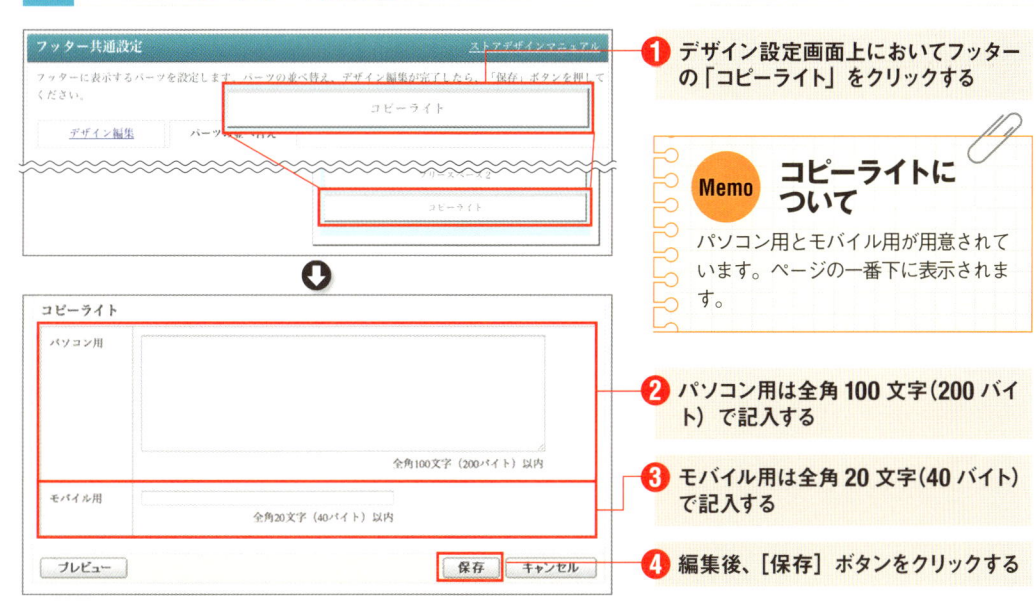

❶ デザイン設定画面上においてフッターの「コピーライト」をクリックする

Memo コピーライトについて

パソコン用とモバイル用が用意されています。ページの一番下に表示されます。

❷ パソコン用は全角100文字（200バイト）で記入する

❸ モバイル用は全角20文字（40バイト）で記入する

❹ 編集後、[保存] ボタンをクリックする

POINT パソコン用のコピーライトの記入例

パソコン用であれば、「Copyright© 企業名もしくはストア名 All Right Reseved.」、と記入するのが一般的です。

POINT モバイル用のコピーライトの記入例

モバイル用であれば、「Copyright© 企業名もしくはストア名 .」と記入するのが一般的です。

09 通常モードで編集する ④ フッターの設定

PRO

10 画像の管理

ここではストア内で利用する画像について解説します。

ストア内の画像データについて

ストア内の画像データは「画像管理」で管理します。商品登録時に掲載する商品画像、商品詳細画像、HTML構築時に使用する画像など、すべての画像が「画像管理」に登録されています。Yahoo!ショッピングにおける画像の使い方を把握すれば、HTML構築がスムーズになります。

使用可能な画像データについて

Yahoo!ショッピングで使用できる画像データについて把握しておきましょう。画像データは以下の3種類に分かれます。

- 商品登録時に掲載するメイン画像である「商品画像」
- 商品登録時にメインとなる商品画像以外の補足画像である「商品詳細画像」
- HTML構築時に使用する画像である「追加画像」

ファイル形式、ファイル名、画像のサイズは下表のようになります。

種類	ファイル形式	ファイル容量
商品画像、商品詳細画像	GIFもしくはJPEG形式のみ（拡張子は.gif/.jpg/.jpe/.jpegのみ）	500キロバイト以下
追加画像	GIF、JPEG、PNG形式のみ（拡張子は.gif/.jpg/.jpe/.jpeg /.pngのみ）	500キロバイト以下

画像のファイル形式

種類	ファイル名	例	備考
商品画像のファイル	商品コード.拡張子	商品コードがaaa-001の場合、商品画像はaaa-001.jpg	商品コードは商品登録時に個別に設定するコード。商品画像アップロード時にファイル名は自動的に付けられる
商品詳細画像のファイル名	商品コード_1～5までの数字.拡張子	商品コードがaaa-001の場合、商品詳細画像はaaa-001_1.jpg	商品詳細画像は1商品につき5枚まで掲載可能。商品詳細画像アップロード時にファイル名は自動的に付けられる
追加画像のファイル名	半角英数字、ハイフン(-)、アンダーバー(_)、ピリオド(.)のみ使用可	－	追加画像のファイル名は任意で付けられる

画像のファイル名

種類	サイズ	備考
商品画像のサイズ	縦600ピクセル、横600ピクセル以内	制限サイズを超えた画像は、縦横比を保ち長辺が制限サイズ内に収まるよう自動的に縮小される
追加画像のサイズ	縦1250ピクセル、横1250ピクセル以内	制限サイズを超えた画像は、縦横比を保ち長辺が制限サイズ内に収まるよう自動的に縮小される

画像のサイズ

フォルダリストについて

「画像管理」では2つのフォルダリストが存在します。

1つは登録されているストア名がフォルダ名になっている「商品画像フォルダ」。もう1つは追加画像がフォルダ名になっている「追加画像フォルダ」です。

フォルダの間は点線で仕切られています。フォルダ名に付いている［＋］ボタンをクリックすると下位階層のフォルダが表示されます。［－］ボタンをクリックすると下位階層が非表示になります。

「商品画像フォルダ」には、商品画像と商品詳細画像が、その登録したカテゴリ名のフォルダに保存されます。この「商品画像フォルダ」に作られる下位階層のフォルダは自動的に生成され削除はできません。

画像管理画面

追加画像フォルダの利用について

「追加画像フォルダ」には、商品画像と商品詳細画像以外の画像を登録して保存します。下位階層は任意名で任意に作れるので、整理しやすいよう管理することができます。なお、この「追加画像フォルダ」内の下位階層は第一階層のみ作成することが可能です。第二階層以下を作成することはできません。

1 「追加画像フォルダ」にフォルダを追加

❶ 「追加画像フォルダ」をクリックして色を付けた状態で、［新規作成］ボタンをクリックする

10 画像の管理

143

❷ 「画像カテゴリ追加」画面が表示されるのでカテゴリ名を付ける。カテゴリ名は全角20文字（半角40文字）以内で入力する

❸ ［登録］ボタンをクリックする

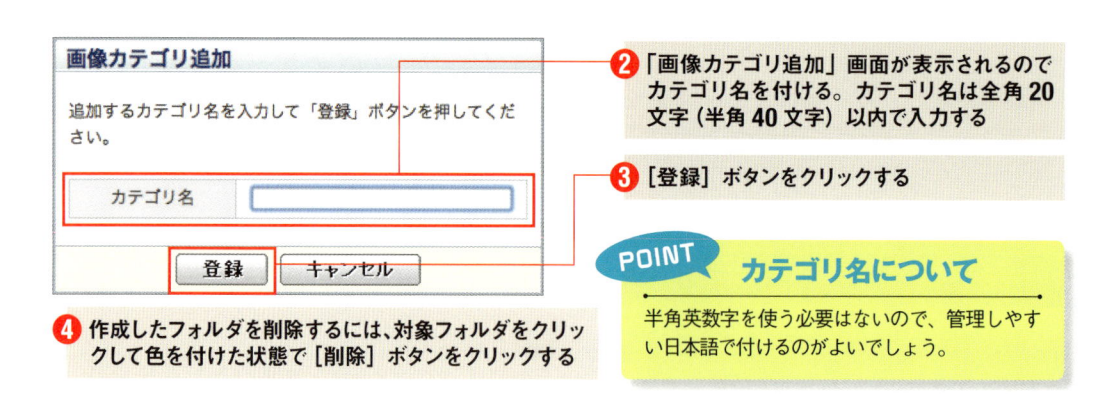

POINT　カテゴリ名について
半角英数字を使う必要はないので、管理しやすい日本語で付けるのがよいでしょう。

❹ 作成したフォルダを削除するには、対象フォルダをクリックして色を付けた状態で［削除］ボタンをクリックする

Memo　画像のアップロードについて

「商品画像フォルダ」「追加画像フォルダ」ともに、画像をアップロードして登録できます。「商品画像フォルダ」に保存されている商品画像と商品詳細画像を同じファイル名でアップロードすれば画像を上書きできますが、商品画像と商品詳細画像の入れ替えは商品ページにて簡単にできますので、ここで行う必要はありません。

2 「追加画像フォルダ」に画像をアップロード

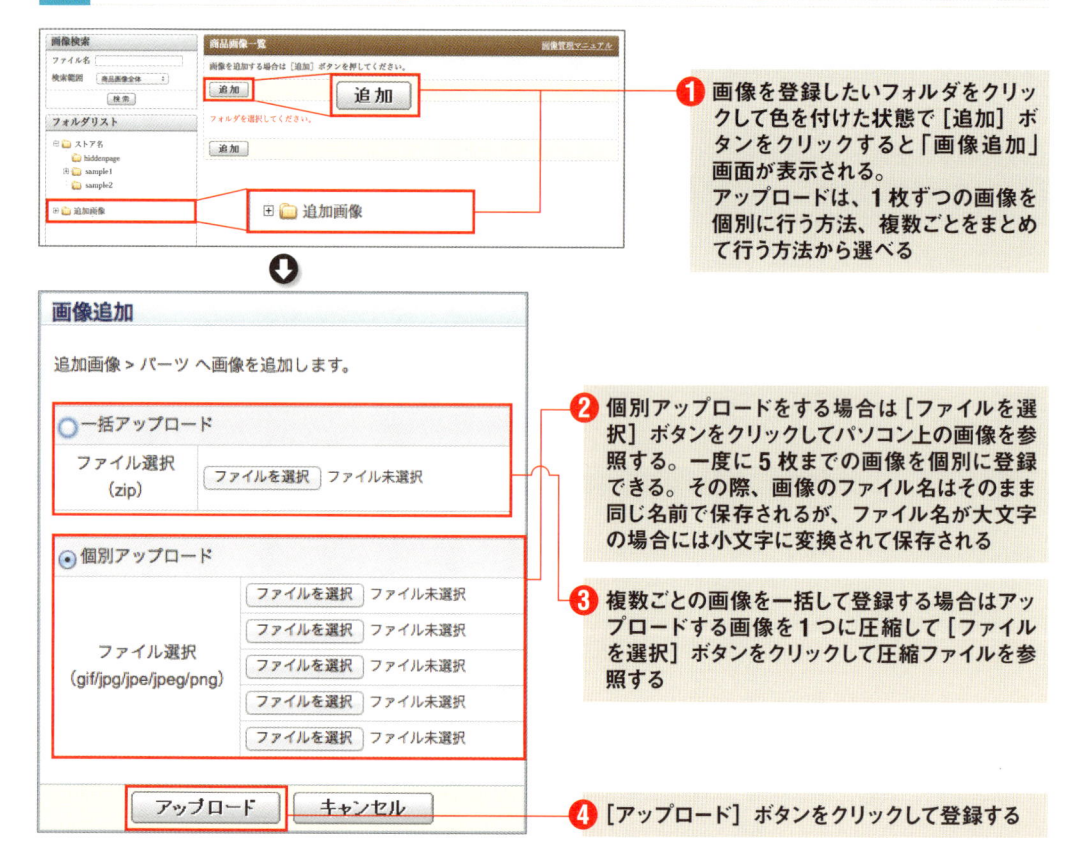

❶ 画像を登録したいフォルダをクリックして色を付けた状態で［追加］ボタンをクリックすると「画像追加」画面が表示される。
アップロードは、1枚ずつの画像を個別に行う方法、複数ごとをまとめて行う方法から選べる

❷ 個別アップロードをする場合は［ファイルを選択］ボタンをクリックしてパソコン上の画像を参照する。一度に5枚までの画像を個別に登録できる。その際、画像のファイル名はそのまま同じ名前で保存されるが、ファイル名が大文字の場合には小文字に変換されて保存される

❸ 複数ごとの画像を一括して登録する場合はアップロードする画像を1つに圧縮して［ファイルを選択］ボタンをクリックして圧縮ファイルを参照する

❹ ［アップロード］ボタンをクリックして登録する

注意! 圧縮方法について

圧縮は ZIP 形式で行う必要があります。圧縮してあっても元の画像は使用可能な画像データでなければエラーになりアップロードできません。
また複数ごとにまとめて ZIP 形式で圧縮する際には、対象画像ファイルをすべて選択した状態でそのまま圧縮してください。対象画像ファイルをフォルダ入れて、そのフォルダを ZIP 形式で圧縮してもエラーになり、アップロードはできません。

Memo 画像のカラーモード

画像のカラーモードは RGB が基本です。CMYK の画像をアップロードした場合、自動的に RGB に変換されます。

Memo 「追加画像フォルダ」に登録した画像の URL

「追加画像フォルダ」に登録した画像の URL は、「/lib/ストアアカウント/画像ファイル名.拡張子」となります。属しているフォルダは画像の URL に関係しません。従って、同じファイル名でアップロードしてしまうと、保存されている画像が上書きされてしまうので、画像ファイル名には注意が必要です。

3 画像の編集

「追加画像フォルダ」に登録して保存されている画像は、別のフォルダに移動させることもできます。

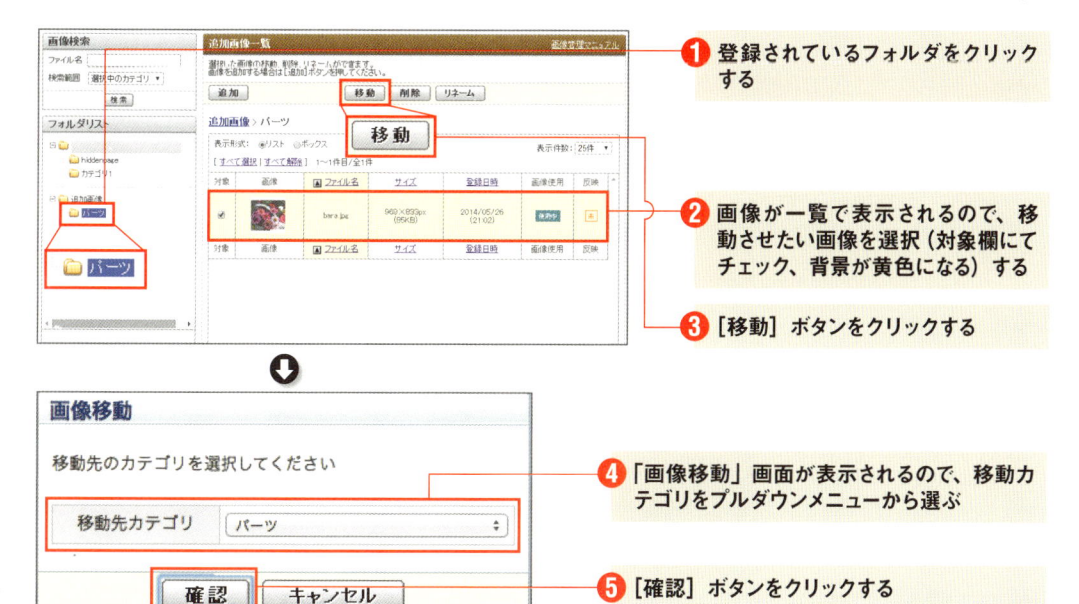

❶ 登録されているフォルダをクリックする

❷ 画像が一覧で表示されるので、移動させたい画像を選択（対象欄にてチェック、背景が黄色になる）する

❸ [移動] ボタンをクリックする

❹ 「画像移動」画面が表示されるので、移動カテゴリをプルダウンメニューから選ぶ

❺ [確認] ボタンをクリックする

4 画像の削除

「追加画像フォルダ」に登録して保存されている画像を削除する場合、画像を編集する場合と対象ファイルを選択するまでの手順は同じです。

❶ 画像を削除する場合は、対象ファイルを選択する

❷ ［削除］ボタンをクリックする

❸ 確認画面が表示されるので、確認後［はい］ボタンをクリックする

5 画像のファイル名の変更

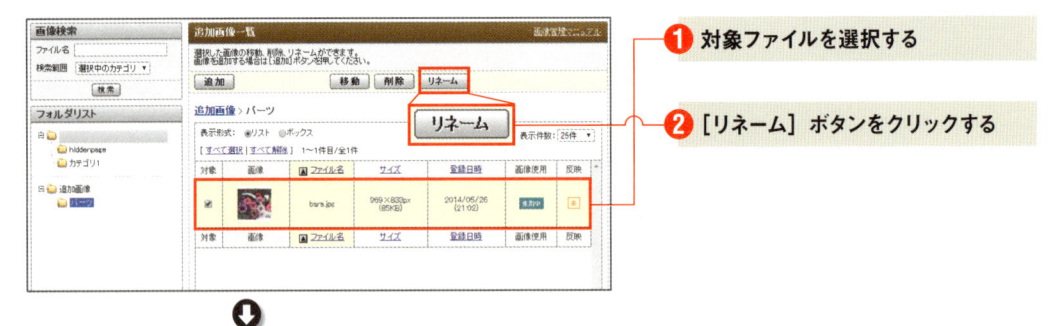

❶ 対象ファイルを選択する

❷ ［リネーム］ボタンをクリックする

❸ 画像リネーム画面が表示されるので、ファイル名欄に変更後のファイル名を入力する

❹ ［登録］ボタンをクリックする

Chapter

5

商品を登録して
開店申請をする

第4章ではYahoo!ショッピングのデザイン設定を行いました。ヘッダー、サイドナビ、フッターが構築された状態となり、あとは商品を登録すれば開店審査に進めます。この章では商品の登録を行い、トップページを構築して、開店申請するまでを説明します。

01 カテゴリページの設定

必ずカテゴリを設定して商品登録をしなければなりません。このカテゴリは、Yahoo!ショッピングで分けられている商品分類のカテゴリではなく、ストアが任意に設定するストア内のカテゴリになります。

ストア内のカテゴリ

　ストア内カテゴリは、「カテゴリページ作成」によって設定されます。扱う商品を考え、当初登録するカテゴリを決めましょう。このカテゴリは、追加・削除・名称変更等、編集が随時できますので、とりあえずのカテゴリでもかまいません。カテゴリ名はわかりやすい名前にするのがポイントです。

　ユーザーが直感的にわかるカテゴリ名が理想的です。恰好よく英字を付ける方もいますが、その場合でも一般的ではない英字の場合には読み仮名を付けるなどの工夫が必要です。なぜなら、カテゴリは商品をたどりやすくさせる指標でもあるからです。

商品群ごとに分ける

　まず、取扱商品を商品群ごとに分けてみましょう。その際、あまり大まかに分けてしまうと、カテゴリ内の商品点数が多くなり、商品をたどりにくくなってしまいます。ストア内のカテゴリページで1ページに表示できる商品数は30～40です（1行に3商品もしくは4商品で10行を表示）。

1ページに収まらない場合

　1ページに収まらない場合、「次のページ」というボタンから2ページ目以降に表示する仕組みになっています。例えば、ストア内カテゴリで10ページ表示分の商品が登録されていたとしたら、ユーザーに10ページ目の商品まで見てもらうのは難しいでしょう。その場合には、カテゴリを増やすか、下位階層にサブカテゴリを設けたほうが、商品が埋もれずにたどりやすくなります。

カテゴリページを作成する

　カテゴリを決めたら、カテゴリページを作成していきます。カテゴリのリストをどこかに設定するということではなく、各カテゴリページを作成することで、結果、カテゴリのリストがストア内に作られていきます。

カテゴリページのレイアウト（テンプレート設定）

　カテゴリページのレイアウトは、テンプレートとして登録した各パーツの組み合わせによって決まります。テンプレートが設定できるのは「通常モード」のみで、「かんたんモード」ではテンプレート

を選ぶことができません。「かんたんモード」の場合は、予め用意されているテンプレートによってレイアウトされます。

「通常モード」でのページレイアウト

「通常モード」では、カテゴリページのテンプレートを5つ設定できます。カテゴリページにて任意のテンプレートを選択することで、設定したレイアウトが適用されます。それでは、テンプレートを設定してみましょう。

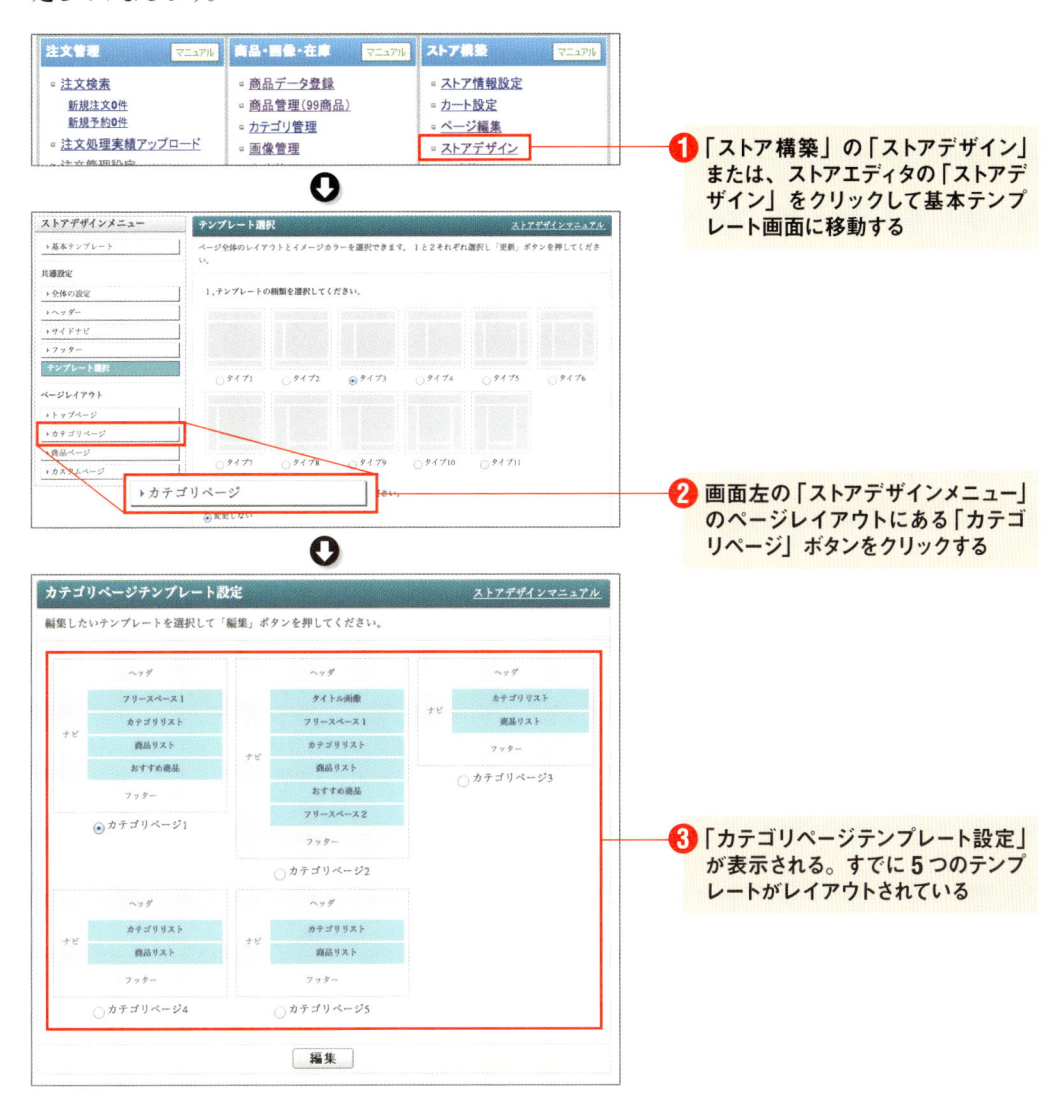

❶ 「ストア構築」の「ストアデザイン」または、ストアエディタの「ストアデザイン」をクリックして基本テンプレート画面に移動する

❷ 画面左の「ストアデザインメニュー」のページレイアウトにある「カテゴリページ」ボタンをクリックする

❸ 「カテゴリページテンプレート設定」が表示される。すでに5つのテンプレートがレイアウトされている

「カテゴリページ1」を編集する

ここでは「カテゴリページ1」を編集してみましょう。

Chapter 5 商品を登録して開店申請をする

❶「カテゴリページ1」を選択して[編集]ボタンをクリックする

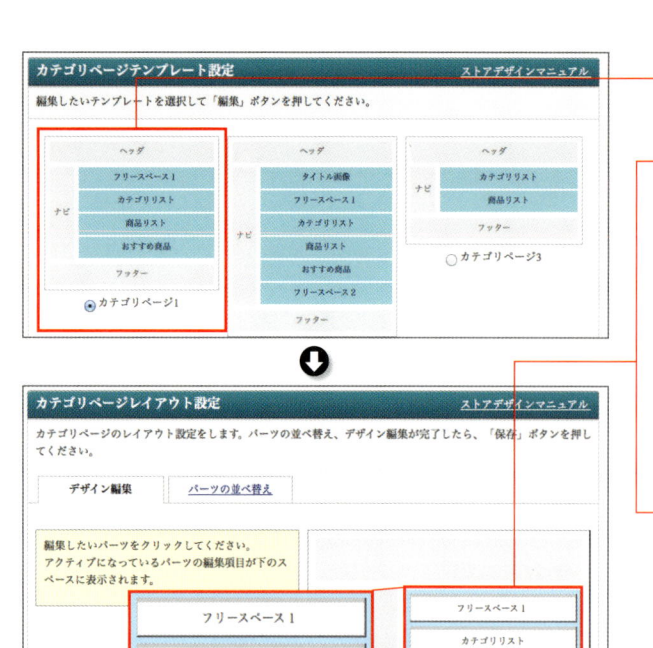

❷ カテゴリページレイアウト設定画面が表示される。カテゴリページでは、以下のパーツが用意されており、必要なパーツを組み合わせてレイアウトする

- ・パンくずリスト　・商品リスト
- ・新着情報　　　・おすすめ商品
- ・インフォメーション　・フリースペース1
- ・タイトル画像　・フリースペース2
- ・カテゴリリスト

❸ 背景が水色で表示されているパーツがアクティブ状態（現在ストアにて表示されている）となっているパーツである。初期設定では「フリースペース1」「カテゴリリスト」「商品リスト」「おすすめ商品」の順番で並んでいる。並んでいる順番（見た目の通り）でストアのページに表示されている

❹「パーツの並べ替え」をクリックすると、非アクティブ状態（現在ストアにて表示されていない）のパーツが黄色の背景で表示され、カテゴリページでレイアウトできるすべてのパーツが並ぶ

❺ 非アクティブなパーツをアクティブな状態にするには、対象ツールを黄色の背景（左）から水色の背景（右）にドラッグして移動させる

❻ 逆に、アクティブなパーツを非アクティブな状態にするには、対象パーツを水色の背景（右）から黄色の背景（左）にドラッグして移動させる

❼[プレビュー]ボタンをクリックすると設定後のカテゴリページがどのように表示されるのかを確認できる

❽[保存]ボタンをクリックすると設定が完了する

❾ ほかのカテゴリテンプレートも同様に設定する。カテゴリテンプレートを変更することで、該当するテンプレートを使用しているページのレイアウトを一括して変更できる

POINT カテゴリページに並べるパーツについて

カテゴリページにすべてのパーツをレイアウトする必要はありません。必要なパーツだけをアクティブな状態にしてください。アクティブ状態のパーツ（水色の背景）では、ドラッグで順番が動かせますので、表示させたい順番に設定してください。

POINT カテゴリページの変更について

「カテゴリページ1」を変更すると、「カテゴリページ1」を使用しているカテゴリページのレイアウトが同調して変更されます。

Memo カテゴリページのテンプレート設定のみに使用できるパーツ

カテゴリページでのみ使用するパーツが2つあります。「カテゴリリスト」と「商品リスト」です。この2つは、表示されるレイアウトをパターン選択にて設定できます。

カテゴリページ使用パーツ：カテゴリリストの設定

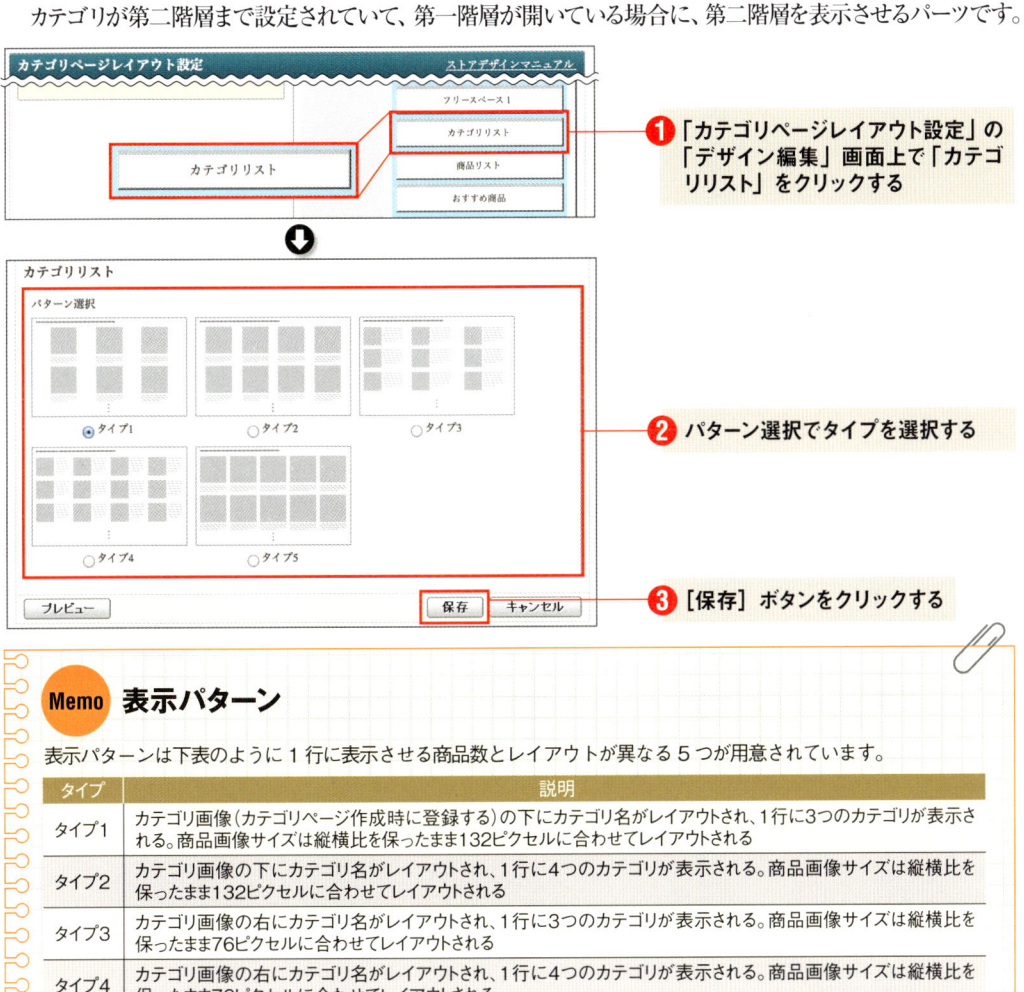

カテゴリが第二階層まで設定されていて、第一階層が開いている場合に、第二階層を表示させるパーツです。

❶ 「カテゴリページレイアウト設定」の「デザイン編集」画面上で「カテゴリリスト」をクリックする

❷ パターン選択でタイプを選択する

❸ ［保存］ボタンをクリックする

Memo 表示パターン

表示パターンは下表のように1行に表示させる商品数とレイアウトが異なる5つが用意されています。

タイプ	説明
タイプ1	カテゴリ画像（カテゴリページ作成時に登録する）の下にカテゴリ名がレイアウトされ、1行に3つのカテゴリが表示される。商品画像サイズは縦横比を保ったまま132ピクセルに合わせてレイアウトされる
タイプ2	カテゴリ画像の下にカテゴリ名がレイアウトされ、1行に4つのカテゴリが表示される。商品画像サイズは縦横比を保ったまま132ピクセルに合わせてレイアウトされる
タイプ3	カテゴリ画像の右にカテゴリ名がレイアウトされ、1行に3つのカテゴリが表示される。商品画像サイズは縦横比を保ったまま76ピクセルに合わせてレイアウトされる
タイプ4	カテゴリ画像の右にカテゴリ名がレイアウトされ、1行に4つのカテゴリが表示される。商品画像サイズは縦横比を保ったまま76ピクセルに合わせてレイアウトされる
タイプ5	カテゴリ画像の下にカテゴリ名がレイアウトされ、1行に5つのカテゴリが表示される。商品画像サイズは縦横比を保ったまま132ピクセルに合わせてレイアウトされる

表示パターン

カテゴリページ使用パーツ：商品リストの設定

商品リストは各カテゴリに登録されている商品を表示することができるパーツです。

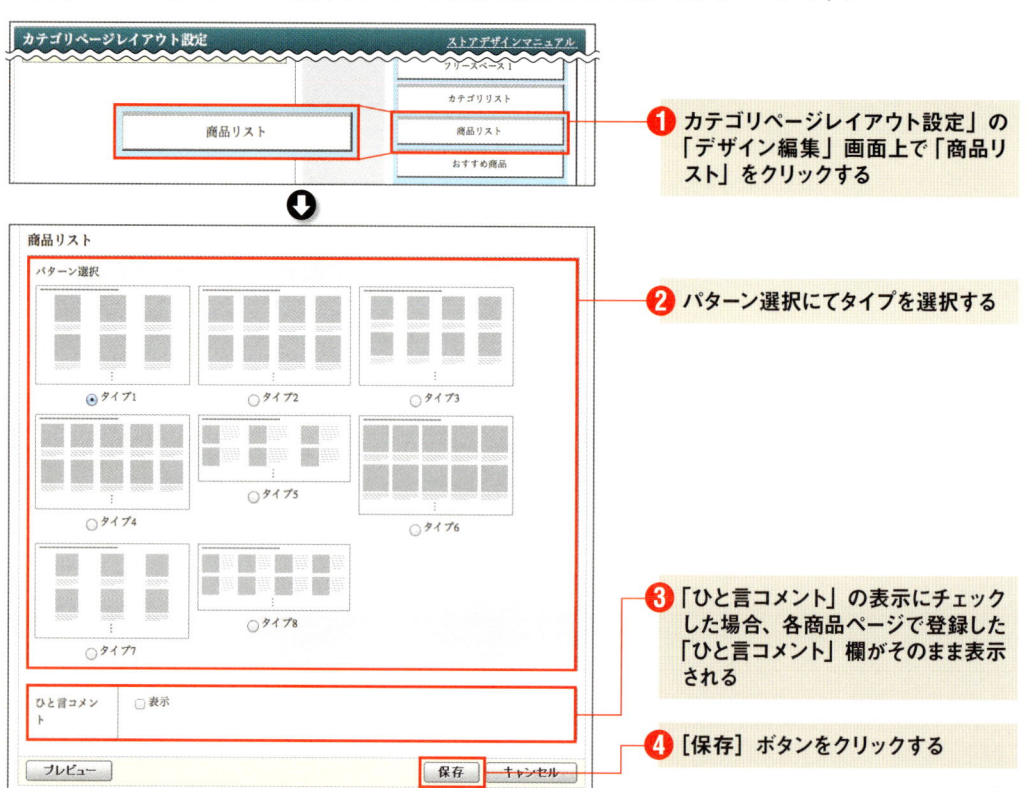

❶「カテゴリページレイアウト設定」の「デザイン編集」画面上で「商品リスト」をクリックする

❷ パターン選択にてタイプを選択する

❸「ひと言コメント」の表示にチェックした場合、各商品ページで登録した「ひと言コメント」欄がそのまま表示される

❹［保存］ボタンをクリックする

Memo 表示パターン

表示パターンは1行に表示させる商品数とレイアウトが異なる8つが用意されています。

タイプ	説明
タイプ1	商品画像の下に商品名等の情報がレイアウトされ、1行に3つの商品が表示される。商品画像サイズは縦横比を保ったまま132ピクセルに合わせてレイアウトされる
タイプ2	商品画像の下に商品名等の情報がレイアウトされ、1行に4つの商品が表示される。商品画像サイズは縦横比を保ったまま132ピクセルに合わせてレイアウトされる
タイプ3	商品画像の下に商品名等の情報がレイアウトされ、1行に4つの商品が表示される。商品画像サイズは縦横比を保ったまま106ピクセルに合わせてレイアウトされる
タイプ4	商品画像の下に商品名等の情報がレイアウトされ、1行に5つの商品が表示される。商品画像サイズは縦横比を保ったまま106ピクセルに合わせてレイアウトされる
タイプ5	商品画像の右に商品名等の情報がレイアウトされ、1行に3つの商品が表示される。商品画像サイズは縦横比を保ったまま76ピクセルに合わせてレイアウトされる。商品名は全角20文字までの表示となる
タイプ6	商品画像の下に商品名等の情報がレイアウトされ、1行に5つの商品が表示される。商品画像サイズは縦横比を保ったまま132ピクセルに合わせてレイアウトされる
タイプ7	商品画像の下に商品名等の情報がレイアウトされ、1行に3つの商品が表示される。商品画像サイズは縦横比を保ったまま106ピクセルに合わせてレイアウトされる
タイプ8	商品画像の右に商品名等の情報がレイアウトされ、1行に4つの商品が表示される。商品画像サイズは縦横比を保ったまま76ピクセルに合わせてレイアウトされる。商品名は全角20文字までの表示となる

表示パターン

PRO

02 カテゴリページの作成

それでは、カテゴリページを作成していきましょう。

1 カテゴリページの作成

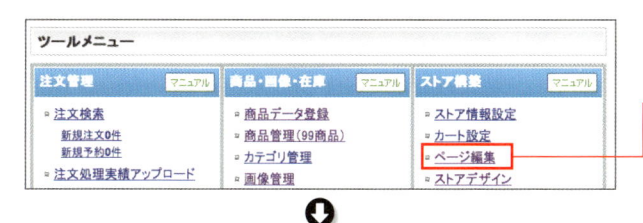

❶ 「ストア構築」の「ページ編集」または、ストアエディタの「ページ編集」をクリックする

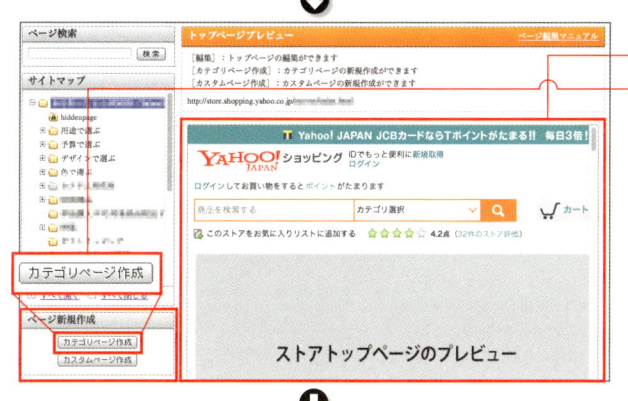

❷ トップページプレビュー画面に移動する。画面右下の枠内には、現在のトップページが表示されている。画面の左下に「ページ新規作成」欄がある

❸ [カテゴリページ]ボタンをクリックしてカテゴリ編集ページに移動する

❹ カテゴリを作成(登録)するには、「基本情報」「スマートフォン用情報」を編集する。画面上部のタブで編集画面を切り替え設定する

❺ 初期画面は「基本情報」の編集画面となっている。基本情報では「ページ設定」「カテゴリ情報」「カテゴリ画像」「販促系情報」「隠しページ」を設定する。
必須項目は「カテゴリ名」だけなので、最も簡単な設定をする場合、「カテゴリ名」だけを記入すればカテゴリページが作成(登録)される

2 基本情報の設定

❶「ページ ID」には何も記載がない状態となっている

Memo ページ ID とは

ページ ID はカテゴリページ固有の英数字が割り振られ、そのまま URL にも使われます。カテゴリページ登録後に、自動的に設定されます。

❷「使用中のテンプレート」はこのカテゴリページで使用するテンプレートを選択する

Memo かんたんモード

「かんたんモード」の場合には、「使用中のテンプレート」は固定されていますので、選択できない状態になっています。

❸「ページ公開」は、このカテゴリを公開するか非公開として隠しておくかを設定する。通常は「公開」を選択する

❹「META keywords」「META description」は必要に応じて設定する

POINT 非表示の賢い利用方法

季節販促のカテゴリなど、一旦隠しておいて時期が来て復活させたい場合などに「非表示」を使用します。

POINT META 設定

META は、検索サイト（Yahoo! JAPAN、Google など）に、そのページの内容や付加情報を知らせるための設定となります。Yahoo!ショッピングでは、トップページ、カテゴリページ、商品ページ、カスタムページに設定することができます。「META keywords」はページ内で特に重要だと思われるキーワードを記載します。複数のキーワード（文字列）を記載する場合には、「,」（半角カンマ）または「|」（半角パイプ）で区切ります。例えば白いコーヒーカップなら、「カップ,コーヒー,白色,陶器」という感じです。
「META description」はページの説明文を記載します。検索サイト（Yahoo! JAPAN、Google など）での検索結果にて、ページ説明として表示されますので、ページ内容がわかりやすい文章を記載します。設定した META 情報は HTML 内に組み込まれますが、ページ上に表示されません。なお、Yahoo!ショッピングでは、「META keywords」「META description」ともに全角 80 文字（160 バイト）以内での記載となっています。

02 カテゴリページの作成

❺「カテゴリ名」はその名のとおり、カテゴリにする名前を記入する

❻「フリースペース」は2つ設けられている。必要に応じて編集する。「フリースペース」はHTMLでの記載できる。全角5000文字（10000バイト）以内となっている。どんなカテゴリなのか特徴の説明が必要な場合には、この「フリースペース」を活用するとよい

❼「サイドナビ画像」は、サイドナビにおいて「ストア内商品カテゴリ」を使用する場合に設定する。ストア内商品カテゴリ」のパターン選択で「タイプ3」「タイプ5」の表示で、「サイドナビ画像」に登録した画像が掲載される。[参照]ボタンをクリックして掲載画像をアップロードする

Memo サイドナビ画像について

画像は原寸大で表示されます。レイアウトを保つために、サイドナビの横幅より2ピクセル小さい幅の画像を使ってください。

❽「タイトル画像」は、カテゴリページテンプレートにおいて「タイトル画像」を使用する場合に設定する。[参照]ボタンをクリックして掲載画像をアップロードする

Memo カテゴリ画像について

画像は原寸大で表示されます。カテゴリ情報の「フリースペース」でも、HTMLを使用すれば看板として同様なことができますが、HTMLの知識がない方は、この「タイトル画像」を使うことで、カテゴリの内容を画像やイメージで簡単に表示させることができます。

POINT ページIDとカテゴリページURL

通常、自動で設定される「ページID」を任意に設定する場合には、「カテゴリ名」に設定したい半角英数字を記入します。カテゴリページを作成すると、「カテゴリ名」で設定した半角英数字が「ページID」になります。「カテゴリ名」もそのまま半角英数字になっていますので、「カテゴリ名」を日本語に変更してください。例えば、「スイーツ」というカテゴリを作る場合、「カテゴリ名」を「スイーツ」にすると、655mggg77aのような「ページID」になってしまいます。この場合のURLは655mggg77a.htmlとなります。しかし、「カテゴリ名」を「sweets」にした場合には、「ページID」はsweetsとなり、ページURLはsweets.htmlとなります。

Chapter 5　商品を登録して開店申請をする

❾「カテゴリイメージ画像」は、カテゴリページテンプレートにおいて「カテゴリリスト」を使用する場合に設定する。[参照] ボタンから掲載画像をアップロードする

❿「おすすめ商品」として商品を表示させたい場合に設定する。おすすめ商品欄で [参照] ボタンをクリックして登録した商品を選択し、設定する

Memo　商品コードによる登録方法

手順❿では商品コードを直接記入して設定することもできます。直接記入する場合には、半角英数字、空白スペース、英字の大文字小文字に注意してください。商品コードが正確に一致しないと表示されません。

⓫ 初期設定として 10 商品が登録できるようになっているが、[入力項目を追加] ボタンをクリックすると、さらに 10 商品が登録できる

⓬ ID とパスワードでアクセス制限をかける隠しページの設定を行う。アクセス制限をかける場合には、「隠しページ」を選択して、隠しページ用の ID とパスワードを記入する

⓭ 各項目の編集が終わったら、「スマートフォン用情報」を編集する。ページ上部のタブボタン「スマートフォン用情報」をクリックする。「スマートフォン用情報」はフリースペースとなっている。掲載方法は、テキストでの入力と HTML の入力を選択できる。テキスト入力の場合は、入力したテキストがそのまま表示される。HTML 掲載の場合には HTML ソースを記入する。いずれも全角 5000 文字（10000 バイト）以内となる

注意!　改行について

テキスト入力の場合、改行できません。入力時にキーボードの改行キーで改行したところには半角スペースが入ります。設定されている横幅で自動的に改行されます。

⓮ すべての編集が終わったら [更新] ボタンをクリックする

Memo　編集したページ

編集したページがどのように表示されるのかは [パソコン版でプレビュー] [スマートフォンでプレビュー] ボタンをクリックすると別ウインドウで実際に表示されるレイアウトデザインが確認できます。

Memo　隠しページの利用方法

お得意様への特別セールなど、必要に応じて設定します。設定しない場合は「通常ページ」を選択（初期設定）します。

■ 複数のカテゴリがある場合

　カテゴリの数だけ、カテゴリページの作成を繰り返していきます。カテゴリページの下位階層にサブカテゴリを設定する場合には、左画面のサイトマップに表示されている登録済みカテゴリをクリックし、選択状態（カテゴリ名が青色になる）して [カテゴリページ作成] ボタンをクリックします。あとは同様に「カテゴリページ作成」を行います。

03 商品ページの設定

カテゴリの設定が終われば、いよいよ商品登録です。商品ページは、商品購入に直結します。細かい設定もありますが、どれも大切ですので、しっかり登録していきましょう。

通常モードにおけるページレイアウトの設定

　商品ページのレイアウトは、テンプレートとして登録した各パーツの組み合わせによって決まります。テンプレートを設定できるのは「通常モード」のみで、「かんたんモード」ではテンプレートを選ぶことができません。「かんたんモード」の場合は、予め用意されているテンプレートによってレイアウトされます。「通常モード」では、商品ページのテンプレートを12個設定できます。商品ページにて任意のテンプレートを選択することで、設定したレイアウトが適用されます。それでは、テンプレートを設定してみましょう。

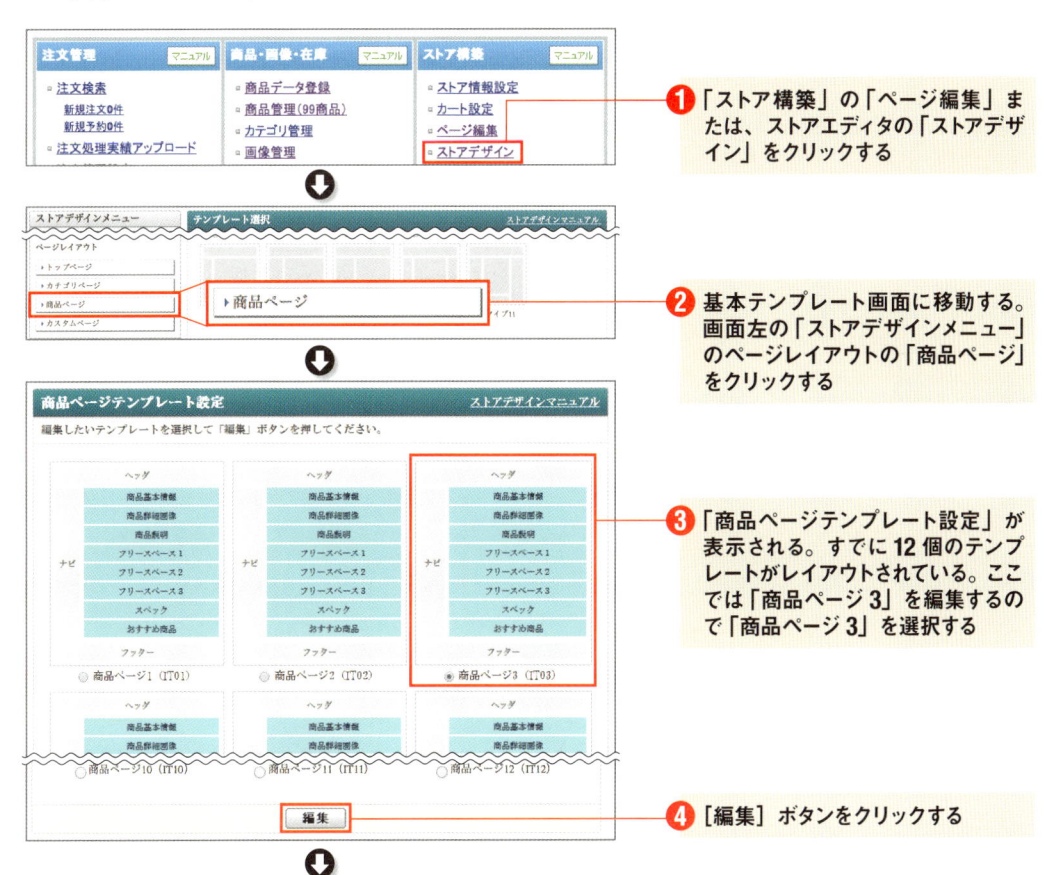

❶「ストア構築」の「ページ編集」または、ストアエディタの「ストアデザイン」をクリックする

❷ 基本テンプレート画面に移動する。画面左の「ストアデザインメニュー」のページレイアウトの「商品ページ」をクリックする

❸「商品ページテンプレート設定」が表示される。すでに12個のテンプレートがレイアウトされている。ここでは「商品ページ3」を編集するので「商品ページ3」を選択する

❹［編集］ボタンをクリックする

❺ 商品ページレイアウト設定画面が表示される。商品ページでは、以下のパーツが用意されており、必要なパーツを組み合わせてレイアウトできる

・パンくずリスト　　・商品説明
・新着情報　　　　・スペック
・インフォメーショ　・おすすめ商品
　ン　　　　　　　・フリースペース1
・商品基本情報　　・フリースペース2
・商品詳細情報　　・フリースペース3

❻ 背景が水色で表示されているツールがアクティブ状態（現在ストアにて表示されている）となっているパーツである。初期設定では「商品基本情報」「商品詳細画像」「商品説明」「フリースペース1」「フリースペース2」「フリースペース3」「スペック」「おすすめ商品」の順番で並んでいる

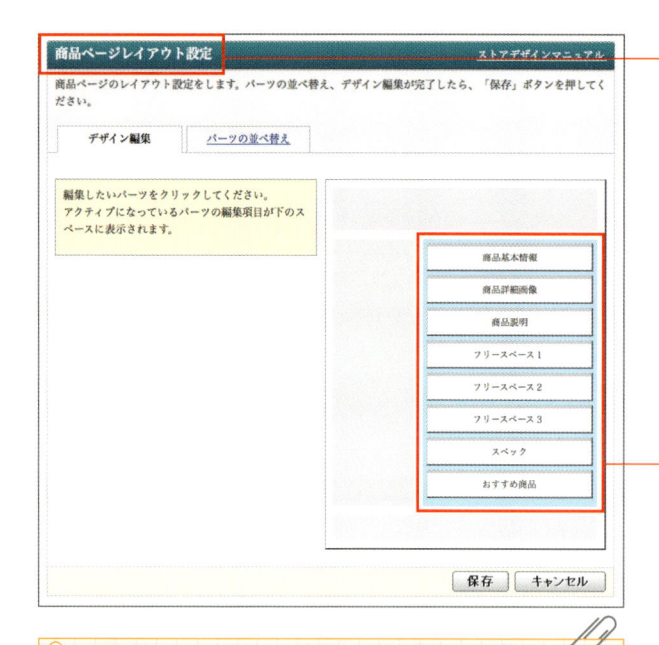

Memo　実際のページでの表示のされ方

ここに並んでいる順番（見た目のとおり）でストアのページに表示されます。

❼ 「パーツの並べ替え」をクリックすると、非アクティブ状態（現在ストアにて表示されていない）のパーツが黄色の背景で表示され、カテゴリページでレイアウトできるすべてのパーツが並ぶ

❽ 非アクティブなパーツをアクティブな状態にするには、対象ツールを黄色の背景（左）から水色の背景（右）にドラッグして移動させる

❾ 逆に、アクティブなパーツを非アクティブな状態にするには、対象パーツを水色の背景（右）から黄色の背景（左）にドラッグして移動させる

POINT　パーツについて

カテゴリページにすべてのパーツをレイアウトする必要はありません。必要なパーツだけをアクティブな状態にしてください。

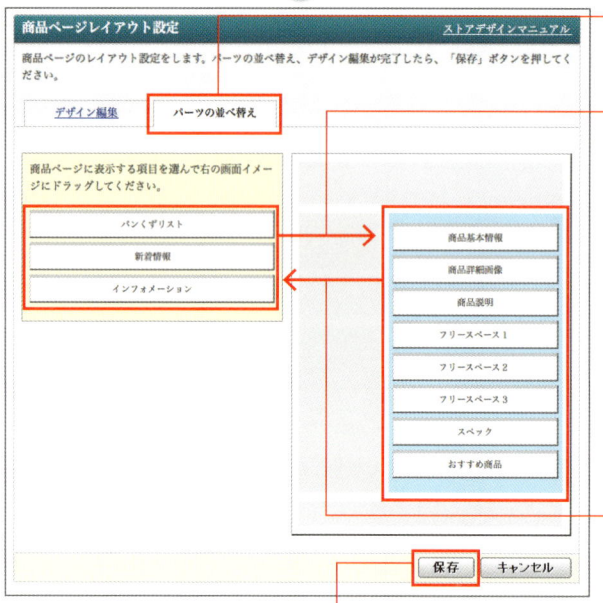

❿ ［保存］ボタンをクリックすると設定が完了する

Memo　順番入れ替え

アクティブ状態のパーツ（水色の背景）では、ドラッグで順番が動かせますので、表示させたい順番に設定できます。

ほかの商品ページテンプレートについて

ほかの商品ページテンプレートも同様に設定します。このテンプレートを変更することで、該当するテンプレートを使用しているページのレイアウトを一括して変更できます。

> **Memo 商品ページテンプレートの設定**
>
> 「商品ページ3」を変更すると、「商品ページ3」を使用している商品ページのレイアウトが同期して変更されます。

> **Memo 「商品基本情報」パーツについて**
>
> 「商品基本情報」パーツは、画面上部への表示が固定されていますので、順番を動かしても実際の表示には反映されません。
> 商品ページのテンプレート設定に使用できるパーツで、商品ページでのみ使用するパーツが4つあります。「商品基本情報」「商品詳細画像」「商品説明」「スペック」です。「商品基本情報」「商品詳細画像」は、表示されるレイアウトをパターン選択にて設定できます。

1 商品ページ使用パーツ：商品基本情報

商品ページにおいて、商品名、商品画像、価格など、商品の基本的な情報をレイアウトするパーツです。

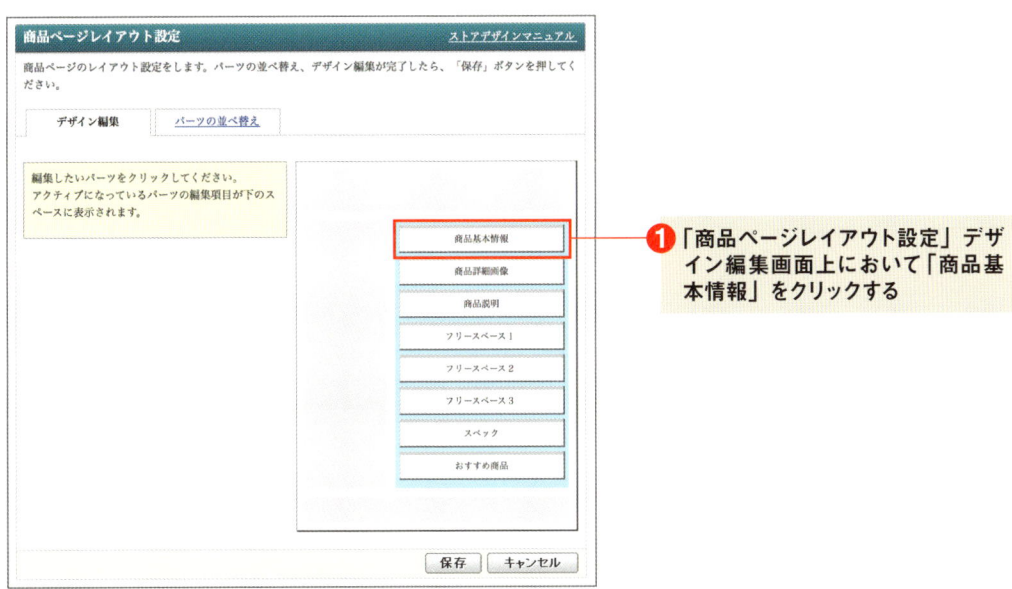

❶「商品ページレイアウト設定」デザイン編集画面上において「商品基本情報」をクリックする

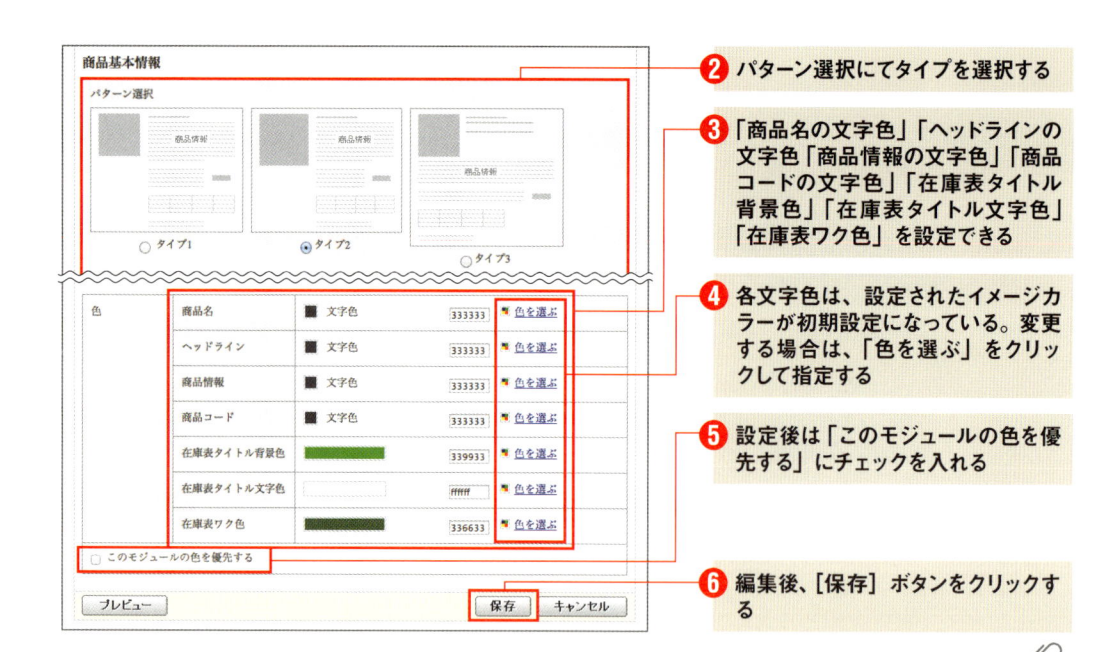

Chapter 5 商品を登録して開店申請をする

❷ パターン選択にてタイプを選択する

❸ 「商品名の文字色」「ヘッドラインの文字色」「商品情報の文字色」「商品コードの文字色」「在庫表タイトル背景色」「在庫表タイトル文字色」「在庫表ワク色」を設定できる

❹ 各文字色は、設定されたイメージカラーが初期設定になっている。変更する場合は、「色を選ぶ」をクリックして指定する

❺ 設定後は「このモジュールの色を優先する」にチェックを入れる

❻ 編集後、[保存]ボタンをクリックする

Memo 表示パターン

表示パターンは12個が用意されています。

タイプ	説明
タイプ1	商品画像の右に商品情報がすべて表示されるレイアウト。商品画像サイズが縦横比を保ったまま200×200ピクセルで表示される
タイプ2	商品画像の右に商品情報がすべて表示されるレイアウト。商品画像サイズが縦横比を保ったまま300×300ピクセルで表示される
タイプ3	商品画像の右に商品名、商品画像の下にそのほかの商品情報が表示されるレイアウト。商品画像サイズが縦横比を保ったまま200×200ピクセルで表示される
タイプ4	商品画像の右に商品名、商品画像の下にそのほかの商品情報が表示されるレイアウト。商品画像サイズが縦横比を保ったまま300×300ピクセルで表示される
タイプ5	商品画像の右に商品情報がすべて表示されるレイアウト。商品画像サイズが縦横比を保ったまま200×200ピクセルで表示される。タイプ1と似ているが、商品情報が表示される順番が異なる
タイプ6	商品画像の右に商品情報がすべて表示されるレイアウト。商品画像サイズが縦横比を保ったまま300×300ピクセルで表示される。タイプ2と似ているが、商品情報が表示される順番が異なる
タイプ7	商品画像の右に商品名、商品画像の下にそのほかの商品情報が表示されるレイアウト。商品画像サイズが縦横比を保ったまま200×200ピクセルで表示される。タイプ3と似ているが、商品情報が表示される順番が異なる
タイプ8	商品画像の右に商品名、商品画像の下にそのほかの商品情報が表示されるレイアウト。商品画像サイズが縦横比を保ったまま300×300ピクセルで表示される。タイプ4と似ているが、商品情報が表示される順番が異なる
タイプ9	商品画像が横の中央に配置され、商品情報は商品画像の下部分に左寄せで表示されるレイアウト。商品画像サイズが縦横比を保ったまま200×200ピクセルで表示される
タイプ10	商品画像が横の中央に配置され、商品情報は商品画像の下部分に左寄せで表示されるレイアウト。商品画像サイズが縦横比を保ったまま300×300ピクセルで表示される
タイプ11	商品画像が横の中央に配置され、商品情報は商品画像の下部分に左寄せで表示されるレイアウト。商品画像サイズが縦横比を保ったまま200×200ピクセルで表示される。タイプ9と似ているが、商品情報が表示される順番が異なる
タイプ12	商品画像が横の中央に配置され、商品情報は商品画像の下部分に左寄せで表示されるレイアウト。商品画像サイズが縦横比を保ったまま300×300ピクセルで表示される。タイプ10と似ているが、商品情報が表示される順番が異なる

表示パターン

2 商品ページの作成

それでは、商品ページを作成（商品登録）していきましょう。

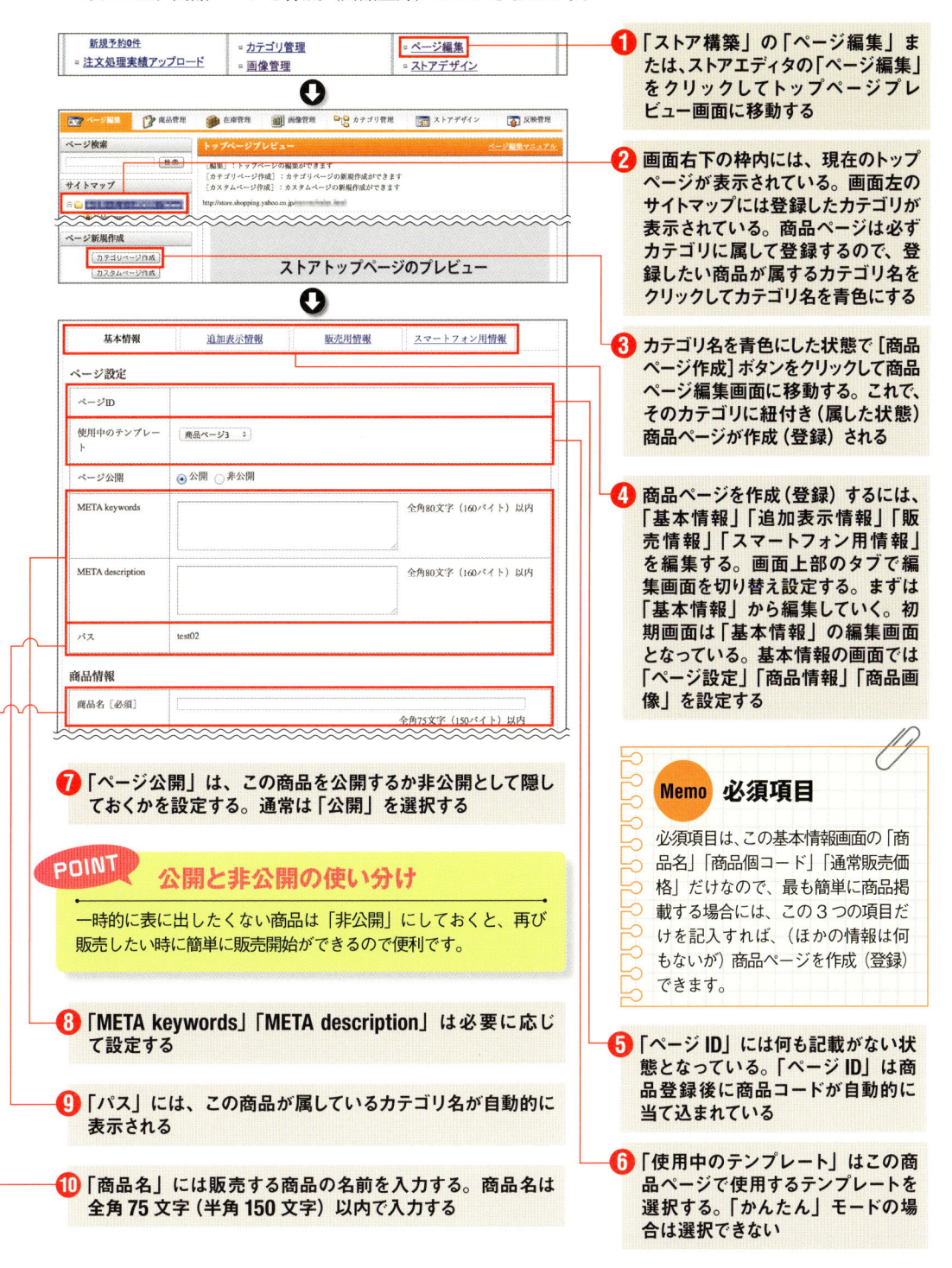

❶ 「ストア構築」の「ページ編集」または、ストアエディタの「ページ編集」をクリックしてトップページプレビュー画面に移動する

❷ 画面右下の枠内には、現在のトップページが表示されている。画面左のサイトマップには登録したカテゴリが表示されている。商品ページは必ずカテゴリに属して登録するので、登録したい商品が属するカテゴリ名をクリックしてカテゴリ名を青色にする

❸ カテゴリ名を青色にした状態で［商品ページ作成］ボタンをクリックして商品ページ編集画面に移動する。これで、そのカテゴリに紐付き（属した状態）商品ページが作成（登録）される

❹ 商品ページを作成（登録）するには、「基本情報」「追加表示情報」「販売用情報」「スマートフォン用情報」を編集する。画面上部のタブで編集画面を切り替え設定する。まずは「基本情報」から編集していく。初期画面は「基本情報」の編集画面となっている。基本情報の画面では「ページ設定」「商品情報」「商品画像」を設定する

❺ 「ページID」には何も記載がない状態となっている。「ページID」は商品登録後に商品コードが自動的に当て込まれている

❻ 「使用中のテンプレート」はこの商品ページで使用するテンプレートを選択する。「かんたん」モードの場合は選択できない

❼ 「ページ公開」は、この商品を公開するか非公開として隠しておくかを設定する。通常は「公開」を選択する

POINT 公開と非公開の使い分け

一時的に表に出したくない商品は「非公開」にしておくと、再び販売したい時に簡単に販売開始ができるので便利です。

❽ 「META keywords」「META description」は必要に応じて設定する

❾ 「パス」には、この商品が属しているカテゴリ名が自動的に表示される

❿ 「商品名」には販売する商品の名前を入力する。商品名は全角75文字（半角150文字）以内で入力する

Memo 必須項目

必須項目は、この基本情報画面の「商品名」「商品個コード」「通常販売価格」だけなので、最も簡単に商品掲載する場合には、この3つの項目だけを記入すれば、（ほかの情報は何もないが）商品ページを作成（登録）できます。

POINT 商品名

商品名は、商品ページでの掲載はもちろん、ショッピングカートや注文確認メールなどでも表示されます。商品名だけで、どんな商品なのかがわかるようにするのがポイントです。

ユーザーが注文確認メールで購入商品を確認する場合に、商品名と購入した商品が直感的に結びつかなければ、不安になってしまいます。商品名は注文履歴等でも商品を特定するために表示されますので、わかりやすい商品名を付けることは、ユーザーサービスにもつながるのです。

また、商品名はYahoo!ショッピングでの検索対象項目ですので、ユーザーが検索するであろうキーワードを意識することも重要です。

⓫ 「商品コード」は、ストアで商品を識別する役割がある。商品番号管理されている商品は、その番号をそのまま使うのがよい。特に商品番号の管理が必要でない場合には、カテゴリ名にとおし番号を使うなど、法則を決めて付けるのがよい。商品コードに使用できるのは半角英数字と半角ハイフン (-) である。99文字以内となっている

Memo 商品コード

「商品コード」は商品登録後、「ページID」になります。「ページID」は商品ページのURLになりますので、「商品コード=商品ページURL」と認識して設定してください。例えば、商品コードが「bag-001」だとした場合のURLはbag-001.htmlとなります。

⓬ 「メーカー希望小売価格」は、メーカー希望小売価格が設定されている商品の場合にその金額を入力する。設定がない場合は空欄にしておく

⓭ 「通常販売価格」は実際に販売する価格を入力する

⓮ 「特価」はセール価格。「通常販売価格」として過去8週間以内に合計4週間以上の販売実績があれば、「特価」が設定できる。「特価」を設定した場合は、「販売用情報」タブの購入情報にて販売期間を設定しなければならない。この販売期間が空欄だと特価は表示されない

⓯ 「キャッチコピー」は、商品のキャッチコピーとなる情報を記入する。全角30文字までなので、短く的確に商品の特長を表現する

POINT キャッチコピーについて

- キャッチコピーは商品名同様に、Yahoo!ショッピングの検索対象項目ですので、検索キーワードを意識することも重要です。

⓰ 「ひと言コメント」は、商品のコメントや情報を掲載できるスペース。テキスト入力の場合には、入力したテキストがそのまま表示される。HTML掲載の場合にはHTMLソースを記入する。いずれも全角500文字 (1000バイト) 以内となる

注意！「ひと言コメント」の改行について

改行はできません。

POINT HTMLで一工夫

HTMLを使って工夫することで、機能のアイコン表示などに活用できます。

POINT 税込と税抜表示

Yahoo!ショッピングでは、商品価格を「税込」「税抜」のどちらでも表示させることができます。設定は、ストアエディタのヘッダーにある「ストア情報設定」→「エディター設定」にて行います。画面下に「価格入力方法設定」欄がありますので、「税込」「税抜」の希望する価格入力方法（表示）を選択して、[更新] ボタンをクリックします。設定された価格入力方法に切り替わります。

Memo 特価と通常販売価格

特価で設定した価格は「通常販売価格に対して何% OFF になるのか」という割引率で表示されます。割引率は、Yahoo!ショッピングの検索やカテゴリでの商品一覧表示で掲載されます。

⑰「商品情報」は、商品の基本情報を記入する。テキストでの入力だが、改行はそのままレイアウトに活かされる。全角 500 文字以内となる

POINT 商品情報について

商品情報は商品名・キャッチコピー同様に、Yahoo!ショッピングの検索対象項目ですので、検索キーワードを意識しながら商品説明をするのがポイントです。また、この商品情報はスマートフォンページにもデフォルトで表示される項目です。スマートフォン用の編集をしなくても、商品情報は自動的に表示されますので、その説明だけで商品を伝えられるような内容を記載してください。

⑱「商品説明」は HTML で編集できるスペース。全角 5000 文字（10000 バイト）まで入力できるので、商品の魅力を伝えるためのデザインで商品を伝えることが可能

⑲「商品画像」は、掲載する商品のメイン画像として表示される。Yahoo!ショッピングの検索やカテゴリでの商品一覧でも表示される。商品ページで表示される画像サイズは、設定によるが 200 ピクセル・300 ピクセル・400 ピクセルのどれかになる。表示画像サイズ以下の場合は、余白ができてしまう。[大きい画像を見る] ボタンで拡大される画像サイズが 600×600 ピクセルとなるので、その最大サイズに合わせて 600×600 ピクセルでの画像を用意する。縦横比が保たれるので正方形にする。画像の登録は [参照] ボタンをクリックして行う

Memo かんたんモードと通常モードによる商品画像のサイズ

「かんたんモード」では 200 ピクセル、「通常モード」では、「ストアエディタ」→「ストアデザイン」→「ページレイアウト：商品ページ」→「商品ページレイアウト設定」→「商品基本情報」にて設定します。

3 追加表示情報の設定

次に「追加表示情報」タブをクリックして編集していきます。

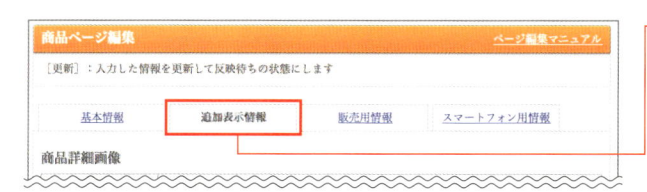

❶ 商品ページのメイン画像は「商品画像」で登録するが、ほかに 5 枚の画像を「商品詳細画像」として登録できる。登録された画像はメイン画像と同様に、[大きい画像を見る] ボタンで拡大表示される。スマートフォンページでも表示される

163

POINT 画像サイズ

画像サイズもメイン画像同様に、正方形の 600 × 600 ピクセルをおすすめします。

❷ 画像の登録は[参照]ボタンをクリックして行う。画像が掲載される順番は「商品詳細画像1」から「「商品詳細画像5」の番号順（上から並んでいる順番）となる

POINT 商品詳細画像の入れ替え

「商品詳細画像」の登録後に表示順番を入れ替えることはできません。入れ替えたい場合には、一度［削除］ボタンで削除してから表示させたい順番に再度登録することになります。また、例えば「商品詳細画像1」の登録がなく「商品詳細画像2」以降に登録されているなど、上位表示画像の登録がない場合は、登録がない画像は無視されて表示されます。

❸ 「フリースペース」が3つ用意されている。ほかのフリースペース同様に、HTMLの編集が可能なスペースである。テキスト入力の場合には、入力したテキストがそのまま表示される。それぞれ全角5000文字（10000バイト）までの入力が可能。

POINT フリースペースの使い方

「フリースペース1」「フリースペース2」「フリースペース3」の間には空欄は設けられませんので、例えば「フリースペース1」に画像A、「フリースペース2」に画像B、をHTMLにて表示させた場合、画像Aと画像Bは隙間なく表示されます。

❺ 初期設定で10個の商品が登録できるようになっているが、［入力項目を追加］ボタンをクリックすると20個に増やすことができる。表示される順番は、左1番上・右上1番上・左2番目……となる

❹ 「関連商品情報」は、登録した商品に関連する（関係のある）商品を表示できる。［参照］ボタンをクリックして登録済み商品を選択するか、商品コードを直接入力する

POINT レコメンド機能が表示されるには

「関連商品情報」が登録されていないと、「この商品を見た人は、こんな商品にも興味を持っています」とストア内のほかの商品を自動表示させるYahoo!ショッピングのレコメンド機能が働きません。「関連商品情報」が1つでも登録されていれば、レコメンド機能は有効となります。ストア内の回遊に役立つ機能ですので、必ず1つは関連商品を登録してください。

❻「隠しページ」は、商品ページにIDとパスワードを設定してアクセス制限を設けることができる設定である。「隠しページ」として利用したい場合は、「隠しページ」を選択して、隠しページ用のIDとパスワードを半角英数字で設定できる

POINT 隠しページの利用方法

特別な商品を掲載して、特定のユーザーにだけ購入できるようにするなど、特定の人だけに見せたい場合に利用します。

❼「カート内関連商品」は、ショッピングカートにて商品を表示させる設定である。カート内関連商品は3つまで登録できる。［参照］ボタンをクリックして登録済み商品を選択するか、商品コードを直接入力する

POINT カート内関連商品の利用方法

商品注文時に、「この商品もいかがですか？」という意味で表示します。例えば、注文商品の消耗品とか付帯商品などを設定すると効果的です。

4 販売用情報の設定

次に「販売用情報」を編集していきます。

❶「販売用情報」タブをクリックする

❷「商品マッチング情報」は、掲載商品をYahoo!ショッピングの中で紐付けるために設定する。「Yahoo!ショッピング製品コード」に入力する。［参照］ボタンをクリックする

❸「Yahoo!ショッピング製品コードの設定」というパネルが表示される。検索窓に製品名を入力して［検索］ボタンをクリックすると、対象商品が一覧表示される。一覧に登録商品がある場合は、その製品を選択して［登録］ボタンをクリックすると「Yahoo!ショッピング製品コード」欄に自動記入される

Memo 商品マッチング情報

Yahoo!ショッピングでは、検索結果やカテゴリでの一覧表示からさらに商品を絞り込む機能があります。例えば、バッグの場合ならブランドで絞り込んで商品をリストアップすることができます。家電なら、[価格比較]ボタンで同じ商品を価格で一覧表示させることができます。その絞り込みの対象となるには、この「商品マッチング情報」での登録が必要となります。

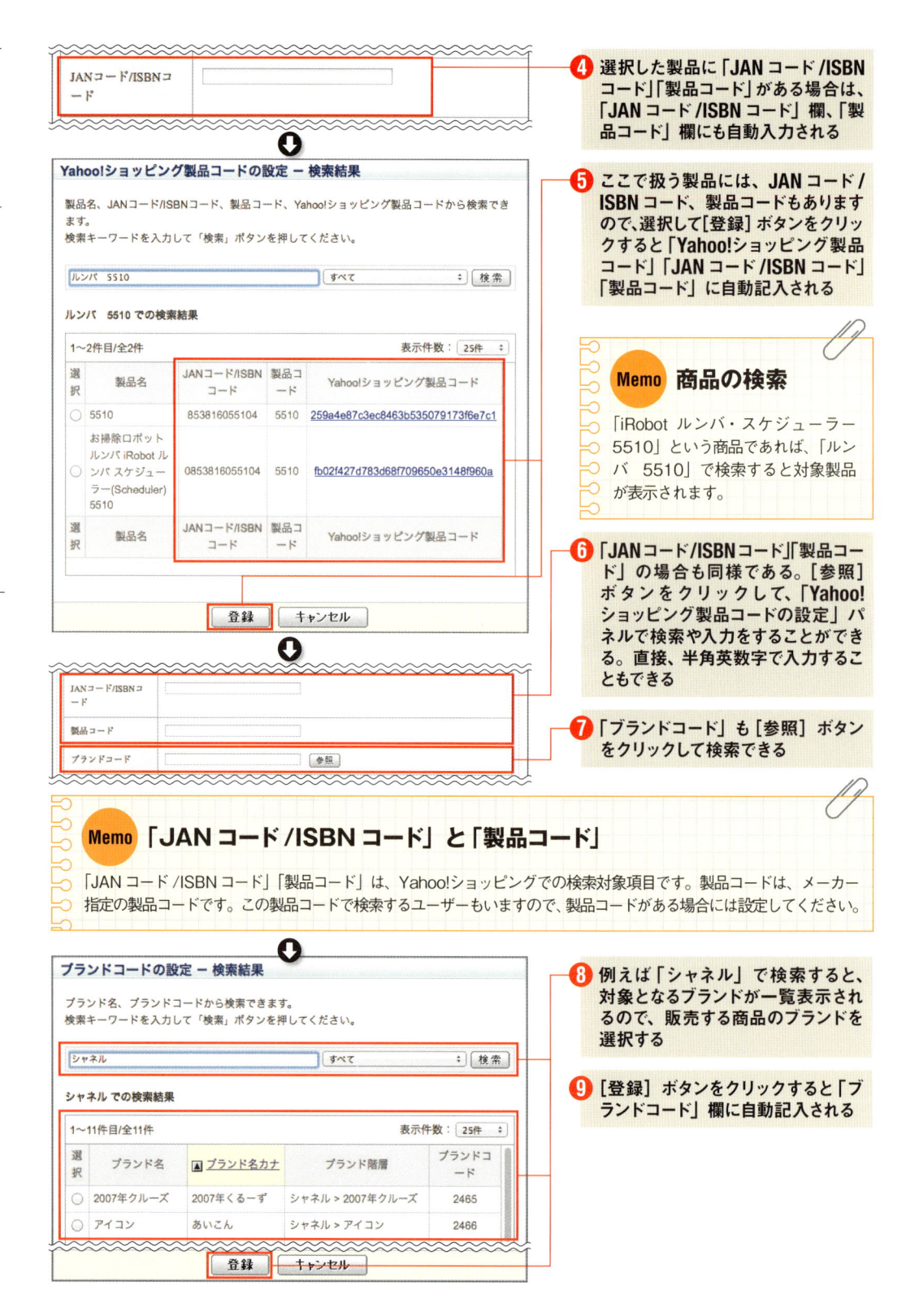

❹ 選択した製品に「JANコード/ISBNコード」「製品コード」がある場合は、「JANコード/ISBNコード」欄、「製品コード」欄にも自動入力される

❺ ここで扱う製品には、JANコード/ISBNコード、製品コードもありますので、選択して[登録]ボタンをクリックすると「Yahoo!ショッピング製品コード」「JANコード/ISBNコード」「製品コード」に自動記入される

> **Memo** 商品の検索
>
> 「iRobot ルンバ・スケジューラー 5510」という商品であれば、「ルンバ 5510」で検索すると対象製品が表示されます。

❻ 「JANコード/ISBNコード」「製品コード」の場合も同様である。[参照]ボタンをクリックして、「Yahoo!ショッピング製品コードの設定」パネルで検索や入力をすることができる。直接、半角英数字で入力することもできる

❼ 「ブランドコード」も[参照]ボタンをクリックして検索できる

> **Memo** 「JANコード/ISBNコード」と「製品コード」
>
> 「JANコード/ISBNコード」「製品コード」は、Yahoo!ショッピングでの検索対象項目です。製品コードは、メーカー指定の製品コードです。この製品コードで検索するユーザーもいますので、製品コードがある場合には設定してください。

❽ 例えば「シャネル」で検索すると、対象となるブランドが一覧表示されるので、販売する商品のブランドを選択する

❾ [登録]ボタンをクリックすると「ブランドコード」欄に自動記入される

POINT 検索ツールを利用する

「Yahoo!ショッピング製品コード」「JANコード/ISBNコード」「製品コード」「ブランドコード」「プロダクトカテゴリ」は、「検索ツール」で調べることもできます。画面右上の[検索ツール]ボタンをクリックすると、検索ツール一覧画面に移動して、各検索を行うことができます。

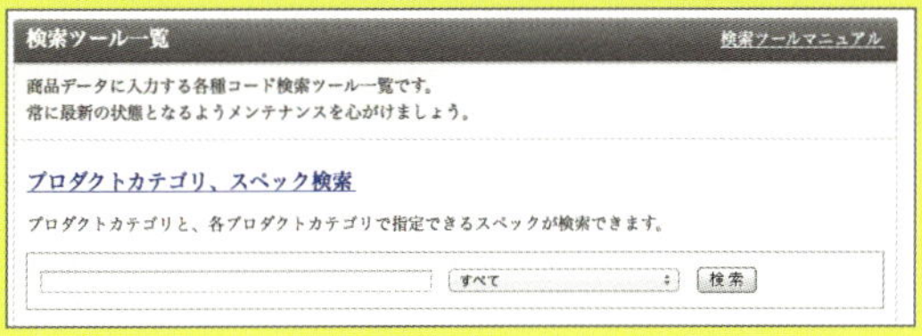

検索ツール

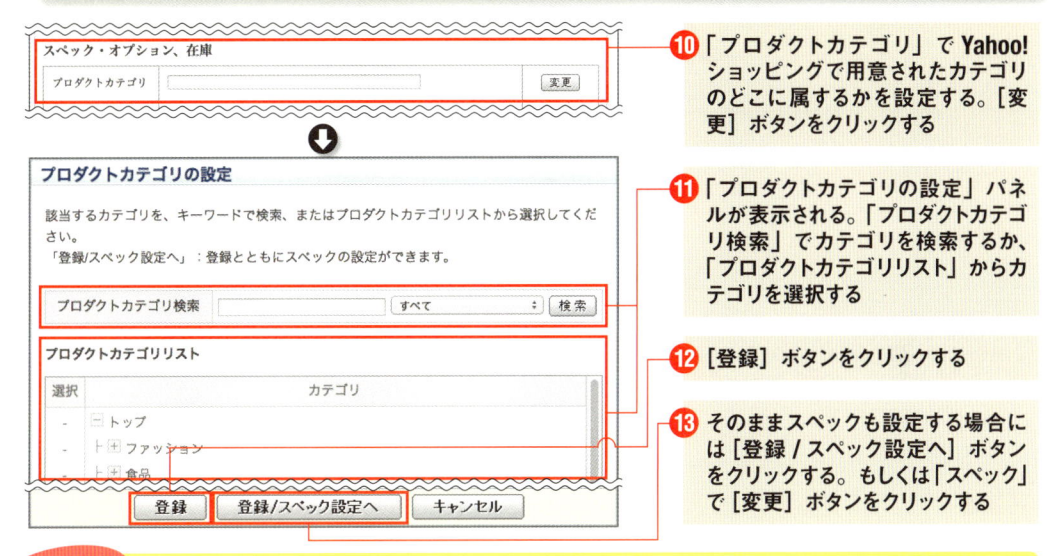

❿ 「プロダクトカテゴリ」でYahoo!ショッピングで用意されたカテゴリのどこに属するかを設定する。[変更]ボタンをクリックする

⓫ 「プロダクトカテゴリの設定」パネルが表示される。「プロダクトカテゴリ検索」でカテゴリを検索するか、「プロダクトカテゴリリスト」からカテゴリを選択する

⓬ [登録]ボタンをクリックする

⓭ そのままスペックも設定する場合には[登録/スペック設定へ]ボタンをクリックする。もしくは「スペック」で[変更]ボタンをクリックする

POINT スペックの設定

例えば、「トートバッグ」のプロダクトカテゴリを設定する場合には、プロダクトカテゴリの「ファッション」の「+」をクリックして下位階層が表示されます。さらに「バッグ」の「+」をクリックすると「トートバッグ」が表示されます。「トートバッグ」の「+」をクリックすると選択できるようになるので、選択して[登録/スペック設定へ]ボタンをクリックします。

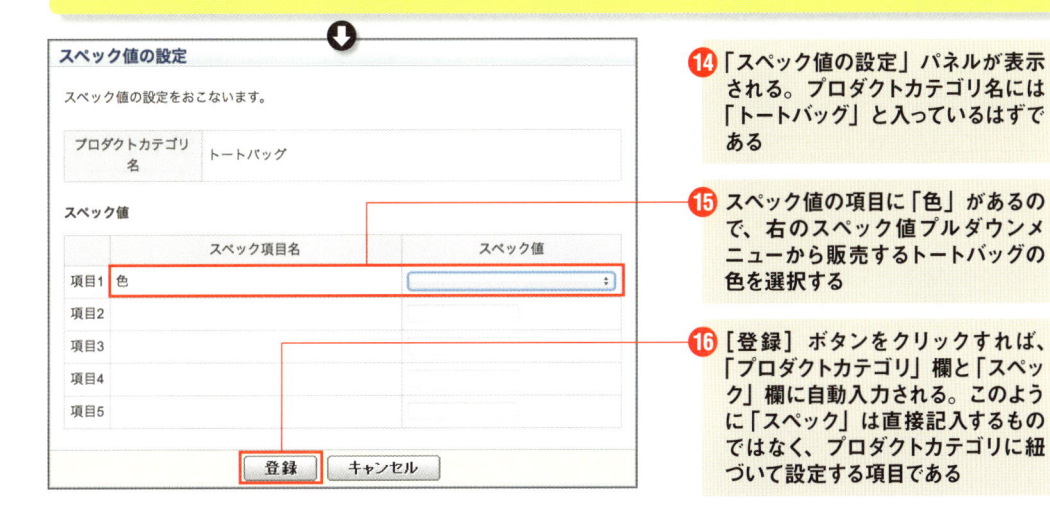

⓮ 「スペック値の設定」パネルが表示される。プロダクトカテゴリ名には「トートバッグ」と入っているはずである

⓯ スペック値の項目に「色」があるので、右のスペック値プルダウンメニューから販売するトートバッグの色を選択する

⓰ [登録]ボタンをクリックすれば、「プロダクトカテゴリ」欄と「スペック」欄に自動入力される。このように「スペック」は直接記入するものではなく、プロダクトカテゴリに紐づいて設定する項目である

POINT スペック情報について

スペックも、設定がないとYahoo!ショッピングの検索やカテゴリでの商品一覧から、色や素材でユーザーが絞り込む時の対象となりませんので、設定できる商品はなるべく設定しましょう（スペックが存在しない商品もある）。

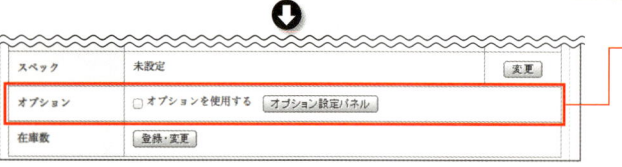

❼ 「オプション」は、その商品の中で、サイズや色を選ばせる場合に使用する。設定するには「オプションを使用する」にチェックを入れて[オプション設定パネル]ボタンをクリックする

❽ 「オプション入力」パネルが表示されるので、「オプション項目名」にバリエーションがわかる説明を記入する（以下のポイント「オプション設定例」を参照）

POINT バリエーションがわかる説明文

例えば、色を選択させたいなら「カラーバリエーション」、サイズを選択させたいなら「サイズを選択」と設定します。

POINT オプション設定例

例として、販売する商品で赤・青・緑の3色を選べるように設定してみます。オプション項目1には「カラーバリエーション」と記入します❶。スペック項目名は、プロダクトカテゴリを登録してスペックが存在している商品であればプルダウンメニューで選ぶことができます。スペックが存在しない場合には、選ぶことができませんので、そのままでかまいません。ここではスペックで「色」を選択します❷。

オプションごとの在庫を設定したい場合には「在庫」にチェックします❸。ここではチェックを入れて在庫を設定します。在庫を設定しない場合には、そのままでかまいません。

「入力欄」はこのオプション項目に対して自由記入欄を設ける場合に使用します❹。ここでは、赤・青・緑の3色以外のカラーを自由に記入させる設定をしてみます。

オプション項目2には「その他の希望カラー」と記入して「入力欄」にチェックを入れます❺。次にカラーバリエーションの[項目値設定]ボタンをクリックします❻。

「オプション値、スペック値の設定」パネルが表示されます。オプション項目名には「カラーバリエーション」、スペック項目名には「色」が入っています。オプション値に「赤」「青」「緑」と記入してスペック値をプルダウンメニューから選択します。このスペック値にはオプション値「赤・青・緑」と同じものがありますので、「レッド」「ブルー」「グリーン」を選択します❼。同じものがない場合には、選択なしでかまいません。入力する項目が足りない場合には、[入力項目を追加]ボタンをクリックして追加できます❽。

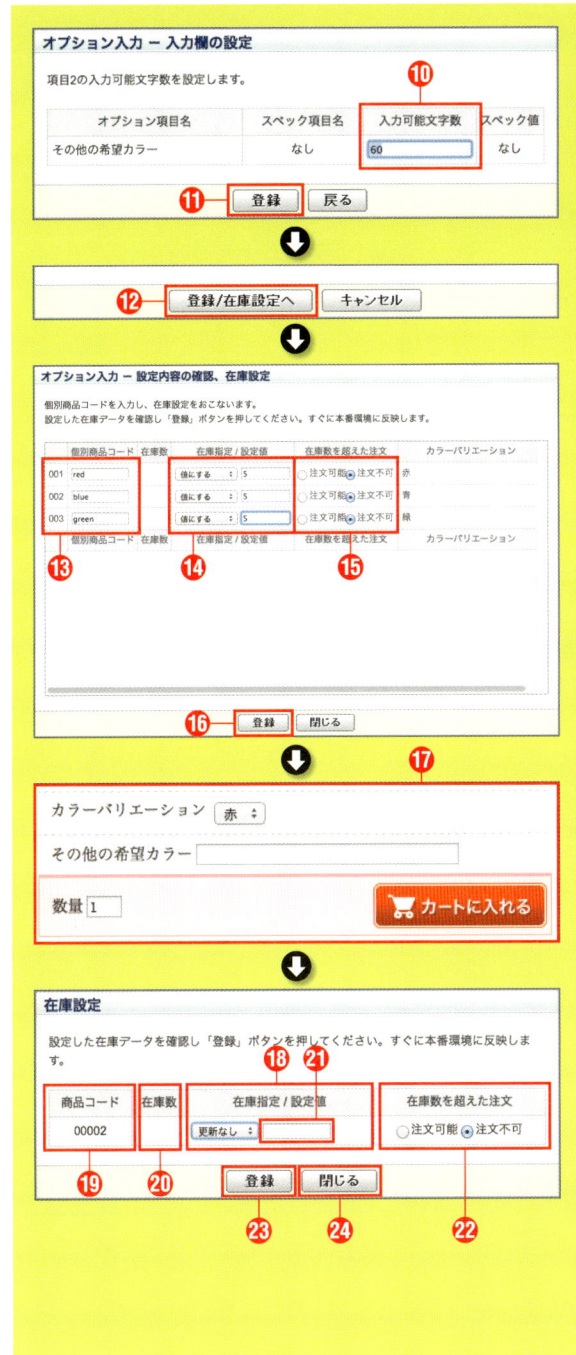

［登録］ボタンをクリックすると❾1つ前のオプション入力画面に戻ります。
「その他の希望カラー」の［項目値設定］ボタンをクリックして自由記入欄を設定します。「入力値の設定」パネルが表示されます。オプション項目名には「その他の希望カラー」、スペック項目名には「なし」が入っています。入力可能文字数を設定します。入力可能な文字数は60文字までとなりますので、60以下の数字を入れてください。ここでは「60」に設定します❿。
［登録］ボタンをクリックすると⓫1つ前のオプション入力画面に戻ります。これで、項目1、項目2の項目値設定が終わりました。
次に［登録／在庫設定へ］ボタンをクリックします⓬。
「設定内容の確認、在庫設定」パネルが表示されます。個別商品コードは、注文時にオプション設定された商品ごとに管理する商品コードです。販売する商品は「基本情報」で商品コードが設定されていますが、このままでは色を選択した場合に商品コードが同じで区別がつきません。そこで、オプション項目ごと（個々では色ごと）に個別商品コードを設定します。この設定例では「001（赤）＝ red」「002（青）＝ blue」「003（緑）＝ green」としました⓭。
在庫指定で「値にする」を選択すると入力した数字での在庫設定となります⓮。在庫を超えた注文での処理方法を選択して⓯、［登録］ボタンをクリックします⓰。これでオプション項目が設定されました。商品ページでは⓱のように表示されます。
「在庫設定／設定値」では、商品の在庫を予め設定することができます⓲。設定しない場合には、在庫は設定なしとなります。在庫を設定するには「登録・変更」ボタンをクリックして、在庫設定パネルを表示させます。「商品コード」には基本情報で設定した商品コードが記入されています⓳（商品コードが設定されていないと在庫設定ができない）。「在庫数」はまだ入っていない状態です⓴。
「在庫指定／設定値」のプルダウンメニューから「値にする」を選択して、入力スペースに在庫数を半角数字で入力します㉑。
「在庫数を超えた注文」では、在庫切れの状態でも注文を受け付ける場合には「注文可能」を、注文を受け付けず注文できないようにするには「注文不可」を選択します㉒。
［登録］ボタンをクリックして㉓、在庫数の項目に設定した在庫数が表示されることを確かめてください。最後に［閉じる］ボタンをクリックします㉔。これで在庫が設定されました。

03 商品ページの設定

169

Chapter 5 商品を登録して開店申請をする

⑲「購入数制限」は、1回の注文時に購入数を制限させる場合に設定する。1〜999の範囲内で設定できる

⑳「発売日」は、発売が今ではなく近く発売開始になる場合に設定する。商品の発売日を半角数字で入力する。

POINT 発売日の入力例

発売日が、2014年5月1日であれば「20140501」と8文字で記入します。発売日は、現在の日付から240日以内で設定します。発売日になるまで購入できない状態となります。

㉑「販売期間」は、販売開始日時と販売終了日時を指定することで、その期間だけの販売を設定する。半角数字で10文字もしくは12文字で入力する

POINT 販売期間の設定例

主にセール価格での販売する時に使用します。2014年5月1日午前10時〜2014年6月15日午後3時までの販売であれば、「2014050110」から「2014061515」となります。

㉒「販促コード」は、Yahoo!ショッピングで提供されるキャンペーンコードを記入する。キャンペーンコードを入力することで、Yahoo!ショッピングが主催するその販促やキャンペーン内のリストページにも商品が掲載されるようになる。販促コードはキャンペーンで変わるので、関連するキャンペーンをチェックしながら変更していくことが必要となる

㉓「ポイント期間」は購入が確定してポイントが確定するまでの仮ポイントの期間である。初期設定（14日となっている）のままでかまわない。プルダウンメニューから付加するポイントを選択する。選択したポイント付加がこの商品購入時に設定される

Memo ポイント倍率の設定

「ポイント倍率」には設定が2つあります。Yahoo!ショッピングにはスタークラブ（2014年6月末でサービス終了予定）という買い物優待サービスがあり、ユーザーが「レギュラー」「ブロンズ」「シルバー」「ゴールド」「プラチナ」にランク付けされています。会員ランクに関係なくポイント付加の設定する場合には「一律に設定」を選択します。会員ランク別に付加するポイントを変更する場合には「会員ランク別設定」を選択します。

24 「送料無料」は3種類から選択する。送料がかかる場合(有料)には「なし」を選択する。送料無料の場合には「送料無料」を選択する。ある条件によって送料が無料になる場合には「条件付き送料無料」を選択する。「送料無料」と「条件付き送料無料」を選択した場合には、Yahoo!ショッピングの検索やカテゴリでの商品一覧にアイコンが表示される

25 「重量」は、商品の重要によって商品ごとに送料や手数料を計算させる場合に、重量を半角英数字7文字以内で記入して利用する(通常の販売方法では使用しない)

26 「課税対象」は、商品が税込みかどうかを設定する。税込みの場合は「はい」を選択する

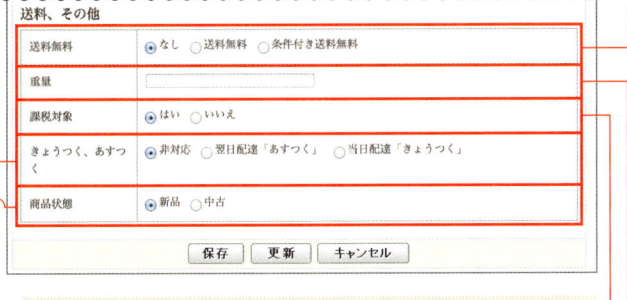

27 「きょうつく、あすつく」は、対応できる商品かどうかを選択する。両方とも対応していない場合は「非対応」を選択する。あすつくに対応している商品であれば、翌日配達「あすつく」を選択する。きょうつくに対応している商品であれば、当日配送「きょうつく」を選択する。「きょうつく、あすつく」の設定は「きょうつく、あすつく設定」で行う(ストアエディタのヘッダーにある「ストア情報設定」→「エディター設定」→「ストア情報設定メニュー:きょうつく、あすつく設定」で設定)

28 「商品状態」は商品が新品か中古かを選択する

Memo 編集したページの表示を確認する

編集したページがどのように表示されるのかは[パソコン版でプレビュー]、[スマートフォンでプレビュー]ボタンをクリックすると別ウインドウで実際に表示されるレイアウトデザインを確認できます。

5 スマートフォン用情報の設定

次に、スマートフォン用情報を追加掲載します。

1 「スマートフォン用情報」タブをクリックする。編集しない場合(空欄)でも、基本的な情報として「商品名」「キャッチコピー」「商品情報」「商品画像」「商品詳細画像」は、スマートフォンにも表示される

2 「表示情報」はフリースペースとなっている。掲載方法は、テキストの入力とHTMLの入力の2つである。テキスト入力の場合には、入力したテキストがそのまま表示される

3 HTML掲載の場合にはHTMLソースを記入する。いずれも全角5000文字(10000バイト)以内となる

4 すべての編集が終わったら[更新]ボタンをクリックする

注意! 改行

テキスト入力の場合、改行はできません。入力時にキーボードの改行キーで改行したところには半角スペースが入ります。設定されている横幅で自動的に改行されます。

03 商品ページの設定

PRO

04 トップページの設定

カテゴリの設定が終わり、商品ページ作成（登録）が終わりました。
最後にトップページを編集すれば開店申請へと進めます。

トップページについて

　トップページはストアの入口としての役割だけでなく、Yahoo!ショッピングの商品検索やカテゴリから商品ページに直接アクセスしてきた時に「どのようなストアなのだろう？」と多くのユーザーが見るページとなります。

　ストアで何を見てもらいたいのか……。商品へ誘導させるためにもしっかりと作り込みましょう。

トップページのレイアウト

　トップページのレイアウトは、各パーツの組み合わせによって決まります。表示させるパーツを設定できるのは「通常モード」のみで、「かんたんモード」の場合は、あらかじめ用意されているレイアウトを使用します。パーツの配置などの変更はできません。

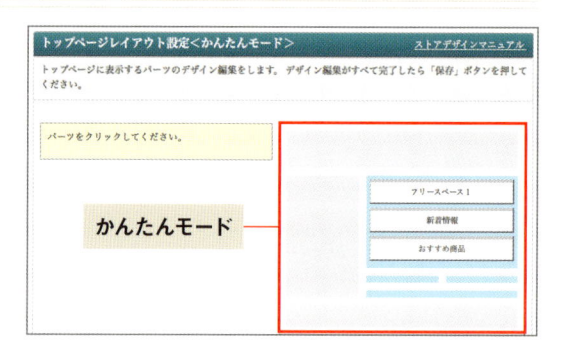

「通常モード」のページレイアウト

　「通常モード」では、パーツを組み合わせてレイアウトを設定します。以下のパーツが用意されており、必要なパーツを組み合わせてレイアウトします。

- ・新着情報
- ・おすすめ商品
- ・人気ランキング
- ・インフォメーション
- ・トピックス
- ・フリースペース1
- ・フリースペース2
- ・フリースペース3
- ・フリースペース4
- ・フリースペース5

　背景が水色で表示されているパーツがアクティブ状態（現在ストアにて表示されている）となっているパーツです。

　初期設定では「フリースペース1」「新着

情報」「おすすめ商品」の順番で並んでいます。並んでいる順番（見た目のとおり）でストアのページに表示されています。

パーツの並べ替え

現在、設定されているパーツの並べ替えを行ってみましょう。

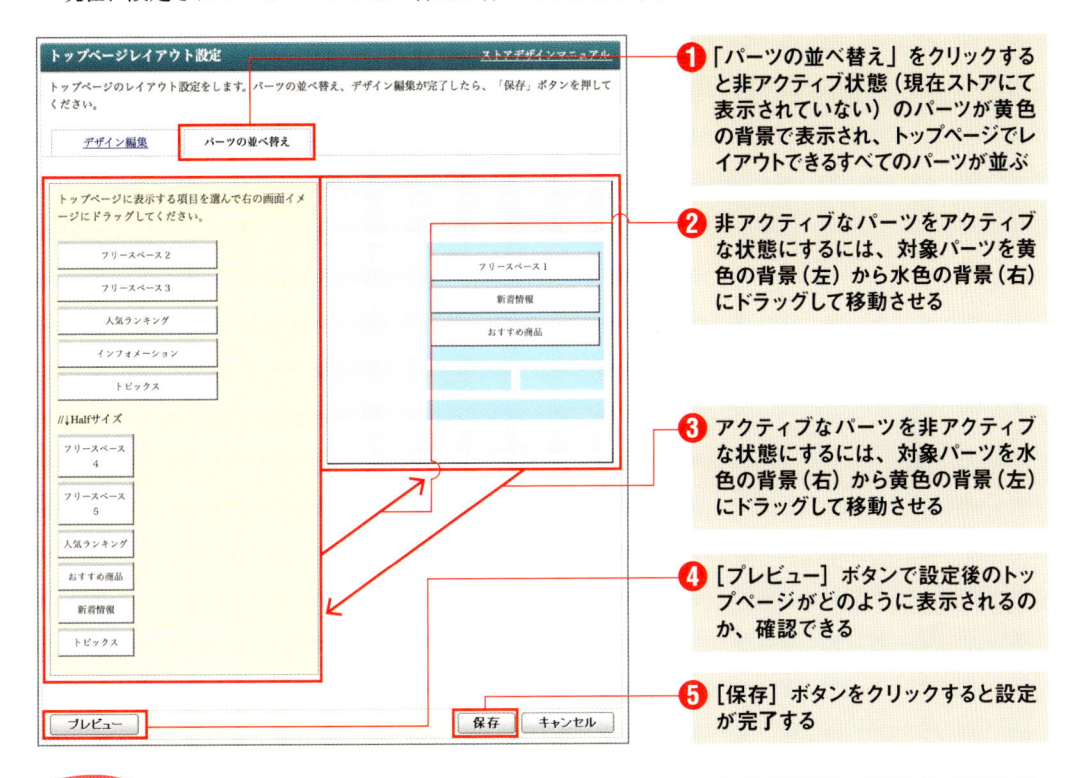

❶「パーツの並べ替え」をクリックすると非アクティブ状態（現在ストアにて表示されていない）のパーツが黄色の背景で表示され、トップページでレイアウトできるすべてのパーツが並ぶ

❷ 非アクティブなパーツをアクティブな状態にするには、対象パーツを黄色の背景（左）から水色の背景（右）にドラッグして移動させる

❸ アクティブなパーツを非アクティブな状態にするには、対象パーツを水色の背景（右）から黄色の背景（左）にドラッグして移動させる

❹［プレビュー］ボタンで設定後のトップページがどのように表示されるのか、確認できる

❺［保存］ボタンをクリックすると設定が完了する

> **POINT　パーツについて**
>
> トップページにすべてのパーツをレイアウトする必要はありません。必要なパーツだけをアクティブな状態にしてください。アクティブ状態のパーツ（水色の背景）では、ドラッグで順番が動かせますので、表示させたい順番に設定してください。

トップページのレイアウト設定について

　トップページの場合、今まで設定してきたレイアウト設定にはなかった「Halfサイズ」のパーツが用意されており、横幅を半分にしたレイアウトにパーツを表示できます。

　背景が水色のアクティブ状態の画面が半分にはいっている部分に、表示させたい「Halfサイズ」のパーツをドラッグしてください。

　各パーツの設定は、ここまで設定してきたパーツの編集方法と同じです。

04　トップページの設定

173

1 トップページの作成

それでは、トップページを作成していきましょう。

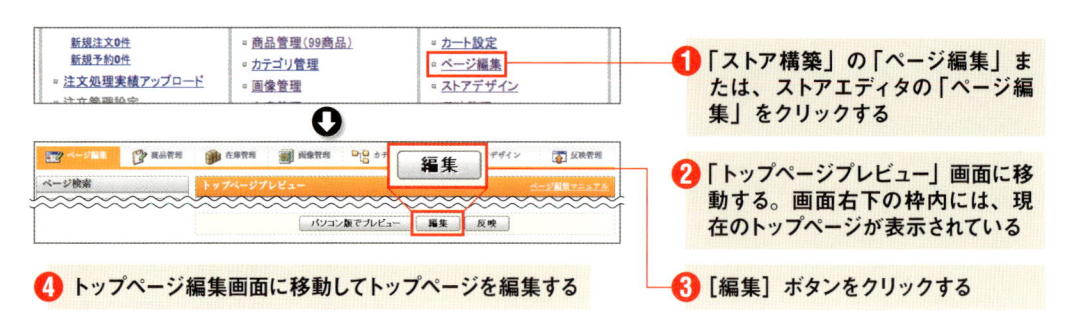

❶「ストア構築」の「ページ編集」または、ストアエディタの「ページ編集」をクリックする

❷「トップページプレビュー」画面に移動する。画面右下の枠内には、現在のトップページが表示されている

❸ ［編集］ボタンをクリックする

❹ トップページ編集画面に移動してトップページを編集する

2 基本情報を設定する

トップページを編集するには、「基本情報」「販売用情報」「モバイル用情報」「スマートフォン用情報」を編集していきます。画面上部のタブで編集画面を切り替えて設定します。それでは、「基本情報」から編集していきましょう。

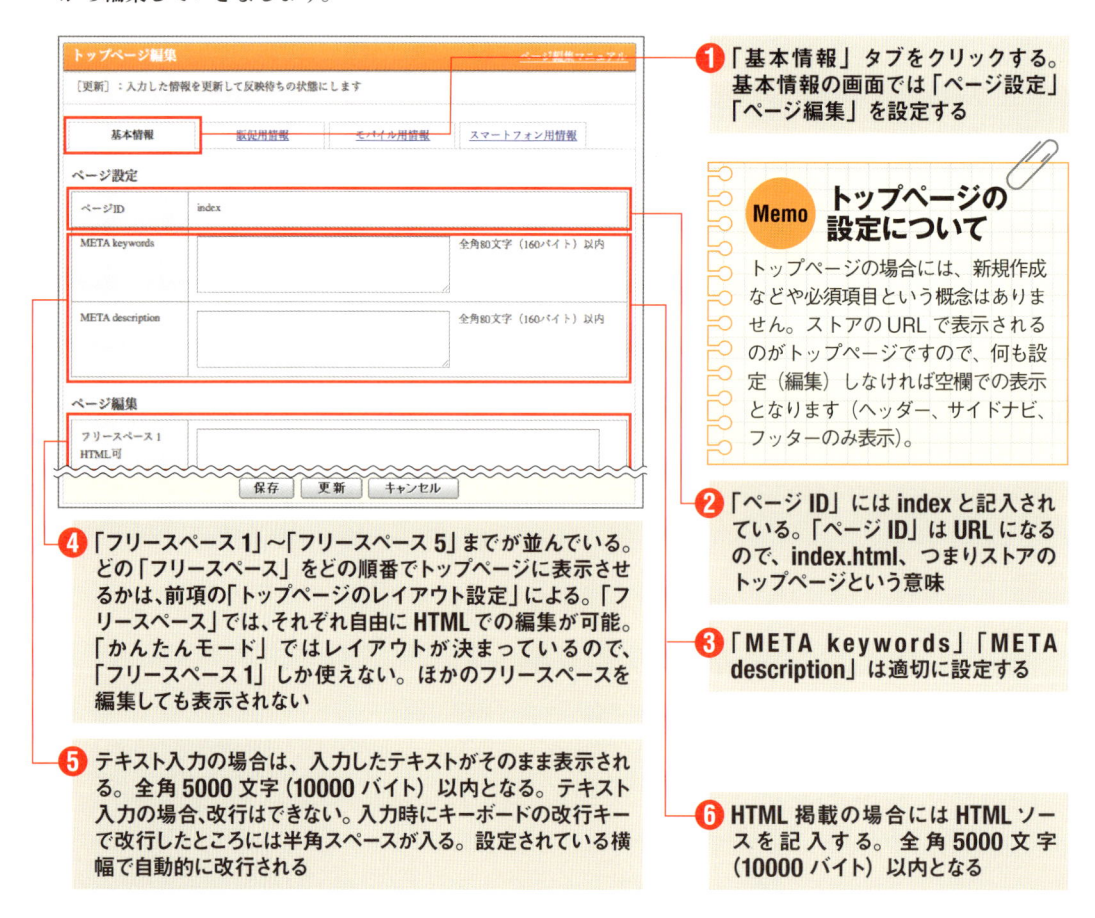

❶「基本情報」タブをクリックする。基本情報の画面では「ページ設定」「ページ編集」を設定する

Memo トップページの設定について

トップページの場合には、新規作成などや必須項目という概念はありません。ストアのURLで表示されるのがトップページですので、何も設定（編集）しなければ空欄での表示となります（ヘッダー、サイドナビ、フッターのみ表示）。

❷「ページID」にはindexと記入されている。「ページID」はURLになるので、index.html、つまりストアのトップページという意味

❸「META keywords」「META description」は適切に設定する

❹「フリースペース1」〜「フリースペース5」までが並んでいる。どの「フリースペース」をどの順番でトップページに表示させるかは、前項の「トップページのレイアウト設定」による。「フリースペース」では、それぞれ自由にHTMLでの編集が可能。「かんたんモード」ではレイアウトが決まっているので、「フリースペース1」しか使えない。ほかのフリースペースを編集しても表示されない

❺ テキスト入力の場合は、入力したテキストがそのまま表示される。全角5000文字（10000バイト）以内となる。テキスト入力の場合、改行はできない。入力時にキーボードの改行キーで改行したところには半角スペースが入る。設定されている横幅で自動的に改行される

❻ HTML掲載の場合にはHTMLソースを記入する。全角5000文字（10000バイト）以内となる

3 販促用情報を設定する

次に、販促用情報を編集します。

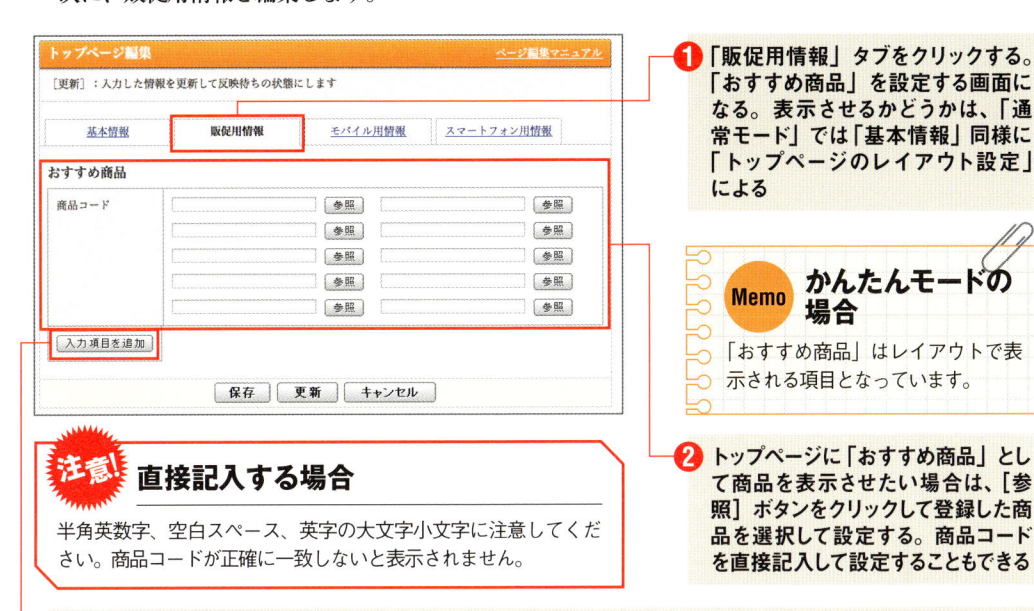

❶「販促用情報」タブをクリックする。「おすすめ商品」を設定する画面になる。表示させるかどうかは、「通常モード」では「基本情報」同様に「トップページのレイアウト設定」による

Memo かんたんモードの場合

「おすすめ商品」はレイアウトで表示される項目となっています。

❷ トップページに「おすすめ商品」として商品を表示させたい場合は、[参照]ボタンをクリックして登録した商品を選択して設定する。商品コードを直接記入して設定することもできる

注意! 直接記入する場合

半角英数字、空白スペース、英字の大文字小文字に注意してください。商品コードが正確に一致しないと表示されません。

❸ 初期設定として 10 商品が登録できるようになっているが、[入力項目を追加] ボタンをクリックすると、さらに 10 商品が登録できる

4 モバイル用情報を設定する

次に、モバイル用にトップページを編集します。

❶「モバイル用情報」タブをクリックする

Memo モバイル用情報を編集しない場合

編集しない場合（空欄）でも、「看板」「ストア内検索」お買い物ガイドへのリンク」などの基本的な情報はモバイル版用に生成され表示されます。

❷「フリーテキスト1」「フリーテキスト2」は「What's new」欄として表示される。それぞれ全角 2000 字（半角 4000 文字）以内で入力する

Memo モバイルで編集に利用できる HTML

モバイルでの編集は使用できる HTML に制限があります。使用可能な HTML は右記のとおりです。

- `<BR>`
- `<FONT>`
- `<A>`
- `<SPAN>`
- `<DIV>`
- `<HR>`

❸「おすすめ商品」は、商品をピックアップして表示させたい場合に設定する。「説明文」にはピックアップ商品の全体紹介をテキスト入力する。全角45文字以内でHTMLは使用できない

❹ 表示させたい商品は、[参照] ボタンをクリックして設定する。商品コードを直接記入して設定することもできる。設定できるのは10商品までとなる

POINT 説明文の例

季節販促で商品をピックアップした場合、「この夏おすすめの商品をご紹介します」、「クリスマスギフト特集～クリスマスラッピングでお届けします～」という感じで、ピックアップして理由や意味を伝えましょう。

注意! 商品コードを直接記入する場合

半角英数字、空白スペース、英字の大文字小文字に注意してください。商品コードが正確に一致しないと表示されません。

5 スマートフォン用情報を設定する

次に、スマートフォン用に表示させる情報を編集します。

❶「スマートフォン用情報」タブをクリックする

❷「スマートフォン版用ストア画像」は、スマートフォンで表示される看板画像となる。設定する画像は35キロバイト以内のGIF・JPEG・PNG画像となる。[参照] ボタンをクリックして登録する

Memo スマートフォン用情報を編集しない場合

編集しない場合（空欄）には、自動的にピックアップされたストア内商品が並んで表示されます。

Memo 画像サイズ

画像サイズは任意ですが、幅640ピクセルが推奨されています。

Memo 画像を設定しない場合

ストア画像を設定していない場合、テキストでストア名が表示されます。

04 トップページの設定

❸「フリースペース」では、HTMLでの編集が可能。全角5000文字（10000バイト）以内。画像込みの総容量は2000キロバイト以内となる。600キロバイトまでが推奨されている

POINT スマートフォンでの容量制限

スマートフォンの場合、容量制限とともに推奨されている容量が設けられています。スマートフォンは通信環境によりページを読み込み表示する速度が異なりますので、あまり容量が大きいものだと環境によって表示に時間がかかってしまうからです。看板で640ピクセルが推奨されているのは、メーカーや機種が異なっても640ピクセルあれば、きれいに表示するサイズだからです。

❹ トップページにおすすめ商品として9個の画像とテキストを掲載することができる

❺「リンク先URL」はストア内のURLを設定する。商品ページに限らないので、季節販促などの特集ページの画像を作ってリンクさせてもかまわない

❻ 画像は、[参照] ボタンで登録する

Memo 画像サイズ、容量、形式

画像サイズは 80 × 80 ピクセル、画像容量は 5KB 以内です。画像形式は GIF・JPEG・PNG 形式となります。

❼ テキストは全角半角問わず 11 文字以内となる

Memo フリースペースでの入力がない場合

フリースペースでの入力がない（空欄）場合は、画像のみでの掲載となります。

❽ 表示順番は「おすすめ情報1」からで、最後に「おすすめ情報9」となる

❾ すべての編集が終わったら画面下の [更新] ボタンをクリックする

Memo 編集したページの確認

編集したページがどのように表示されるのかは［パソコン版でプレビュー］、［スマートフォンでプレビュー］ボタンをクリックすると別ウインドウで実際に表示されるレイアウトデザインが確認できます。

HTMLを使ったフリースペースの編集

　ここまで、トップページの編集を行いましたが、PC用（モバイル版とスマートフォン版以外）として行った編集は「基本情報」と「販促情報」の編集だけです。具体的には、META設定を行い、フリースペースを編集して、おすすめ商品を登録しただけです。

　トップページのレイアウト設定では、各種パーツを組み合わせて表示するレイアウトを設定しました。HTMLを使ったフリースペースの編集はここで行いますが、各パーツによる表示設定は、「トップページレイアウト設定」にて行う必要があります。それでは、「トップページレイアウト設定」に移動しましょう。

1 新着情報の設定

　新着情報を設定します。

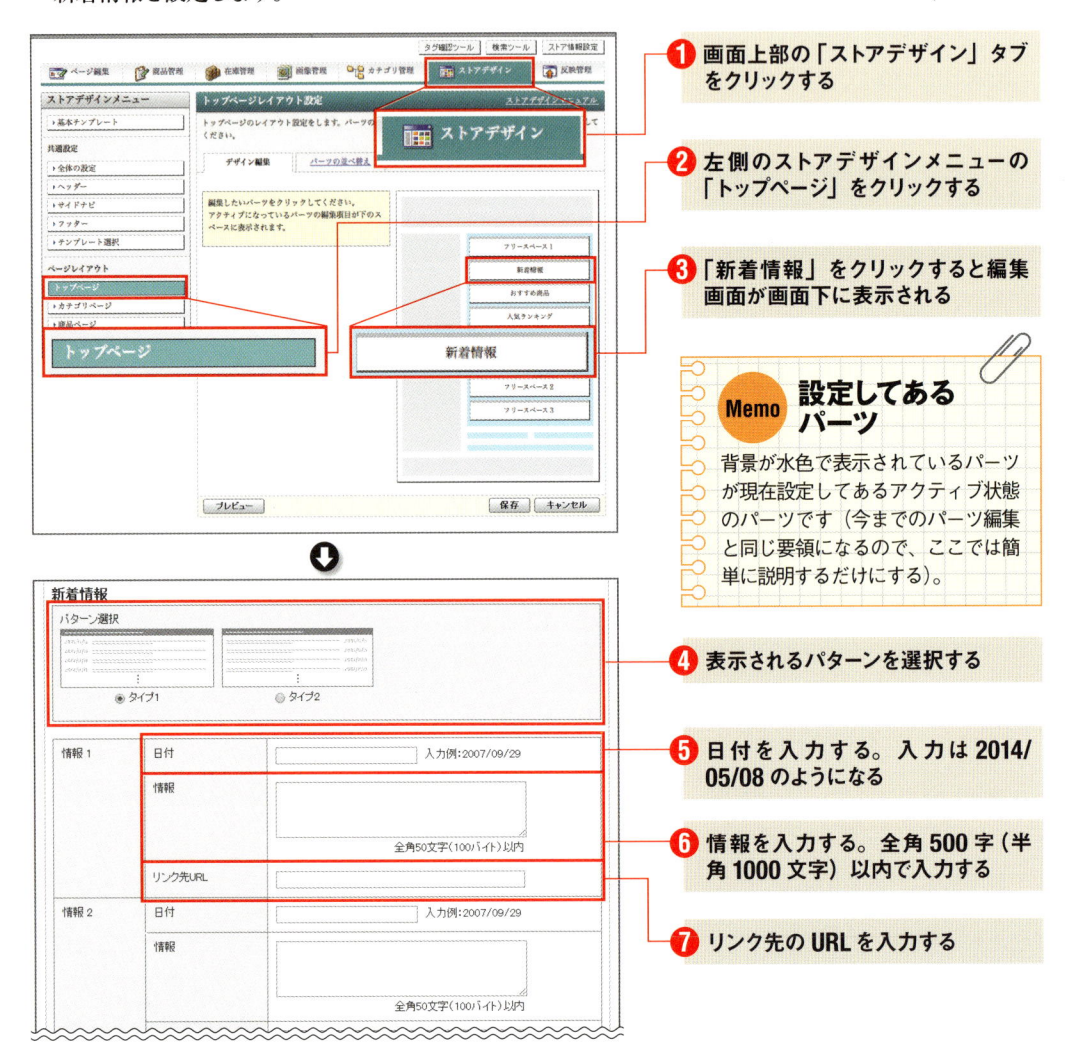

❶ 画面上部の「ストアデザイン」タブをクリックする

❷ 左側のストアデザインメニューの「トップページ」をクリックする

❸ 「新着情報」をクリックすると編集画面が画面下に表示される

Memo 設定してあるパーツ
背景が水色で表示されているパーツが現在設定してあるアクティブ状態のパーツです（今までのパーツ編集と同じ要領になるので、ここでは簡単に説明するだけにする）。

❹ 表示されるパターンを選択する

❺ 日付を入力する。入力は2014/05/08のようになる

❻ 情報を入力する。全角500字（半角1000文字）以内で入力する

❼ リンク先のURLを入力する

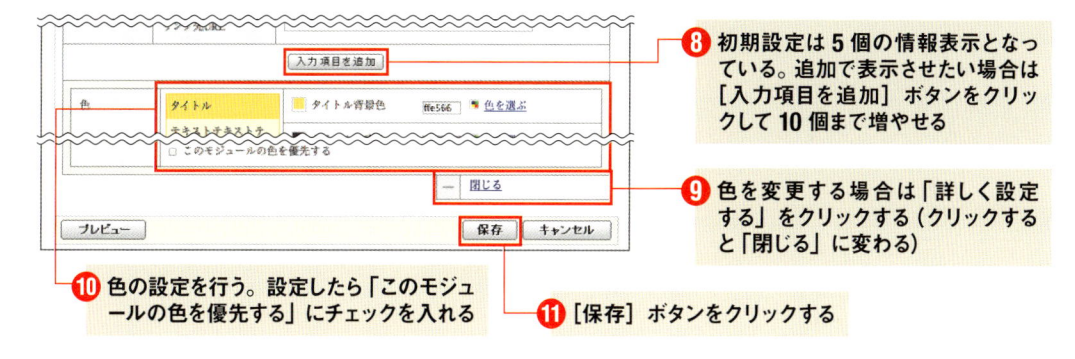

❽ 初期設定は 5 個の情報表示となっている。追加で表示させたい場合は［入力項目を追加］ボタンをクリックして 10 個まで増やせる

❾ 色を変更する場合は「詳しく設定する」をクリックする（クリックすると「閉じる」に変わる）

❿ 色の設定を行う。設定したら「このモジュールの色を優先する」にチェックを入れる

⓫ ［保存］ボタンをクリックする

2 おすすめ商品の設定

おすすめ商品を設定します。

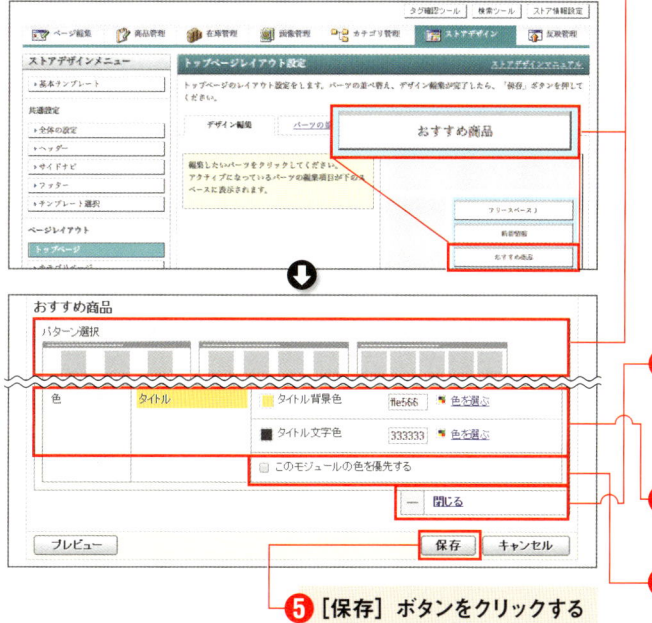

❶「おすすめ商品」をクリックして表示されるパターンを選択する

Memo おすすめ商品とは

「おすすめ商品」で表示されるのは、「トップページ編集画面」の「販促用情報」で設定した商品。パーツ編集では、表示デザインの編集となります。「おすすめ商品」をクリックすると編集画面が画面下に表示されます。

❷ タイトル背景色、タイトル文字色を個別に設定したい場合は、「詳しく設定する」をクリックする（クリックすると「閉じる」に変わる）

❸ タイトル背景色、タイトル文字色を設定する

❹「このモジュールの色を優先する」にチェックを入れる

❺ ［保存］ボタンをクリックする

3 人気ランキングの設定

人気ランキングの設定を行います。

❶「人気ランキング」をクリックする

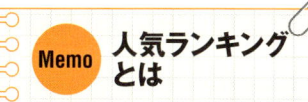

Memo 人気ランキングとは

「人気ランキング」は自動表示です。Yahoo!ショッピングで自動集計したストア内の売り上げ個数上位 5 商品が表示されます。このパーツ編集では、表示デザインの編集となります。

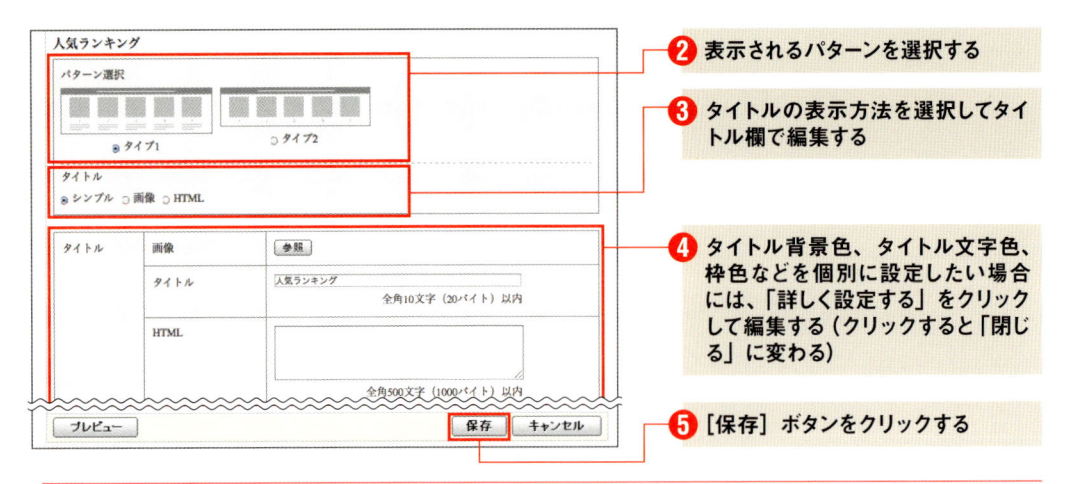

❷ 表示されるパターンを選択する

❸ タイトルの表示方法を選択してタイトル欄で編集する

❹ タイトル背景色、タイトル文字色、枠色などを個別に設定したい場合には、「詳しく設定する」をクリックして編集する（クリックすると「閉じる」に変わる）

❺ [保存] ボタンをクリックする

4 インフォメーションの設定

インフォメーションを設定します。

❶ 「インフォメーション」をクリックする

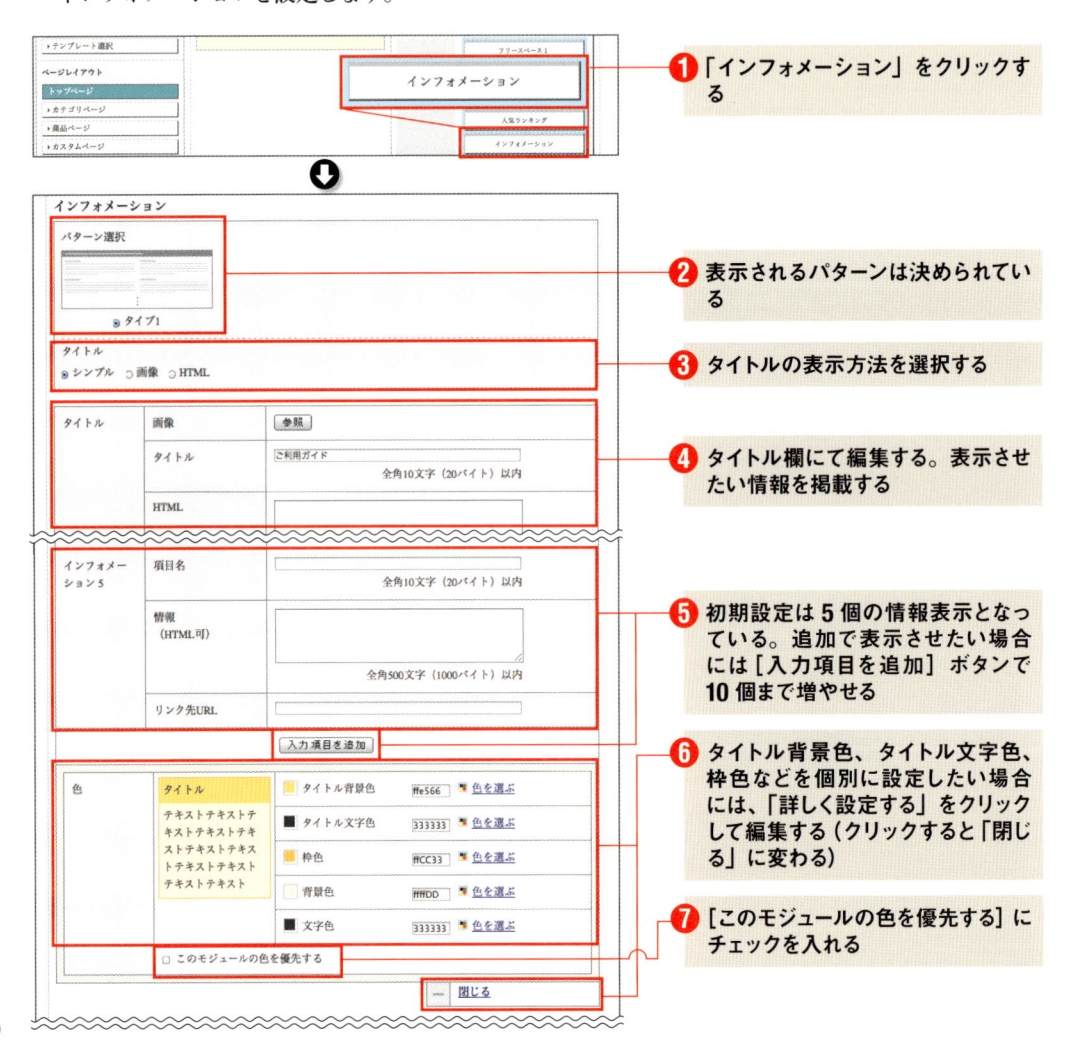

❷ 表示されるパターンは決められている

❸ タイトルの表示方法を選択する

❹ タイトル欄にて編集する。表示させたい情報を掲載する

❺ 初期設定は 5 個の情報表示となっている。追加で表示させたい場合には [入力項目を追加] ボタンで 10 個まで増やせる

❻ タイトル背景色、タイトル文字色、枠色などを個別に設定したい場合には、「詳しく設定する」をクリックして編集する（クリックすると「閉じる」に変わる）

❼ [このモジュールの色を優先する] にチェックを入れる

⑧ [保存] ボタンをクリックする

5 トピックスの設定

トピックスを設定します。

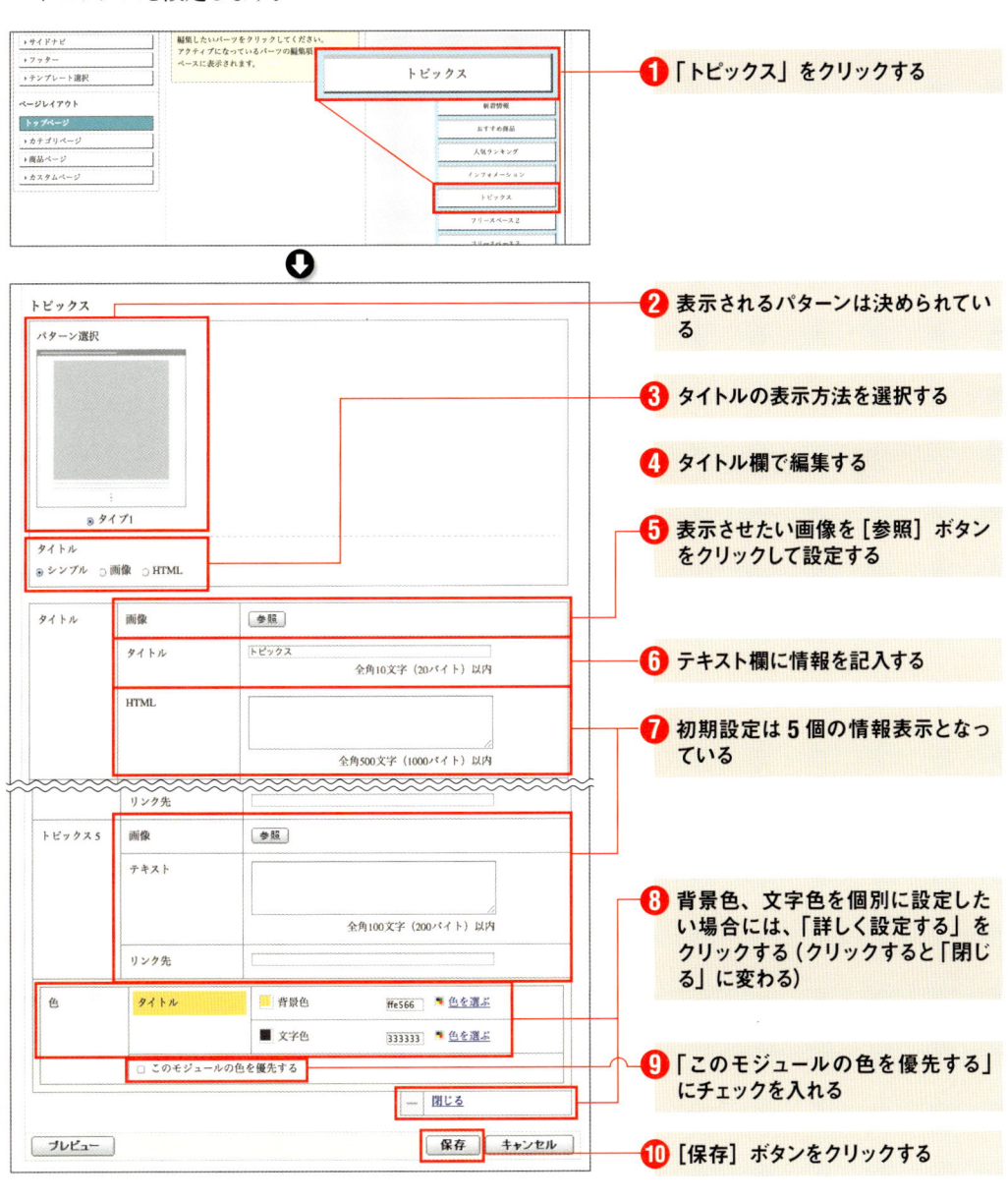

❶ 「トピックス」をクリックする

❷ 表示されるパターンは決められている

❸ タイトルの表示方法を選択する

❹ タイトル欄で編集する

❺ 表示させたい画像を [参照] ボタンをクリックして設定する

❻ テキスト欄に情報を記入する

❼ 初期設定は5個の情報表示となっている

❽ 背景色、文字色を個別に設定したい場合には、「詳しく設定する」をクリックする（クリックすると「閉じる」に変わる）

❾ 「このモジュールの色を優先する」にチェックを入れる

❿ [保存] ボタンをクリックする

　これでトップページの編集は終わりです。今まで設定・編集の繰り返しで構築してきましたが、以上で開店時のストア構築は完了となります。画面左下の「プレビュー」ボタンでレイアウトを確認してください。

PRO

05 開店申請をする

ストア構築が終わりました。これで「開店申請」の準備が整いましたので、いよいよ申請となります。

開店申請の前にチェック！

「プレビュー」でストアを確認すると、「デザインを変更したい」「商品をもっと追加したい」など、いろいろな要望が出てしまうかもしれませんが、ストアのバージョンアップは常に行っていかなければなりませんので、許容範囲であれば開店してから編集することをおすすめします。

1 反映を行う

ストア構築は完了となりましたが、最後に「反映」を行う必要があります。

❶ 画面右上の［反映管理］タブをクリックすると「未反映一覧＜一括＞」画面が表示される

❷ ［反映］ボタンをクリックすると、「反映確認」画面にて「すべての未反映項目」が一覧で表示される

❸ ［はい］ボタンをクリックすると反映処理が始まる

❹ 反映処理が完了すると、「未反映項目はありません。」メッセージが表示される

POINT　反映管理

ストアエディターでページの作成や編集、レイアウト変更、商品の追加などを行っただけでは、まだ公開ページ（実際に販売しているページ）には表示されない状態です。編集したあと、公開ページに表示させるには「反映」が必要です。

開店前の状態では、「反映」しても公開ページには表示されませんが、「本番環境と同じ状態にして開店準備する」という意味で「反映」が必要です。

2 開店申請を行う

反映処理も終わりました。これで開店前の準備は完了です。それでは「開店申請」を行いましょう。

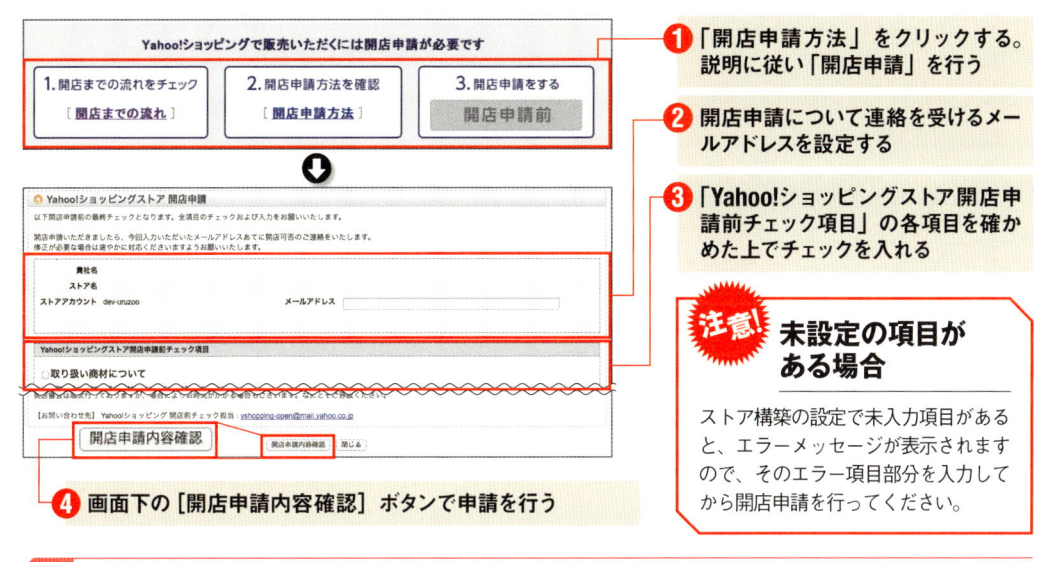

❶ 「開店申請方法」をクリックする。説明に従い「開店申請」を行う

❷ 開店申請について連絡を受けるメールアドレスを設定する

❸ 「Yahoo!ショッピングストア開店申請前チェック項目」の各項目を確かめた上でチェックを入れる

❹ 画面下の[開店申請内容確認]ボタンで申請を行う

注意! 未設定の項目がある場合

ストア構築の設定で未入力項目があると、エラーメッセージが表示されますので、そのエラー項目部分を入力してから開店申請を行ってください。

開店申請したあとのフロー

開店申請が完了すると、Yahoo!ショッピング側で開店に際して不備がないかの審査が行われます。審査期間は数日かかります。開店申請後は審査期間中ですので、ストアマネージャーで編集を行うことはできません。

申請内容に不備がある場合

不備がある場合には、修正内容が入力したメールアドレス宛に送られてきますので、修正対応して、そのメールに修正した旨を記載して返信します。修正があるうちはその繰り返しになります。

申請内容に不備がない場合

不備がない場合、入力したメールアドレス宛に開店許可が通知されます。開店許可の通知を受けると晴れて開店となります。開店通知後、Yahoo!ショッピングのストアが公開され商品購入ができるようになります。

開店申請で気を付けること

せっかく開店申請まで来たのに、修正指示を受けると開店時期も遅れてしまいます。ここでは、開店審査を受ける時に気を付けておくべき構築のポイントを解説します。

リンク設定

「トップページ」「会社概要」「プライバシーポリシー」「お買い物ガイド」「ショッピングカート」「お

問い合わせフォーム」へのリンクは必須となります。ヘッダー、サイドナビ、フッターのどこかにリンク設定をしてください。

POINT リンク先 URL

ストアデザインにて「ストアサービス」のパーツを使用する場合は、各リンクは自動的に設定されますが、HTMLで編集する場合は手動でのリンク設定となります。その場合のリンク先 URL は下表を参考にしてください。

ページの種類	URL
トップページ	http://store.shopping.yahoo.co.jp/ストアアカウント/
会社概要	http://store.shopping.yahoo.co.jp/ストアアカウント/info.html
プライバシーポリシー	http://store.shopping.yahoo.co.jp/ストアアカウント/privacypolicy.html
お買い物ガイド	http://store.shopping.yahoo.co.jp/ストアアカウント/guide.html
ショッピングカート	http://order.store.yahoo.co.jp/cgi-bin/wg-carts
お問い合わせフォーム	https://order.store.yahoo.co.jp/cgi-bin/hdr/feedback?catalog=ストアアカウント
ニュースレター	https://snlweb.shopping.yahoo.co.jp/shp_snl/optin/select/ストアアカウント

リンク先 URL

POINT 絶対パスと相対パス

ストアデザインでの HTML 編集時に、リンク設定時には絶対パス（URL を http からすべて記載したアドレス）はもちろん、相対パス（現在位置からリンク先までを記載したアドレス）も使用できます。HTML 編集スペースには容量制限がありますので、相対パスを使うと URL が短くなり便利です。相対パスは以下の 2 つの記述方法があります。

- /ストアアカウント/リンク先.html
- リンク先.html

例えば、ストアアカウントが「abcshop」、リンク先が「xyz.html」だとすると、以下のように記述します。

- / abcshop / xyz.html
- xyz.html

ストアアカウントを付けた相対パスの場合は、プレビュー画面でのリンクが有効なので、編集後のリンク確認も行えます。通常は、こちらを使用します。容量などの関係でストアアカウントを付けずに「リンク先.html」を使う場合には、プレビュー画面でのリンクは無効でクリックするとエラーメッセージが表示されますが、実際にエラーになっているわけではなく反映後の公開ページではリンクが有効となります。

振込用口座

銀行振込や郵便振替での支払いを受け付ける場合は、振込用口座を記載してください。

- 例：振込先口座　○○銀行　○○支店　普通　×××××××　口座名

配送、返品について

　配送業者名の記載、送料（金額や適用方法）の記載、受注してからの発送時期（目安）の記載が必要です。返品についての記載は必須ですが、返品、交換、修理などの連絡方法や連絡先、商品の送付先、送付方法、費用負担などまで記載してください。また、受注品や消費期限が短い食品など、商品の特性により返品を受け付けない場合には、その旨の記載が必要となります。

Chapter

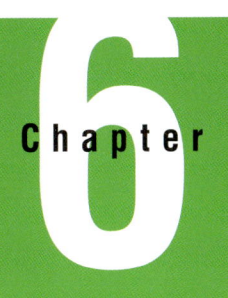

6

ストアクリエイターで
ストアを構築する

個人出店の方とライト出店の法人・個人事業主の方は、「ストアクリエイター」を使ってYahoo!ショッピングのストア構築を行います。機能は限られていますが、非常に簡単に商品登録から注文管理まで行えるストア構築ツールです。

01 ストアクリエイターとは

デザインや商品登録のストア構築からユーザーへの発送連絡、代金の受取確認などの運営までをストアクリエイターで行うことができます。また、スマートフォンからでも操作ができます。

ストアクリエイターでできること

　ストアクリエイターは簡単に操作ができますが、プロフェッショナル出店での構築ツール「ストアエディター」と比べると、機能を絞っているため「きょうつく、あすつくの対応」「ニュースレターの配信」「注文時の購入者からの連絡」「予約販売」「クーポン発行」「統計情報の閲覧」などができません。

　デザインはテンプレートに対して素材を当て込むレイアウトになります。HTMLでの構築、META設定ができないなど、細かい設定はできませんが、その分、わかりやすく簡単に商品を販売することができます。

　ストアクリエイターでは、できないこともありますが、販売期間の設定、カテゴリの設定、ポイント付与の設定、地域別や注文金額別の送料設定など、販売に必要な最低限の設定をすることができます。また、商品説明では、HTMLとして、太字にするタグ <em></em>、リンクを設定するタグ <a harf=""></a>、が使用できます。なお、ストアクリエイターでは「開店申請」というステップはありません。［公開］ボタンでストアを開店できます。

ストアクリエイターにログインする

　ストアクリエイターへのログインは、個人出店の方とライト出店での法人・個人事業主の方では異なります。個人出店の方は「個人向けストアクリエイター」から行えます。

❶ Yahoo! JAPAN IDでログインした状態でYahoo!ショッピングの右上に表示される［マイストア設定］ボタンをクリックする

❷「Yahoo!ショッピングガイドライン」が表示されるので、内容を確認し「同意して利用する」をクリックする

❸ 画面がグレーで透過されたページが表示される。右上の背景がオレンジの［次へ］ボタンをクリックする

❹「ストアデザイン」部分が明るくなる

❺「ストアデザイン」をクリックすると、チュートリアルに進む。［×］ボタンでチュートリアルは終了できる

> **Memo　チュートリアルについて**
>
> 「ストアデザイン」「ストア設定」「商品登録」を簡単に学べますので、ひととおりやってみるとよいでしょう。

ライト出店：法人・個人事業主の方

　ライト出店での法人・個人事業主の方がストアクリエイターにログインするには、「Yahoo!ビジネスセンター（Yahoo!ビジネスマネージャー）」にアクセスします。

- Yahoo!ビジネスセンター
　URL　http://business.yahoo.co.jp/

❶ 画面右真ん中より少し上あたりにある「Yahoo! JAPAN ビジネス ID ログイン」をクリックする

❷ Yahoo! JAPAN ID でログインする

❸ 同じあたりに「ご利用中のサービス」として「ストアクリエイター」が表示される（Yahoo! JAPAN ID でログインしている状態で Yahoo!ビジネスセンターにアクセスしても、この画面になる）

❹ 「ストアクリエイター」をクリックしてログインする

> **POINT　ストアクリエイターの推奨環境**
>
> ストアクリエイターを利用するブラウザの推奨環境は下表のとおりです。あらかじめ利用するブラウザのJavaScriptを有効にしておく必要があります（通常は、初期設定で有効になっている）。
>
> | OS | 対応ブラウザ |
> | --- | --- |
> | Windows | Internet Explorer 10.x以降
Google Chrome v23以降
Mozilla Firefox v34以降 |
> | Mac OS X | Safari 5.0以降 |
>
> 推奨 OS とブラウザ

02 ストアを設定する

ストアクリエイターにも各種の設定があります。ここでは各設定方法について解説します。

ストアの設定

それでは、ストアクリエイターでの設定をしていきましょう。

❶ ストアクリエイターの画面で、左上オレンジの[ストアクリエイター]ボタン、または「管理画面トップ」から管理画面のトップページに移動できる

❷ 右上の[プレビュー]ボタンは、現在、構築されているストアをプレビュー表示（公開されてる表示画面ではない）できる

❸ ストアの基本情報や送料を設定するには「ストア設定」をクリックする

❹ ストア設定画面が表示されるので、各項目を設定する

❺ 「開店」「休店」の設定ができる。受取口座の登録をしなければ[開店]ボタンは選択できない（未登録時は案内が表示される）

❻ 記載されているURLがストアのURLとなる。自動的に記載されており、URLは変更できない。URLをクリックすると、現在の公開ページで表示されているストアが表示される

❼ ユーザーからの問い合せや注文確認などが届くメールアドレスを設定する。プルダウンメニューから登録されているメールアドレスを選択する

Memo 商品代金について
ストアクリエイターにおける商品代金は、「Yahoo!ショッピングあんしん取引」によって行われます。

Memo Yahoo!ショッピングあんしん取引
ユーザーが購入した商品を受け取ってから代金を支払う仕組みです。ストアは「Yahoo!ショッピングあんしん取引」から商品代金を受け取る金融機関の口座を設定しなければ開店できません。

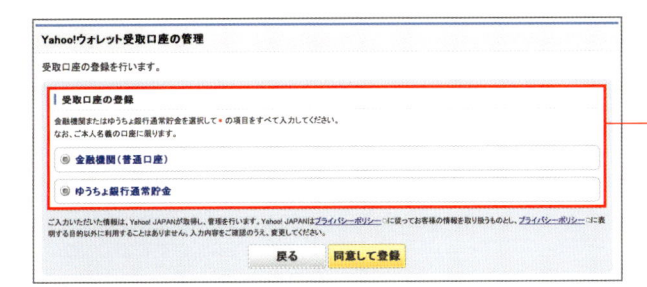

❽ 受取口座の登録は「受取口座の登録はこちら」から行う

❾ Yhoo! JAPAN ID のパスワードの入力が求められ、Yahoo!ウォレット受取口座の管理画面が表示される。金融機関もしくは、ゆうちょ銀行の口座登録を行う

Memo　登録メールアドレス

個人出店の場合には、Yahoo! JAPAN ID の登録メールアドレスが表示されます。法人・個人事業主での出店の場合には、Yahoo! JAPAN ビジネス ID の登録メールアドレスが表示されます。

Memo　ほかのメールアドレスに変更したい場合

Yahoo! JAPAN ID または Yahoo! JAPAN ビジネス ID で登録されているメールアドレスを変更するとストアのメールアドレスも変更できます。

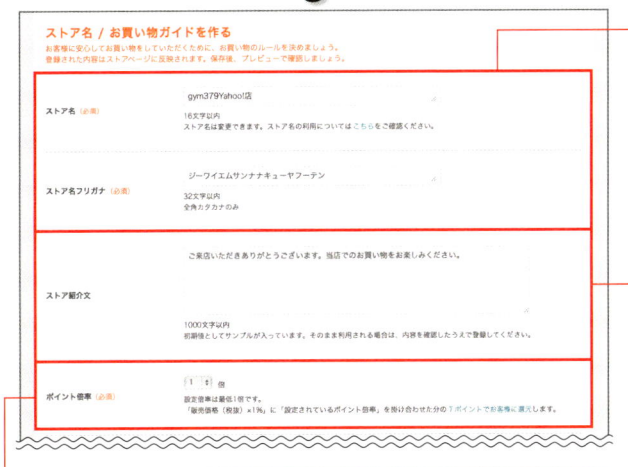

❿ Yahoo!ショッピングにおけるストア名を設定する。全角 16 文字以内となる。現在、自動で設定されているストア名を削除して入力する。ストア名で設定したフリガナを全角 32 文字以内で記入する

Memo　ストア名で使用できる文字

全角文字では、「ひらがな」「カタカナ」「漢字」「・(中黒)」「"(クォーテーション)」、半角文字では、「英数字」「&(アンド)」「.(ドット)」「-(ハイフン)」「!(エクスクラメーションマーク)」「半角スペース」となります。

⓬ Yahoo!ショッピングでは、ユーザーは商品を購入した時にTポイントが付与される。最低1%のポイント付与があり、そのポイント負担は商品を販売しているストアとなる。そのポイントをどのくらい付与するかを設定する。プルダウンメニューにて希望のポイント倍率を選択する。1～15倍まで設定できる

注意！　法人・個人事業主での出店の場合

ページ下部分の「特定商取引法の表示設定」を公開にしないと、ストア名が設定できません。

⓫「ストアについて」で掲載される紹介文を1000文字以内で記入する

Memo　付与したポイント

「ポイント原資」として請求されます。

POINT　ストアの紹介文の書き方のコツ

ユーザーが一目見てわかるように、「どのようなストアなのか」「何を扱っているのか」など、ストアの特長について記入してください。

02 ストアを設定する

Chapter 6 ストアクリエイターでストアを構築する

⓭ Yahoo!ショッピングでは、アフィリエイトが設定されている。ストアはアフィリエイト経由で商品が購入された場合、最低1%のアフィリエイト報酬を支払わなければならない。アフィリエイター（商品を紹介してくれた人）にどのくらいの報酬を支払うのかを設定できる。アフィリエイト料率は1〜50%までの設定が可能である

⓮ 商品を届ける際のインフォメーション。注文を受けてから発送までの時期、発送方法や宅配業者など、ユーザーが安心して注文できるようにわかりやすく記載する

⓯ 購入後の返品、商品の交換、商品の補償について記載する。返品、交換を受け付ける期限、その際の条件等も記載する

⓰ 酒類を販売する場合にチェックを入れる。チェックを入れると、商品購入時に年齢確認欄がショッピングカートで表示される

POINT 予期せぬ事態に備える

配送途中で梱包が壊れるなど、予期しないことで、返品・交換のトラブルが起きることもあります。ケースバイケースなので実際には個別に対応するしかありませんが、ストアとしての規定をしっかりと記載しておくことが重要です。

⓱ 送料を設定する。設定方法は3つ。希望の設定方法を選択すると条件を設定できる。「全品送料無料」は送料0円の設定。商品代金に送料は加算されない。送料はストアの負担となる

Memo 送料の設定について

商品ごとの設定はできません。ストア内の全商品共通の送料設定となります。送料はショッピングカートで自動計算されます。

㉑ 地域によって異なる送料を設定する場合には［例外地域の設定を追加］ボタンをクリックする

㉒ プルダウンメニューから都道府県を選択して、送料を入力する。追加した都道府県の設定を削除したい場合は、ゴミ箱をクリックする

⓲ 都道府県別送料の設定。配送先の地域（都道府県）によって送料を計算する。「都道府県別送料」を選択すると、設定画面が表示される

⓳ 「全都道府県一律」の送料を基本送料として入力する。全国一律で送料を設定する場合には、この設定だけで問題ない

POINT 送料設定の例

例えば、基本送料を600円として、北海道への送料を1000円、沖縄への送料を1200円、（それ以外の地域は基本送料の600円となる）とする場合は上記の画面設定のようになります。

❷⓪ 「条件付き送料無料設定する」に
チェックを入れて金額を入力すると、
入力した金額よりご注文合計金額
が多い場合に送料が無料になる設
定ができる。「○○円以上で送料無
料」とする場合に設定する

❷④ 「注文金額別送料」は、商品購入
合計額によって送料を計算する設定
である。「注文金額別送料」を選択
すると、設定画面が表示される

❷⑤ 「1円〜」の送料を入力する。これ
が購入時に最低かかる送料となる

❷⑥ [＋ 条件を追加] ボタンをクリック
すると購入金額での条件を追加で
きる

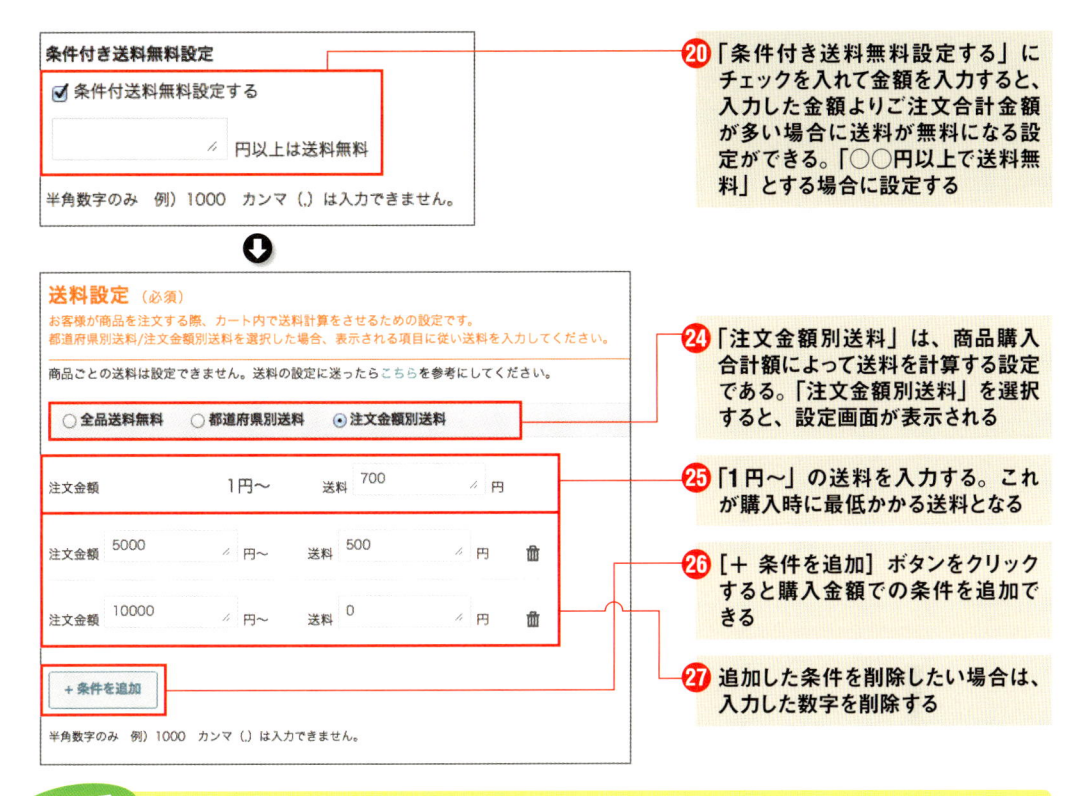

❷⑦ 追加した条件を削除したい場合は、
入力した数字を削除する

POINT　入力の例

例えば、注文合計金額が1〜4,999円までの送料が700円、5,000〜9,999円までの送料が500円、10,000円以上の場合は0円とする場合は、上記の画面設定のようになります。

特定商取引法の表示方法

特定商取引法として表示すべき項目を公開する場合に設定します。

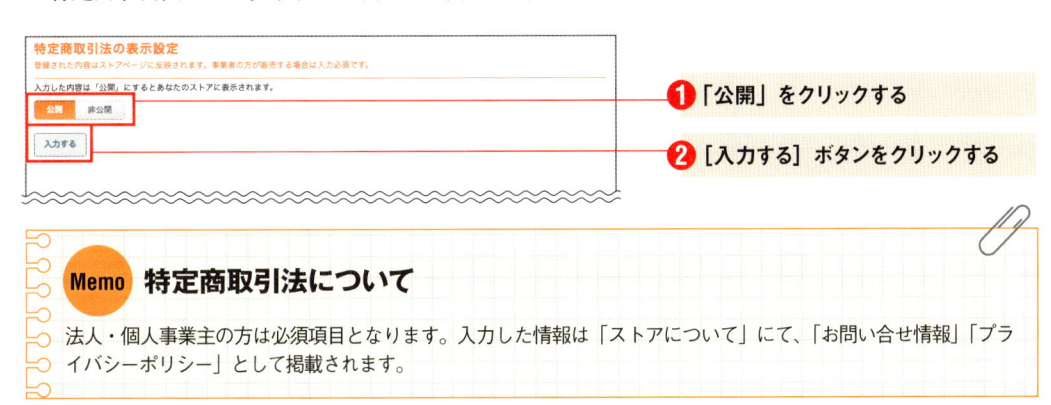

❶ 「公開」をクリックする

❷ [入力する] ボタンをクリックする

Memo 特定商取引法について

法人・個人事業主の方は必須項目となります。入力した情報は「ストアについて」にて、「お問い合せ情報」「プライバシーポリシー」として掲載されます。

02 ストアを設定する

191

❸ 入力欄が表示される。「お問い合わせ情報」で設定する項目は以下のとおり

- 事業者名
- 担当部署(任意)
- 事業責任者
- 郵便番号
- 都道府県
- 市区町村
- 番地・号
- ビル名・室番号(任意)
- 電話番号
- FAX番号(任意)
- メールアドレス(任意)
- 営業日(任意)

❹ 「プライバシーポリシー」で設定する情報は以下のとおり

- 情報管理責任者名
- タイトル
- 詳細

❺ 必要な項目を入力したらページ下の[保存する]ボタンをクリックする。設定した内容は「プレビュー」または「あなたのストアURL」から確認できる

Memo 内容の反映について

プロフェッショナル出店の構築ツール「ストアクリエイターPro」と異なり、ストアクリエイターの場合は「反映管理」を行う必要はありません。[保存する]ボタンをクリックすると、そのまま公開されているページに反映されます。

03 ストアデザインを設定する

ここではストアクリエイターでストアデザインを設定します。

ストアデザインの設定

ここからストアデザインを設定していきます。

❶ 管理画面トップページもしくはヘッダーメニューの「ストアデザイン」をクリックするとストアデザインを設定するページに移動する（画面にはSAMPLE商品写真が表示されている）

❷ 画面左の「デザイン設定」にて「ストア看板」「レイアウト」「背景」を設定する

❸ 3つの看板画像が並んでいる。看板にしたい画像をクリックすると看板に設定される

Memo オリジナル画像を看板にする場合

［看板画像をアップロード］ボタンをクリックして、パソコン内に保存されている画像をアップロードしてください。

❹ ストアクリエイターで設定したストアトップページには、商品情報（商品画像、商品名、価格）が並んで表示される。その商品情報のレイアウトを選択する。いずれも、ほかの商品は、ページ下の［→］ボタンもしくは番号ボタンでページを送ってからの表示となる。このレイアウトはカテゴリページにも適用される

❺ 背景に色や模様を付けることができる。好きな色または模様を選択する。左右の［→］ボタンをクリックすると色や背景が表示される

❻ デザインを設定したらページ上の［デザインを保存する］ボタンをクリックする。設定した内容はストアに即時反映される

POINT 看板用の画像サイズが大きい場合

- 横サイズが 950 ピクセルより小さい、または大きい場合、縦横比率を保ったまま横幅の 950 ピクセルに合わせて配置されます。その際に縦サイズが 360 ピクセル以上ある場合には、看板画像をマウスでドラッグして上下の位置を調整することができます。なお、画像下辺から縦 87 ピクセル前後の高さに、ストア名などを表示するために透過帯が表示されますので、画面上で確認しながら位置を調整してください。

Memo 看板画像の形式、容量、サイズ

GIF・PNG・JPEG 形式から選べます。画像容量は最大 3MB です。看板のサイズは 950 × 360 ピクセルです（横または縦の一辺が 100 ピクセル以下の画像はアップロードできない）。

Memo 設定できるレイアウト

下表の2のタイプから選べます。

タイプ	説明
正方形タイプ	1行4商品表示で5行が1ページに表示される。1ページ当たりの商品掲載は20点
横長タイプ	1行に1商品が大きな画像で表示される。1ページ当たりの商品掲載は5点

レイアウトのタイプ

Memo プレビュー画面

クリックするとプレビューとして画面が変わりますので、お気に入りの背景を見つけてください。

Memo 設定したデザインについて

「プレビュー」または「あなたのストア URL」から確認できます。

04 商品を登録して開店する

ストアクリエイターで作成したストアに商品を登録して開店するまでの手順を解説します。

商品の登録

　ストア設定が終わり、ストアデザインが決まりました。あとは商品登録をすれば開店して販売開始となります。

❶ 管理画面トップページもしくはヘッダーメニューの「商品登録」ボタンをクリックして商品登録を設定するページに移動する

❷ 商品一覧画面が表示されるが、まだ商品登録がないで空欄になっている。登録済み商品はこの一覧に表示されるようになる

POINT 商品一覧でできること

商品一覧では登録された商品を確認できます。新しく登録した順番に上から商品が並びます。この商品一覧でできる便利な機能を紹介します。

① 登録済み商品の検索
登録した商品を商品名の一部の文字列から検索できます。登録した多くの商品からピックアップするのに便利な機能です。
検索窓に商品名もしくは商品名の一部を入れて［検索］ボタンをクリックしてください。検索対象となるのは商品名のみです。商品カテゴリを設定している場合は、検索窓の下にあるプルダウンメニューからカテゴリを選択すれば、絞り込み検索ができます。

② 並び順
任意の商品を目立つようトップページで一番上に表示させる機能です。「並び順」項目の［トップに表示する］ボタン

をクリックすると、その商品がストアのトップページやカテゴリで一番上に表示されます。

③ 公開
商品の「公開」「非公開」を商品一覧から設定できます。公開または非公開を選ぶと、「公開（または非公開）にしますか？」というメッセージが表示されますので、［OK］ボタンをクリックしてください。なお、この処理は公開されているページに反映されるまで少し時間がかかる場合があります。

④ 編集／削除
商品名または「編集／削除」項目のノート型のアイコンをクリックすると、商品情報設定ページ（商品登録をしたページ）に移動します。掲載情報を編集して［保存する］ボタンをクリックしてください。
「編集／削除」項目のゴミ箱アイコンをクリックします。「本当に削除していいですか？」というメッセージが表示されますので、［OK］ボタンをクリックしてください。商品が削除されます。
なお、削除してしまうとその商品情報は復活できません。再び販売する可能性がある商品については「非公開」設定にしておくのがよいと思いますが、商品データが保持されるのは、販売期間終了日から1年間（365日）となっており、そのあとは削除されますので注意してください。

⑤ 新規登録
商品を登録するには画面右側にある[＋ 新規登録]ボタンをクリックします。商品情報を入力する項目が表示されます。次項で各項目を設定していきましょう。

2 商品情報の新規登録

ここでは前述のPOINTで紹介した商品の新規登録について解説します。

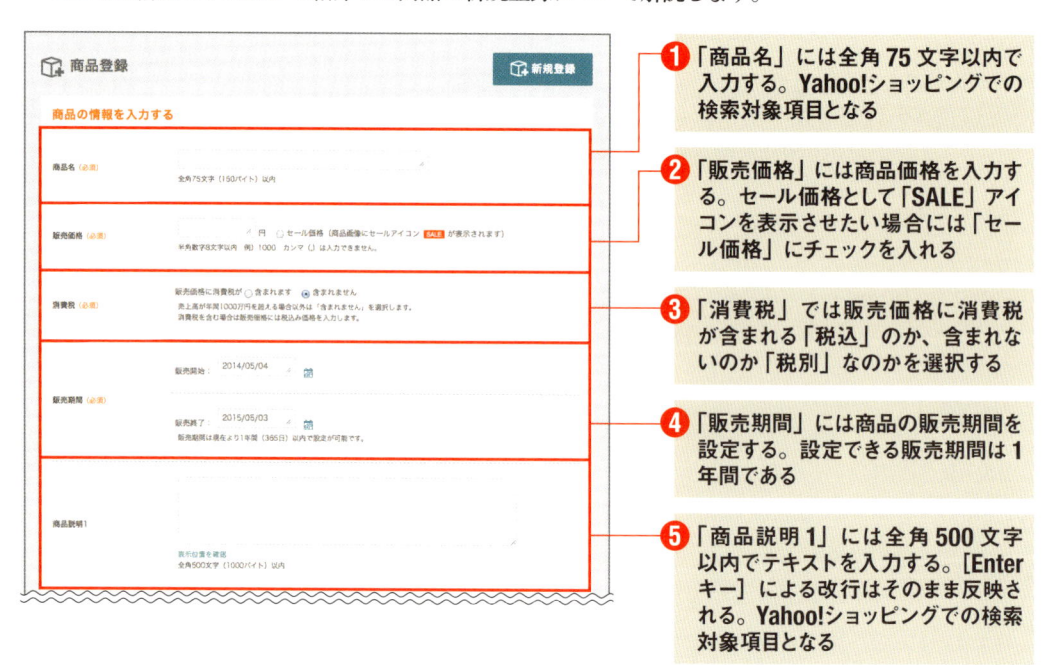

❶「商品名」には全角75文字以内で入力する。Yahoo!ショッピングでの検索対象項目となる

❷「販売価格」には商品価格を入力する。セール価格として「SALE」アイコンを表示させたい場合には「セール価格」にチェックを入れる

❸「消費税」では販売価格に消費税が含まれる「税込」のか、含まれないのか「税別」なのかを選択する

❹「販売期間」には商品の販売期間を設定する。設定できる販売期間は1年間である

❺「商品説明1」には全角500文字以内でテキストを入力する。[Enterキー]による改行はそのまま反映される。Yahoo!ショッピングでの検索対象項目となる

❻「商品説明2」には全角5000文字（10000バイト）以内での入力が可能。[Enterキー]による改行はそのまま反映される。Yahoo!ショッピングの検索対象にはならない

Memo HTMLを利用する場合

HTMLとして、太字にするタグ <em></em>、リンクを設定するタグ <a harf=""></a>、だけが使用できます。

❼「在庫数」では在庫数の設定が可能

❽ 登録商品にサイズや色などの種類があり購入時に選択させる場合は[＋バリエーションを追加]ボタンをクリックして、サイズや色を入力し、それぞれに在庫設定をする。サイズや色を入力する項目は全角28文字まで設定可能

❾「商品カテゴリ」ではストア内のおける商品カテゴリの設定ができる。設定したカテゴリはカテゴリごとにページが用意され、紐付く商品が一覧で表示される。全角20文字以内で設定する

❿「Yahoo!ショッピングカテゴリ」はYahoo!ショッピング内の商品カテゴリに紐付ける設定ができる。設定すると、Yahoo!ショッピングにおける商品カテゴリにて、登録商品が表示される。「大カテゴリを選択してください。」のプルダウンメニューから紐付けるカテゴリを選択する。選択したカテゴリによってサブカテゴリのプルダウンメニューが表示されるので、必要に応じて選択する

POINT 商品説明が表示される場所

商品説明1、商品説明2が表示される場所は下図のとおりです。

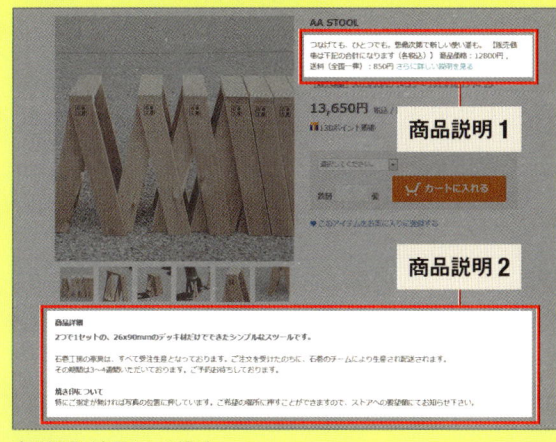

商品説明が表示される場所

POINT 在庫の設定例

例えば、グリーンが在庫5、ブルーが在庫10で設定する場合、右図のようになります。

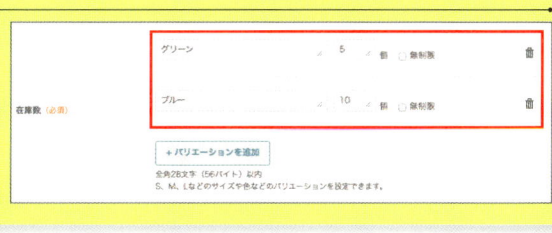

在庫の設定例

04 商品を登録して開店する

197

❶ 「商品の状態」は「新品」なのか「中古」なのかを設定する

注意! 中古品販売について
法人・個人事業主の場合、中古品販売には古物免許証番号の登録が必要となります。

❷ 「画像登録」では「商品画像」を 1 枚、「商品詳細画像」を 5 枚まで登録できる。画像を登録するには、「ファイルを選択」をクリックして、パソコン内の画像をアップロードする

Memo 「商品画像」にアップロードした画像
「商品画像」にアップロードした画像はストアトップの商品一覧に表示されます。登録した画像は正方形で表示されるサイズは最大 600 × 600 ピクセルです。きれいに表示させるには、600 × 600 ピクセルもしくは 600 × 600 ピクセル以上の画像を登録してください。600 × 600 ピクセル以外の画像は縦横比を保ったまま自動的にサイズ調整して表示されます。

Memo 画像の容量、形式
画像の容量は 1 枚当たり最大 3MB、ファイル形式は GIF、JPG です。

❸ 「ページ公開」では登録した商品を表ページに公開するか非公開にするかを設定する

❹ デザインを設定したらページ下の [保存する] ボタンをクリックする。設定した内容はストアに即時反映される。「プレビュー」または「あなたのストア URL」から確認できる

3 開店の設定

ストア設定、ストアデザインの設定、商品登録が終わりましたストアを開店しましょう。

❶ 管理画面トップページもしくはヘッダーメニューの [ストア設定] ボタンをクリックして「ストア設定」に移動する

❷ 画面右の [プレビュー] ボタンで最後の確認をする。修正箇所がある場合には、修正する

❸ 最終確認で問題なければ「開店」設定を行う。「開店 / 休店設定」にて [開店] ボタンをクリックする

❹ ページ下の [保存する] ボタンをクリックすれば、即時「開店」となる

❺ 画面右の「プレビュー」横の文字が「準備中」から「開店中」へ変更される。「あなたのストア URL」よりクリックして開店していることを確認する

Chapter

7

受注管理をする

無事に Yahoo!ショッピングにストアが開店しました。ほっと一息というところですが、開店しているということは、ユーザーが商品を購入できる状態だということです。注文が入ったら受注処理をして商品を発送する流れになります。この章では受注から商品発送の流れ、顧客管理について解説します。

01 ストアクリエイター Pro で受注管理をする

注文が入ったら、注文内容の確認から商品発送まで、注文に関する処理を一連の流れに沿って行っていきます。ストアクリエイター Pro での注文管理にて受注処理を行います。

ストアクリエイター Pro：注文情報の確認

　ユーザーから注文が入ると、受注確認メールアドレス（「ストアクリエイター Pro」にある「設定」のアラート・通知設定」で設定）に「注文確認メール」が届きます。

　この注文確認メールは自動配信されますが、サーバの不具合などでメールが受信できなかったりする場合も考えられますので、より確実に注文処理を行うために、定期的にストアクリエイター Pro にアクセスして新規注文を確認してください。それでは、注文内容を確認してみましょう。

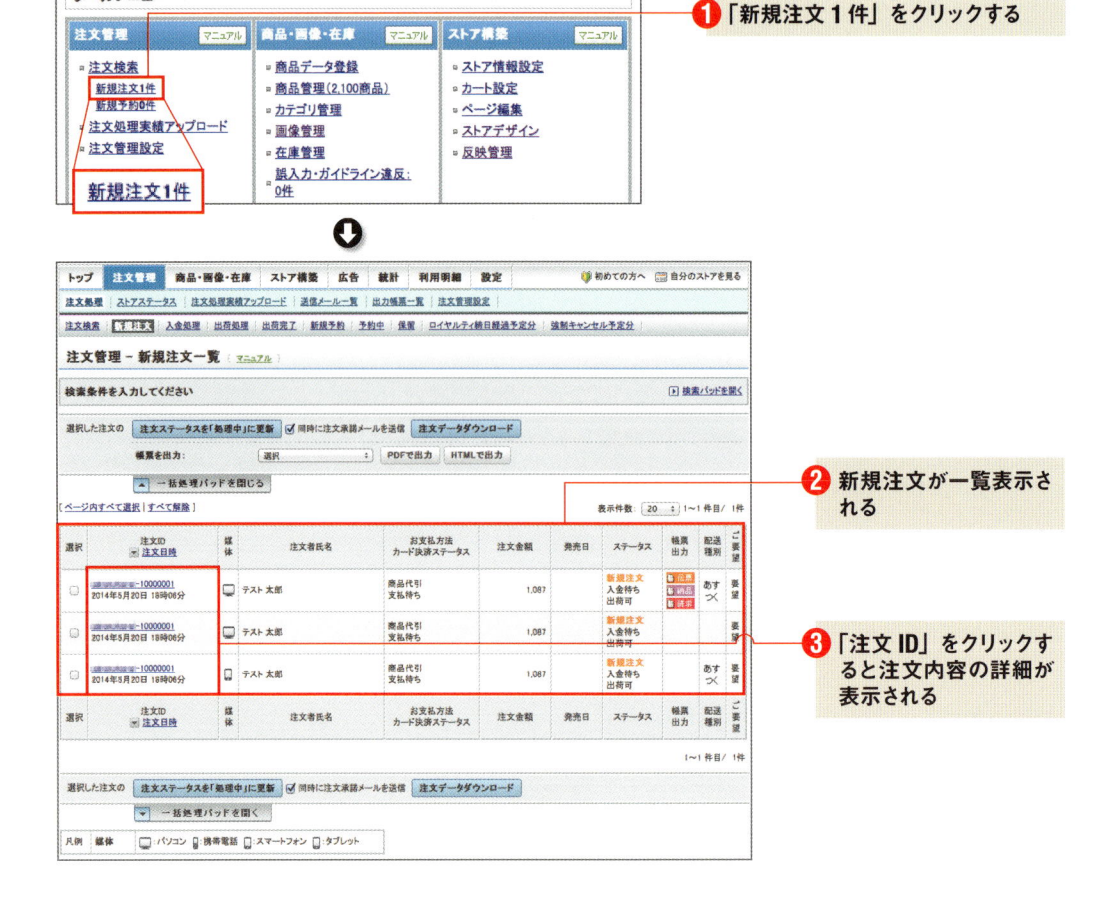

❶「新規注文1件」をクリックする

❷ 新規注文が一覧表示される

❸「注文 ID」をクリックすると注文内容の詳細が表示される

注文管理の注文詳細画面

注文管理で表示される注文詳細について解説します。

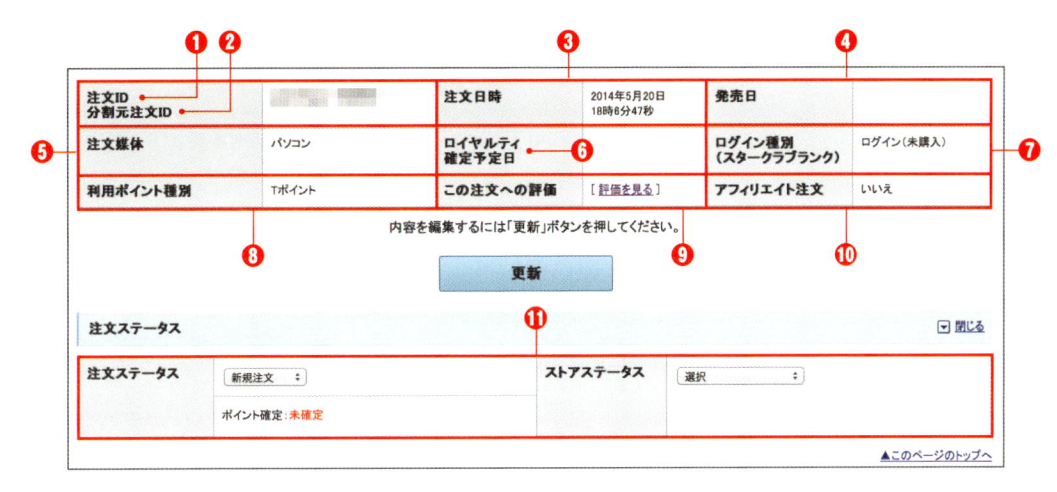

❶❷	注文ID 分割元注文ID		❸ 注文日時	2014年5月20日 18時6分47秒	❹ 発売日	
❺	注文媒体	パソコン	ロイヤルティ 確定予定日	❻	ログイン種別 (スタークラブランク)	ログイン(未購入) ❼
	利用ポイント種別	Tポイント	この注文への評価	[評価を見る]	アフィリエイト注文	いいえ
❽			❾		❿	

内容を編集するには「更新」ボタンを押してください。

【更新】

❶ 注文ステータス

注文ステータス	新規注文 ▼	ストアステータス	選択 ▼
ポイント確定：**未確定**			

▲このページのトップへ

❶ 「注文ID」は、注文ごとに自動的付与されるユニークな番号。ユーザーとのやりとりは、この注文番号をもとにして行う

❷ 「分割元注文ID」は、注文分割された元注文番号。一度に注文された複数の商品が同時に出荷できない場合などで、注文を商品ごとに分割した時に表示される

❸ 「注文日時」は、ユーザーが注文した日時

❹ 「発売日」は、予約販売など商品ページにて商品を発売する日を設定した場合に表示される

❺ 「注文媒体」は、ユーザーが注文した媒体種類。「パソコン」「携帯電話」「スマートフォン」「タブレット」で識別される

❻ 「ロイヤルティ確定予定日」は、空欄となり使用されない項目

❼ 「ログイン種別(スタークラブランク)」は、ユーザーのスタークラブランク名。スタークラブは2014年6月末に終了予定

❽ 「利用ポイント種別」は、Yahoo!ショッピングのポイント「Tポイント」が表示される

❾ 「この注文への評価」では、「評価を見る」をクリックするとこの注文でのストア評価が表示される

❿ 「アフィリエイト注文」は、この注文がアフィリエイト経由かどうかを表示

⓫ 「注文ステータス」には、注文の処理状況が表示される。デフォルトで用意された「注文ステータス」と、任意設定できる「ストアステータス」がある

注文管理のお届け先情報画面

注文管理のお届け先情報画面について解説します。

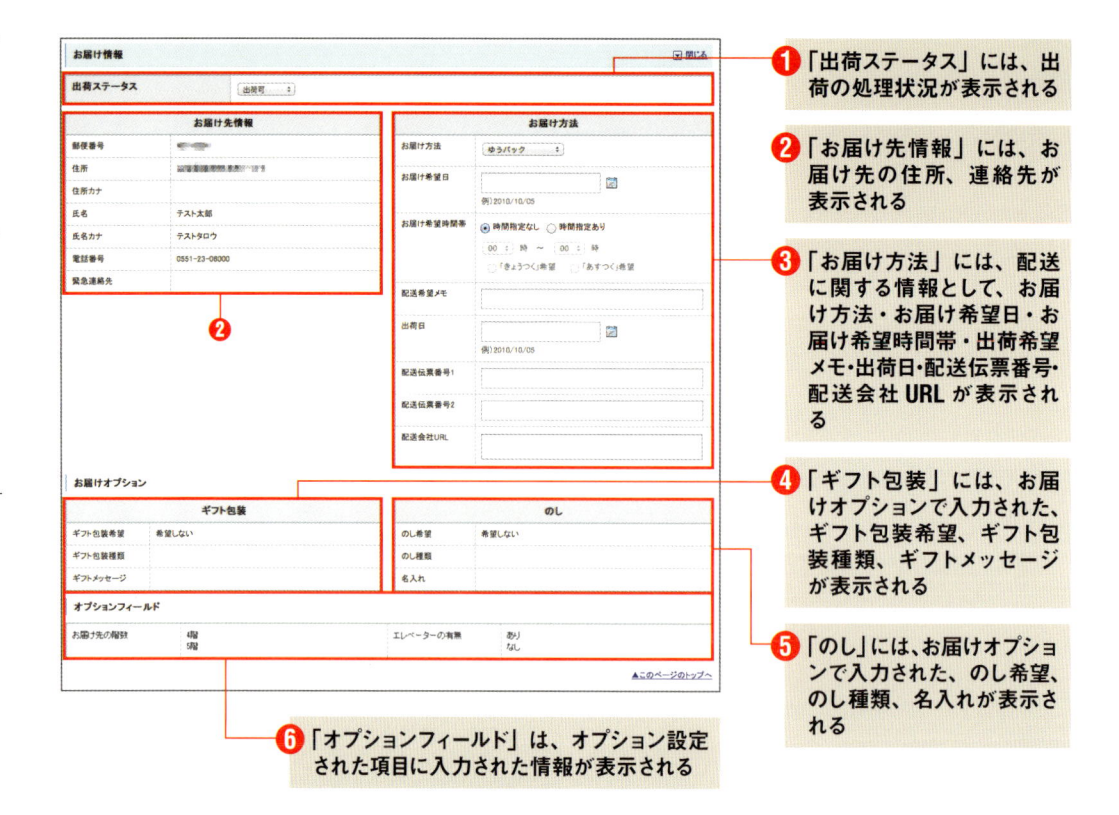

Chapter 7 受注管理をする

❶ 「出荷ステータス」には、出荷の処理状況が表示される

❷ 「お届け先情報」には、お届け先の住所、連絡先が表示される

❸ 「お届け方法」には、配送に関する情報として、お届け方法・お届け希望日・お届け希望時間帯・出荷希望メモ・出荷日・配送伝票番号・配送会社URLが表示される

❹ 「ギフト包装」には、お届けオプションで入力された、ギフト包装希望、ギフト包装種類、ギフトメッセージが表示される

❺ 「のし」には、お届けオプションで入力された、のし希望、のし種類、名入れが表示される

❻ 「オプションフィールド」は、オプション設定された項目に入力された情報が表示される

注文管理の購入者情報画面

注文管理で表示される注文詳細の購入者情報について解説します。

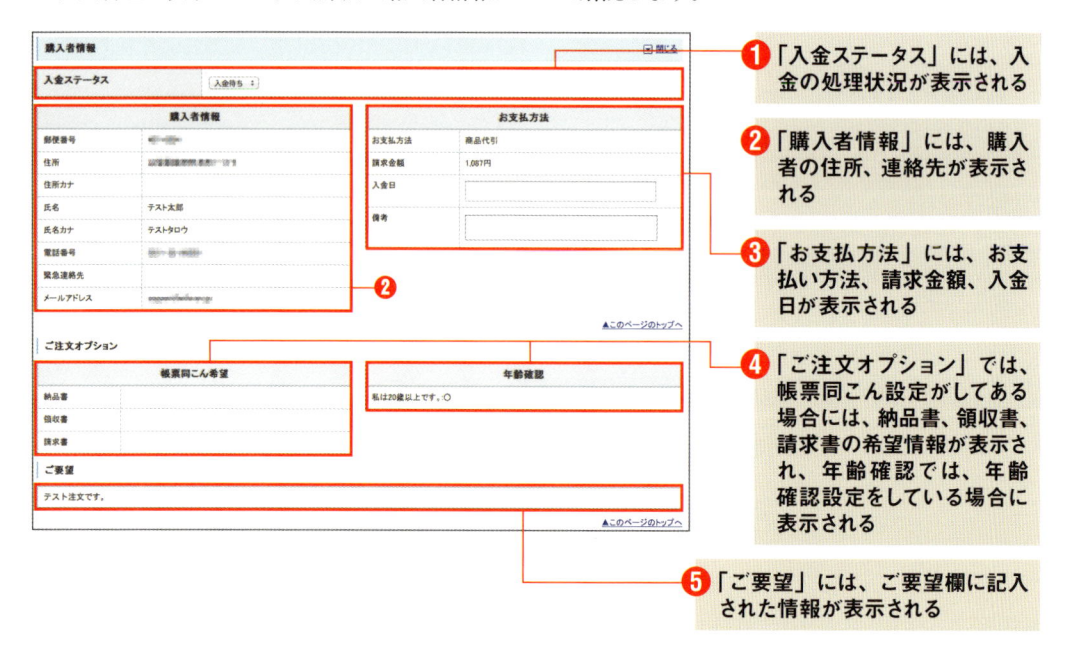

❶ 「入金ステータス」には、入金の処理状況が表示される

❷ 「購入者情報」には、購入者の住所、連絡先が表示される

❸ 「お支払方法」には、お支払い方法、請求金額、入金日が表示される

❹ 「ご注文オプション」では、帳票同こん設定がしてある場合には、納品書、領収書、請求書の希望情報が表示され、年齢確認では、年齢確認設定をしている場合に表示される

❺ 「ご要望」には、ご要望欄に記入された情報が表示される

202

注文管理の明細画面

注文管理で表示される注文詳細の明細情報について解説します。

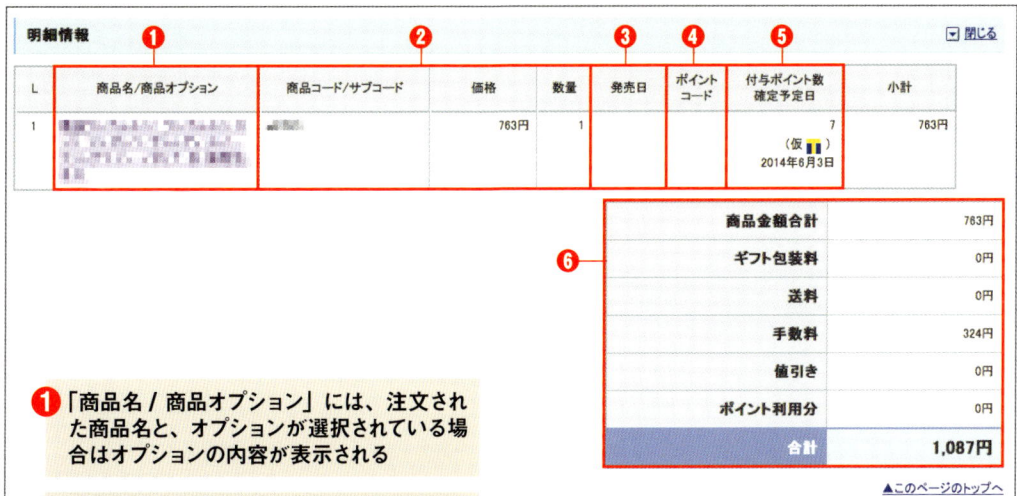

❶「商品名 / 商品オプション」には、注文された商品名と、オプションが選択されている場合はオプションの内容が表示される

❷「商品コード / サブコード」「価格」「数量」は、注文された商品の情報

❸「発売日」には、予約注文商品の発売予定日が表示される

❹「ポイントコード」には、商品別ポイントが設定されている商品の場合に表示される

❺「付与ポイント数確定予定日」には、注文により付与されるポイントと確定予定日が表示される

❻「商品金額合計」「ギフト包装料」「送料」「手数料」「値引き」「ポイント利用分」「合計」は、注文された商品の計算情報である

注文管理の購入時情報画面

注文管理で表示される注文詳細の購入時情報について解説します。

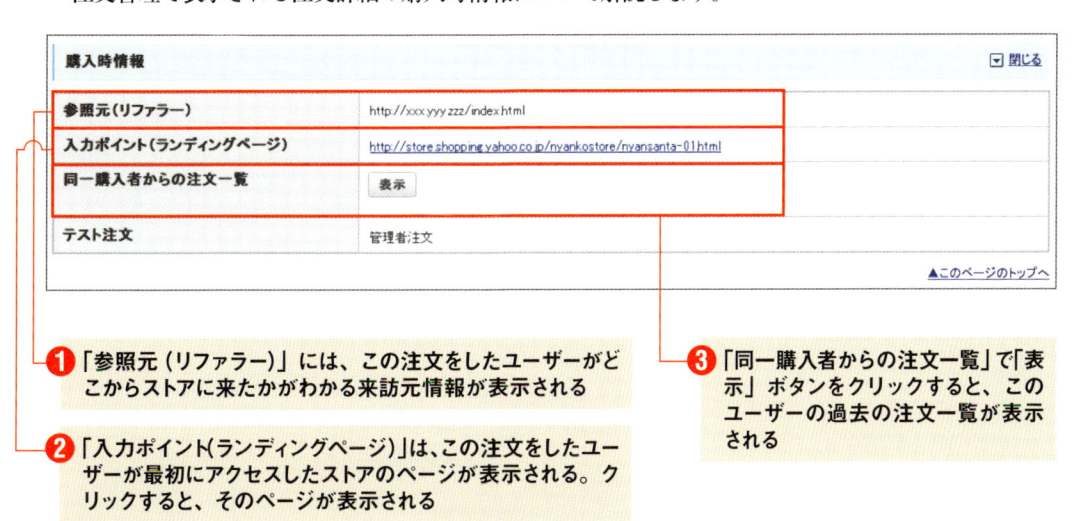

❶「参照元（リファラー）」には、この注文をしたユーザーがどこからストアに来たかがわかる来訪元情報が表示される

❷「入力ポイント（ランディングページ）」は、この注文をしたユーザーが最初にアクセスしたストアのページが表示される。クリックすると、そのページが表示される

❸「同一購入者からの注文一覧」で「表示」ボタンをクリックすると、このユーザーの過去の注文一覧が表示される

注文管理のストア内メモ画面

注文管理で表示される注文詳細の「ストア内メモ」は、ストアで任意に記入できるスペースです。注文をキャンセル処理した際には、その旨が記載されます。

注文管理のストア内メモ画面

注文検索を行う

ストアクリエイターProのツールメニューにある「注文管理」の「注文検索」をクリックします。「かんたん検索」と「詳細検索」があります。タブで切り替えます。デフォルトでは「かんたん検索」が表示されています。「かんたん検索」で検索できる項目は下表のとおりです。日の指定は半角英数字で入力します（例：2007年9月1日の場合：2007/09/01）。条件を入力して［検索］ボタンをクリックすれば、該当注文が一覧表示されます。なお「詳細検索」で検索では、さらに詳しい項目での検索が可能で、注文内容に関わるほとんどの項目での検索が可能です。

項目	説明
注文ID	検索したい注文の注文IDを半角数字で入力
注文日時	検索したい注文の注文日の範囲を入力。時間はプルダウンメニューから選択
出荷日	検索したい注文商品の出荷日の範囲を入力
発売日	検索したい注文商品の発売日の範囲を入力。注文時に設定されていた「発売日」
注文媒体	検索したい注文の媒体（パソコン・携帯電話・スマートフォン・タブレット）を選択
ログイン種別	検索したい注文のログイン種別（ログインかゲストか）を選択。ログインはYahoo! JAPAN IDでログイン
お支払い方法	検索したい注文の支払い方法を選択
注文ステータス	検索したい注文の注文ステータスと、いたずら注文の有無を選択
ストアステータス	検索したい注文のストアステータスを選択
ポイント確定	検索したい注文のポイント（確定済か未確定か）を選択

「かんたん検索」で検索できる項目

かんたん検索画面

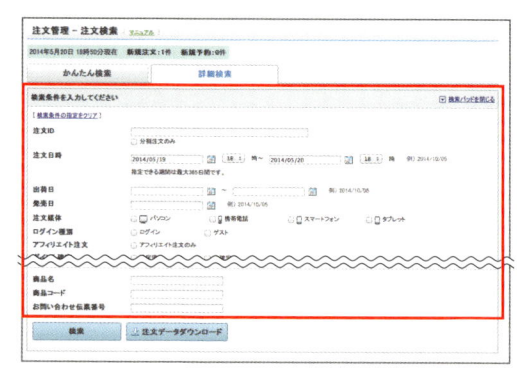

詳細検索画面

注文承諾メール

「注文管理」で注文内容を確認したあと、在庫やユーザーの要望を確認して「注文承諾メール」を出します。

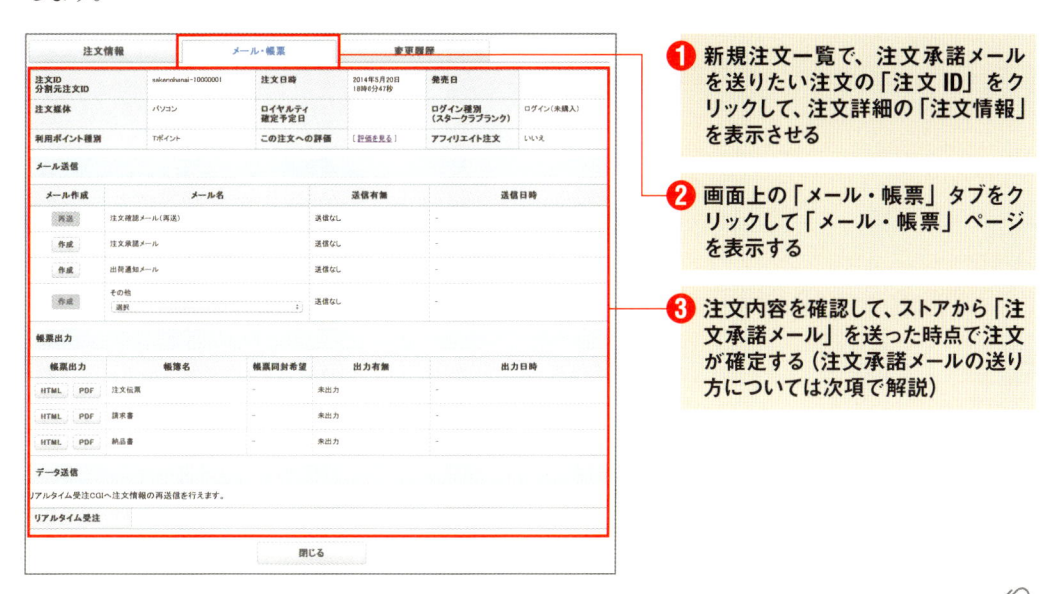

❶ 新規注文一覧で、注文承諾メールを送りたい注文の「注文ID」をクリックして、注文詳細の「注文情報」を表示させる

❷ 画面上の「メール・帳票」タブをクリックして「メール・帳票」ページを表示する

❸ 注文内容を確認して、ストアから「注文承諾メール」を送った時点で注文が確定する（注文承諾メールの送り方については次項で解説）

> **Memo 注文確認メール**
>
> 注文確認メールは、ショッピングカートで注文が確定した時点で、Yahoo!ショッピングのシステムから自動で送られるメールです。
> ここまでは、ショッピングカートからの自動処理なので、注文したということだけで注文は確定していない状態です。

注文承諾メールを送る

それでは、「注文承諾メール」を送ってみましょう。

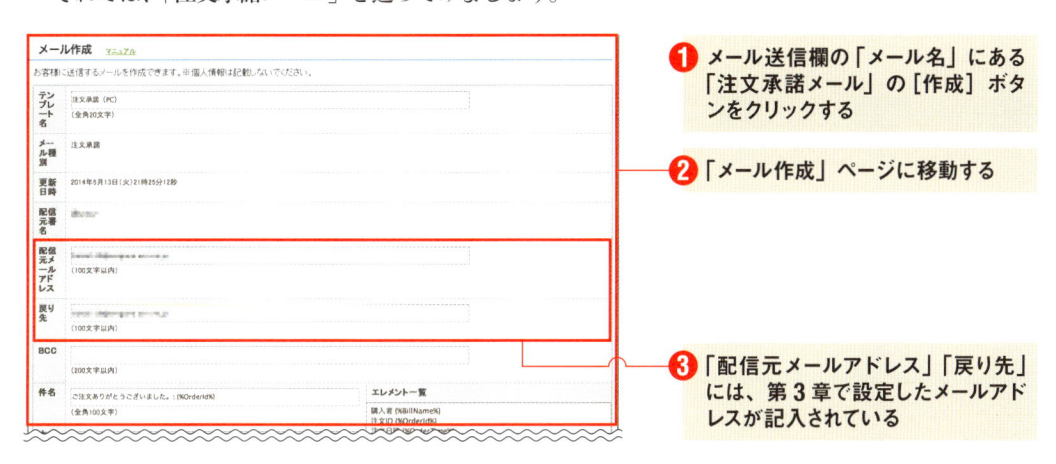

❶ メール送信欄の「メール名」にある「注文承諾メール」の[作成]ボタンをクリックする

❷ 「メール作成」ページに移動する

❸ 「配信元メールアドレス」「戻り先」には、第3章で設定したメールアドレスが記入されている

Chapter 7 受注管理をする

❹ 「件名」「本文」「本文中の署名」にも、第3章で設定したエレメントを使った内容が記入されている

❺ 実際にどんな内容でメールが送られるのかを、左下の[送信内容確認]ボタンで確認する

❻ 内容に問題なければ、左下の[送信]ボタンをクリックする

❼ 購入者に「注文承諾メール」が送信される

> **POINT テンプレートの変更について**
>
> 購入者の要望など、テンプレートで対応できない内容は、本文に追加記入してください。

商品の発送

「注文承諾メール」を送ったあとは、商品の配送手続きを行います。注文いただいた商品を梱包して発送しますが、「配送先」「配送指定日時」「ラッピングの有無」などに十分に気を付けてください。

特に、ギフト商品を直接送る場合には、配送元はストアではなく注文した購入者になります。うっかり配送元ストアにしてしまうと、受け取った方が誰からのギフトなのかわかりません。そのほか、購入者から要望があった時には、特に注意して梱包・発送を行ってください。

また、ギフト商品で直接送る以外は、納品書（明細書）を同封しましょう。メールで注文内容は通知してありますが、納品書（明細書）が同封されていれば、商品が届いた時に注文内容をすぐに確認できます。納品書（明細書）を手元に梱包すれば梱包の間違えを防ぐこともできます。

1 納品書または注文伝票を出力する

納品書または注文伝票は、「メール・帳票」ページにて出力できます。

❶ 帳票出力欄、帳票名「納品書」または「注文伝票」の[HTML]もしくは[PDF]ボタンをクリックする

❷ データがダウンロードするので、出力する

206

> **Memo 出力形式と帳票の種類**
>
> 帳票の出力形式は「HTML」「PDF」の2種類です。使いやすいほうを選択してください。また、「注文伝票」は社内で管理するためのものです。顧客には「納品書」を使います。帳票を一括で出力したい場合には、注文一覧で処理したい注文にチェックを入れ（背景が黄色になる）、[一括処理パッドを開く] ボタンをクリックして、「帳票を出力」から帳票の種類をプルダウンメニューで選び、[PDFで出力] または [HTMLで出力] ボタンをクリックします。

2 出荷通知メールを出す

　商品を発送した後は、「出荷通知メール」を出します。「注文承諾メール」に出荷予定を記載して、それで終わりにするストアもありますが、予定だけ通知されても購入者は不安です。必ず、「出荷通知メール」を出しましょう。

　「出荷通知メール」には、配送状況を追跡できるように、配送業者と伝票番号を必ず記載してください。

　「出荷通知メール」は「注文承諾メール」と同じく「メール・帳票」ページから出します。

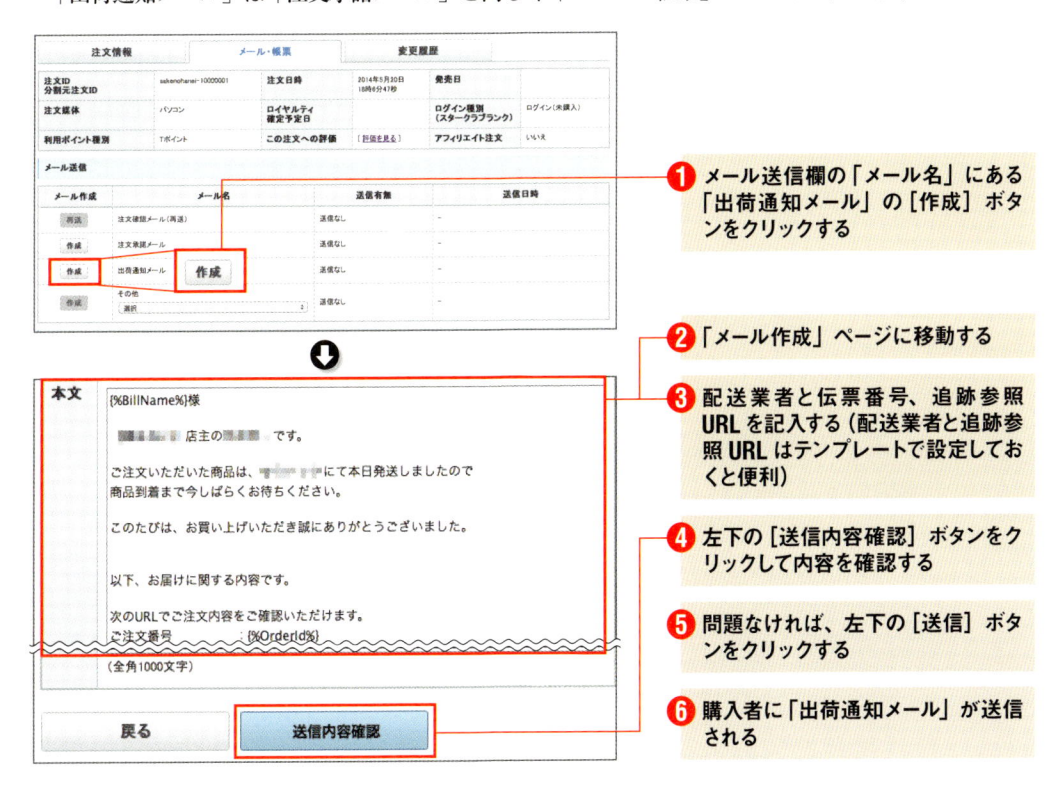

❶ メール送信欄の「メール名」にある「出荷通知メール」の[作成]ボタンをクリックする

❷ 「メール作成」ページに移動する

❸ 配送業者と伝票番号、追跡参照URLを記入する（配送業者と追跡参照URLはテンプレートで設定しておくと便利）

❹ 左下の[送信内容確認]ボタンをクリックして内容を確認する

❺ 問題なければ、左下の[送信]ボタンをクリックする

❻ 購入者に「出荷通知メール」が送信される

購入者とつながるためには

　ここまでの手順を終えて商品が無事に届けば、「注文を受けた商品を購入者に届けた」という最低限の仕事が完了します。「最低限」というのは、購入者とつながるためには、フォローメール、ニュースレターなどまだまだ行うことがあるからです。本書の後半で解説します。

注文ステータスとは

「注文ステータス」は、注文管理をする上で進行位置の指標となるものです。特に複数のスタッフで運営している場合には、どの顧客がどの状態にあるのかを共有する意味でも役に立ちます。

「注文ステータス」には下表の種類が用意されています。

ステータス	説明
新規予約	予約販売商品の注文があった時の状態
予約中	予約販売商品の注文を受けて処理待ちの状態
新規注文	新規注文があった時の状態
処理中	注文を確認して注文処理中の状態
保留	一時的に注文処理を止めている状態
完了	注文処理が完了した状態
キャンセル	注文をキャンセルした状態

注文ステータス

初期状態は「新規注文」または「新規予約」となります。注文を確認したら、まず「処理中」に変更します。注文ステータスが「処理中」になれば「完了」「キャンセル」「保留」に変更できます。

> **Memo 注文ステータスの保留**
> 支払い期限内に支払いが行われず入金待ちの時、購入者と連絡がとれずに注文管理が進められない時、いたずら注文の可能性があり確認がとれていない時などに、注文ステータスを「保留」にします。

> **Memo 注文ステータスのキャンセル**
> ストアの都合（商品が入荷できなくなったなど）や、購入者の都合で注文が取り消しとなった時、返品を受け付けた、いたずら注文が確定した時などに、注文ステータスを「キャンセル」にします。

注文ステータスの更新

「注文ステータス」を更新（変更）するには、注文ごとに更新する方法と一括で更新する方法があります。

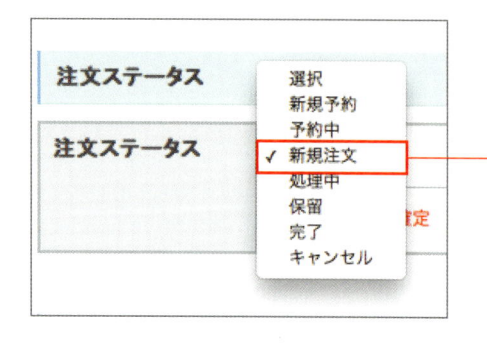

❶「注文ステータス」を注文ごとに更新する場合には、注文詳細「注文情報」にて「注文ステータス」のプルダウンメニューから更新するステータスを選択して［更新］ボタンをクリックする

❷ 画面上側に「ステータスを設定しました。」と表示され、「注文ステータス」が更新される

注文ステータスの一括更新

「注文ステータス」は一括して更新することができます。ここでは「新規注文」から「処理中」に変更する場合で説明します。

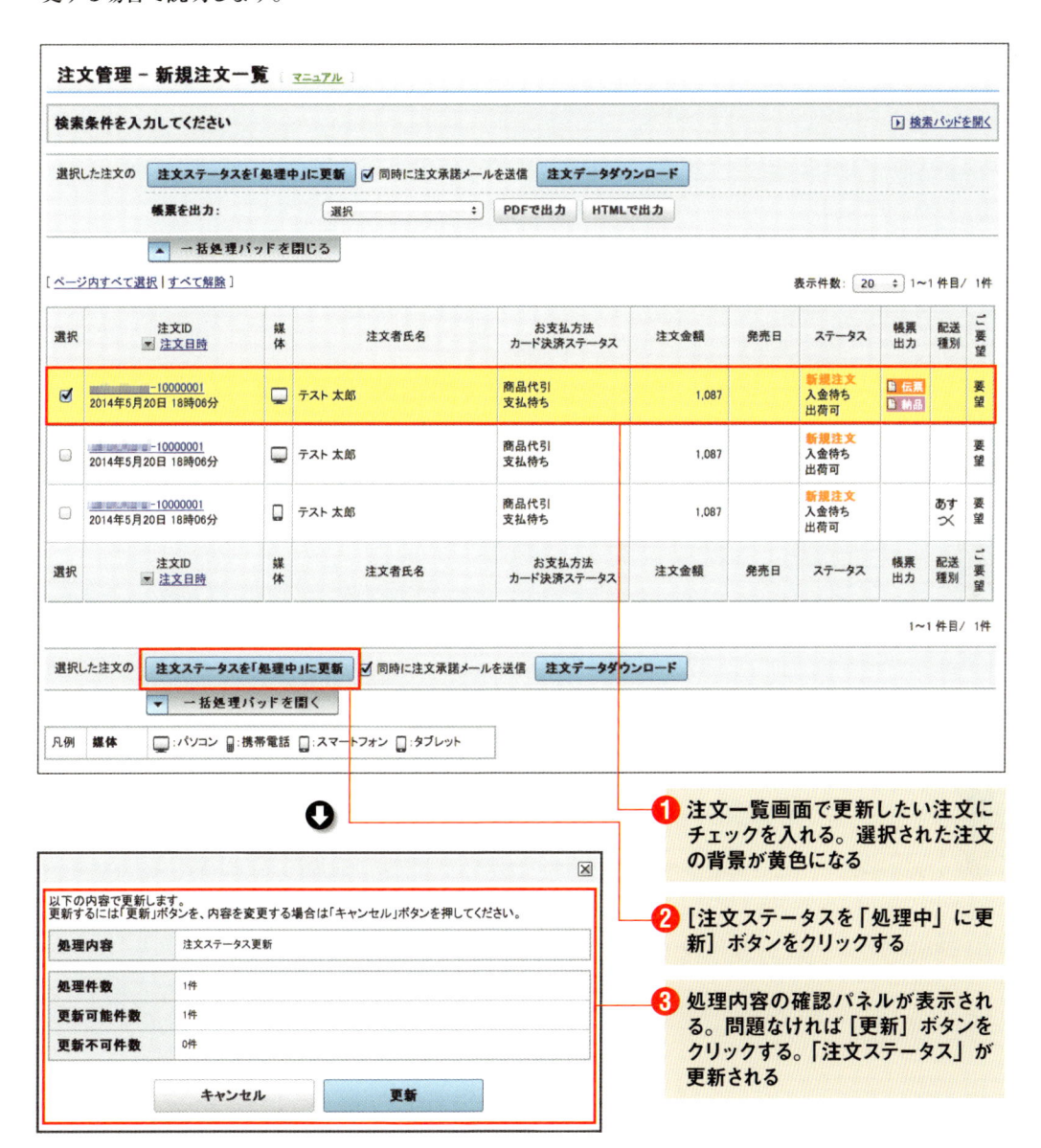

❶ 注文一覧画面で更新したい注文にチェックを入れる。選択された注文の背景が黄色になる

❷ [注文ステータスを「処理中」に更新] ボタンをクリックする

❸ 処理内容の確認パネルが表示される。問題なければ [更新] ボタンをクリックする。「注文ステータス」が更新される

出荷ステータス

「出荷ステータス」では、出荷状態を管理します。「注出荷ステータス」には下表の種類が用意されています。

ステータス	説明
出荷不可	出荷が許可されていない時の状態
出荷可	出荷が許可されている時の状態
出荷処理中	出荷を処理している時の状態
出荷済み	出荷が完了した時の状態

出荷ステータス

　初期状態は、後払いの支払方法では「出荷不可」前払いの支払方法では「出荷可」となります。出荷ステータスが「出荷可」になれば「出荷処理中」「出荷完了」「着荷完了」に変更できます。

　一度出荷ステータスを更新すると、入金ステータスが「未入金」の場合を除き「出荷不可」に戻せません。クレジットカード決済や支払方法が後払いの注文の場合は、注文ステータスを「処理中」に変更すると出荷ステータスが自動的に「出荷可」に更新されます。

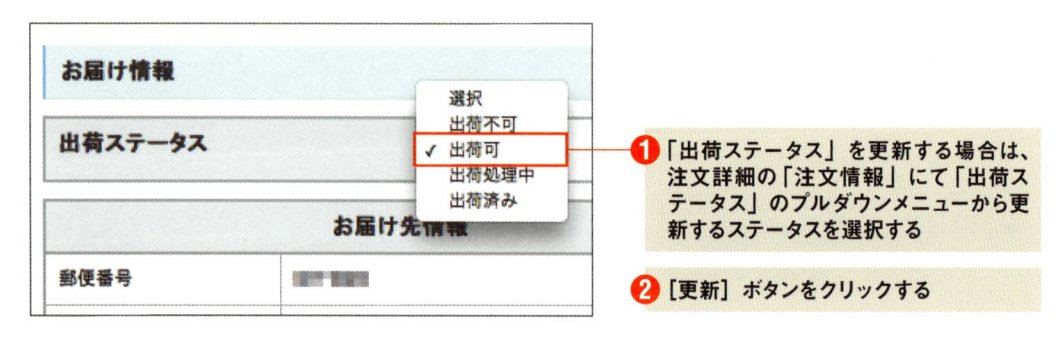

❶「出荷ステータス」を更新する場合は、注文詳細の「注文情報」にて「出荷ステータス」のプルダウンメニューから更新するステータスを選択する

❷ [更新] ボタンをクリックする

入金ステータス

「入金ステータス」は、「入金待ち」「入金済み」の2つです。初期状態は「入金待ち」となります。入金ステータスを「入金済み」に変更すると、出荷ステータスが自動的に「出荷可」になります。支払方法が後払いの場合は、出荷が終わってから入金ステータスを変更します。

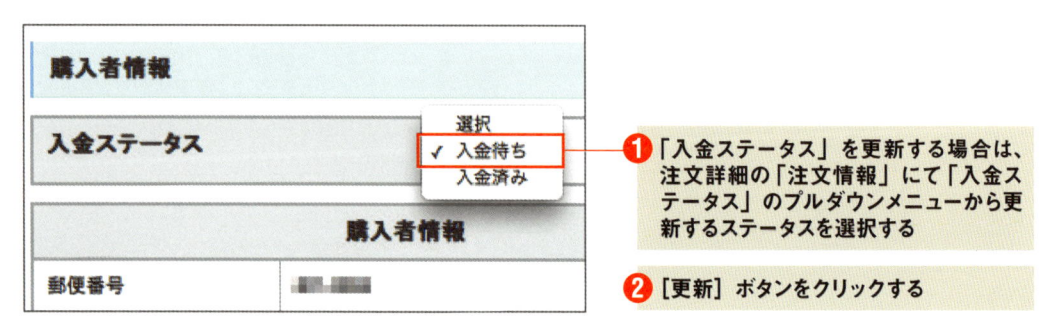

❶「入金ステータス」を更新する場合は、注文詳細の「注文情報」にて「入金ステータス」のプルダウンメニューから更新するステータスを選択する

❷ [更新] ボタンをクリックする

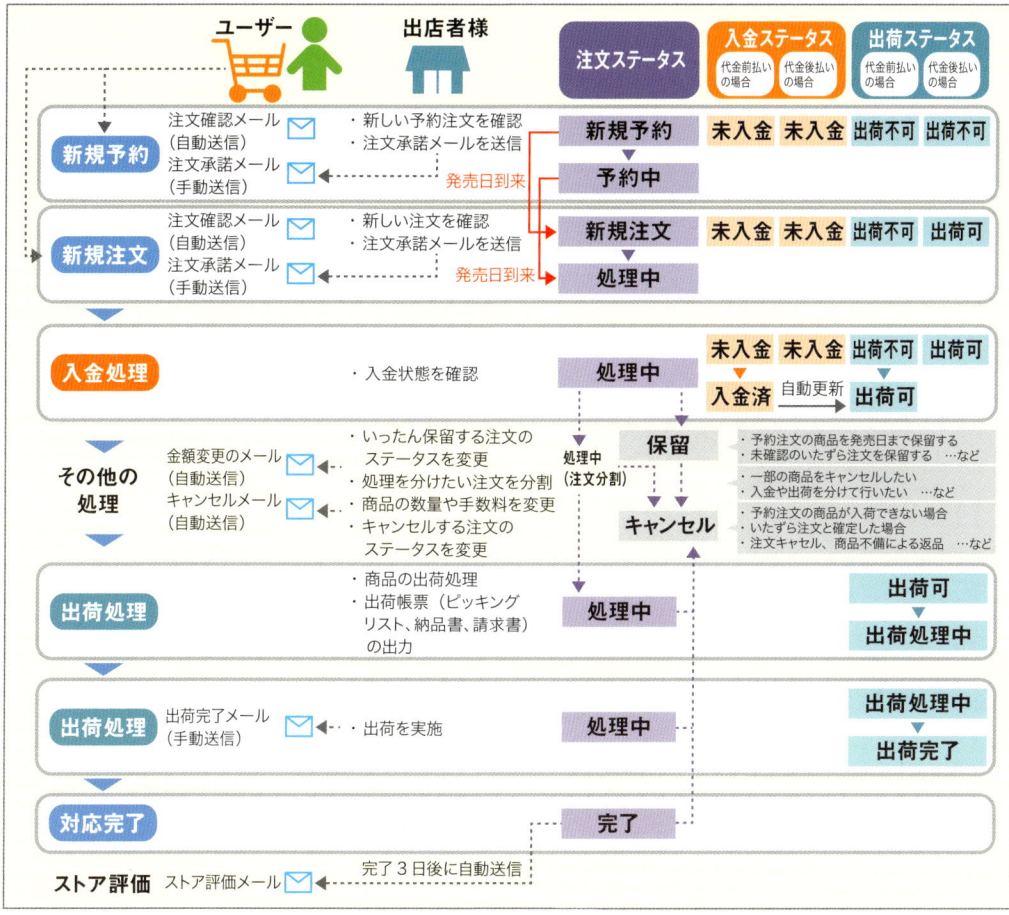

購入から入金の流れ

任意のステータスの設定

ストアクリエイターProでは、ストア独自の「ストアステータス」を任意に設定できます。ストアの運用状況によっては、オリジナルの「ストアステータス」で注文を管理するのも1つの方法です。

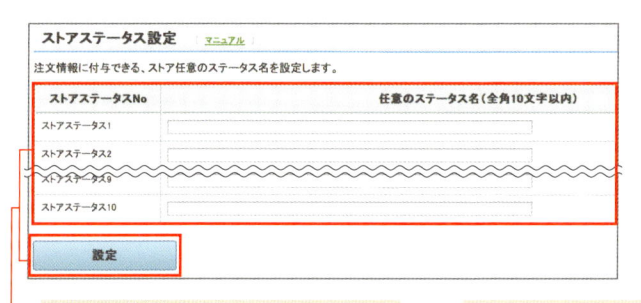

❶「ストアステータス」を設定するには、ストアクリエイターProのツールメニューにある「注文管理」の「注文管理設定」をクリックする

❷ メニューから「ストアテータス設定」をクリックする

❸ 任意のステータス名を全角10文字以内で記入して[設定]ボタンをクリックする

❹ 画面上部に「ストアステータスを設定しました。」を表示されると、オリジナルの「ストアステータス」が設定されたことになる

02 ストアクリエイターで受注管理をする

ストアクリエイターでは受注管理を注文管理画面で行います。

ストアクリエイター：注文情報の確認

　ユーザーから注文が入ると、ストア連絡用メールアドレスに「購入の連絡」が届きます。ストアクリエイター管理画面のトップの注文管理部分には、新たな注文の数字が赤丸数字で表示されます。それでは、注文情報を確認しましょう。

1 注文内容の確認

❶ 管理画面トップページもしくはヘッダーメニューの[注文管理]ボタンをクリックする

❷ 「注文管理」ページに移動する。注文情報一覧が表示されている。注文番号をクリックして注文詳細に移動する

❸ 注文情報詳細として「注文日時」「注文番号」「注文内容」「お届け先」「配送方法」「購入者の情報」が表示される。「注文内容」を確認する

2 商品の発送

在庫など問題なければ商品を梱包して発送します。配送日時の指定や配送先を間違えないよう気を付けてください。

3 発送連絡

商品を配送したら、発送連絡を行います。

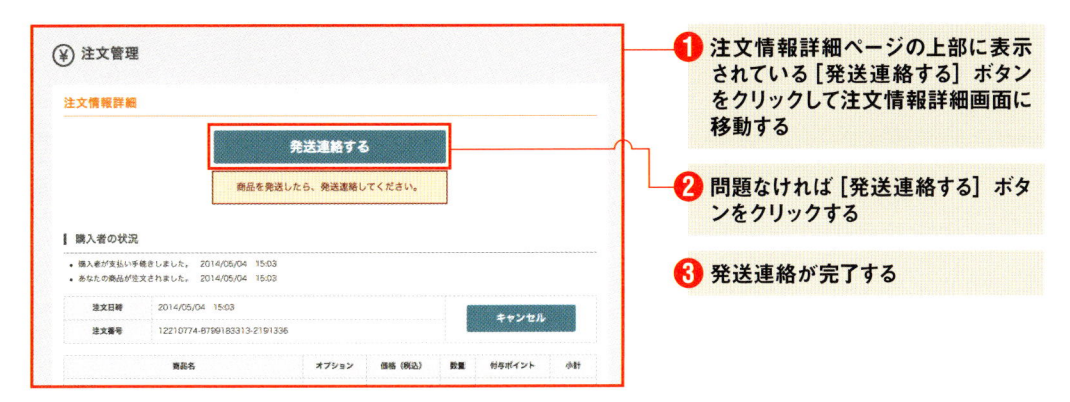

❶ 注文情報詳細ページの上部に表示されている[発送連絡する]ボタンをクリックして注文情報詳細画面に移動する

❷ 問題なければ[発送連絡する]ボタンをクリックする

❸ 発送連絡が完了する

4 購入者からの受取連絡

購入者が商品を受け取ると、購入者はYahoo!ショッピングの注文履歴から[受取連絡]ボタンをクリックしてストアに受取完了を連絡します。

「受取連絡」はストアの連絡用メールアドレスに届きます。また注文情報詳細ページでも、受取連絡の有無が確認できます。

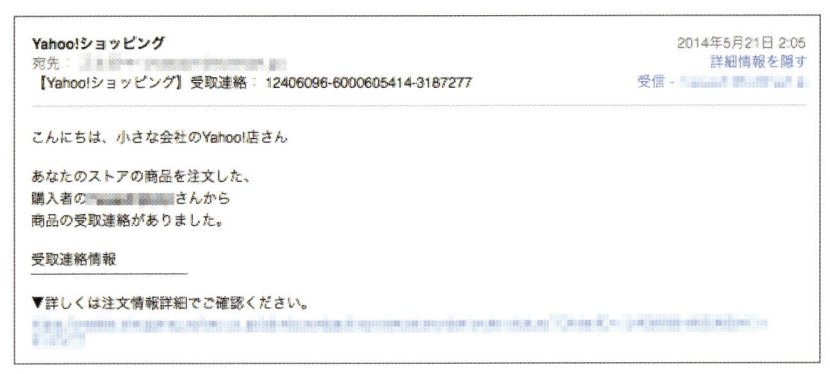

購入者からの受取連絡

5 受取金額の確定

　購入者が「受取連絡」を行うと、1営業日後に、ストアクリエイターの「請求・受取」の受取明細に今回の受取金額が反映されます。受取金額は、個人の場合は最大5営業日、法人・個人事業主の場合には月末（原則）に受取口座に振り込まれます。

受取金額の確定

Chapter 8

集客・販促に活用できる
ツール&サービス

Yahoo!ショッピングには、ストア運営に役立つさまざまな機能やツール、サポートが用意されています。ストアを運営する上で必要なノウハウもパソコン上で十分に学べます。この章では、活用すべきツール&サービスを紹介します。

Chapter 8 集客・販促に活用できるツール&サービス

PRO

01 無料で学べるYahoo!ショッピングのコンテンツ

Yahoo!ショッピングでは、無料で学べるコンテンツが充実しています。ページ編集や各種設定を開店ノウハウから撮影講座、HTML入門講座、販促講座まで動画で学ぶことができます。

■ ページ編集、各設定を動画で学ぶ

マニュアルは文字が並んでいるので少し苦手という方のために、Yahoo!ショッピングでは、マニュアルを動画にしたコンテンツが用意されています。設定画面が表示されながら学べるので、とてもわかりやすく進めることができます。

それでは、どんな動画が用意されているのか見てみましょう。

画面の右上にある「マニュアル」をクリックして「ツールマニュアル」ページに移動します。ページ上メニュー「従来のマニュアル」ページの画面左メニューにある「動画で学ぶ」をクリックしてください。動画で学べるコンテンツが一覧になっています。

この「動画で学ぶ」が非常にわかりやすくできているのは、各項目に「通常のマニュアル」と「動画」がセットになっているところです。マニュアルで伝えきれないところを動画で補い、動画で伝えきれないところをマニュアルで補っています。

動画で学べるページ画面

例えば、一番上にある「カテゴリページの編集」で「カテゴリページを作成する」を学ぼうとした場合、マニュアルページを見る場合には「カテゴリページを作成する」をクリック、動画を見る場合には［動画を見る］ボタンをクリックします。動画では、ストアマネージャー（旧ストア運営ツール）画面から編集ページにクリックするところから始まりますので、ストア運営ツールに慣れていない方でも安心して学べます。用意されているコンテンツは、以下のとおりです。なお、動画を見るは、JavaScriptに対応したブラウザとAdobe Flash Player（無料）が必要です。

カテゴリ	内容
ページ編集	カテゴリページの編集：カテゴリページを作成する
	カテゴリページの編集：カテゴリページを削除する
	商品ページの編集：商品ページを作成する
	商品ページの編集：商品ページを削除する
	カスタムページ編集：カスタムページを作成する
	カスタムページ編集：カスタムページを削除する
	会社概要の編集：会社概要ページを編集する
商品管理	商品一覧：商品情報を一括して編集する
	商品一覧：商品を別のカテゴリに移動する
	商品一覧：商品を別のカテゴリにリンクする
	商品一覧：商品を追加する
	商品一覧：商品を削除する
	商品表示順序の変更：商品の表示順序を変更する
	商品データベースを使った更新：商品データをダウンロードする
在庫管理	在庫データベース：在庫情報を一括して編集する
画像管理	フォルダリストについて：フォルダリストについて
	商品画像・商品詳細画像：個別アップロードする
	商品画像・商品詳細画像：一括アップロードする
	追加画像：別のカテゴリに移動する
	追加画像：削除する
	追加画像：ファイル名を変更する
カテゴリ管理	カテゴリを編集する：カテゴリを追加する
	カテゴリを編集する：カテゴリを削除する
	カテゴリを編集する：カテゴリの並び順序を変更する
	カテゴリを編集する：カテゴリを移動する
ストアデザイン	カテゴリを編集する：(かんたんモード)テンプレート選択/デザイン設定
	カテゴリを編集する：(かんたんモード)ヘッダーを編集する
	カテゴリを編集する：(かんたんモード)サイドナビを編集する
	カテゴリを編集する：(かんたんモード)フッターを編集する
	カテゴリを編集する：(かんたんモード)トップページを編集する
	基本テンプレート：基本テンプレートを設定する
	テンプレート選択：基本テンプレートを設定する
	テンプレート選択：ストア全体で使用するテンプレートを選択する
	パーツの並べ替えとデザイン編集：パーツの並べ替えとデザイン編集方法
	カテゴリページ設定：カテゴリページパーツの並び替えとデザイン編集方法
反映管理	反映履歴一覧：反映履歴を確認する
ストア情報設定	プライバシーポリシー：プライバシーポリシーを設定する
	お買い物ガイド：お買い物ガイドを設定する
	一時休店設定：一時休店の設定をする
	エディター設定：エディターのモードを設定する
	付録：HTMLタグ確認ツール

用意されているコンテンツ

■ ノウハウをパソコン講習会で受講する

　Yahoo!ショッピングでは、「～ネットで学べる～動画講習会」のサービスが用意されています。会社や自宅のパソコンから無料で受講できる動画コンテンツです。講座を視聴するための申し込みなどは必要ありません。好きな時間に何度でも無料で受講できます。

　それでは、どのような講座が用意されているのか見てみましょう。

　「マニュアル」ページの画面右上にある「ストアインフォメーション」をクリックします。「ストアインフォメーション」ページに移動します。画面上メニューにある「講習会」をクリックしてください。「講習会ご案内」ページが表示されます。

　「動画講習会について」の「講習会についてもっと知りたい！詳しくはこちら」バナーをクリックしてください。「講座一覧」ページが表示されます。13の講座が設けられています。各講座はチャプターで分かれていますので、自分のペースで少しずつ進めていくことができます。講座内容は以下のとおりです。なお、動画を見るは、JavaScriptに対応したブラウザとAdobe Flash Player（無料）が必要です。

　多くの講座が用意されている中、「どの講座を受講すればよいのか」「どの順番で受講すればよいのか」がわからない場合は、左メニューから「ステップアップナビ」「おすすめ受講パターン」を参考すると、自分に合った受講パターンを見つけることができます。

講座	内容
目標設定課題発見：ストア出店戦略講座	「売上を上げる」とは？
	ストアのコンセプト、目標を考える
	訪問者数アップの方法を考える
	購買率アップの方法を考える
	客単価アップの方法を考える
	施策を実施するために
基礎習得：はじめてのストアエディター講座	事前準備
	商品ページ作成
	ヘッダー作成
	トップページ作成
	会社概要ページ作成
	プライバシーポリシーページ作成
	お買い物ガイドページ作成
	インターネットに公開
	「翌日配達　あすつく」活用のご提案
基礎習得：はじめてのストアマネージャー講座	事前準備
	カートの設定
	さまざまなメールを受信する準備
	テスト注文
	注文管理の概要
	注文処理の方法
	ポイントについて
	アフィリエイトについて
	月々のご請求・お支払いについて

(続き)

講座	内容
	快適なストア運営について
	開店申請について
基礎習得：個人情報セキュリティ&オンラインストア関連法規講座	ストアで扱う個人情報と関連法規
	個人情報を漏えいさせないルール
	プライバシーポリシーの作成と掲載
	オンラインストア運営に関連する法規
購買率アップ：デジカメ撮影講座	カメラの基礎知識
	撮影に必要な道具
	ネットショップ写真の基本
	購買率アップ：Photoshop Elementsでできる画像加工講座
	Photoshop Elementsの画面構成
	色調補正
	トリミング
	不要物除去
	画像合成
	選択範囲
	保存方法
購買率アップ：ホームページビルダーですぐできる！HTML入門講座	基礎知識
	商品ページ・トップページでHTMLを活用する
	サイドナビにカテゴリメニューを作る
	ヘッダーでHTMLを活用する
購買率アップ：魅せる！商品ページ改善講座 〜商品の魅力を伝えるテクニック〜	商品ページの4大要素とレイアウト
	"商品ページの要"の設定
	インパクトを与える伝え方
	お客様の背中を押す一工夫
	設定が終わったら必ずチェックしましょう
来客数アップ：集客アップのためのキーワード選び講座	検索してみよう
	ストアに盛り込むキーワードの探し方
	キーワードの有効度をはかる
	キーワードの設定個所を学ぶ
来客数アップ：ストア販促活用講座	計画的に販促を活用する
	見込み客を獲得する
	訪問回数を増やす
	注文を獲得する
	リピート率アップ：成功ストアに学ぶリピーター獲得講座
	リピーターを獲得するための考え方
	お客様の不安を取り除くメール対応
	お客様の不安を取り除くページ作成
	お客様を感動させる梱包
リピート率アップ：お客様の心をつかむニュースレター講座	ニュースレターの基礎知識
	心をつかむメールの書き方

講座内容

■ 売上アップノウハウで学ぶ

　ストアを開店してもすぐに軌道にのるわけではありません。売上アップのため何をすればよいのか？　何が必要なのか？　悩んでも答えが見つからない方も多いはずです。そのために、Yahoo!ショッピングでは、「売上アップノウハウ」をまとめたコンテンツが用意されています。

売上UPノウハウページ

　前項の講座でも学べますが、この「売上アップノウハウ」でも詳しく説明してあります。それでは、どんなノウハウが学べるのか見てみましょう。
　「マニュアル」ページの「売上UPノウハウ」をクリックします。
　用意されているコンテンツは下表の通りです。画面上のメニューより各コンテンツに移動できます。ボリュームがありますが、気になる項目から読んでみてはいかがでしょうか？　売上アップのヒントが見つかるはずです。

カテゴリ	内容
集客しよう	Yahoo!ショッピングの売り場で露出しよう
	検索対策
	ポイント利用術
	広告
リピーター獲得法	ニュースレター
	販促に使える　ストアツール機能あれこれ
	リピーターを増やすネット接客術
購買率をあげる	「買われる」ページ作りのコツ
	愛されるお店になるために
	ネットで「売れる」商品の陳列方法とは
客単価をあげる	サービスを実施して、もっと買ってもらう
	ついで買いさせる!滞在時間を長くするお店づくり
統計情報活用	統計情報徹底活用のコツ
戦略的ストア運営	戦略的なストア運営のために
Yahoo!ショッピングという市場を知る	最新情報を活用しましょう
	過去に開催のポイントキャンペーン一覧
成功ストアを参考にしましょう	成功店長インタビュー
	カテゴリ別成功ストア事例
	広告活用成功事例
お役立ちコラム	ネットストア成功の秘訣
	SEO対策について
目標売上達成のノウハウ	月商10万円達成のノウハウ
特集	特集記事

コンテンツ

PRO
02 ストア運営や集客に役立つツール&サービス

Yahoo!ショッピングにはストア運営をサポートするサービスも充実しています。

■ ストア運営をサポートするさまざまなサービスについて

　Yahoo!ショッピングでは以下のような充実したサービスが提供されています。必要に応じて利用してみはいかがでしょうか。本章の03から04でそれぞれの利用方法について解説します。

・ストアアドバイザー
　　セルフチェックからアドバイスがもらえる
・トリプル
　　ワンランク上のストアを構築できる
・Yahoo! JAPAN コマースパートナー
　　問題解決のプロ集団からサポート

■ 集客・販促をするには

　ストアが開店しても、まだ誰もストアの存在を知りません。言わば、誰もいない山の中に開店した状態です。「ここにこんなお店があります」と手を挙げて、大声でアピールする必要があります。
　本章の05から集客・販促に利用できる以下の強力なツール・サービスの利用方法を紹介します。上手に利用して集客・販促に役立てましょう。

・ニュースレター配信
・クーポン発行
・クロコス懸賞
・販促企画
・ストアマッチ広告

PRO
03 トリプルを活用してワンランク上のストアを構築する

トリプルというサーバサービスを利用して、ワンランク上のストアを構築してみましょう。

トリプルとは

「トリプル」は自由に使用できるサーバ領域が使えるサービスです。

ストアエディタでページを作成する場合には、容量制限がありJavaScriptも使えません。また、レイアウトが決められていますので、自由にページをデザインすることができません。

これらを解消するのが「トリプル」です。「トリプル」のサーバ領域を使うことで、自由なデザイン、CSS（スタイルシート）の記述、JavaScriptの使用、高画質の画像表示などが可能になります。

「トリプル」のサーバ領域にアップロードしたCSSファイルをストアエディタで呼び出すことができるので、ストアエディタで作成するページでもCSSが自由に使えます。

JavaScriptを使うことで、表現豊かな動きのあるページを作ることも可能です。ストアのトップページをジャンプ（リダイレクト）させて、トリプルで作成したページを、トップページにすることもできます。動画や音声ファイルを設置することもできます。ファイルはFTPでのアップロードとなります。

「トリプル」のURLは以下のとおりです。

```
http://shopping.geocities.jp/ストアアカウント/
```

利用金額

「トリプル」は有料サービスです。右表のプランが用意されています。

プラン名	説明
トリプル300MBプラン	3,000円（税込）/1ヶ月
トリプル10GMプラン	5,000円（税込）/1ヶ月

利用金額

トリプルの利用を申し込む

「トリプル」の申し込み方法は、次頁のとおりです。

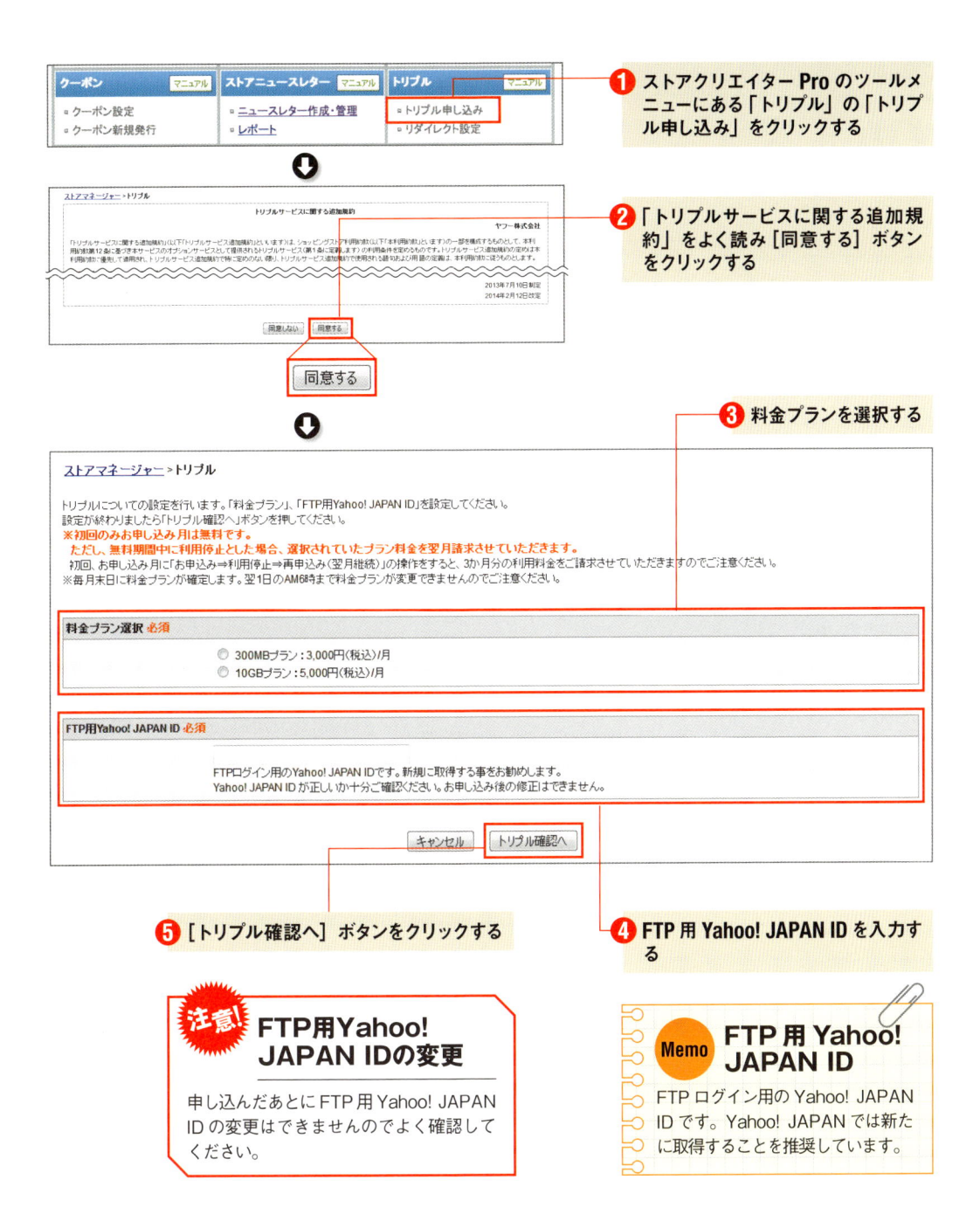

❶ ストアクリエイター Pro のツールメニューにある「トリプル」の「トリプル申し込み」をクリックする

❷ 「トリプルサービスに関する追加規約」をよく読み [同意する] ボタンをクリックする

❸ 料金プランを選択する

❺ [トリプル確認へ] ボタンをクリックする

❹ FTP 用 Yahoo! JAPAN ID を入力する

注意! FTP用Yahoo! JAPAN IDの変更

申し込んだあとに FTP 用 Yahoo! JAPAN ID の変更はできませんのでよく確認してください。

Memo FTP 用 Yahoo! JAPAN ID

FTP ログイン用の Yahoo! JAPAN ID です。Yahoo! JAPAN では新たに取得することを推奨しています。

03 トリプルを活用してワンランク上のストアを構築する

Chapter 8 集客・販促に活用できるツール&サービス

PRO

04 Yahoo! JAPAN コマースパートナーを活用する

忙しい方、運営スタッフが不足している方には、Yahoo! JAPAN コマースパートナーが、ストア運営をサポートする仕組みも用意されています。

Yahoo! JAPAN コマースパートナーとは

　Yahoo! JAPAN コマースパートナーとは、Yahoo!ショッピング、ヤフオク！などEC全般に関する確かな知識と実績を持ち、ネットショップ運営者様のニーズに合った運営支援やシステムを提供できる「ネットショップ運営の応援団」です。Yahoo! JAPAN と提携している外部企業が提供する有料サービスですが、運営管理、市場分析・コンサルティング、運営代行、物流など、さまざまな課題解決を図ることができます。

　例えば、「複数モールを効率よく管理したい」「プロのコンサルタントに施策してもらいたい」「ストア運営を代行して欲しい」「物流を効率化&コストダウンさせたい」など、運営支援サービスとシステム提供で解決することが可能です。

　Yahoo! JAPAN の検索で「コマパト！」入力すると、下図の Yahoo! JAPAN コマースパートナー専用サイトに移動できます。

　コンテンツでは「課題内容から選ぶ」と「解決手段から選ぶ」が用意されており、それぞれ目的に合ったサービスを選べるようになっています。

Yahoo! JAPAN コマースパートナー専用サイト
URL http://business.ec.yahoo.co.jp/commerce_partner/

Yahoo!アプリ コマースパートナー

「Yahoo!アプリ コマースパートナー」では30日間お試し無料のサービスもありますので（右図）、目的に応じて試してみることをおすすめします。

Yahoo!アプリ コマースパートナー

Memo ストアヘルプデスクを利用する

日々のストア運営やストア構築でわからないことがあれば、Yahoo!ショッピングのストアヘルプデスクに問い合わせることができます。

各マニュアル、よくある質問などでも解決しない場合には、メール（下図）または電話にて、全日（平日、土曜、日曜、祝日 / 10:00～18:00）問い合わせができます（ただし年末年始・臨時休業を除く）。

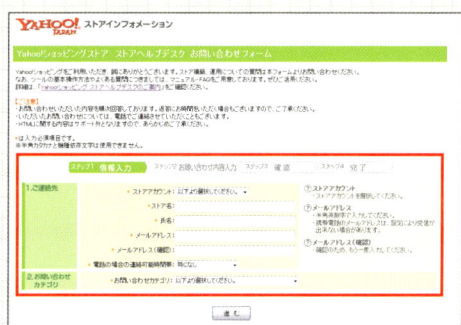

Yahoo!ショッピングストア→ストアヘルプデスク→お問い合わせフォーム

PRO

05 クーポンを発行する

Yahoo!ショッピングでは、クーポンを用意しています。ここではクーポンの利用方法について解説します。

クーポンの発行

　Yahoo!ショッピングでは、割引や送料無料など、特典をユーザーに「クーポン」として発行できます。値引き設定、利用期間、利用回数、注文金額、対象商品など、必要に応じた条件で発行できるので、新規のユーザー獲得はもちろん、リピーターの獲得にも大きな武器となります。それでは、「クーポン」を発行してみましょう。

❶ ストアクリエイター Pro のツールメニューにある「クーポン」の「クーポン新規発行」をクリックして「クーポン新規発行」ページに移動する

❷ 「クーポン名（必須）」にはクーポンの名称を全角 75 文字（半角 150 文字）以内で入力する

POINT　クーポンの名前
「何が」「どのくらい」お得なクーポンなのか、内容がわかるようにわかりやすい名前を付けてください。

❸ 「クーポン説明文」にはクーポンの説明を全角 150 文字（半角 300 文字）以内で入力する

POINT　クーポン説明文
「クーポン説明文」はクーポン詳細ページで表示されるので、「クーポン名」の補足内容を記載してください。

❹ 「クーポンカテゴリ」はクーポン一覧ページで表示されるカテゴリとなる。該当するカテゴリを選択する

❺ 「値引き設定［必須］」には「定額値引き」（金額で値引きするのか）、「定率値引き」（％で値引きするのか）、「送料無料」のどれかを選択する

❻ 「利用開始日時（公開日）［必須］」「利用終了日時［必須］」にはクーポンの利用期間を設定する。プルダウンメニューから選択する。最長 90 日以内での設定となる

❼ 「公開設定」には「一般公開」か「限定公開」を選ぶ

POINT　一般公開しているクーポンを発行する場合
一般公開しているクーポンを発行する場合には、ストアでもクーポンを発行しているアピールをしてください。トップページやサイドナビにバナーを掲載してアピールしたほうがよいでしょう。限定した商品のみ利用できるクーポンの場合には、その商品ページにもクーポンバナーを掲載することをおすすめします。

Memo 一般公開と限定公開

一般公開の場合、クーポン一覧ページに表示され多くのユーザーにアピールできます。限定公開の場合には、クーポン一覧ページには掲載されません。ストア側が公開するターゲットを絞り、ニュースレターで紹介するなど、顧客サービスとして発行する場合に設定します。

⑧ 「クーポン画像ファイル名[必須]」には詳細ページやクーポン一覧ページで表示されるクーポン画像を指定する。ストアクリエイター Pro で登録済みの画像のファイル名のみを記入する（記入例：**coupon.jpg**）。推奨画像サイズは 600 × 600 ピクセルとなる

POINT 値引きがわかる画像にする

値引きが一目でわかるように、イメージ画像に割引内容を掲載したデザインの画像を使うと、お得感も伝わり、より効果的です。

⑨ 「リンク先 URL」にはユーザーが[クーポンを使う]ボタンをクリック移動するページを指定する。指定できるのはストアページ内の URL のみとなる

```
http://store.shopping.
yahoo.co.jp/ストアアカウント
/以下
```

⑩ 「併用設定」にはほかのクーポンと一緒に使用できるかどうかの設定。「併用可」か「併用不可」を選択する

⑪ 「ユーザごとの利用可能回数」には1人のユーザーが、利用できるクーポンの回数を設定する。指定しない場合（空欄）は「無制限」での利用となる

⑫ 「全ユーザの利用可能回数」には発行するクーポンの総利用可能回数を指定する。指定しない場合（空欄）は「無制限」での利用となる

⑬ 「利用可能端末[必須]」ではクーポンを利用できる端末を選択する。「パソコン」「スマートフォン」、それぞれに選択する（両方の選択可）

⑭ 「注文金額/個数条件」には注文金額や注文個数でクーポンが利用できるかを設定する

⑮ 「商品指定[必須]」ではクーポンを発行する商品を指定できる。「ストア内全商品対象」「クーポン適用商品を指定」（最大 100 商品以内）「クーポン適用商品と同時購入商品を指定」（どちらも最大 100 商品以内）から選択する。限定した商品のみにクーポンを適用したい場合、「適用商品を指定」を選択する

⑯ 選択すると入力欄が表示されるので、クーポンを適用する商品コードを「'」カンマ切りのテキストで入力する。99 まで商品指定ができる

⑰ 複数の商品を同時購入した場合にのみクーポンを適用したい場合、「適用商品を指定」を選択する

⑱ 選択すると入力欄が 2 つ表示されるので、それぞれに商品コードを「'」カンマ切りのテキストで入力する。99 まで商品指定ができる

⑲ すべての設定が終わったら[発行確認]ボタンをクリックする

⑳ 内容を確認して、問題なければ[発行/更新する]ボタンをクリックする

㉑ クーポンが発行され、クーポンが設置される URL が表示される

PRO

06 クロコス懸賞でメールアドレスを集める

Yahoo!ショッピングでは「Crocos 懸賞」の専用プランが用意されています。ここでは Crocos 懸賞の利用方法について解説します。

Crocos 懸賞とは

「Crocos 懸賞」とは、ネット上で行われる懸賞サービスです。ソーシャルメディアを活用したアプリとして Crocos マーケティングから提供されています。登録した懸賞は、Yahoo!ショッピング内の Crocos 懸賞ページおよび Yahoo! JAPAN 懸賞ページに掲載されます。

懸賞を行うメリット

懸賞を行うことで、応募していただいたユーザーのメールアドレスを集めることがます。集めたメールアドレスは、ニュースレターの配信に利用できます。ニュースレター配信時に「Crocos 懸賞」応募者だけ絞り込んで配信することもできますので、見込み客を集めることが可能になります。

Crocos 懸賞を利用する

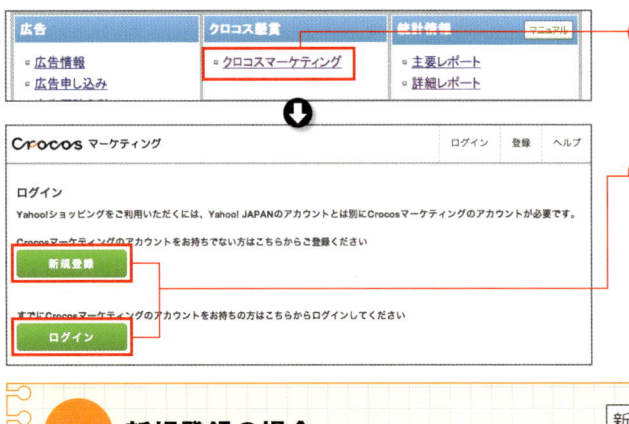

❶「Crocos 懸賞」を登録するには、ストアクリエイター Pro のツールメニューの「クロコス懸賞」にある「クロコスマーケティング」をクリックする

❷「Crocos マーケティング」ページに移動する。Crocos マーケティングのアカウントが必要なので、[新規登録] ボタンをクリックしてアナウンスに従って進める。すでにアカウントを持っている場合は、[ログイン] ボタンをクリックしてログインする

Memo 新規登録の場合

右図の画面で必要事項を入力して❶、[登録する] ボタンをクリックしてください❷。

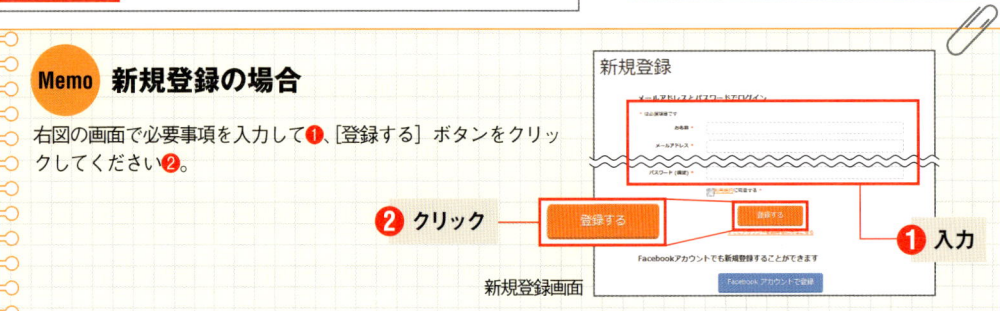

❷ クリック
❶ 入力

新規登録画面

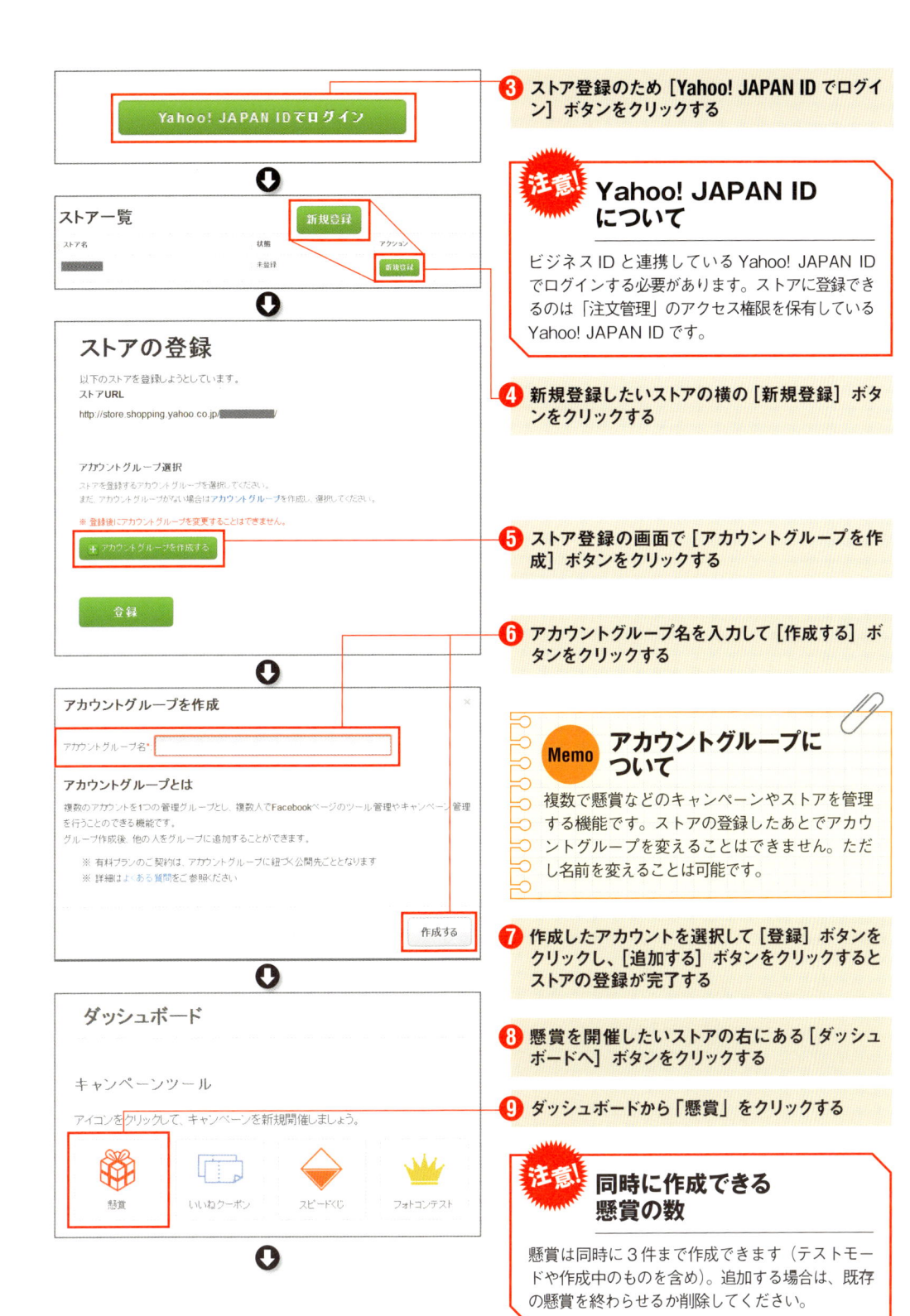

❸ ストア登録のため [Yahoo! JAPAN ID でログイン] ボタンをクリックする

注意！ Yahoo! JAPAN ID について

ビジネス ID と連携している Yahoo! JAPAN ID でログインする必要があります。ストアに登録できるのは「注文管理」のアクセス権限を保有している Yahoo! JAPAN ID です。

❹ 新規登録したいストアの横の [新規登録] ボタンをクリックする

❺ ストア登録の画面で [アカウントグループを作成] ボタンをクリックする

❻ アカウントグループ名を入力して [作成する] ボタンをクリックする

Memo アカウントグループについて

複数で懸賞などのキャンペーンやストアを管理する機能です。ストアの登録したあとでアカウントグループを変えることはできません。ただし名前を変えることは可能です。

❼ 作成したアカウントを選択して [登録] ボタンをクリックし、[追加する] ボタンをクリックするとストアの登録が完了する

❽ 懸賞を開催したいストアの右にある [ダッシュボードへ] ボタンをクリックする

❾ ダッシュボードから「懸賞」をクリックする

注意！ 同時に作成できる懸賞の数

懸賞は同時に3件まで作成できます（テストモードや作成中のものを含め）。追加する場合は、既存の懸賞を終わらせるか削除してください。

06 クロコス懸賞でメールアドレスを集める

229

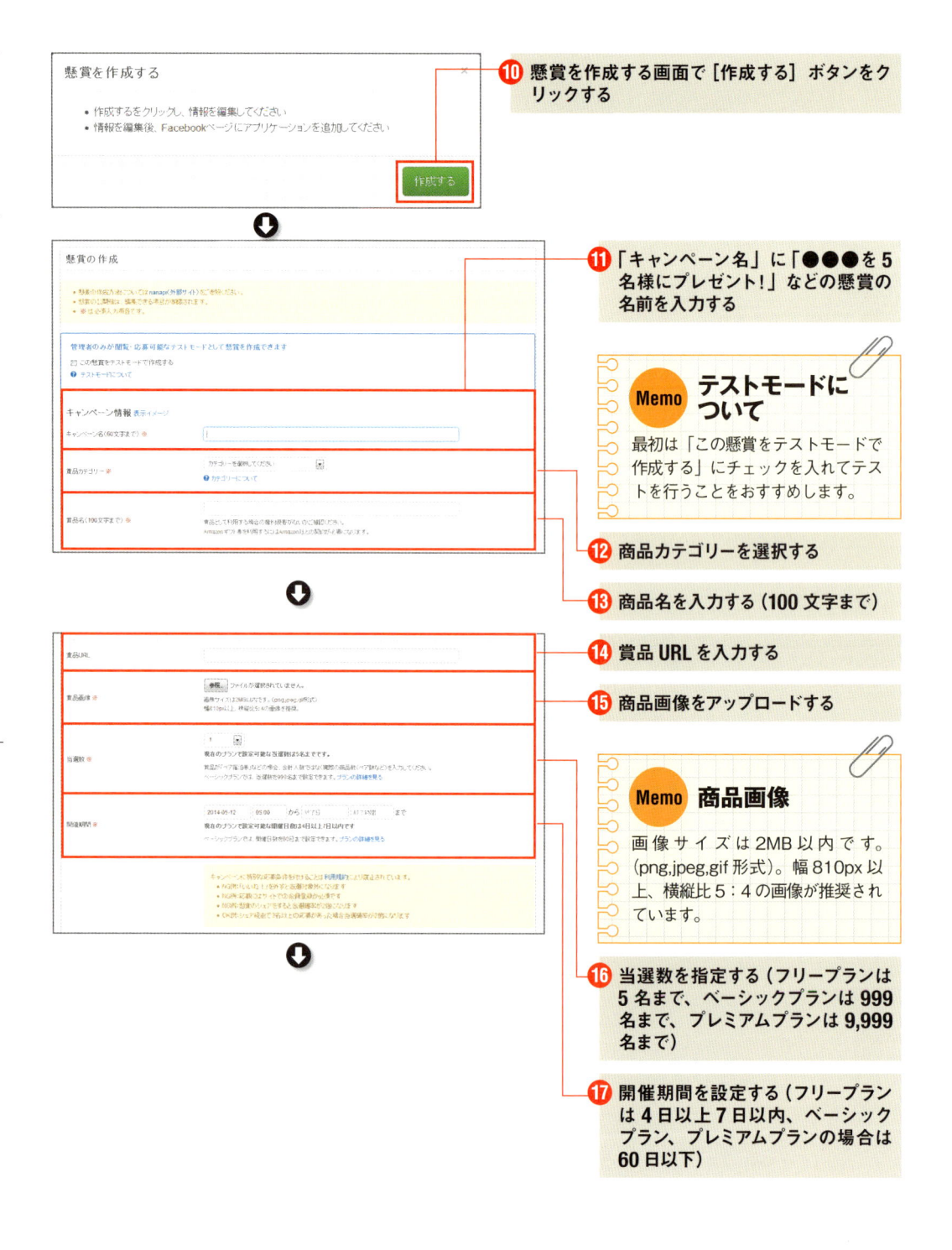

❿ 懸賞を作成する画面で［作成する］ボタンをクリックする

⓫ 「キャンペーン名」に「●●●を5名様にプレゼント！」などの懸賞の名前を入力する

Memo テストモードについて
最初は「この懸賞をテストモードで作成する」にチェックを入れてテストを行うことをおすすめします。

⓬ 商品カテゴリーを選択する

⓭ 商品名を入力する（100文字まで）

⓮ 賞品URLを入力する

⓯ 商品画像をアップロードする

Memo 商品画像
画像サイズは2MB以内です。（png,jpeg,gif形式）。幅810px以上、横縦比5：4の画像が推奨されています。

⓰ 当選数を指定する（フリープランは5名まで、ベーシックプランは999名まで、プレミアムプランは9,999名まで）

⓱ 開催期間を設定する（フリープランは4日以上7日以内、ベーシックプラン、プレミアムプランの場合は60日以下）

⑱「キャンペーンの説明」には「新商品発売記念！●●●を5名様にプレゼント！」などの説明文を入力する

⑲「年齢制限」を選択する

> **注意！ アルコールの場合**
> アルコールの場合は必ず年齢制限を設定してください。

⑳「応募にはいいね！が必須」にチェックを入れる

㉑「応募時アンケートの設定」はベーシックプラン以上で利用できる

> **注意！ 応募条件は付けないこと**
> 特別な応募条件は付けないでください。利用規約で禁止されています。利用規約は以下で確認してください。
> ・Crocos マーケティング ガイドライン
> **URL** https://marketing.crocos.jp/term#c01-a13

㉒「プライバシーポリシーURL」は個人情報保護法の適用がある主催者は必ず入力する

㉓「主催者PR（PC）」にはPC向けに独自のPR文を入力できる。一部のHTMLタグやリンクの設定も可能（URLは必ずhttp://もしくはhttps://から指定する）

㉔「主催者PR（モバイル）」にはモバイル向けに独自のPR文を入力できる。一部のHTMLタグやリンクの設定も可能（URLは必ずhttp://もしくはhttps://から指定する）

> **Memo PC向けで利用できるタグ**
> `<a> <img> <table> <thead> <tbody>`
> `<tfoot> <tr> <td> <th> <strong> <em>`
> `<i> <b> <u> <big> <small> <blockquote>`
> `<ul> <li> <ol> <dl> <dt> <dd> <p> <hr>`
> `<br> <center> <pre> <span> <div>`

> **Memo モバイル向けで利用できるタグ**
> `<a> <img> <table>`
> `<thead> <tbody>`
> `<tfoot> <tr> <td> <th>`
> `<strong> <em> <i> <b>`
> `<u> <big> <small>`
> `<blockquote> <ul> <li>`
> `<ol> <dl> <dt> <dd>`
> `<p> <hr> <br> <center>`
> `<pre> <span> <div>`

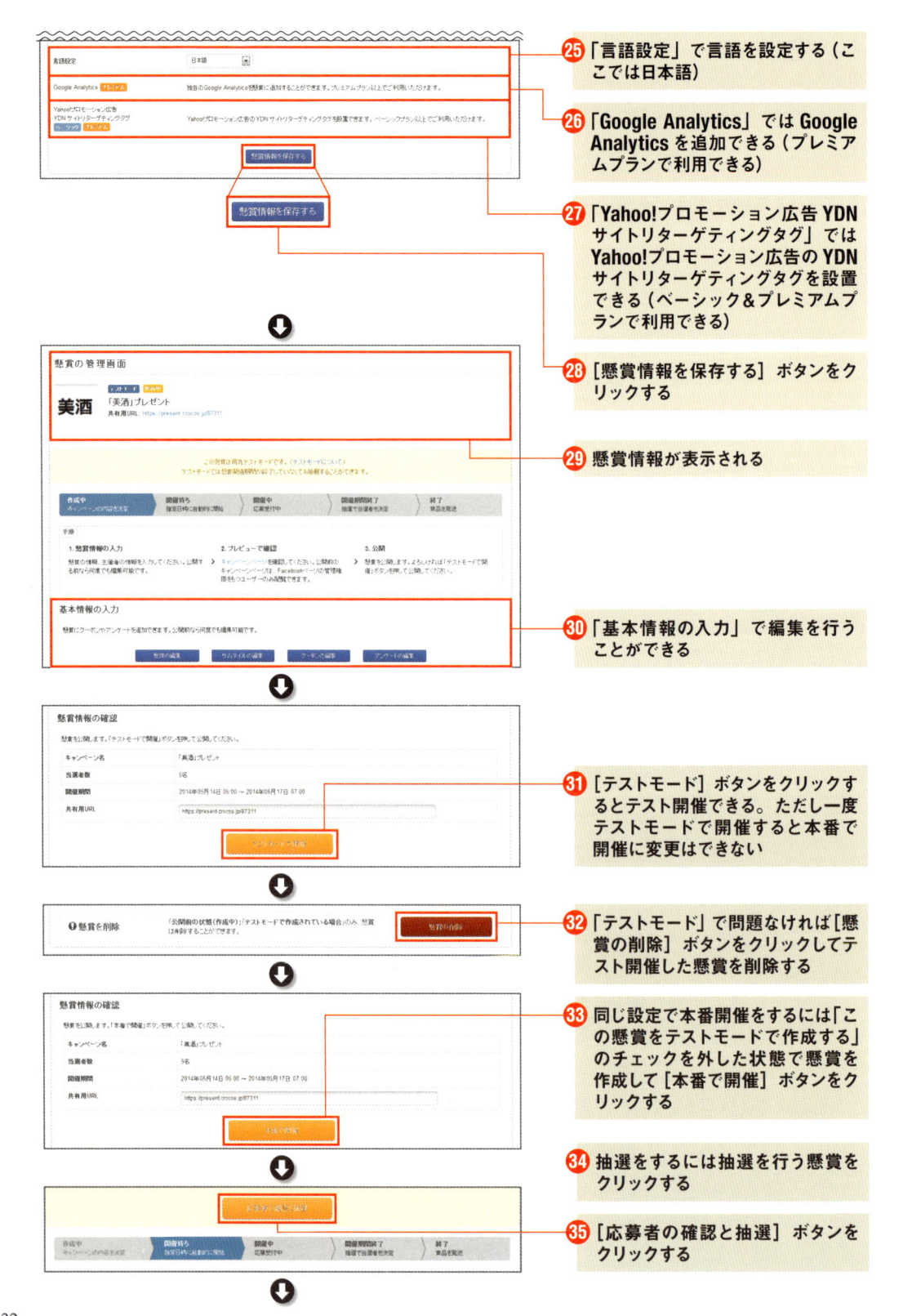

Chapter 8 集客・販促に活用できるツール&サービス

25 「言語設定」で言語を設定する（ここでは日本語）

26 「Google Analytics」では Google Analytics を追加できる（プレミアムプランで利用できる）

27 「Yahoo!プロモーション広告 YDN サイトリターゲティングタグ」では Yahoo!プロモーション広告の YDN サイトリターゲティングタグを設置できる（ベーシック&プレミアムプランで利用できる）

28 ［懸賞情報を保存する］ボタンをクリックする

29 懸賞情報が表示される

30 「基本情報の入力」で編集を行うことができる

31 ［テストモード］ボタンをクリックするとテスト開催できる。ただし一度テストモードで開催すると本番で開催に変更はできない

32 「テストモード」で問題なければ［懸賞の削除］ボタンをクリックしてテスト開催した懸賞を削除する

33 同じ設定で本番開催をするには「この懸賞をテストモードで作成する」のチェックを外した状態で懸賞を作成して［本番で開催］ボタンをクリックする

34 抽選をするには抽選を行う懸賞をクリックする

35 ［応募者の確認と抽選］ボタンをクリックする

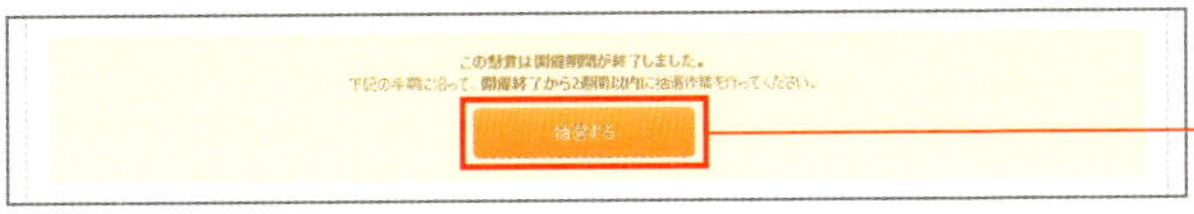

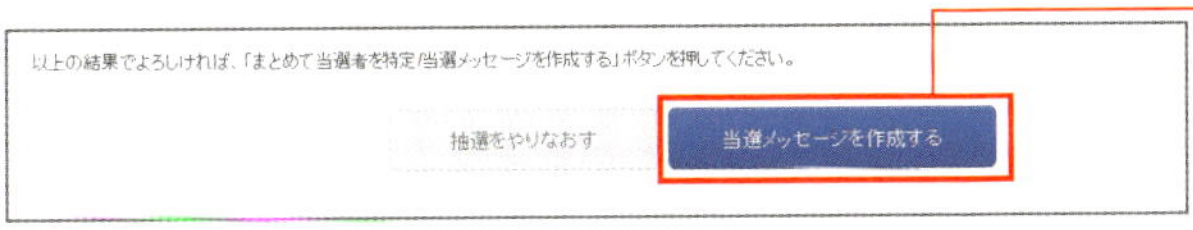

㊱［抽選する］ボタンをクリックする。抽選結果に問題なければ［まとめて当選者を確定 / 当選メッセージを作成する］ボタンをクリックする

㊲［当選メッセージを作成する］ボタンをクリックする。送信対象や件名、本文、返信先メールアドレスを入力して［下書きで保存する］ボタンをクリックする。入力した返信先のメールアドレス宛てに確認メールが送信される。

㊳問題なければ［送信する］ボタンをクリックする

Memo 当選をキャンセルする場合

ダッシュボード左の「当選者一覧」をクリックして、［キャンセル画面へ移動する］ボタンをクリックしてキャンセル通知メールの内容を確認して問題なければ［当選キャンセルを実行する］ボタンをクリックしてキャンセルしてください。

Memo 当選者のメールアドレス

当選者全員に当選の通知を送信すると、懸賞が終了ステータスに変更され、当選者のメールアドレスを確認できます。

懸賞を作る時のポイント

懸賞を作る時は「目的である見込み客を意識した懸賞を実施する」ことが重要です。

ストアの見込み客とは、どういったユーザーか考えてみましょう。

それは、あなたのストアに興味があるユーザーです。ストアで扱っている商材に興味を持ったユーザーが見込み客となりますので、懸賞で提供する賞品はストアで扱っている主力商品となります。

単純に「多くのユーザー（メールアドレス）を集めたい」ということであれば、一般的に人気の高い商品を懸賞に出せばよいのですが、集まったユーザーは懸賞とその商品に興味があるだけで、あなたのストアに興味があるわけではありません。これだと、多くのメールアドレスを獲得したところで、その後の反応は期待できず、見込み客とは言えません。

たとえ応募が少しでも、自分のストアの商品の懸賞に応募してくれたユーザーを集めれば、その後のニュースレターで反応してくれる可能性が高くなります。また、当選者の人数は多く設定しなくてもよいです。

10 個ある商品を懸賞に出すのであれば、一度に 10 人の当選者で 1 回の懸賞を実施するよりも、1 人の当選者で 10 回の懸賞を実施したほうが効果的です。懸賞で集まるユーザーは、当選者の数に比例する訳ではありません、単発での実施よりも、継続することで、より多くのユーザーにストアがアピールできるようにしましょう。

PRO

07 ニュースレターを活用する

Yahoo!ショッピングではユーザー向けにニュースレターを配信できます。ここではニュースレターの利用方法について解説します。

ニュースレターの利用

「ニュースレター」は、購入歴のあるユーザーや、ストアの「ニュースレター登録」にて配信を申し込みされたユーザーへ、メールを配信できる販促ツールです。

商品やセールの紹介などインフォメーションをニュースレターで配信していきます。ニュースレターの種類は、パソコン HTML、パソコンテキスト、モバイル HTML、モバイルテキストです。配信対象を絞ったセグメント配信が可能ですので、ユーザーに合わせた内容での配信ができます。また、配信予約ができますので、時間がある時に編集・設定して配信することも可能です。

ニュースレターの利用を始めてみましょう。

❶ ストアクリエイター Pro のツールメニューにある「ストアニュースレター」の「ニュースレター作成・管理」をクリックする

❷ 初めてアクセスした場合には、「利用開始」ページが表示される。「From アドレス」には、ニュースレターの配信元となるメールアドレスを記入する

❸ 「パソコンテスト配信アドレス」「モバイルテスト配信先アドレス」は、ニュースレターを作成したあと、内容確認のテストメールを送るアドレスである。それぞれ 3 件までの登録が可能

❹ 必要な情報を入力したら画面下の [利用開始] ボタンをクリックすると「ストアニュースレター作成・管理」ページに移動する

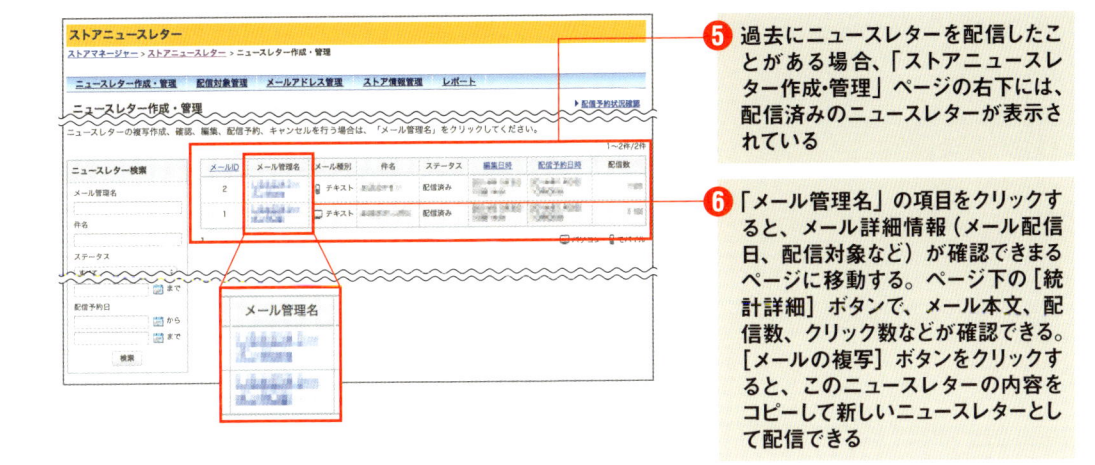

❺ 過去にニュースレターを配信したことがある場合、「ストアニュースレター作成・管理」ページの右下には、配信済みのニュースレターが表示されている

❻ 「メール管理名」の項目をクリックすると、メール詳細情報（メール配信日、配信対象など）が確認できまるページに移動する。ページ下の［統計詳細］ボタンで、メール本文、配信数、クリック数などが確認できる。［メールの複写］ボタンをクリックすると、このニュースレターの内容をコピーして新しいニュースレターとして配信できる

新しくニュースレターを作成する

それでは新規のニュースレターを作成してみましょう。

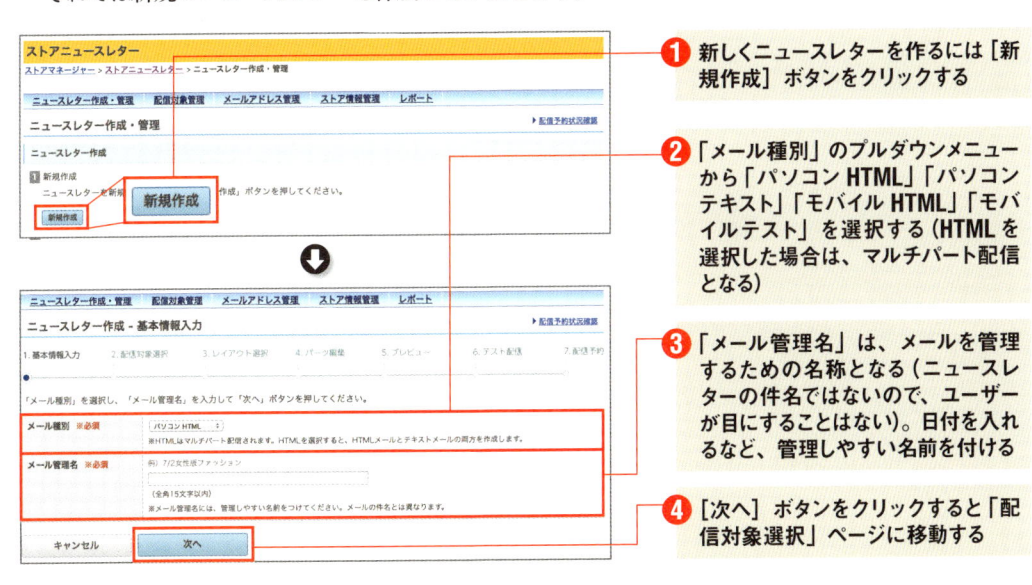

❶ 新しくニュースレターを作るには［新規作成］ボタンをクリックする

❷ 「メール種別」のプルダウンメニューから「パソコンHTML」「パソコンテキスト」「モバイルHTML」「モバイルテスト」を選択する（HTMLを選択した場合は、マルチパート配信となる）

❸ 「メール管理名」は、メールを管理するための名称となる（ニュースレターの件名ではないので、ユーザーが目にすることはない）。日付を入れるなど、管理しやすい名前を付ける

❹ ［次へ］ボタンをクリックすると「配信対象選択」ページに移動する

POINT マルチパート配信

マルチパート配信とは、HTMLメールとテキストメールを同時に配信して、メールを受け取るユーザーの環境（メールソフトや設定）に応じて最適な形式でメールを閲覧させることができる配信方法です。マルチパート配信を行うと、HTMLが見られないユーザーにはテキストメールが配信されます。

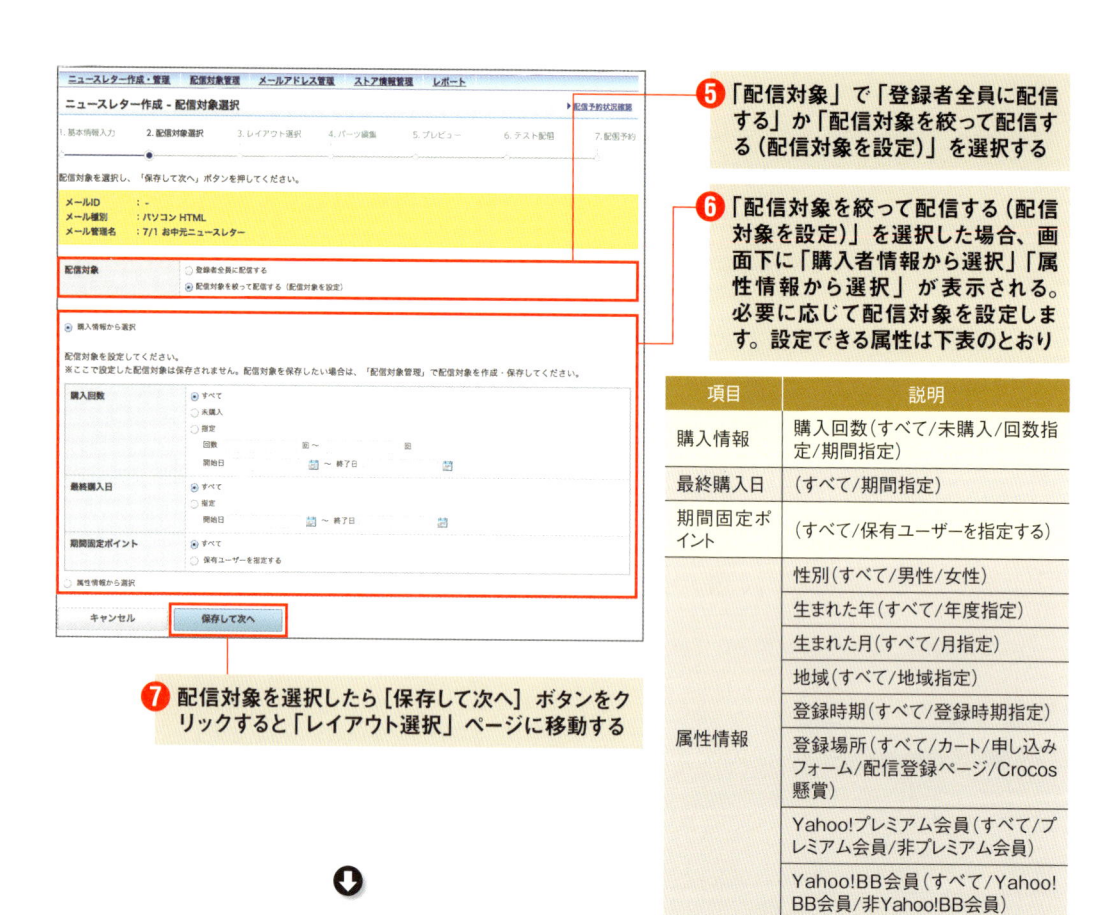

❺「配信対象」で「登録者全員に配信する」か「配信対象を絞って配信する（配信対象を設定）」を選択する

❻「配信対象を絞って配信する（配信対象を設定）」を選択した場合、画面下に「購入者情報から選択」「属性情報から選択」が表示される。必要に応じて配信対象を設定します。設定できる属性は下表のとおり

項目	説明
購入情報	購入回数（すべて/未購入/回数指定/期間指定）
最終購入日	（すべて/期間指定）
期間固定ポイント	（すべて/保有ユーザーを指定する）
属性情報	性別（すべて/男性/女性）
	生まれた年（すべて/年度指定）
	生まれた月（すべて/月指定）
	地域（すべて/地域指定）
	登録時期（すべて/登録時期指定）
	登録場所（すべて/カート/申し込みフォーム/配信登録ページ/Crocos懸賞）
	Yahoo!プレミアム会員（すべて/プレミアム会員/非プレミアム会員）
	Yahoo!BB会員（すべて/Yahoo!BB会員/非Yahoo!BB会員）

「購入者情報から選択」と「属性情報から選択」の項目

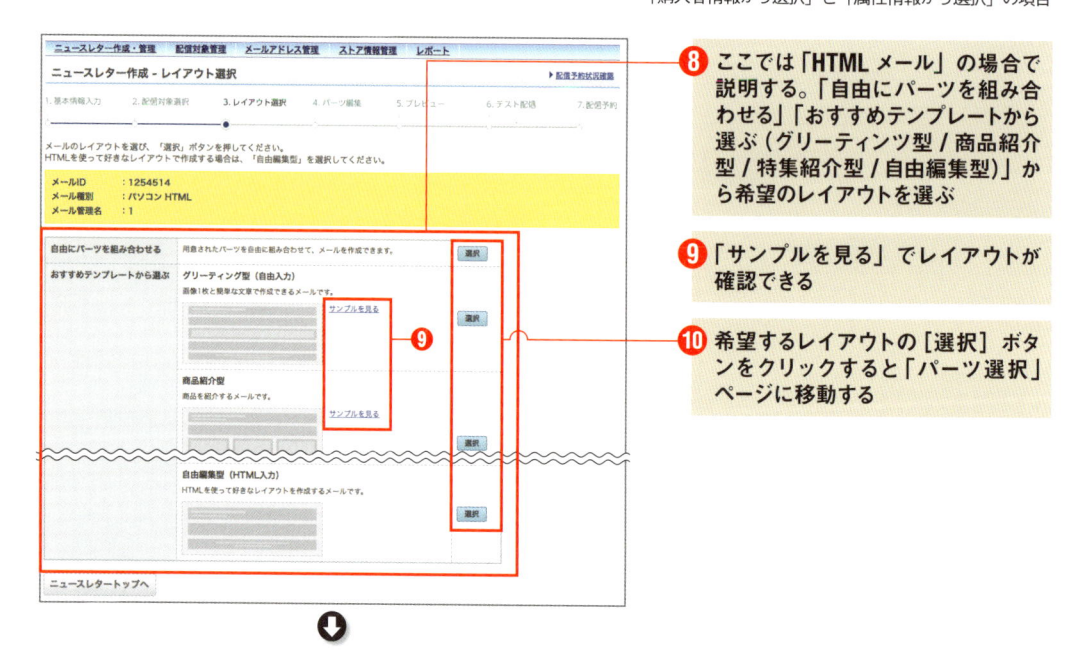

❼ 配信対象を選択したら［保存して次へ］ボタンをクリックすると「レイアウト選択」ページに移動する

❽ ここでは「HTMLメール」の場合で説明する。「自由にパーツを組み合わせる」「おすすめテンプレートから選ぶ（グリーティンツ型/商品紹介型/特集紹介型/自由編集型）」から希望のレイアウトを選ぶ

❾「サンプルを見る」でレイアウトが確認できる

❿ 希望するレイアウトの［選択］ボタンをクリックすると「パーツ選択」ページに移動する

07 ニュースレターを活用する

⓫ 画面左に「選択パーツ」、画面右に「パーツ一覧」が表示されています。「パーツ一覧」から「選択パーツ」の枠内にドラッグ＆ドロップして配置する。「アイテム商品」「アイテム特集」のパーツを使うと、商品をレイアウトすることができる

⓬ 設定したら［保存して次へ］ボタンをクリックして「パーツ一覧」ページに移動する

⓭ 各パーツを編集して、HTMLメールを仕上げる。例えば「件名」の［編集］ボタンをクリックすると、件名を編集できる

⓮ 編集が終わったら［保存］ボタンをクリックする。1つ前の「パーツ選択」ページに戻ります。残りのパーツを編集する

⓯ 「フリーテキスト」の編集画面では、「HTML」「テキスト」の2つの枠が表示される

⓰ 「HTML」欄には、「HTML」タブをクリックしてHTMLで記述する

⓱ HTML記述が苦手な方は、「通常入力」タブをクリックすると編集ツールが表示される。編集ツールを使って編集すれば、自動的にHTMLに変換して記述される

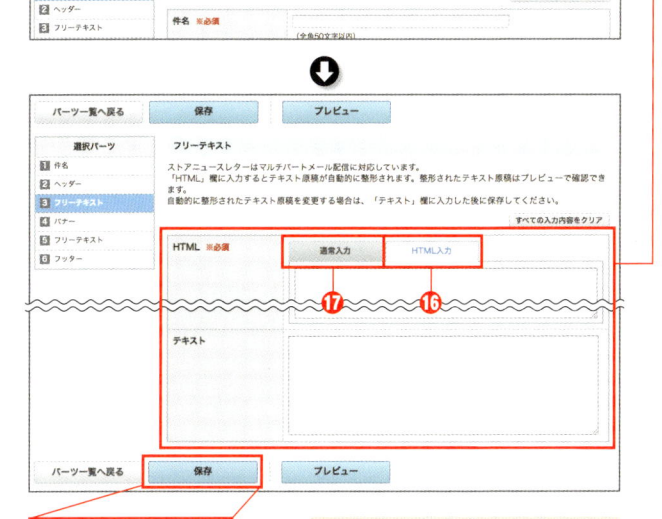

⓲ 編集が終わったら［保存］ボタンをクリックする

Memo マルチパートメール配信に対応

マルチパートメール配信に対応しているので「HTML」欄に入力するとテキスト原稿が自動的に整形されます。整形されたテキスト原稿は［プレビュー］ボタンで確認できます。自動的に整形されたテキスト原稿を変更する場合は、「テキスト」欄に入力します。

⑲「バナー」の編集画面に移動する

⑳「画像」「画像説明文（ALT）」「リンク先URL」を設定する。「画像」には、表示させる画像を絶対パスのURLで入力する

㉑「画像説明文（ALT）」には、表示させる画像の説明文を入力する

㉒「リンク先URL」には、その画像から任意のページにリンクさせる場合に、リンク先URLを絶対パスで入力する

㉓ 入力後は[保存]ボタンをクリックする

㉔ すべてのパーツの編集が終わったら[次へ]ボタンをクリックする。編集したHTMLメールのプレビューが表示される。「HTMLメール」「テキストメール」の両方を確認することができる。必要に応じて、「全体色」「タイトル文字色」変更することもできる

㉕ この内容で問題なければ保存して[次へ]ボタンをクリックする。「テスト配信メールアドレス」ページに移動する

㉖ 設定されているメールアドレスが表示される。テスト配信するメールアドレスにチェックを入れる

㉗ テスト配信先のメールを変更したい場合は、表示されているメールアドレスを変更する

㉘ 設定が終わったら[テスト配信]ボタンをクリックする。テストメールが届きますので、内容を最終確認する

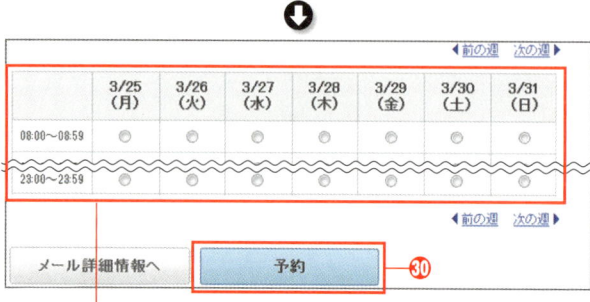

㉙ 最後に、「配信予約」を設定する。1週間分の配信日時が表示されています。混み具合が色分けされているので、混雑している時間帯は配信予約ができません。翌週以降の配信予約をしたい場合には、画面右下の「次の週」ボタンをクリックする。当日から4週間分の配信日時が表示できる

㉚ 配信したい日時が決まったら、その日時を選択して[予約]ボタンをクリックする

㉛「ストアニュースレターの配信予約を行いました。」というメッセージが表示される。これで配信予約の完了となる

POINT 効果的なセグメント配信

ニュースレターの目的は、ニュースレターを出すことではありません。ニュースレターを通じて、ストアに来てもらうこと、商品を購入してもらうことが目的です。Yahoo!ショッピングのニュースレターは、配信対象を絞ることができます。性別、年齢、購入回数などを絞り込んで、そのターゲット層に向けた内容のニュースレターを配信するようにしましょう。ターゲット層に合わせた文章や商品のピックアップをすることで、より効果的なニュースレターになります。地域でセグメントしたとしましょう。例えば、「先日の台風での水害は大丈夫でしたか？」「○○祭りが盛大に行われたようですね」など、その地域で起きたことを挨拶文に入れるだけで、読んでくれたユーザーは大勢に配信した内容でないことに気がつきます。「大勢ではなく、あなたを見ています」というメッセージが大切なのです。それによって、ユーザーはストアに親近感を抱いてくれるようになります。ニュースレターに同じ労力を使うのであれば、効果的なセグメント配信をしてください。

PRO

08 ストアマッチ広告を活用する

Yahoo!ショッピングでは手軽に配信できる「ストアマッチ広告」が用意されています。ここではストアマッチ広告の利用方法について解説します。

ストアマッチ広告とは

　Yahoo!ショッピングでは、さまざまな広告が用意されています。その中で、最も簡単に利用できるのが「ストアマッチ広告」です。クリック課金型広告なので、予算に合わせた広告展開が可能となります。
　「ストアマッチ広告」は、「ストアのイチオシ」と「アイテムマッチ」の2つの広告タイプがあります。

ストアマッチ広告を確認する

❶ ストアクリエイター Pro のツールメニューにある「広告」の「ストアマッチ」をクリックすると「広告情報」ページに移動する

❷ 利用するには、ストアマッチの新規申し込みを行う必要がある

ストアマッチ広告ページ

Memo 「ストアのイチオシ」「アイテムマッチ」について

「ストアのイチオシ」「アイテムマッチ」については、それぞれに解説ページが設けられています。「ストアのイチオシとは」「アイテムマッチとは」をクリックしてください。解説動画もありますので、参照してみてください。

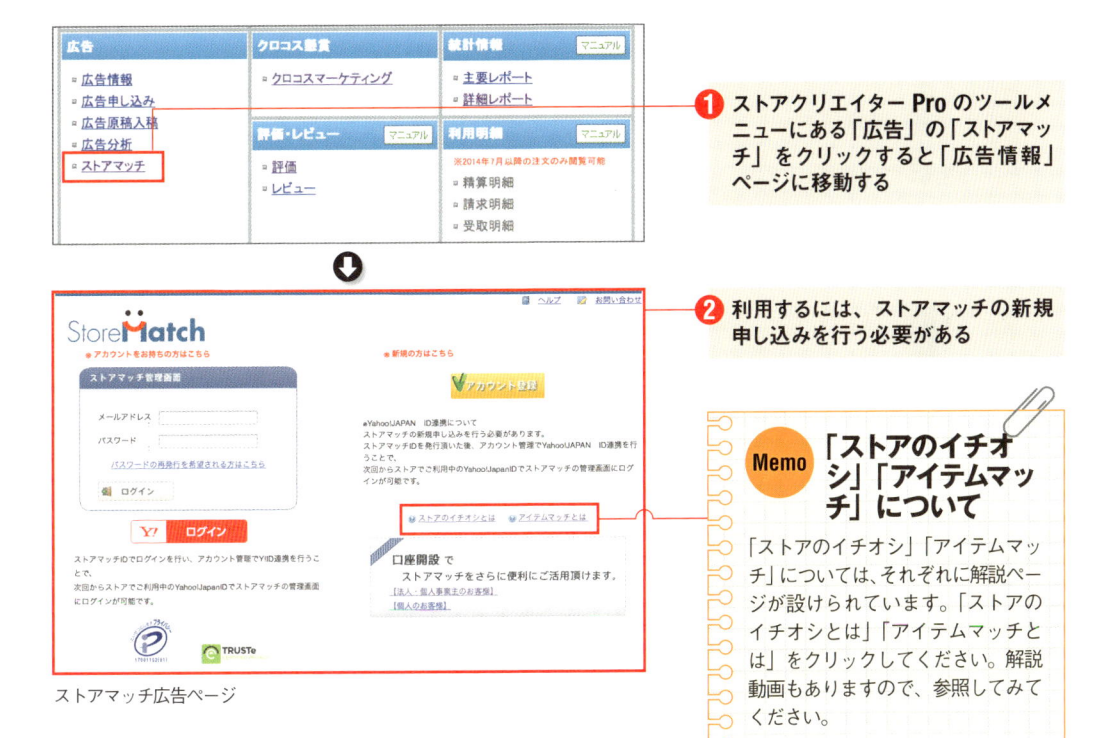

「ストアのイチオシ」について

　Yahoo!ショッピングの商品検索に入力された検索キーワードによって、設定した広告を表示させるキーワード連動型広告です。広告は下表の場所に表示されます。

掲載場所	広告の表示
検索結果ページの商品一覧1ページ目の下部分	6枠の広告表示
カテゴリページの商品一覧1ページ目の下部分	6枠の広告表示
季節販促(特集ページ)1ページ目の商品掲載の下部分	6枠の広告表示

ストアのイチオシの掲載場所

クリック課金

　クリック課金は入札式です。6枠の広告表示ですので、入札金額が7位以下の場合には広告表示されません。最低入札金額は1クリック10円ですので、リーズナブルに広告配信が行えます。
　入札式ですが、クリック単価は次位の入札価格に1円を加えた金額ですので、無駄な広告費用がかからない仕組みになっています。

> **Memo　入札金額の例**
>
> 1位の入札金額が100円で、2位の入札金額が50円だった場合、1位の実際の広告費用は51円、入札金額が最下位でも、対象キーワードでの広告参加が6以下であれば、最低入札金額でも広告が表示されます。

広告の画像、リンク先、タイトル、掲載期間など

　表示する広告の画像、リンク先、タイトルは自由に設定できます。広告掲載後も変更が可能です。掲載期間の設定、広告限度額を設定できるので、計画的な広告掲載が可能です。なお、広告表示には広告審査があります。

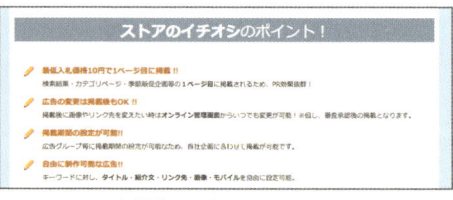

ストアのイチオシ解説ページ

> **POINT　効果的な広告設定**
>
> 広告の目的は、広告を出すことではありません。広告表示からクリックさせて、ストアに来てもらい商品を購入してもらうことが目的です。無駄な広告費用にならないように、計画的に広告設定することをおすすめします。
> 「ストアのイチオシ」では、ビッグキーワード(広告競争が激しいキーワード)は入札費用が高くなってしまいますので、当初は主要キーワードにサブキーワードを追加するなどして、競争が低いキーワードから始めてみてください。
> 広告画像とタイトルも重要です。広告画像とタイトルの役割は、より魅力的に情報を伝えてクリックさせることです。そのクリックされた先のページも重要となります。クリックして来店してくれたのに、購入意欲がわかない商品ページでは購入に至らず広告費用が無駄になってしまいます。購買意欲がわく商品ページを企画して、その内容を広告す

る流れが必要となります。
また、主要キーワードにサブキーワードを追加するということは、ターゲットが絞られた広告表示となりますので、そのターゲットを意識した広告画像、タイトル、商品ページが必要です。
例えば、広告キーワードを「トートバッグ」「本革」に設定した場合、ユーザーは明らかに「本革のトートバッグ」を探しています。そのユーザーに対して、ほかの本革のトートバッグと何が違うのかをアピールする必要があります。広告画像やタイトルでそれを表現して、商品ページではその流れをくんで、クリックした期待感に応える内容にしておくことが必要です。大切な広告費用です。より効果的に広告できるように設定してください。

「アイテムマッチ」について

Yahoo!ショッピングの商品検索に入力された検索キーワードによって、設定した広告を表示させる商品選択型広告です。広告は右表の場所に表示されます。

掲載場所	広告の表示
検索結果ページの商品一覧の商品リスト下	3枠での広告表示
カテゴリページの商品一覧の商品リスト上	2枠・下3枠での広告表示

ストアのイチオシの掲載場所

クリック課金

クリック課金は入札式です。入札金額が下位でも、検索結果ページ、カテゴリページの2ページ目以降で掲載枠に空きがある場合には広告表示されます。入札式ですが、「ストアのイチオシ」同様に、クリック単価は次位の入札価格に1円を加えた金額ですので、無駄に入札費用とならない仕組みになっています。

> **Memo 入札金額の例**
> 例えば、1位の入札金額が100円で、2位の入札金額が50円だった場合、1位の実際の広告費用は51円、最低入札費用は10円（カテゴリによっては15円）です。

「アイテムマッチ」を設定した商品には、商品一覧の通常表示にクリーム色の背景が付きます。広告用に商品画像、商品名を用意する必要はありません。既存の商品情報が表示されます。また、「アイテムマッチ」の広告枠に、おすすめ情報をテキスト掲載することができます。投稿したテキストはタイムリーに掲載されます。

Twitterアカウントがあれば、商品URLと共にTwitterにも投稿することも可能です。

「アイテムマッチ」は登録済みの商品を表示させるので、審査はありません。掲載したい商品を選んで入札すれば、最大20分後には広告掲載されます。

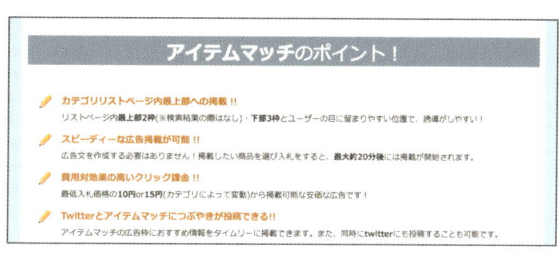

アイテムマッチ解説ページ

08 ストアマッチ広告を活用する

PRO

09 FTPで効率的にデータをアップロードする

Yahoo!ショッピングでは、効率化に役立つツールやサービスも用意されています。ここではFTPの利用方法について解説します。

FTPで効率化を図る

　ストアエディタで商品画像をアップして商品ページ作っていくのも、商品が多くなればなるほど、その管理や更新が大変になります。FTPでのアップロード、商品データベースファイル（CSV形式）での一括編集などを利用して、作業の効率化を図りましょう。

FTPでアップロードする

　Yahoo!ショッピングでは、FTPを利用したアップロードができます。データベースファイル（CSV）や圧縮した画像ファイルなどは、ストアエディタからもアップロードできますが、FTPを使ったほうが利便性も高く効率的です。

1 Yahoo!ショッピングにFTPの利用を申請する

　FTPの使用には前もってYahoo!ショッピングへの申請が必要となります。

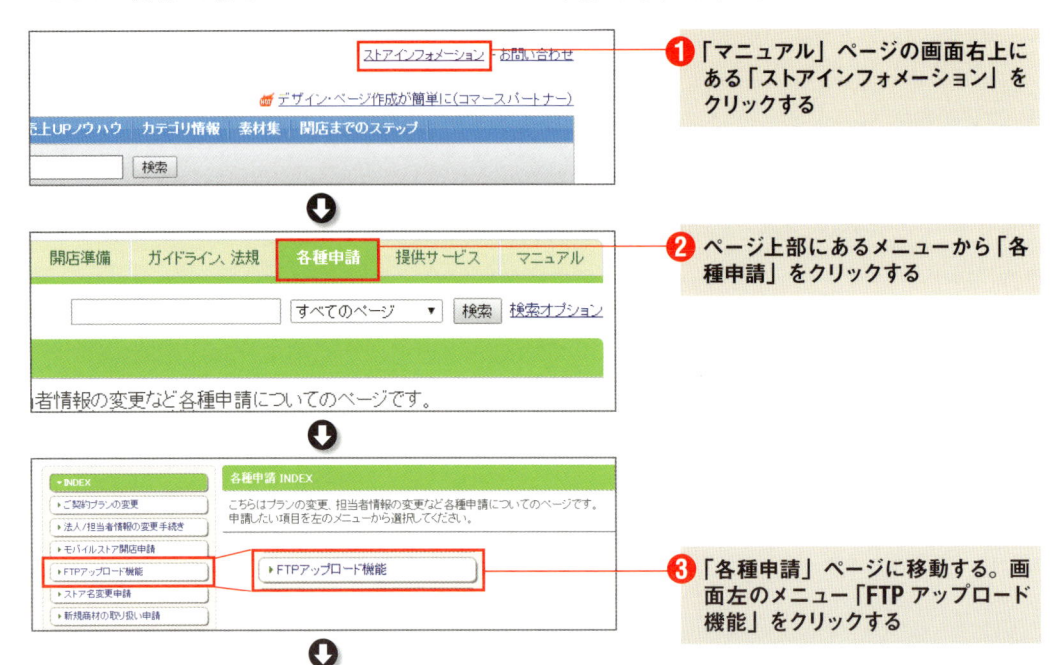

❶「マニュアル」ページの画面右上にある「ストアインフォメーション」をクリックする

❷ ページ上部にあるメニューから「各種申請」をクリックする

❸「各種申請」ページに移動する。画面左のメニュー「FTPアップロード機能」をクリックする

❹ ページの下あたりにある、背景がピンクの「Yahoo!ショッピングストアーFTP利用申請フォーム」をクリックする

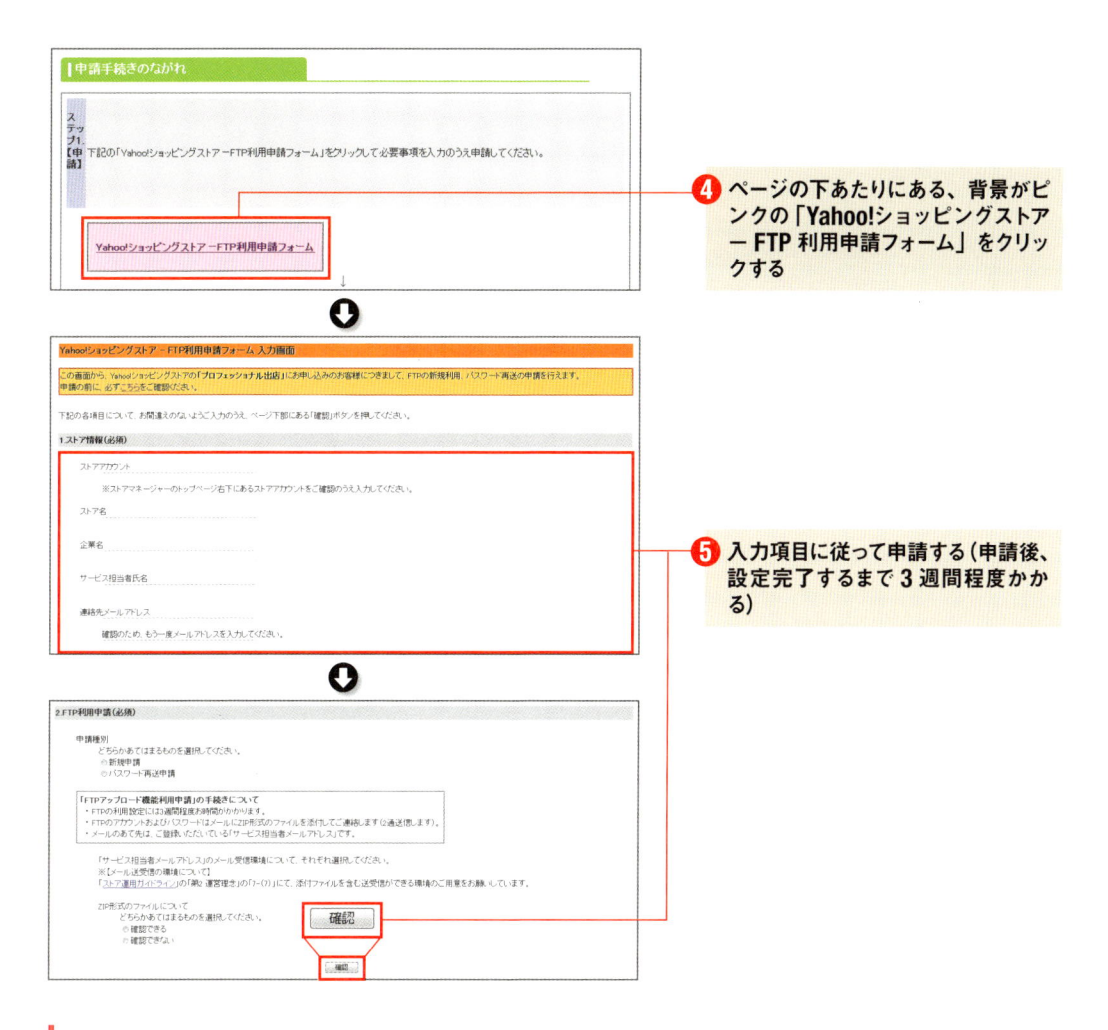

❺ 入力項目に従って申請する（申請後、設定完了するまで3週間程度かかる）

FTPを利用してアップロードできるファイルと容量

FTPを利用してアップロードできるファイルと容量は下表のとおりです。

ファイルの種類	ファイル名	件数制限
商品データベースファイル	上書きする場合:ファイル名「data.csv」	10万件以下
	追加する場合:ファイル名「data_add.csv」	10万件以下
	削除する場合:ファイル名「data_del.csv」	10万件以下
	項目指定する場合:ファイル名「data_spy.csv」	10万件以下
在庫管理データベースファイル	ファイル名「quantity.csv」	10万件以下
画像の種類	ファイル名	容量制限
ZIP圧縮した商品画像、商品詳細画像	ファイル名「img.zip」	50メガバイト以下
ZIP圧縮した追加画像	ファイル名「lib_img.zip」容量制限	20メガバイト以下
データの種類	ファイル名	件数制限
カテゴリデータベースファイル	ファイル名「category.csv」	2万件以下

FTPを利用してアップロードできるファイルと容量

09 FTPで効率的にデータをアップロードする

2 データチェック、反映を行う

　FTPでアップロードしたデータは、まだ公開ページには反映されていない状態です。データチェック、反映を「反映管理」で行ってください。

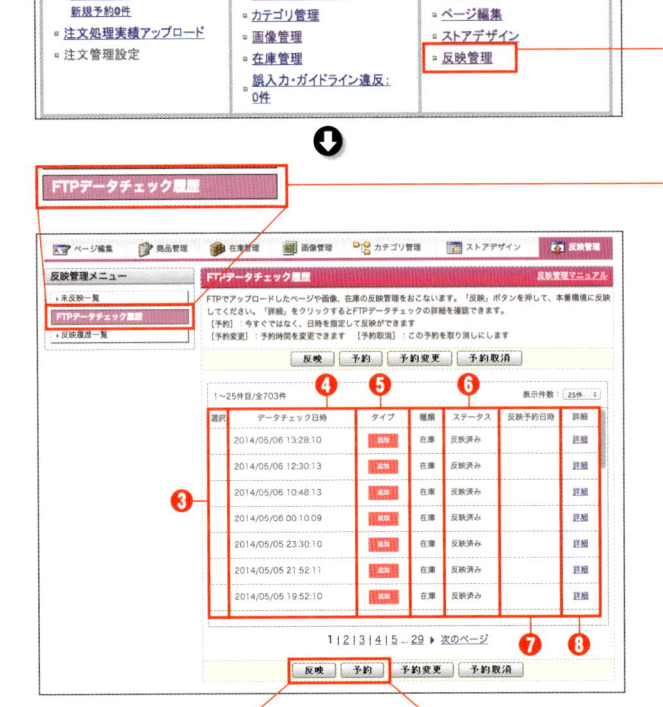

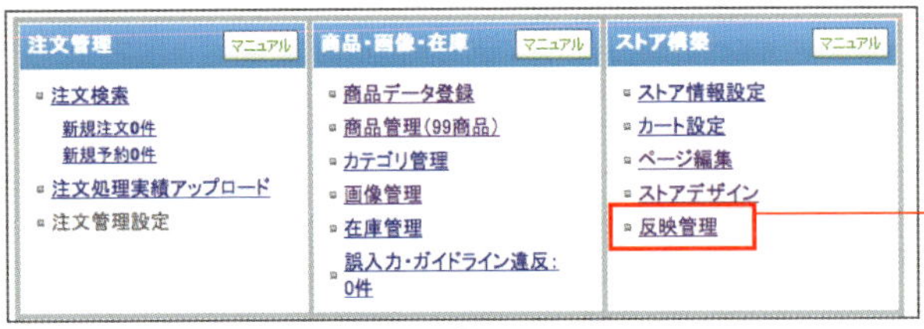

❶ ストアクリエイター Pro のツールメニューにある「ストア構築」の「反映管理」をクリックする

❷ 「反映管理」ページに移動する。画面左の反映管理メニューから「FTPデータチェック履歴」をクリックする

❸ アップロードしたデータが履歴一覧として表示されている。「選択」欄には、未反映のデータにチェックボックスが表示される（ここではすべて反映済みである）

❹ 「データチェック日時」は、データチェックを行った日時

❺ 「タイプ」は、データのアップロードタイプ

❻ 「ステータス」には、現在の状況（チェック中・未予約・自動予約・手動予約・反映中・反映済み・読込中・読込済み・エラー）が表示される

❼ 「反映予約日時」は、反映予約設定済みの場合に予約日時が表示される

❽ 「詳細」データ内容が確認できる。データにエラーがある場合には、「詳細」にてその内容を確認できる

❾ アップロードしたデータを反映させる場合には［反映］ボタンをクリックする

❿ 予約して反映させたい場合には［予約］ボタンをクリックする

> **POINT　FTPとは**
>
> FTP（File Transfer Protocol）とは、ネットワーク（インターネット回線）を使ってファイルの転送を行うための仕組みです。容量が大きいデータをサーバにアップロードする場合に適した転送方法です。FTPを使用する場合は、FTPアプリケーションなどのソフトが必要となります。

PRO

10 検索ツールでスペックやブランドコードなどを設定する

スペック、ブランドコードなどを商品に設定することで、Yahoo!ショッピングのカテゴリに紐付き、商品が見つけられやすくなります。その設定をする時に便利なのが「検索ツール」です。

検索ツールとは

　Yahoo!ショッピングでは、登録した商品をカテゴリに紐付けたり、検索対象とさせるために、プロダクトカテゴリやブランドコード、Yahoo!ショッピング製品コードを設定する必要があります。

　「検索ツール」を利用すれば、「プロダクトカテゴリ、スペック検索」「ブランドコード検索」「Yahoo!ショッピング製品コード検索」ができるとともに、必要なコードをダウンロードできます。

検索ツールを利用する

❶ ストアエディタの画面右上にある[検索ツール]ボタンをクリックする

❷ 「検索ツール一覧」ページが表示される。それぞれの機能は下表のとおり

ツール名	説明
プロダクトカテゴリ、スペック検索	プロダクトカテゴリと、各プロダクトカテゴリで指定できるスペックが検索できる
ブランドコード検索	ブランドコードが検索できる
Yahoo!ショッピング製品コード検索	製品名、JANコード/ISBNコード、製品コードからYahoo!ショッピング製品コードを検索できる

検索ツール一覧

245

PRO

11 HTMLタグ確認ツールでエラーチェックをする

Yahoo!ショッピングでは、フリースペースなどに掲載できるHTMLのタグが正しいか確認できる「HTMLタグ確認ツール」が用意されています。

HTMLタグ確認ツールとは

　Yahoo!ショッピングでは、ページ編集で使用可能なHTMLタグの閉じ忘れを確認するツールが用意されています。

HTMLタグ確認ツールを利用する

❶ ストアエディタの画面右上にある[タグ確認ツール]ボタンをクリックする

❷ 「HTMLタグ確認ツール」ページが表示される

Memo ページ編集で使用可能なHTMLが対象

「HTMLタグ確認ツール」は、ページ編集で使用可能なHTMLが対象となりますので、使用できない（許可されていない）HTMLのタグは確認できません。また、HTMLタグの閉じ忘れを確認するものですので、「開始タグ」「終了タグ」以外の記述間違いを検出するものではありません。

❸ 確認したいHTMLソースを入力して[確認]ボタンをクリックすると確認結果が表示される

❹ エラーがある場合には、エラー部分が赤くなる。エラーを修正して、再度[確認]ボタンをクリックして確認する

PRO

12 商品データベースファイル（CSV形式）で一括編集する

Yahoo!ショッピングでは、商品のデータベースファイルを利用して商品情報を一括アップロードできる便利な機能があります。

1 商品データベースファイル（CSV形式）の利用

　Yahoo!ショッピングでは、商品データベースファイル（CSV形式）を編集してアップロードすることで、複数の商品を一括更新できます。商品点数が多いストアの場合には、1ページずつ編集するよりも、デスクトップ上で編集して一括アップできるので、効率的に商品管理することができます。

❶ ストアクリエイターProのツールメニューにある「商品・画像・在庫」の「商品管理」をクリックする

❷「商品一覧」ページが表示される。画面左下の「商品管理メニュー」の［ダウンロード］ボタンをクリックするとデータベースファイル（CSV形式）をダウンロードできる

❸ 商品データ、カテゴリ商品データ、カート内関連商品データごとにダウンロードできる

2 編集したデータを更新する

ダウンロードしたファイルを編集した後はアップロードして情報（データベース）を更新します。

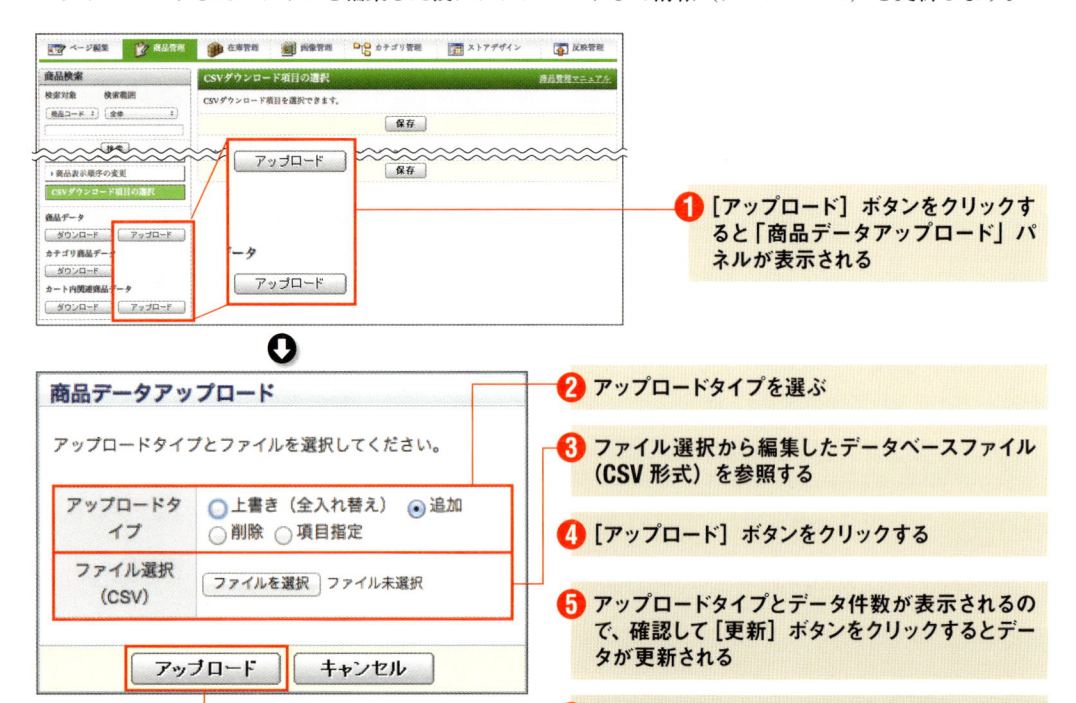

❶ [アップロード] ボタンをクリックすると「商品データアップロード」パネルが表示される

❷ アップロードタイプを選ぶ

❸ ファイル選択から編集したデータベースファイル（CSV形式）を参照する

❹ [アップロード] ボタンをクリックする

❺ アップロードタイプとデータ件数が表示されるので、確認して [更新] ボタンをクリックするとデータが更新される

❻ データにエラーとなる記述がある場合には、その一覧が表示される。アップロードタイプは下表のとおり

タイプ	説明
上書き	登録されている商品情報はすべて削除され、アップロードされた商品データにすべて入れ替わる
追加	登録されている既存商品を残した状態でアップロードした商品が追加される。登録されている商品データが更新されている場合には上書きされる
削除	アップロードするデータベースファイルに含まれる商品データをストア内から削除する。「商品コード」のみで実施可能である。なお、商品を削除すると、商品画像、商品詳細画像も一緒に削除される
項目指定	アップロードするデータベースファイルに含まれる商品データにおいて、指定したフィールドのみデータの変更を行う

アップロードタイプ

POINT データのバックアップ

編集したデータベースファイル（CSV形式）で更新（特に上書き）する時に、間違えて上書きする必要がないデータを更新してしまったり、商品を削除してしまったりする可能性があります。「しまった」と思ってもデータは元に戻せません。
ダウンロードしたデータベースファイル（CSV形式）は、万が一のために、必ずバックアップしておき、いつでも編集前のデータに戻せるように管理してください。具体的には、データベースファイル（CSV形式）をコピーして、そのコピーを編集するのがよい方法です。

3 カテゴリデータベースファイル（CSV形式）を一括編集する

Yahoo!ショッピングでは、カテゴリデータベースファイル（CSV形式）を編集してアップロードすることで、カテゴリを一括更新できます。デスクトップ上で編集して一括アップできるので、効率的にカテゴリ管理することができます。

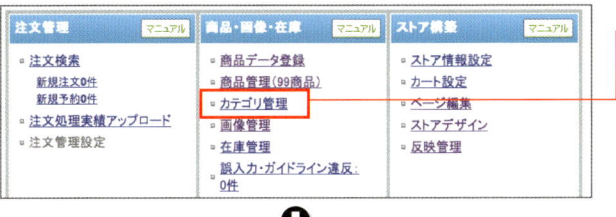

❶ ストアクリエイター Pro のツールメニューにある「商品・画像・在庫」の「カテゴリ管理」をクリックする

❷ 「カテゴリ一覧」ページが表示される。画面左下の「カテゴリ管理メニュー」の［ダウンロード］ボタンをクリックするとデータベースファイル（CSV形式）がダウンロードされる

❸ ダウンロードしたファイルを編集したあとはアップロードして情報（データベース）を更新する

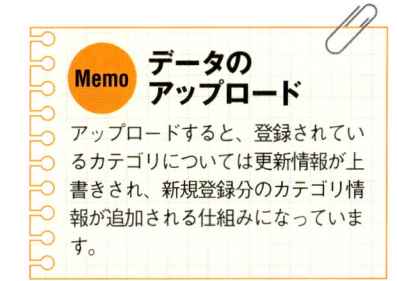

Memo データのアップロード

アップロードすると、登録されているカテゴリについては更新情報が上書きされ、新規登録分のカテゴリ情報が追加される仕組みになっています。

❹ ［アップロード］ボタンをクリックすると「データアップロード」パネルが表示される

❺ アップロードタイプで「追加」を選ぶ

❻ ファイル選択から編集したデータベースファイル（CSV形式）を参照する

❼ ［アップロード］ボタンをクリックする

❽ アップロードタイプとエラー件数が表示されるので、確認して［更新］ボタンをクリックするとデータが更新される。データにエラーとなる記述がある場合には、その一覧が表示される

4 商品情報を一括して編集する

Yahoo!ショッピングでは、複数の商品情報を一括編集できます。編集できる項目は「商品名」「メーカー希望小売価格」「通常販売価格」「特価」「販売開始日」「販売終了日」「公開」です。

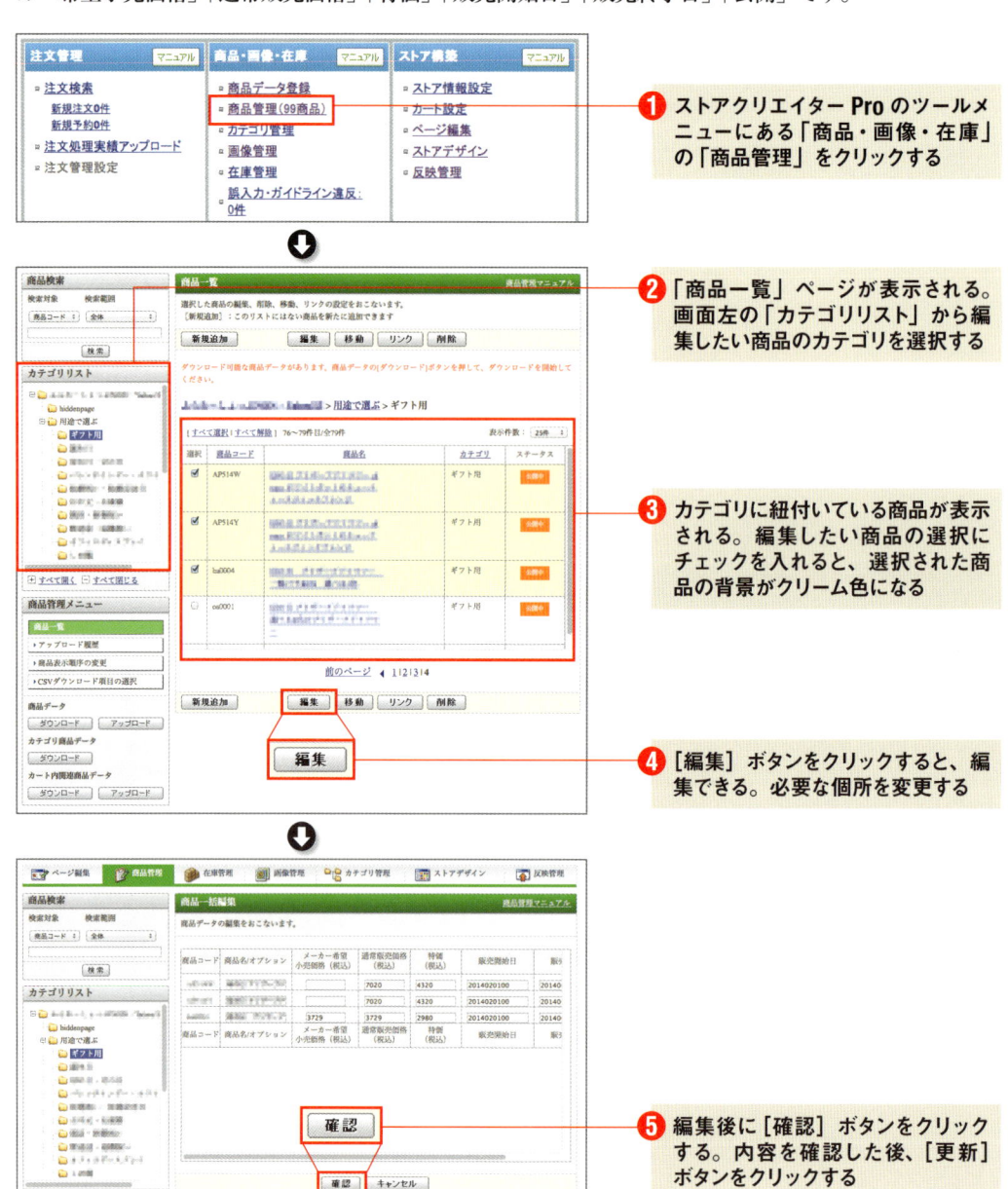

① ストアクリエイター Pro のツールメニューにある「商品・画像・在庫」の「商品管理」をクリックする

② 「商品一覧」ページが表示される。画面左の「カテゴリリスト」から編集したい商品のカテゴリを選択する

③ カテゴリに紐付いている商品が表示される。編集したい商品の選択にチェックを入れると、選択された商品の背景がクリーム色になる

④ [編集] ボタンをクリックすると、編集できる。必要な個所を変更する

⑤ 編集後に [確認] ボタンをクリックする。内容を確認した後、[更新] ボタンをクリックする

5 画像を一括してアップロードする

　Yahoo!ショッピングでは、複数の画像を一括してアップロードすることができます。アップロードできるファイル形式はGIF、JPEG形式のみです。1枚のファイル容量は500キロバイト以下となります。具体的には下表のとおりです。

画像	ファイル形式	記入例
商品画像	商品コード.拡張子（例:goods-001.jpg）	
追加画像	半角英数字、ハイフン（-）、アンダーバー（_）、ピリオド（.）のみ使用可	―
商品詳細画像	商品コード_1〜5までの数字.拡張子	goods-001_1.jpg

各画像のアップロードできるファイル形式

　アップロードする複数の画像ファイルを選択して、そのままZIP形式で1つに圧縮します（画像ファイルをフォルダに入れ、フォルダごと圧縮してアップロードするとエラーになる）。1回にデータ容量は25メガバイトまでアップロードできます。

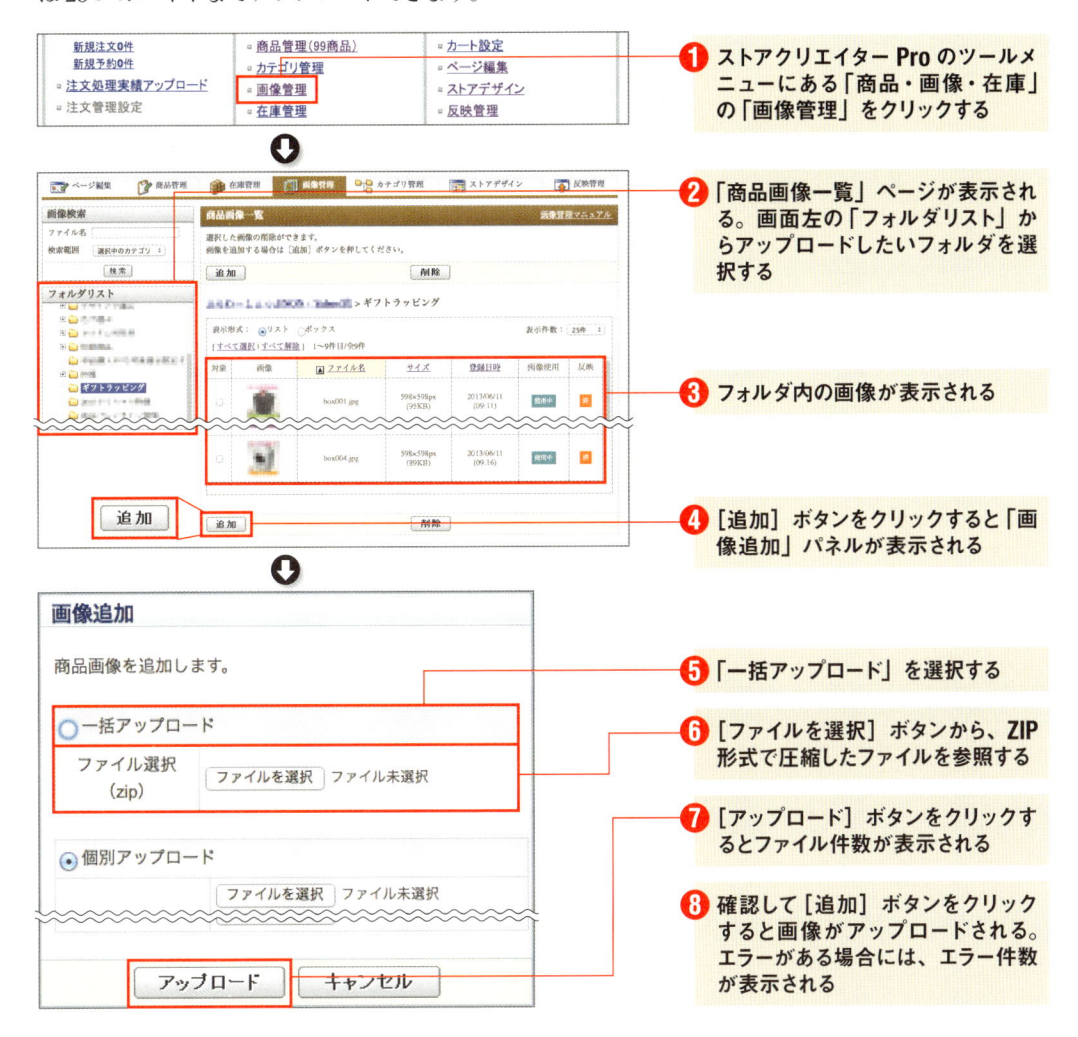

❶ ストアクリエイター Pro のツールメニューにある「商品・画像・在庫」の「画像管理」をクリックする

❷ 「商品画像一覧」ページが表示される。画面左の「フォルダリスト」からアップロードしたいフォルダを選択する

❸ フォルダ内の画像が表示される

❹ ［追加］ボタンをクリックすると「画像追加」パネルが表示される

❺ 「一括アップロード」を選択する

❻ ［ファイルを選択］ボタンから、ZIP形式で圧縮したファイルを参照する

❼ ［アップロード］ボタンをクリックするとファイル件数が表示される

❽ 確認して［追加］ボタンをクリックすると画像がアップロードされる。エラーがある場合には、エラー件数が表示される

6 在庫情報を一括して編集する

Yahoo!ショッピングでは、登録されている商品の在庫を一括編集できます。

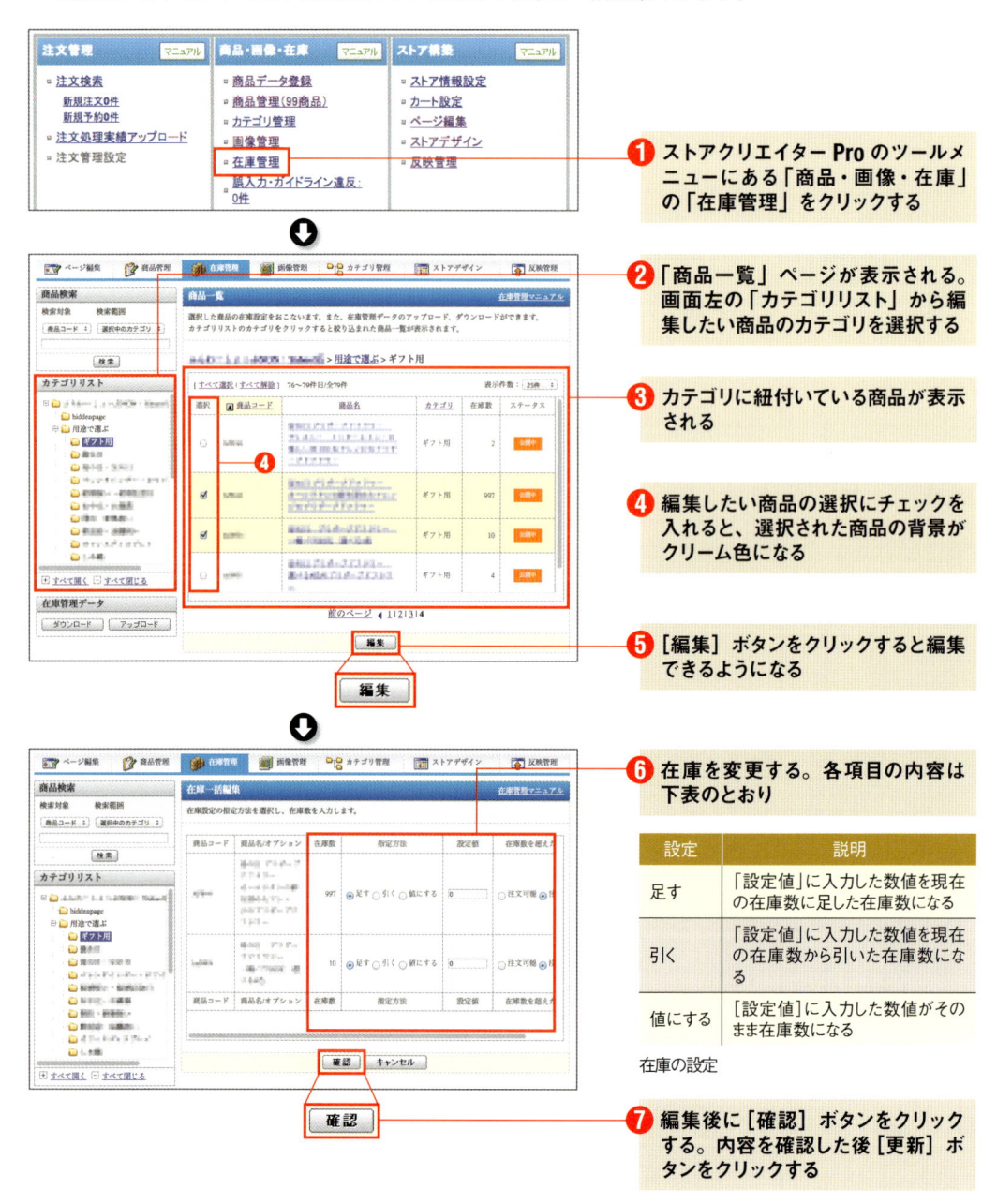

❶ ストアクリエイター Pro のツールメニューにある「商品・画像・在庫」の「在庫管理」をクリックする

❷ 「商品一覧」ページが表示される。画面左の「カテゴリリスト」から編集したい商品のカテゴリを選択する

❸ カテゴリに紐付いている商品が表示される

❹ 編集したい商品の選択にチェックを入れると、選択された商品の背景がクリーム色になる

❺ [編集] ボタンをクリックすると編集できるようになる

❻ 在庫を変更する。各項目の内容は下表のとおり

設定	説明
足す	「設定値」に入力した数値を現在の在庫数に足した在庫数になる
引く	「設定値」に入力した数値を現在の在庫数から引いた在庫数になる
値にする	[設定値]に入力した数値がそのまま在庫数になる

在庫の設定

❼ 編集後に [確認] ボタンをクリックする。内容を確認した後 [更新] ボタンをクリックする

Chapter

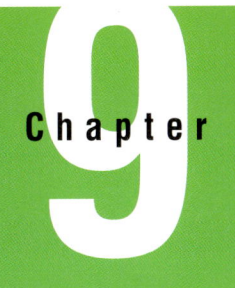

9

集客・ストア構築・ユーザーの動向を知るコツ

Yahoo!ショッピングにストアを開店して、ツールやサービスも使いこなせるようになってきました。ここからは、よりよいストア作りを目指して地道に作業していくことが求められます。例えば検索対応1つとってみても、やるのとやらないのとでは大きく変わります。それにはちょっとしたコツが必要です。この章では「集客」「ストア構築」「ユーザー動向」について解説します。

PRO 01 集客の基本を知る

たんにストアをオープンしただけではユーザーは来てくれません。集客対策が必要になります。

■ Yahoo!ショッピングの集客の基本

　Yahoo!ショッピングの集客の基本となるのは「検索対応」です。ショッピング検索でもカテゴリでの商品一覧でも「検索対応」してある商品は上位表示される可能性が高くなります。ほかにも、販促コードを設定する方法や、広告を使わずに無料で誘導してくる方法もあります。ここでは、集客に役立つコツを解説します。

■ 開店ストア限定の企画を利用する

　Yahoo!ショッピングには、開店したばかりのストアしか利用できない「開店ストア限定の販促企画」が用意されています。この販促企画の参加は、驚くことに「無料」です（ストア側の負担は付与したポイントと送料のみ）。販促企画に参加すると、販促企画の特集ページに、あなたのストアが紹介されます。その特集ページを経由して商品カテゴリページへユーザーを誘導できます。用意されている販促企画は「開店3ヶ月以内ストア限定の販促企画」「開店3ヶ月～1年以内のストア限定の販促企画」です。

開店3ヶ月以内ストア限定の販促企画

　「新規開店ストアで買うとポイント最大15倍」という販促企画です。この販促企画に参加できるのは、開店から3ヶ月以内のストアのみです。Yahoo!ショッピングの「特集」ページに常設されているキャンペーンページです。新規出店したストアを応援する企画としてユーザーを誘導しています。

販促企画に参加するには

　販促企画に参加するには、商品のストアポイントを「5倍」「7倍」「10倍」「12倍」「15倍」のいずれかに設定するだけです。商品別ポイントが5倍以上に設定されている商品のみが「新規開店ストアで買うとポイント最大15倍」の販促企画ページに表示されるようになります。

> **Memo 商品別ポイント付与**
> 商品別ポイント付与については170ページを参照してください。

　ストアを開店してユーザーを待っているだけではストアを構えている意味がありません。ストアへ集客するには、できるだけたくさんの誘導口を設けることが必要です。

販促企画で付与するポイントは、ストア側の負担となりますが、ほかの費用負担はありません。ポイント付与も売れた時にかかる費用なので、ポイント分は宣伝だと考えてポイントを設定してください。

開店3ヶ月以内ストア限定の販促企画ページ

■ 開店3ヶ月～1年以内のストア限定の販促企画

「全品ポイント10倍＆送料無料」という販促企画です。この販促企画に参加できるのは、開店から3ヶ月以降、1年以内のストアのみです。Yahoo!ショッピング「特集」ページに常設されているキャンペーンページです。出店間もないストアを応援する企画としてユーザーを誘導しています。

販促企画に参加するには、商品のストアポイントを「10倍以上」かつ「送料無料」に設定する必要があります。この2つが設定されている商品のみが「全品ポイント10倍＆送料無料」の販促企画ページに表示されるようになります。

開店して3ヶ月経っても、まだまだ軌道にのるところまではいかないと思います。集客するには、できるだけたくさんのストアへの導線を継続的に設けることが必要です。この販促企画でのストア側の負担は付与したポイントと送料となりますが、いずれも売れた時にかかる費用であり、この販促企画に参加できるのも開店して1年までとなりますので、商品を選定して参加すべきだと思います。

Memo 商品別ポイント付与

送料無料の設定は171ページを参照してください。

全品ポイント10倍＆送料無料の販促企画ページ

01 集客の基本を知る

255

PRO 02 検索対応を極める

検索対策を強化することでストアのアクセス数を増加させることができます。

■ Yahoo!ショッピングで最初に訪問するページは？

Yahoo!ショッピングでは、過去のデータから見ると78.2%のユーザーが、カテゴリページと商品検索からストアに訪れています。その内訳は、商品検索からが55.4%、カテゴリページからが22.8%です（2011年4～6月Yahoo! JAPAN調べ）。つまり、約8割のユーザーが、ほしい商品を探すのに、カテゴリページまたは商品検索を使って商品ページにたどり着いていることになります。となると、いかに商品検索結果とカテゴリでの商品一覧で上位に表示させるかが非常に重要な要素になります。

まず、検索対応を極める上で、どの項目が検索対象となっているのかを把握しましょう。商品ページで検索対象となる項目は以下の6箇所しかありません。

- 商品名
- 商品情報
- 製品コード
- キャッチコピー
- 商品コード
- JAN/ISBNコード

このうち、「商品コード」「製品コード」「JAN/ISBNコード」は英数字となりますので、実質、検索対応できるのは「商品名」

カテゴリページとショッピング検索から来ている割合：78.2%

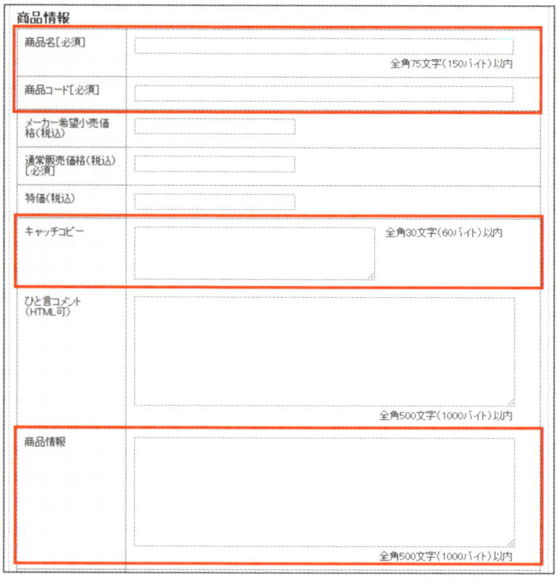

商品ページにおける検索対象項目

「キャッチコピー」「商品情報」の3項目となります。

　Yahoo!ショッピングの検索とカテゴリページのリストにおける表示には、「加点対象項目」と「減点対象項目」が存在し、表示順位に影響しています。

加点対象項目	説明	備考
在庫あり	在庫ありの場合、加点評価となる	在庫がない場合でも、入荷可能な商品は「予約販売」として入荷予定を明記して販売可能状態にしておくことがポイント
商品ページ参照数	商品ページへのアクセス数が多い場合、加点評価となる	アクセス数はPV（ページビュー）
商品の売上	商品の売上が多い場合、加点評価となる	売上金額ではなく売上個数による
商品ページの存在期間	商品ページが新しいよりも長く使っている場合、加点評価となる	在庫がなく商品削除する場合でも、ページ自体を完全に削除するのではなく一度隠しておいて（非公開設定）、新しい商品を入れ替えて同じページID（URL）にて掲載することがポイント
Yahoo!ウォレット導入	Yahoo!ウォレットが導入されている場合、加点評価となる	—
送料無料	送料無料設定がされている場合、加点評価となる	「条件付き送料無料」は加点評価とならない
ポイント倍率設定	ポイント倍率設定がされている場合、加点評価となる	—
きょうつく、あすつく対象商品	きょうつく、あすつく対象商品の場合、加点評価となる	—
ベストストア	年間ベストストア、月間ベストストアを受賞したストアの場合、加点評価となる	—
商品ページの存在期間	商品ページが新しいよりも長く使っている場合、加点評価となる	—

加点対象項目

減点対象項目	説明	備考	例
商品名内の装飾文字	記号系の文字は、マイナス評価となる	対象文字は例のとおり	【】[]!!★☆◆≪≫■<>♪●◎※◇○□△▲▼▽（商品名に含まれる回数が多ければ多いほどマイナス評価）
商品名の長い文字列	商品名が平均分布（すべての商品名の平均文字数）以上に長くなるものは、マイナス評価となる	スマートフォンの商品リストで表示される文字数は全角30（半角60）。これが1つの目安として考えられる。全角30文字以下が好ましいことになる	—
迷惑行為・違反行為	迷惑行為・違反行為が過去にある場合、大幅なマイナス評価となる	—	—

減点対象項目

　また、Yahoo!ショッピングの検索とカテゴリページでのリスト表示のタイプは、以下のようになります。

- ・売れている順
- ・安い順
- ・レビュー件数の多い順
- ・キーワードの適合順
- ・高い順

　デフォルトで表示されるのは「キーワード適合順」もしくは「売れている順」となっています。「売れている順」は販売個数の多い順番で表示されます。「キーワード適合順」の表示におけるアルゴリズムは次の表のとおりです。

表示順番のアルゴリズム	説明	例
商品名内の先頭キーワードとのマッチング	最初にマッチングした位置が前方から離れているほど徐々にマイナス評価となる	キーワードが「フラワー」の場合、商品名が「フラワー　XXX」、「XXX　フラワー」では前者の評価が高い
単語同士の近接具合	2単語以上のマッチング時、単語間の距離が近いほど加点評価となり、離れるほどマイナス評価となる	キーワードが「フラワー　赤色」の場合、商品名が「フラワー赤色XXX」、「フラワーXXX赤色」では前者の評価が高い
商品情報とのマッチング	商品情報とマッチングした場合には加点評価となる	キーワードが「フラワー　赤色」の場合、商品情報に「フラワー　赤色」が入っていると評価が高い
キャッチコピーとのマッチング	キャッチコピーとマッチングした場合には加点評価となる	キーワードが「フラワー　赤色」の場合、キャッチコピーに「フラワー　赤色」が入っていると評価が高い
プロダクトカテゴリ名にマッチング	キーワードが商品の登録されているプロダクトカテゴリ名とマッチングした場合に加点評価となる	キーワードが「フラワー」の場合
プロダクトカテゴリ「フラワー」に登録されている商品が加点評価される	「フラワー」は例です。プロダクトカテゴリがある商品は意識して設定すると有効的である	―
異常な閲覧数、売上	異常な閲覧数(PV)や売上は、意図的な数字工作としてマイナス評価となる	―
ユーザーへの対応	ユーザーへの対応が悪く、クレームや評価が悪い場合には、マイナス評価となる	―
ガイドライン違反	Yahoo!ショッピング運用ガイドラインに違反した場合にはマイナス評価となる	―
不適切な表現	不適切な表現を使用している場合にはマイナス評価となる	―
在庫あり商品が優先	「在庫あり」→「在庫なし」の順に並ぶ	―
販売個数	商品の販売個数が多いと加点評価となる	―
商品ページPV数	販売個数が同数の時、商品ページのページビュー(PV)が多いと加点評価となる	―

キーワードの適合順

　以上さまざまな要素から検索やカテゴリでの表示順位が決定することになります。それでは、「キーワード適合順」における順位決定のアルゴリズムをまとめてみましょう。

- 商品名の文頭にキーワードを設定
- スマートフォンを意識した商品名(30文字以内)
- 商品名に必要のない文字・装飾文字は使用しない
- カテゴリ登録は必須
- 在庫切れ掲載をなくす
- 複数キーワードの場合、その距離を考える

　商品ページごとの設定が必要ですが、非常に重要な要素となりますので、しっかり検索対応していきましょう。

03 関連検索ワードを活用する

関連検索ワードを設定することでストアのアクセス数を増加させることができます。

■ 需要があるキーワードを設定する

　前節では、カテゴリや検索（キーワード適合順）における順位決定のアルゴリズムを説明しましたが、設定するキーワードに需要がなければ、いくら上位表示されていても集客にはつながりません。つまり、多くのユーザーが検索しているキーワード（需要があるキーワード）を設定できるかどうかも重要な要素となります。

　それでは、どのようにしたら、多くのユーザーが検索しているキーワードやその組み合わせを知ることができるのでしょうか？　その答えは「関連検索ワード」にあります。

　「関連検索ワード」とは、検索に入力されたキーワードと組み合わせて検索されているキーワードや関連性の高いキーワードを自動表示させる機能です。検索回数の多いキーワードを上から自動表示します。この機能は、ほぼリアルタイムで検索動向を反映させていますので、検索するタイミングによって表示されるキーワードが変わります。

　また、検索されている回数の変化によって表示される順番も変化します。「関連検索ワード」をチェックして、商品を照らし合わせ、検索対応するキーワードを設定するのが適切な検索対応となります。

　例えば、「スニーカー」と検索窓に入力してみます。検索窓の下には「関連検索ワード」が並びます。この場合では「スニーカー　レディース」が最も多く検索されていることを意味します。

「スニーカー」での検索で表示される「関連検索ワード」

PRO

Chapter 9 集客・ストア構築・ユーザーの動向を知るコツ

04 販促コードを設定する

季節キャンペーンでは、販促コードを設定することで効果的な集客を期待できます。

■ 販促コードとは

「販促コード」とは、Yahoo!ショッピング主催の販促企画やキャンペーンで商品を表示させるための指定コードです。「販促コード」を商品ページに入力すると、販促企画やキャンペーンの特集ページに表示する対象商品となります。「販促コード」の設定は無料です。

なお、「販促コード」は販促企画が変われば「販促コード」も変更となります。季節キャンペーンなどは、その期間が終われば「販促コード」は意味がないものになってしまいます。販促企画をこまめにチェックしながら「販促コード」を設定することをおすすめします。

「販促コード」は「販促企画」におけるトピックスで案内されます。「マニュアル」ページの画面右上にある「ストアインフォメーション」をクリックして、ページ上部にあるメニューから「販促企画」に移動します。トピックスに掲載されている「季節販促」「無料誘導」という件名をチェックしましょう。過去の販促は「過去のお知らせ」から見ることができます。

例えば、「(1) 販促コード「1000000083」が登録されていること」のように記載されていますので、この「販促コード」を使います。「販促コード」は商品ページで設定します。「商品ページ編集」画面の「販売用情報」タブ内「販促コード」に入力します。

「販促企画」のお知らせ欄

商品ページ「販促コード」入力欄

05 バナーや特集から無料で誘導する

Yahoo! JAPANの中でもアクセスの多い一等地のページから誘導することも効果的です。

■ 広告で言えば一等地

　Yahoo! JAPANやYahoo!ショッピングにおいて、表示されているバナーや特集はすべてが広告枠というわけではありません。Yahoo! JAPANがピックアップしておすすめ商品として紹介しているスペースがあります。それは、「Yahoo! JAPANトップページ」「Yahoo!ショッピング・トップページ」「Yahoo!ショッピング・カテゴリトップページ」など、広告で言えば一等地にあります。

　一見、広告に見えるバナーや特集も、実はクリックしたリンク先が検索結果ページになっているのです。ということは、この検索結果に表示するように検索対応すれば、一等地の告知スペースから誘導されてきたユーザーにアピールすることができます。

Yahoo! JAPANトップページ「おすすめセレクション」

　Yahoo! JAPANトップページを見てみましょう。「おすすめセレクション」も、リンク先は検索結果ページの場合があります。

　例えば、この「おすすめセレクション」に掲載されている「トレンドはひざ丈フレア」をクリックしてみます。右図のように、「フレアスカート」が並んだページに移動します。よく見ると、検索結果のページが表示されています。

　それでは、どうすればこのページに表示できる検索対応ができるかを見てみましょう。

クリック後の「フレアスカート」が並んだページ

この検索結果がどのような条件で検索されたのかわかれば、検索対応ができることになります。

　［検索］ボタンの右横にある「＋条件指定」をクリックしてください。この検索結果の検索条件を見ることができます。この場合には「フレアスカート」を含み、かつ「膝丈」もしくは「ひざ丈」を含む商品ということになります。ほかの条件も見ておきましょう。ほかのバナーや特集も同様の仕組みとなっています。

条件指定での検索画面

　「Yahoo!ショッピング・トップページ」「Yahoo!ショッピング・カテゴリトップページ」で、リンク先が検索結果ページになっている場所は以下のとおりです（一例）。これらのバナーや特集は一定の期間で内容が変わってしまいますので、定期的に確認してストアへの誘導に役立ててください。

Yahoo!ショッピングでの告知スペース（赤枠）

Yahoo!ショッピング・カテゴリトップページでの告知スペース（赤枠）

PRO 06 ページをコピーする

ここからはストア構築に役立つさまざまなコツを紹介します。効率的なストア運営にぜひ役立ててください。

■ ストア構築のコツ

　Yahoo!ショッピングにストアを開店してからも、商品の追加、デザインのブラッシュアップ、コンテンツの充実など、ストア構築は続いていきます。スマートフォン対応も不可欠です。ストアはちょっとしたエッセンスで変わります。ここでは「ページをコピーする」について解説します。

■ ページをコピーする

　「集客したい」「売上アップしたい」。その常套手段の1つが商品登録の追加です。商品が増えれば、その分Yahoo!ショッピング検索対象となる商品が増えます。商品が豊富に揃っていれば、ストアに来店したユーザーを回遊させて購買に導くこともできます。例えば、同じ商品でも、商品を2個セットの商品にするとか、ダース売りにするとか、サイズやカラーごとに商品登録するとか、アイデア次第で商品数を増やすこともできます。

　もちろん、むやみに商品を増やせばよいということではありません。商品を分けるということは、アクセス数やレビューも分散することになりますので、慎重にすべき施策です。しかし、同じ商品でも顧客向けサービスとして、隠しページで特価販売するなど、商品掲載情報をそのままにして商品ページを作ることはよくあります。

■ 「ページのコピー」の利用

　そんな時に役立つのが「ページのコピー」です。販売用情報で設定するオプション項目を多く設定してある商品については、特に便利な機能となります。

　「ページのコピー」は簡単です。コピーしたい商品ページの右下にある［コピー］ボタンをクリックします。

　コピーされない情報は「商品コード」「在庫設定」だけです。「ひと言コメント」「商品説明」「フリースペース」など、ストアやカテゴリで共通の情報掲載をしている商品は、「ページのコピー」を使うと、項目ごとに設定する必要はありません。「ページのコピー」を使って効率よく商品登録をしてください。

Chapter 9 集客・ストア構築・ユーザーの動向を知るコツ

PRO 07 サンプルを利用する

Yahoo!ショッピングには、商品ページやバナー、ニュースレターの文例など多くのサンプルが用意されています。それを利用してみましょう。

■ サンプルの種類

どのように掲載したらよいかわからない時、忙しくてオリジナルを用意している時間がない時など、必要に応じて利用してください。

提供されているサンプルは下表のとおりです。

「商品情報」カテゴリ別必須項目
家電、PC
おもちゃ、ゲーム
ファッション、インテリア
アクセサリー、時計
ビューティ、ヘルスケア
食品、飲料
花、園芸

商品ページテンプレート集

	文例	説明
パソコン版テキスト文例		ニュースレターサンプル-文面サンプル
		ニュースレターサンプル-件名サンプル
		ニュースレターサンプル-あいさつ文サンプル
		ニュースレターサンプル-見出しサンプル
		ニュースレターサンプル-仕切り線、枠サンプル
		ニュースレターサンプル-数字サンプル
		ニュースレターサンプル-季節の絵文字サンプル
モバイル版文例		ニュースレターサンプル-モバイル見出しサンプル
		ニュースレターサンプル-モバイル仕切り線サンプル
		ニュースレターサンプル-モバイル季節の絵文字サンプル

ニュースレター文例集

おもちゃ、ゲーム

メーカー、型番、サイズ、付属品、必要電池数or充電時間、製造国、保証について、遊び方 など

●「おもちゃ」サンプル

項目	説明
メーカー	A社
型番	AR11
サイズ	高さ31cm、胴回り80cm、直径25cm、コード全長150cm
付属品	説明書、保証書、布カバー、単三電池3本
必要電池数	単三電池3本
製造国	中国
保証について	メーカー保証付属(購入後1年間)
遊び方	あらかじめメッセージを録音してタイマーをセットすると、決まった時間にしゃべりだします。

サンプル例:「商品情報」カテゴリ別必須項目

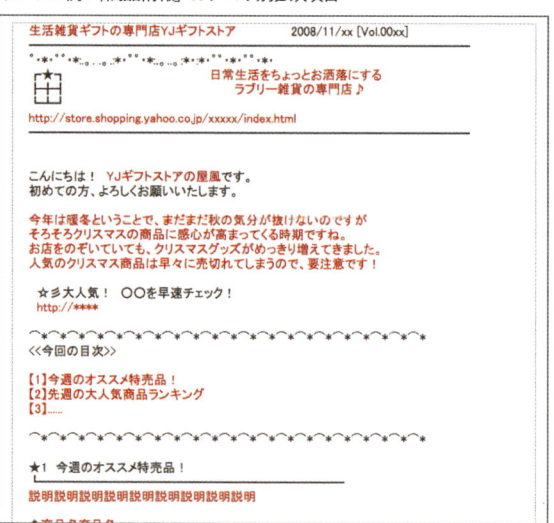

生活雑貨ギフトの専門店YJギフトストア　　2008/11/xx [Vol.00xx]

日常生活をちょっとお洒落にする
ラブリー雑貨の専門店♪

http://store.shopping.yahoo.co.jp/xxxxx/index.html

こんにちは！ YJギフトストアの店長です。
初めての方、よろしくお願いいたします。
今年は暖冬ということで、まだまだ秋の気分が抜けないのですがそろそろクリスマスの商品に関心が高まってくる時期ですね。
お店をのぞいていても、クリスマスグッズがめっきり増えてきました。
人気のクリスマス商品は早々に売れてしまうので、要注意です！

☆彡大人気！ ○○を早速チェック！
http://****

《《今回の目次》》
【1】今週のオススメ特売品！
【2】先週の大人気商品ランキング
【3】……

★1 今週のオススメ特売品！
説明説明説明説明説明説明説明説明

サンプル例：ニュースレター

ストア構築素材

カテゴリ	素材
家電、工具系	ヘッダー素材
	ボディ素材
	サイドナビ素材
	ボタン素材
ファッション、雑貨系	ヘッダー素材
	ボディ素材
	サイドナビ素材
	ボタン素材
食品系	ヘッダー素材
	ボディ素材
	サイドナビ素材
	ボタン素材

サンプル例：ヘッダー素材

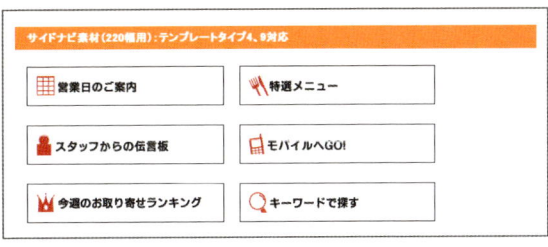

サンプル例：サイドナビ素材

サンプル例：ボディ素材

販促用素材

バナーサンプル
ポイントバナー
年末年始バナー
ニュースレターサンプル-モバイル季節の絵文字サンプル
ニュースレターバナー
セール告知バナー
プレゼント企画バナー
当日配達「きょうつく」、翌日配達「あすつく」対応バナー
ギフト対応バナー
Tポイントプロモーション用バナー

サンプル例：ポイントバナー

07 サンプルを利用する

サンプル例：季節のセールバナー

サンプル例：あすつく設定バナー

■ サンプルの掲載ページ

　サンプルは、「素材集」ページにあります。画面右上の「マニュアル」をクリックします。ページ上部メニューの「素材集」をクリックします❶。「オススメ素材」が表示されます❷。ヘッダー部分に「商品ページテンプレート集」「ニュースレター文例集」「ストア構築素材」「販促用素材」とありますので、利用したいコンテンツをクリックしてください。いろいろなサンプルがありますので、利用してみてください。

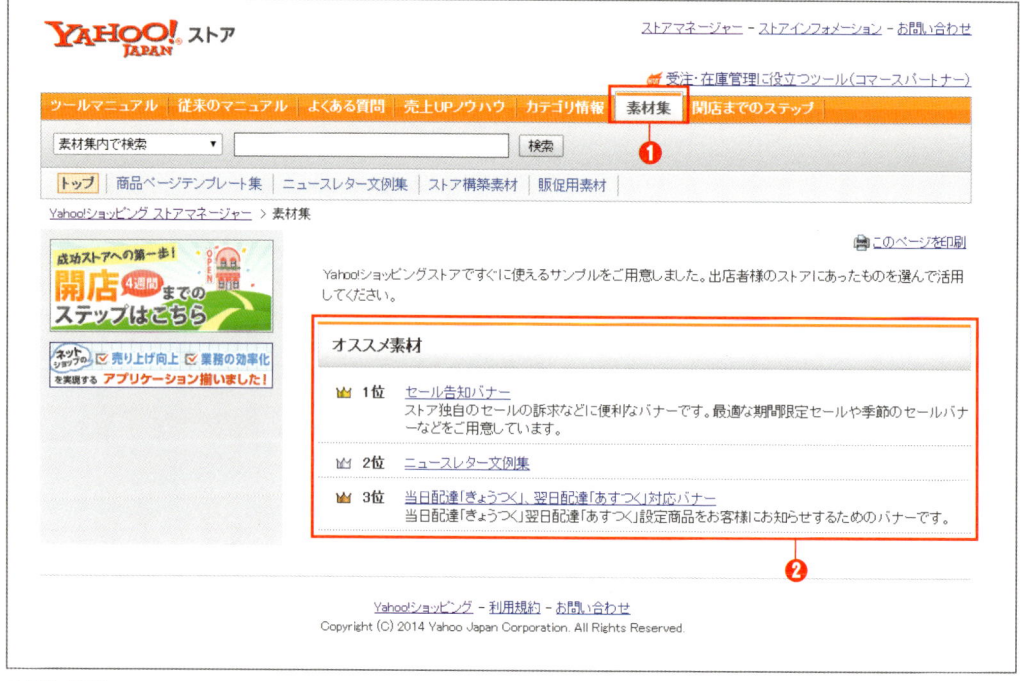

オススメ素材

PRO 08 関連商品を設定する

Yahoo!ショッピングで関連商品を表示することで、より多くのユーザーに関心を持ってもらうことができます。

■ Yahoo!ショッピングで関連商品を表示できる

　Yahoo!ショッピングで関連商品を表示できるのは2箇所です。1つは商品ページ、もう1つはショッピングカートです。

　商品ページでは、「この商品を見た人は、こんな商品にも興味を持っています」とストア内商品を自動的に表示させるレコメンド機能がありますが、「関連商品情報」が設定されていないと機能しません。「関連商品情報」「カート内関連商品」は、同じページで設定できるので、一緒に設定してしまうのがよいでしょう。

　商品ページ編集で「追加情報」タブをクリックして「関連商品情報」「カート内関連商品」を設定します。[参照]ボタンをクリックして登録済み商品を選択するか、商品コードを直接入力します。

　「関連商品情報」では最大10個の商品が登録できます。「カート内関連商品」は3個の商品が登録できます。「関連商品」はサイトの回遊に効果的です。

　何でも関連商品として登録すればよいと言うものではありません。その商品を見ているユーザーが見たいと思うだろう商品、おすすめしたい関連している商品を設定してください。

> **Memo 関連商品情報**
> 関連商品情報については164ページを参照してください。

「関連商品情報」「カート内関連商品」の設定画面

267

Chapter 9 PRO

09 カレンダーを利用する

カレンダーパーツを利用すればストアのセール日などをユーザーに告知できて販促につなげることができます。

■ カレンダーを活用する

　Yahoo!ショッピングでは、カレンダーパーツを使って営業日を自動表示させることができますが、このカレンダー設定を利用して「セール日」などをアピールすることができます。

　カレンダーには「休日1」「休日2」が用意されています。このうち「休日2」をセール日に設定してしまいます。説明文にセール内容を記載して色を設定すれば、セール日がカレンダーに掲載されます。ストア独自の特売日を設定しても、Yahoo!ショッピングのキャンペーン日を設定してもよいでしょう。

　例えば、Yahoo!ショッピングの「5のつく日キャンペーン」をカレンダーに設定する場合には、「休日2」の説明文には「5のつく日がお得♪」など、キャンペーンがわかるように記載します。これだけでもよいのですが、「5のつく日キャンペーン」のバナーをカレンダーの上（または下）に設定すると、より効果的にキャンペーンをアピールできます。

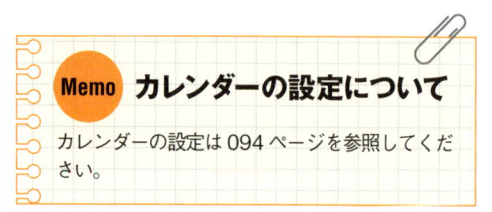

> **Memo カレンダーの設定について**
> カレンダーの設定は094ページを参照してください。

カレンダーにキャンペーンを設定した例

10 ストア評価に返信する

Yahoo!ショッピングでは、商品購入したあとにユーザーが商品とストアに対して評価を投稿できる仕組みがあります。商品の評価は「お買い物レビュー」、ストアの評価は「ストア評価」として投稿されます。

■「お買い物レビュー」と「ストア評価」

お買い物レビュー

「お買い物レビュー」では、ユーザーからのコメントとともに☆印による5段階評価を受けます。この5段階評価は☆マークになって、商品検索結果に表示されます。また、商品ページにおいても、「レビューを見る」をクリックすると、その商品の「お買い物レビュー」を見ることができます。

ストア評価

「ストア評価」でも、ユーザーからのコメントとともに☆印による5段階評価を受けます。この5段階評価は☆マークになって、ストア名一覧に表示されます。また、ストアのページにおいても、ヘッダー部分に、☆マークが表示され、平均点数（5段階評価での平均値）、投稿があったストア件数が表示されます。このストア件数をクリックすると、「ストア評価」に投稿された内容が表示されます。

ユーザーの評価は、その時の対応状況が反映されます。たまたまの対応であっても、ユーザーには通用しない言い訳です。厳しい評価は真摯に受け止めサービス向上に努めるべきです。高い評価もそのサービスレベルが落ちないように、さらなるサービス向上に努めるべきです。

「お買い物レビュー」「ストア評価」は、購入したユーザー全員が投稿してくれるわけではありません。投稿は任意です。考え方を変えれば、投稿してくれたユーザーはその手間と時間を使ってくれたと言えます。「ストア評価」についてはストアから返信コメントが投稿できます（「お買い物レビュー」はできない）。ユーザーの評価が高くても低くても、投稿してくれたそのコメントへの返信を心掛けてください。

いずれの場合も、「ストア評価」してくれた御礼と、コメントに対しての返答をします。厳しい評価の場合でも、その反省と今後の対策が返信できれば、その評価をしたユーザーでもまた買い物してくれるかもしれません。「ストア評価されました」という通知はストアに届きませんので、評価されている件数を覚えていて、増えた時には投稿された「ストア評価」を確認して返信コメントしてください。ユーザーから投稿があってから、あまり時間が経たないうちに返信コメントするのがポイントです。それがストアの姿勢として、今後の評価につながります。

11 キャンペーンに参加する

Yahoo!ショッピングが開催するキャンペーンに参加してみましょう。ストアへの集客効果を期待できます。

■ 販促キャンペーンの効果

　Yahoo!ショッピングではさまざまな販促キャンペーンが行われています。販促の多くはボーナスポイントが付与されますが、そのポイント原資はYahoo! JAPANの負担ですので、ストアには負担のない嬉しいキャンペーンとなっています。

　販促キャンペーンは、Yahoo!ショッピングでのバナー設置、Yahoo!ショッピングからのニュースレター、各ストアのニュースレターなどで、多くの告知が行われます。結果、多くのユーザーがYahoo!ショッピングにアクセスしてきます。

　ユーザーは、「販促キャンペーン＝ボーナスポイント付与」という認識を持ってアクセスしてきます。「同じ買い物ならボーナスポイントが付与される時にしたい」という心理です。

　キャンペーン期間中は、ポイント付与につられて買う気満々の多くのユーザーが、Yahoo!ショッピングに訪れます。この機会を逃してはいけません。ユーザーはポイント付与されている商品から購入したいと考えています。

　例えば、ストアでのポイント付与を10倍とした場合、キャンペーンポイントの10倍が加算されて20倍のポイントが付与されます。「ポイント20倍」はユーザーにとってインパクトがある数字です。商品にポイント付与がなければキャンペーンポイントだけとなり、インパクトが薄れると共に購買意欲も高くなりません。ストアからのポイント付与だけで、販促キャンペーンに便乗できる機会です。購買意識の高いユーザーに、ポイントアップでアピールしましょう。

■ 販促キャンペーンの情報

　販促キャンペーンの情報は、販促企画ページで確認できます。ストアクリエイターProのトップページの「ポイントキャンペーン情報」をクリックすると、「ポイントキャンペーンのスケジュールを活用しましょう」ページに移動します。一覧の中から、気になる情報をクリックしてください。詳細が表示されます。詳細ページには、ストアページやニュースレターに使えるキャンペーン用のバナーも用意されていますので、必要に応じて活用しましょう。

11 キャンペーンに参加する

［ポイントキャンペーン情報］ボタン

販促キャンペーン例：毎週土曜日はポイント5倍

販促キャンペーン例：ボーナスポイントキャンペーン・ポイント10倍

販促キャンペーン例：お買い物リレーキャンペーン

ポイントキャンペーンのスケジュールを活用しましょう

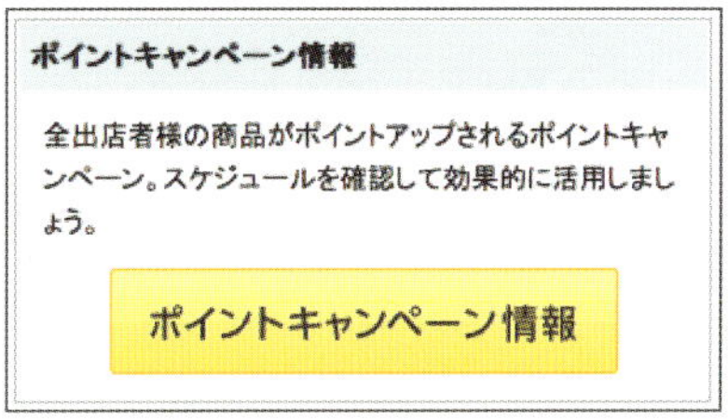

271

PRO

Chapter 9

12 スマートフォンに対応する

爆発的に増えてきているスマートフォンユーザーに対応しましょう。
ストアの露出も増え、商品の購入につなげることができます。

集客・ストア構築・ユーザーの動向を知るコツ

■ スマートフォン用情報

　Yahoo!ショッピングでは、トップページ、カテゴリページ、商品ページにおいて、「スマートフォン用情報」を編集することができます。ここではスマートフォンページを編集する時のHTMLについてコツを解説します。スマートフォンは、画面を横にするとデザインの横幅も広がります。

　難しい仕組みを使っているわけではありません。HTMLを少し工夫するだけでスマートフォンに対応する構築ができます。

■ 画像の幅の指定

　ポイントは配置する画像の幅指定です。通常、画像を配置する時には、横（width）、縦（height）のサイズをピクセルで指定します。パソコンの画面ではレイアウトが崩れないように、ピクセルで指定してサイズが固定させていますが、スマートフォンではサイズを固定させません。

　例えば、300×600ピクセルのflower.jpgという画像を掲載する場合、ピクセルで指定したHTMLだと以下のようになります。

```
<img src="http://lib2.shopping.srv.yimg.jp/lib/
ストアアカウント/flower. flower.jpg " width="300"
height="600" />
```

　これをスマートフォンで見ると、機種の解像度よっては横幅に余白が出てしまいます（画像サイズが大きいとはみ出てしまう場合もある）。

　これを防ぐためには、サイズを固定しないで次のようにします。

横幅に余白が出てしまう

272

```
<img src="http://lib2.shopping.srv.yimg.jp/lib/ストアアカウント/flower. flower.jpg "
width="100%" />
```

「width="300" height="600"」を「width="100%"」に変更しています。縦のサイズは指定しません。これだと、画面の横幅に対して100%で表示することになるので、スマートフォンを縦にしても横にしても、横幅いっぱいに画像が表示されます。

スマートフォンを縦にして横幅いっぱいに画像が表示

スマートフォンを横にして横幅いっぱいに画像が表示

POINT　余白の CSS（スタイルシート）

レイアウトに余白を作りたい時には、CSS（スタイルシート）の「margin」を使います。上記のレイアウトは左右に若干の余白が設定されています。この余白を 10 ピクセルだとした場合、以下のように CSS の記述をします。

```
margin-right:10px; margin-left:10px
```

CSS を定義（有効）するために <div> タグで囲みます。上記の HTML を使うと以下のようになります。

```
<div style="margin-right:10px; margin-left:10px "><img src="http://lib2.
shopping.srv.yimg.jp/lib/ストアアカウント/flower. flower.jpg " width="100%" />
</div>
```

「margin」は上下にも使えます。上は「margin-top」下は「margin-bottom」で設定してください。

Chapter 9 集客・ストア構築・ユーザーの動向を知るコツ

PRO

13 カスタムページを活用する

自由にレイアウトできる「カスタムページ」を有効に利用する方法を紹介します。

■ カスタムページとは

　Yahoo!ショッピングには「カスタムページ」が用意されています。「カスタムページ」では、トップページ、カテゴリページ、商品ページと異なり、「ヘッダー」「サイドナビ」「フッター」が表示されないページも作成できます。

■ カスタムページの作成方法

　作成方法は、トップページ、カテゴリページ、商品ページと同じ手順となります。ストアクリエイターProのツールメニューにある「ストア構築」の「ストアデザイン」をクリックして、「ストアデザイン」に移動します。左の「ストアデザインメニュー」から「カスタムページ」をクリックします。
　カスタムページテンプレートには下表の3つが用意されています。

テンプレート名	説明
カスタムページ1	ヘッダー、サイドナビ、フッターがレイアウトされたタイプ
カスタムページ2	サイドナビがなく、ヘッダー、フッターがレイアウトされたタイプ
カスタムページ3	ヘッダー、サイドナビ、フッターがない本文のみでレイアウトされたタイプ

カスタムテンプレート

　各テンプレートは、ヘッダー、サイドナビ、フッター同様に、各種パーツを組み合わせてレイアウトさせます。テンプレートを選択して［編集］ボタンをクリックするとパーツの追加や並べ替えができます。
　カスタムページの作成は、「ストアデザイン」にて画面

カスタムページテンプレート設定画面

274

左下「カスタムページ作成」より行います。作成方法は、今まで編集してきたトップページ、カテゴリページ、商品ページと同じです。

■ カスタムページを利用するケース

どのような場合に「カスタムページ」を使うのでしょうか？ 簡単に言えば、「カテゴリページ」でもない、「商品ページ」でもないページです。

おすすめしたいのが「FAQ（よくある質問）」ページです。商品やサービスについて「よくある質問」をまとめてQ＆A方式で掲載します。フリースペースのパーツだけをテンプレートで設定して使います。

なぜ「FAQ（よくある質問）」ページが必要なのでしょうか？ それはネットショップの特性に関係します。ネットショップの場合は、基本的に24時間営業です。深夜などストアの営業時間外でも注文は受け付けることができます。つまり、ユーザーはいつでも商品を購入できる状態にあります。

例えば、深夜にユーザーが商品を購入しようとして、何かわからないことを問い合わせたい場合、ストアに電話してももちろん出られませんし、メールで問い合わせても返信はすぐに返ってきません。「商品が欲しくて今解決したいのにできない状態」です。それを補うのが「FAQ（よくある質問）」ページなのです。

想定する質問はもちろん、今まで問い合わせがあった内容を記載しておけば、ユーザーはストアに問い合わせなくても解決できます。

「商品が欲しい、だけどここがわからない、知りたい」というユーザーが、その場で解決しない場合、次の日に問い合わせして購入してくれるかわかりません。販売機会を失わないためにも「FAQ（よくある質問）」ページを設けてください。おすすめと言いましたが、必須のコンテンツだと思います。

そのほか、企画ページや広告した時のランディングページなどを作る場合にも「カスタムページ」は最適です。サイズ解説ページを作る、色のバリエーションを大きなサイズで掲載する、ギャラリーページを作るなど、アイデア次第で効果的に「カスタムページ」を使ってください。

> **POINT　ランディングページ**
>
> 「ランディングページ」とは、広告などからのリンク先に設定するページです。広告をクリックしたユーザーは、その広告内容を見てクリックするので、リンク先には広告内容が反映していなければ期待感とずれるために反応が鈍くなります。
>
> 広告からのリンクはトップページや商品ページに設定する必要はありません。少し派手にデザインした「ランディングページ」を用意してインパクトを与えつつ、広告からの流れを作れば、反応率が高くなります。

PRO

14 ユーザーの動向を探る

Yahoo!ショッピングに来るユーザーの動向を知る上で必要なデータを利用してみましょう。

■ カテゴリごとの実績データ

「どの時期に何が売れるのか？」は知りたい情報に間違いありません。Yahoo!ショッピングでは、商品動向がわかるように、カテゴリごとの実績データを公表しています。

■ カテゴリごとの実績データで商品動向を知る

Yahoo!ショッピングで公開しているカテゴリごとの実績データは「カテゴリ別取扱高年間指数表」です。「カテゴリ別取扱高年間指数表」とは、Yahoo!ショッピングの各カテゴリで、その年の平均取扱高を100%として、指数化したものです。週次で集計していますので、年間の売上動向を細かく知ることができます。

「売上＝需要」と言えますので、「どの時期に何が売れるのか？」を知ることができます。「カテゴリ別取扱高年間指数表」はエクセル（xls）形式でダウンロードできるようになっています。また、指標（0〜99%、100〜110%、111〜120%、121%以上）でセルが色分けされています。

「カテゴリ別取扱高年間指数表」をもとに、「実績から読み解くカテゴリ商材 売上UP戦術！」として、グラフでわかりやすく解説したファイル（PDF形式）も用意されています。さらにカテゴリによっては、個別商材をターゲットにした「実績から読み解く売上UP戦術！」として、男女比率、商品構成データから分析し傾向を読み解いたファイル（PDF形式）も用意されています。

「どの時期に何が売れるのか？」を知ることで、商品構成、仕入れ、販促時期などの計画に役立ちます。一度、データをダウンロードして研究してみてください。

■ カテゴリごとの実績データが公開されているページ

カテゴリごとの実績データが公開されているのは「カテゴリ情報」ページです。ページ上部のメニューの「カテゴリ情報」をクリックしてください。

PRO

15 調査リンクを設置する

ストアへのリンクを設置したページからのアクセス状況を知ることで、どのページからの流入が多いのかなど、ユーザーのアクセス状況を把握できます。

調査用リンクとは

「調査用リンク」は、リンク設定したページ（サイト）からのアクセス状況を把握するためのものです。「バナーを設置してみたものの効果はあったのか？」など、アクセス状況を知るために、調査用リンクを仕込むことで、その効果が計測できます。「調査用リンク」を設定すると、追跡用のURLが発行されます。そのURLを調査したいバナーやテキストリンクのリンクURL先に設定します。

設定された「調査用リンク」からは、「ページビュー」「訪問者数（ユニークユーザー数）」「売上」「注文数」「注文点数」「注文者数」「購買率」「客単価」のデータを収集できます。

調査用リンクを設置する

それでは「調査用リンク」を設置してみましょう。

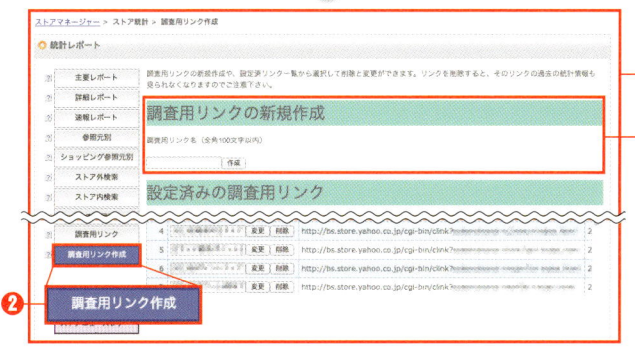

❶ ストアクリエイターProのツールメニューの「統計情報」の「主要レポート」をクリックする

❷ 「統計レポート」に移動する。左メニューの「調査用リンク作成」をクリックする

❸ 「調査用リンク作成」ページに移動する。画面には、設定済みの調査用リンクが表示されている。この一覧から、変更と削除ができる

❹ 「調査用リンクの新規作成」にて「調査用リンク名」を入力する。「調査用リンク名」を入力したあと、[作成]ボタンをクリックする。これで「調査用リンク」が発行される

調査用リンク作成ページ

❺ 画面に赤字で「調査用リンク名」「調査用リンクURL」が表示される。このURLを、調査したいバナーやテキストにリンク設定すれば設定完了

Memo 調査用リンク名

調査用リンク名は、調査用リンクを個別に区別するものです。全角100文字以内で、あとで統計を見た時に把握しやすい名前にしてください。

277

POINT ほかのページをリンク先にして調査したい場合

URL のリンク先はストアのトップページになっています。ほかのページをリンク先にして調査したい場合には、URL 末尾の「index.html」の部分をほかのページの URL に差し替えてください。

設定した「調査用リンク」のデータを見る

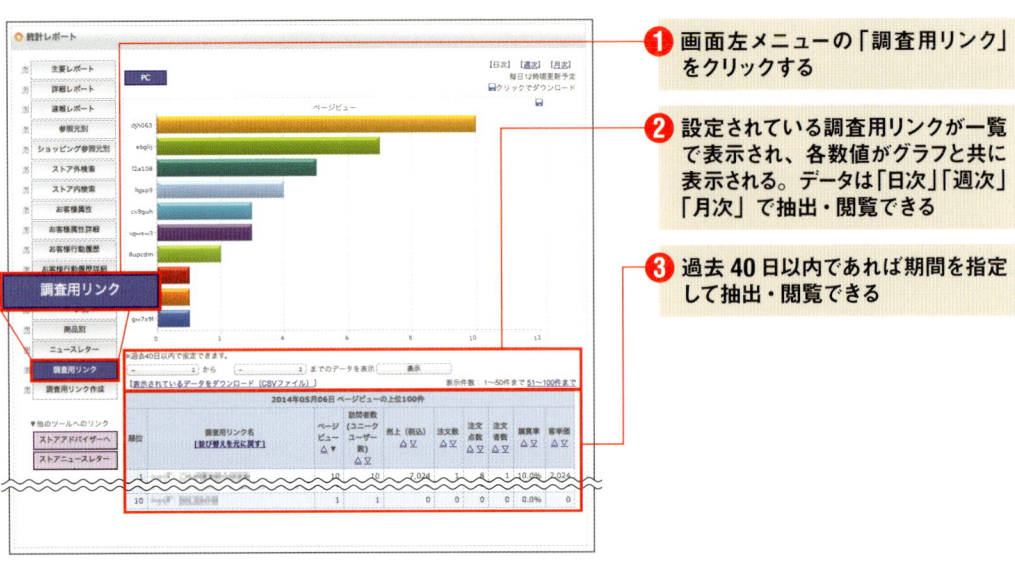

❶ 画面左メニューの「調査用リンク」をクリックする

❷ 設定されている調査用リンクが一覧で表示され、各数値がグラフと共に表示される。データは「日次」「週次」「月次」で抽出・閲覧できる

❸ 過去40日以内であれば期間を指定して抽出・閲覧できる

調査用リンク・データ閲覧ページ

「調査用リンク」を使うケース

　これで「調査用リンク」の設定方法とデータ閲覧ができるようになりました。それでは、どのような時に「調査用リンク」を使うのでしょうか？

　例えば、特集ページを作って、そのページに誘導するバナーをヘッダーに設置したとしましょう。そのバナーに「調査用リンク」を設定すれば、そのバナーがどのくらい効果があったのかを知ることができます。バナーからのアクセス数が少なければ、デザインを変更するなどして誘導を強化すべきかもしれません。

　また、ヘッダーやサイドナビのリンク元のすべてに「調査用リンク」を設定すれば、どのメニューが効果的か計ることができます。そのデータを活用すれば、回遊施策に役立ちます。

　もちろん、トップページのバナーに仕込むこともできます。ユーザーのクリック動向とそれが売上に結びついたのか、「調査用リンク」でわかりますので、ぜひ有効活用してください。

Chapter 10

商品の購買率を上げる

今まで、Yahoo!ショッピングについて、設定や構築、コツなどを説明してきました。ストアとしては形になってきている状態だと思います。ここからは更なる上を目指し、訴求力のあるストアを目指していきましょう。この章では、購買率に影響する施策を解説します。

01 商品の魅力を伝えるには

ここでは自社の商品の魅力をユーザーに伝える方法を紹介します。商品の魅力を伝える方法をマスターしてください。

■ 商品の魅力を考える

集客できたとしても、ストアや商品に魅力がなければ売上には結びつきません。どうすれば商品の魅力を伝えることができるのでしょうか？ 同じ商品ページでも、表現や写真によってその印象も伝わる情報も違ってきます。商品の魅力をしっかり伝えるためにできることをチェックしていきましょう。

■ 3つの「不」をなくす

商品を伝えるために必要な要素を考えてみましょう。第一印象を左右するのはデザインです。きれいなデザイン、見やすいデザインは、情報を伝えるために必要な要素であることは間違いありません。

しかし、デザイン力だけで商品が売れるわけではありません。商品の情報を伝えやすくさせるためにデザインは重要ですが、そもそも伝えるための情報がしっかりしていなければ、中身がない商品ページになってしまいます。

購入者の立場で考える

実店舗で買い物をする時の行動を考えてみましょう。まず、商品を手に取ってみます。商品タグやパッケージで原材料や素材、価格を確かめます。ほかの情報が記載されていれば参考にします。気になる商品であれば、さらに情報を得るためにわからないことを店員さんに聞くかもしれません。

例えば、洋服を買う場合、手に取って広げてみます。肌触りを確かめ、サイズが合うか体に合わせてみます。商品タグを見て、素材、製造元、価格、洗濯表記等を確認します。「ほかの色があるのか」「ほかのサイズがあるのか」と考え探します。

その服のコーディネートも気になるところです。ほかの色はないのか？ 色落ちするのか？ 洗濯で気を付けることがあるのか？ このようなわからないことは店員さんに直接聞くと思います。

食品の場合はどうでしょうか？ パッケージを手に取り、どんな食品なのかパッケージに記載されている情報から読み取ります。容量、賞味期限（消費期限）、原料、価格を確かめます。どのような時にどうやって食べるのか？ 何と食べ合わせるのがよいのか？ パッケージやPOPなどに説明がなければ自分で考えます。5個欲しいと思った時に3個しか置いてなかったら、店員さんに在庫があるかを聞きます。

ネットショップと実店舗の相違点

　ネットショップと実店舗で大きく異なることは、その場に店員さんが居るか居ないかです。店員さんに聞けば、商品のトリビア的なことなど商品に隠された情報を教えてくれるかもしれません。

　実店舗の場合、わからないことがあっても店員さんに聞けばその場で解決できます。だから商品知識が豊富なアドバイスが上手な店員さんは人気があります。

　一方、ネットショップの場合は、商品ページが、その店員さんの役割をしなければなりません。店員からすれば、「聞かれれば答える、たいしたことのない」情報も、ユーザーにとっては必要な情報かもしれません。意味のある情報は惜しみなく掲載すべきです。

「不足」「不安」「不満」がない商品ページ

　実店舗では説明不足でも店員さんで補えますが、ネットショップの場合は補うものがありません。表記が曖昧な場合には、「大丈夫か？」と不安な気持ちになります。また知りたい情報が不足していると不満になります。このような「不足」「不安」「不満」がない商品ページを目指してください。「不足」「不安」「不満」が購入をためらう原因となります。

　3つの「不」をなくして、店員の替わりとなるような商品ページで商品の魅力を伝えていきましょう。

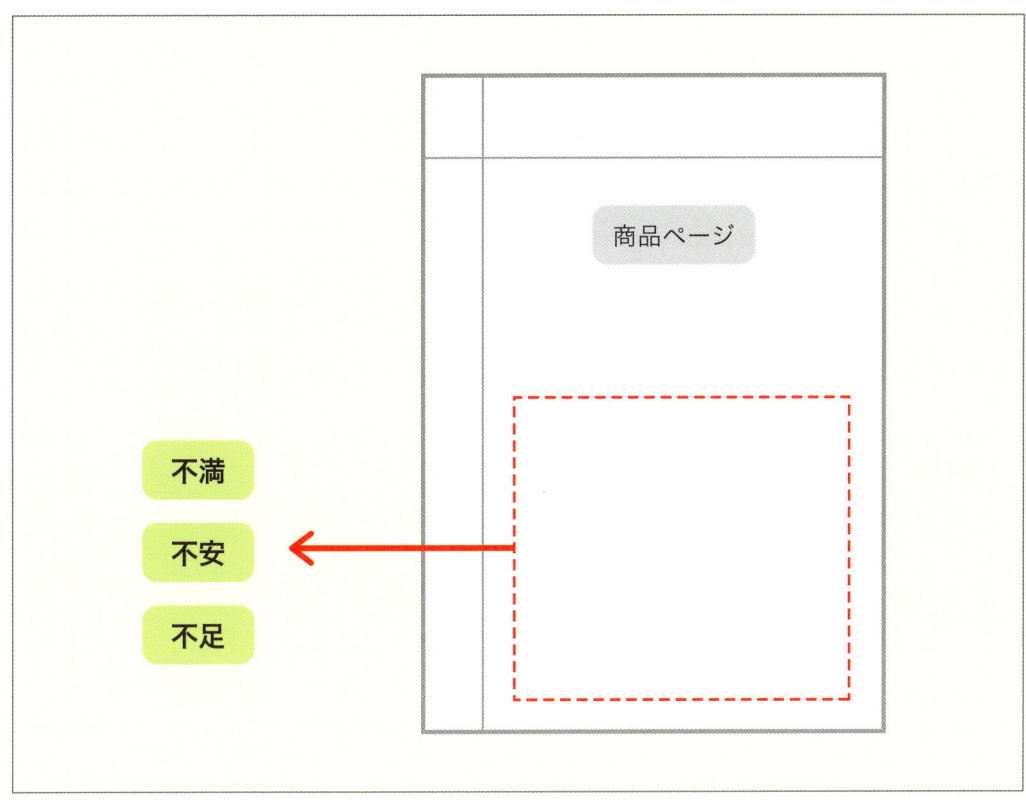

「不足」「不安」「不満」がない商品ページ

02 商品の魅力が伝わるように表現する

商品の情報をきちんと伝えるにはどのように表現すればよいのでしょうか？　デザインの面から考えてみましょう。

■ 情報を伝えるデザイン

　情報を伝えるには、デザインや文章が大きな役割を持っています。意味のある情報でも単なる羅列で文章が並んでいるだけでは、ユーザーは「読もう」という気持ちにはなりません。同じ情報でもデザインが悪ければ読んでもらえません。ここで言うデザインとは、格好いい、お洒落ではなく、「伝えたい情報を読ませてユーザーに伝えるためのデザイン」という意味です。

■ アイキャッチに工夫

　雑誌やポスターを参考にするとわかりやすいかもしれません。良いページデザインは、アイキャッチとして、「まず何を見てもらいたいのか？」「何を読ませたいのか？」がはっきりしています。その次には「見てもらいたいのか？」「何を読ませたいのか？」も意図されています。アイキャッチには、興味を持たせる文章で表現します。興味を持ってもらえれば、次の文章、細かい説明文まで読んでもらえる可能性が高くなるからです。アイキャッチがつまらなければ、「ふーん」で終わってしまうかもしれません。そのことを意識するだけで、文字の大きさ、フォント、文字間隔の考え方が変わるはずです。

■ 見やすい配色

　背景に写真や色を配置して文字を記載する場合には、読みやすい配色もしくは縁取りなどのデザイン処理が必要です。読みにくいと結局読んでもらえなくなるので意味がありません。読みやすく、何をどの順番で読ませたいのかを意識したデザインを心掛けてください。

■ わかりやすい文章

　文章もわかりやすい表現が必要となります。わかりやすい表現とは、読みやすく伝わる日本語という意味です。例えば、ひらがなが続いたり句読点がなかったりする文章は、読みやすいとは言えません。難しい漢字も使わないほうが無難です。当たり前のことを言っているようですが、意識して文章を作るのと意識しないのとでは、大きく違ってきます。

■ 専門用語を避ける

　専門用語にも注意が必要です。「これくらいわかるはず、知っていると思う」という感覚で専門用語は使うべきではありません。専門知識が身に付いているストア側では当たり前のことも、ユーザーには初めて目にする用語かもしれません。専門用語については、その用語説明を設けることをおすすめします。

　固有名詞を使う時にも注意が必要です。固有名詞のあとには（　）でふりがなを付けましょう。

■ 明文化する

　「限定」「老舗」などは可能な限りその数字を明文化すべきです。「限定数での販売」よりも「限定100個の販売」のほうが、説得力があります。

　「老舗」より「創業80年」「明治25年創業」のほうが、老舗としての伝統が伝わりやすくなります。何かのデータを掲載する時には、その出典元も記載すべきです。説得力のある説明をするには、その根拠が必要となります。

　曖昧でごまかすすような説明は、不信感を抱かすだけですので、記載しないほうがよいでしょう。漢字も含めて誰にでもわかる文章を心がけてください。

アイキャッチ　文字が見やすい背景色や背景写真　わかりやすい文章

「不足」「不安」「不満」がない商品ページ

> **Memo 商品画像のチカラ**
>
> 商品画像はどのくらい購入に影響を与えるでしょうか？　単純な話、きれいな画像のほうがよいに決まっています。商品の魅力をダイレクトに伝えるために、商品画像は重要な役割となります。売れているストアの画像はどれも綺麗で魅力的です。
>
> Yahoo!ショッピングの商品一覧ではほかのストアの商品画像も一緒に並びます。その中で見劣りしない商品写真にしなければ、クリック率も低くなってしまいます。画像編集ソフト（Photoshopなど）を使えば、画像を補正することはできますが、文字どおり補正となり手間もかかりますので、できれば撮影時にきれいに撮っておくのが理想的です。商品撮影に関しては第11章で解説します。

03 商品の成り立ち、歴史を伝える

商品の魅力をより伝えるには、その商品の成り立ち（開発ストーリー）など、商品の背景に隠された話があれば掲載しましょう。

■ 商品情報を伝える

　ユーザーの立場で考えてみましょう。既製品であっても、どこにある製造メーカーで、それがどのようなメーカーなのかを掲載することで、ストアの印象はよくなります。

　例えば、同じ商品を販売している以下の2つのストアで比べられた場合、どちらのストアで購入したいでしょうか？

A店：商品がシンプルな説明だけで掲載
B店：商品の説明が充実、メーカー情報も掲載

　ページの充実はストアの姿勢としてとらえられます。販売金額、送料、ポイント付与等が同条件であれば、選ばれる確率はB店のほうが高くなります。

　「情報掲載がしっかりしている」→「運営がしっかりしている」→「サービスも良いだろう」→「商品も間違いなく届くはず」という心理が働くからです。

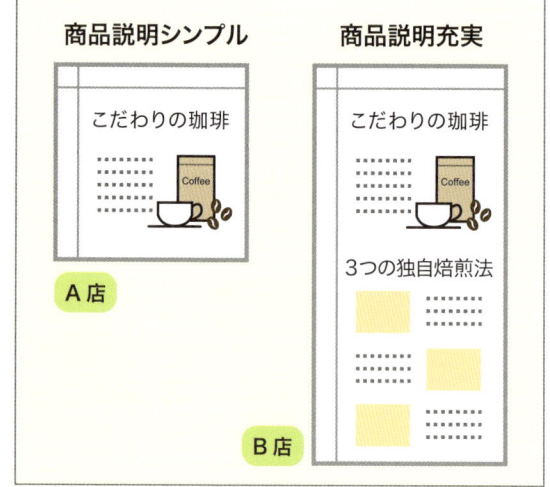

A店とB店

■ 商品の成り立ちを伝える

　自社製品であればお店の歴史を伝えるべきです。老舗であればなおさらのこと、その歴史はストアと商品の価値を高めます。購入したユーザーが、その商品を使う時（食べる時）に「この商品は……」「このお店は老舗で……」と話が盛り上がるには、その情報を掲載しておかなければなりません。

　一般的に、人は特別な話が好きです。ネット上なので「ここだけの話」という表現はふさわしくありませんが、その内容が特別であればあるほど、そのストアの商品を購入したい気持ちも高くなります。もちろん、ありもしない話や過剰演出はいけませんが、歴史として実際の話を掲載することにデメリットはありません。歴史や成り立ち（開発ストーリー）の写真があれば掲載してアピールしましょう。

04 ターゲットを絞る

「たくさんの商品があるのに売れない…」。そんなことになっていませんか？

■ 商品の魅力をターゲットに届ける

「よい商品なのにアクセスがあってもなかなか売れない…」「商品ページは悪くないと思うけど…」。よく耳にするのですが、原因は商品の魅力を十分に伝えられていないのかもしれません。

商品の魅力が伝わっていない時、打開する方法の1つとして、ターゲットを絞り込んで提案する方法があります。

ターゲットがぼやけていると、商品の説明も差し障りがなく特長のない商品ページになってしまいます。誰もがターゲットになる商品は、誰もが魅力を感じない商品とも言えます。

すべての商品は、その目的とターゲットがあるはずです。それを強調することで、ターゲットを明確化した販売を行います。

例えば、バレンタインデーはターゲットと目的が明確です。チョコレートを扱っているお店であれば、義理チョコ用なのか本命用なのかで商品を分けて、それをアピールしているはずです。それだけならほかのストアと変わりはありません。

義理チョコ用であれば、贈る義理チョコの相手ごとに商品を作るべきです。「友達に送る義理チョコ」や「会社の人に送る義理チョコセット袋付き」という感じでしょうか。さらにターゲットを絞っていくと、「10年以上お世話になっている友達に送る究極の義理チョコ」や「金融機関で絶対に喜ばれる金の義理チョコ、いつもありがとうのメッセージ付き」という感じになります。

このように、ターゲットを絞っていくことで魅力的な商品に仕上がっていきます。ポイントは、その内容が伴うことです。「10年以上お世話になっている友達に送る究極の義理チョコ」なら、どうしてこのチョコが10年以上お世話になっている友達に最適で究極なのか？　「金融機関で絶対に喜ばれる金の義理チョコ、いつもありがとうのメッセージ付き」であれば、どうしてこのチョコが金融機関に勤めている人に絶対に喜ばれるチョコなのか？　の理由が商品になければいけません。ターゲットを絞り込んだ提案は、商品にストーリーを与えるとも言えます。

商品がトートバッグの場合

「トートバッグは誰が使うのか？」という例で、ターゲットを考え絞り込みます。

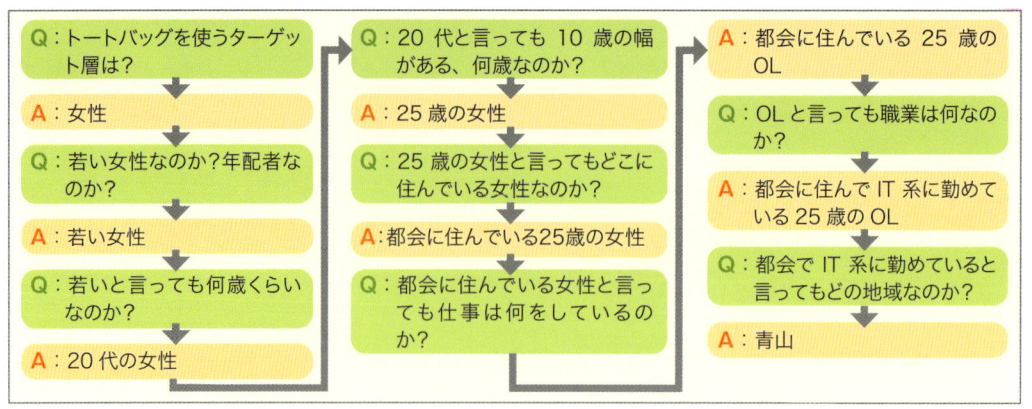

Q：トートバッグを使うターゲット層は？	Q：20代と言っても10歳の幅がある、何歳なのか？	A：都会に住んでいる25歳のOL
A：女性	A：25歳の女性	Q：OLと言っても職業は何なのか？
Q：若い女性なのか？年配者なのか？	Q：25歳の女性と言ってもどこに住んでいる女性なのか？	A：都会に住んでIT系に勤めている25歳のOL
A：若い女性	A：都会に住んでいる25歳の女性	Q：都会でIT系に勤めていると言ってもどの地域なのか？
Q：若いと言っても何歳くらいなのか？	Q：都会に住んでいる女性と言っても仕事は何をしているのか？	A：青山
A：20代の女性		

トートバッグを使うターゲット層を考える

　上の図のように考えた結果、ターゲットは「東京青山でIT系に勤めている25歳のOLさん」となります。

　もちろん、この商品自体がターゲットにふさわしいデザインや機能であることは必要ですが、20代の女性というターゲットからは「東京青山でIT系に勤めている25歳のOLさん」に使ってもらいたいという願望がここまでターゲットを絞り込めた結果になるかもしれません。

　ここまでターゲットが絞り込めると、「東京青山でIT系に勤めている25歳のOLさん」向けの商品ページを用意する必要があります。それが、デザインや機能面の説明によるターゲットへの裏付けにもなります。

　商品画像やシチュエーション写真も「東京青山でIT系に勤めている25歳のOLさん」向けのものを意識しましょう。商品名はそのまま「東京青山でIT系に勤めている25歳のOLさん」というネーミングを使います。「東京青山でIT系に勤めている25歳のOLさんが持ちたいトートバッグ」という感じです。

　ここまでターゲットを絞り込んだ商品だと、商品一覧で並んでも商品名で目を引きつけることができます。ターゲットを絞り込んだ商品だからと言って、東京青山でIT系に勤めている25歳のOLさんだけが購入するかと言えば、もちろんそんなことはありません。

　むしろターゲットを絞り込んだことで商品の魅力が伝わることになります。「東京青山でIT系に勤めている25歳のOLさんが持ちたいトートバッグ」ということであれば、目の肥えた都会のセンスある女性が使うバッグだろうという印象を与えます。「おしゃれ」「機能的」「センスが良い」……など。

　しかし商品名に、そのようなことは何も入っていません。ターゲットを絞り込んだ結果の商品名だけなのですが、絞り込んだターゲット層以外にも好印象を与えることができます。それが商品の魅力とイコールであれば、その商品は売れるはずです。実際に購入する方は、目の肥えた都会のセンスある女性に自分を重ねます。トートバッグを探している女性に、その方にふさわしいトートバッグをストアの目線で提案した結果ということになります。ターゲットは絞って、さらに絞って設定してみてはいかがでしょうか。

PRO 05 最後に背中を一押しする

購入に迷っているユーザーに、その背中を押して購買させるにはどうしたらよいでしょうか？ 最後の一押しが決め手となる場合もあります。それには何が必要かを解説します。

■ 第三者評価を掲載する

　第三者評価とは、自分以外の第三者の評価です。その商品を購入した人の商品レビューが典型的な第三者評価になります。雑誌やメディアへの掲載記事も第三者評価と言えます。評論家や専門家の意見も第三者評価に入ります。しかし、第三者評価がどうして「最後の一押し」になるのでしょうか？

　商品を購入する時の最大のリスクは商品代金です。つまり買って失敗したくない、損をしたくないという心理です。そのリスクを回避するために参考にするのが第三者評価となります。購入した人がどう思っているのか？ 使いやすかったのか？ ストアの対応はどうだったのか？ 買ってからでは遅いので、そこは慎重になるところです。特に高額な商品ほど、その心理は大きくなります。

　ストアとしてできることは、その第三者評価をわかりやすく掲載することになります。評価の悪いものは掲載する必要はありませんが、商品レビューでよい評価をもらったら、そのレビューの画面をキャプションして商品ページに掲載しましょう。雑誌やメディアに掲載されたら、掲載された旨を掲載しましょう。いずれも、「嬉しい評価をいただきました、ありがとうございます」とか「取材をしていただきました、ありがとうございます」とお礼と共に掲載するのがポイントです。

レビューもメディア掲載もない時の対応策

　レビューもメディア掲載もない場合でも、できることはあります。スタッフが使ってみた感想を掲載するのです。ストア側の評価になるので第三者評価にはなりませんが、スタッフの顔写真とともに感想が掲載されていれば説得力も増します。

　スタッフの感想の場合、ネガティブ要素も掲載するのがポイントです。ネガティブ要素といってもそれを補うことが前提です。例えば、ワインの場合なら「コクがなくサラッとした感じだけど、食中酒としてはいい感じ。この価格では十分楽しめます」とか、セーターなら「少し生地が薄いけど、その分鞄に入れてもかさばりません。肌寒い時期に羽織るのには最適です」といった感じです。

　商品説明だけでは不安な方も、購入する時には迷っています。その評価や感想が最後の一押しにつながるはずです。

■ 今買う理由を設定する

　商品に問題がなく、購入したいと思っているユーザーが購入を迷う時を考えてみましょう。「今買わなくてもいい」という状況です。つまり「今買う理由」がないのです。ということは「今買う理由」があれば購入するかもしれません。「今買う理由」として考えられるのは以下のような理由があると思います。

- 在庫が少なくて今買わないとなくなってしまう可能性がある
- 今買うとポイントがつく
- 今買うと値引きされる
- 今買うと送料無料になる
- 今買うと特典がある

在庫が少なくて今買わないとなくなってしまう可能性がある

　限定品などの場合にはさらに効果的です。「限定品で残りがあと×本」となると「今買わなくては」になる可能性も高くなります。限定品なので入荷が今後ないこと、残り本数を目立つようにしておくのがポイントです。

今買うとポイントがつく

　ポイント付与タイミングとしては、Yahoo!ショッピングの販促キャンペーンのタイミングで設定するのが効果的です。ポイント付与期間がわかるように表記するのがポイントです。

今買うと値引きされる、今買うと送料無料になる、今買うと特典がある

　値引きをしている理由、送料無料になる理由、特典がある理由が必要です。理由が明確でないと、売れないからお買得にして販売していると思われてしまう可能性があり、逆効果になることもあります。セールやキャンペーンと同調して、今だけ感を前面に出すのがポイントです。

　できることとできないことがあると思いますが、何もしなければ何も変わりません。できることから施策してみてはいかがでしょうか。

06 顧客満足度をアップさせる

顧客満足度を高めることができれば、リピーターにもなってもらえます。

■ ユーザーの気持ちに立って考える

　訴求力のあるストアは、ストア構築や商品ページが上手なだけではありません。
　ユーザーの気持ちをどうやってつかむか？　どうやってお店のファンになってもらうのか？　ユーザーに感謝の気持ちを持って、ユーザーに何ができるかを常に考えています。
　その継続がユーザーの満足度につながり、結果、リピーターになってくれます。「ユーザーにどれだけ寄り添えるか」について考えてみましょう。

■ 感謝の気持ちを持てるかどうか

　世の中には非常に多くのネットショップが存在しています。Yahoo!ショッピングだけでも本当に多くのストアが出店しています。その中で、ユーザーはあなたのストアを見つけて商品を購入してくれることを考えると、ユーザーとストアとの出会いはとても貴重です。そのことに感謝できるかが基本中の基本となります。
　ただし、売上が上がってきて、日々当たり前のように注文が入ってくると、その気持ちが薄れてきます。初めてネットショップを開店して、初めての注文が入った時、そこには感動があります。昨日までまったく知らなかった人が、お店を見つけて、ストアのユーザーになったのです。そのユーザーが遠方だった場合はさらに感動します。だってそうでしょう。ネットショップを開店していなかったら、一生接点のない人だった可能性が極めて高いのですから。その感動と感謝を忘れないで、いつも持っていてください。
　感謝の気持ちがあれば、ユーザーに対して何ができるか？　どうしたら喜んでもられるのか？　ということを自然に考えられるようになります。
　クレームが来ても、感謝の気持ちがあれば、その対応も変わります。たとえ理不尽なクレームでも、ストア側に少しでも非がある場合、クレームはサービス向上に役立ちます（クレーマーの場合は除く）。
　どうしてそのことが起きたのか？　ユーザーは何で怒っているのか？　どうしたいのか？　など、それを活かしていくべきです。クレームを「嫌なユーザーだな、面倒くさいな」と思うか、「教えてくれてありがとう」と思えるかです。クレームになってしまったことは残念ですが、そのユーザーも、多くのストアの中から選んで買い物してくれたのです。

クレームの対応から常連客になることはよくあります。クレームに感謝の気持ちを持って対応することができれば、ほかのことでも感謝を忘れず対応することができるはずです。それが顧客満足度につながります。

■ ユーザーをその他大勢に扱わない

ストアにとってユーザーは大勢の中の一人ですが、ユーザーにとって購入したストアは自分が選んだ1つのストアです。そのユーザーの意識に寄り添うことが必要です。ストアがそのユーザーをしっかり意識することができれば、購入時に、以前購入があったかどうか、あったとしたら何をいつ購入したのか、その反応はどうだったかが気になります。

ユーザーが商品購入後、ストアから注文承諾メールを出しますが、ユーザー一人ひとりをしっかり見ている場合には、初めて購入されたユーザーとリピーターのユーザーとで、そのメール内容は変わるはずです。テンプレートを使った文面をそのまま機械的に送るのは、作業効率もよく手間のかからない作業ですが、それではユーザーの支持は得られません。

例えば、2回目の注文だった場合、前回の注文についてコメントがあったらどうでしょうか？　ユーザーは、「私をしっかり見てくれている」と思うに違いありません。テンプレートではない文章は、その内容でわかります。ユーザーにとっては、以前の注文を覚えていてくれたことが嬉しいのです。

実店舗の場合、お客様を顔で覚えています。常連客には、「毎度ありがとうございます。そういえば、この間の商品はどうでしたか？」という会話があります。「今日はおまけしておきます」ということもあるでしょう。それをネットショップでできるかどうかです。

リピーターを増やす

ユーザー一人ひとりを見て大切にする気持ちは、リピーターを育てます。一度購入したユーザーを逃がさず、リピーターを増やしていくことができれば、売上は安定します。理想的なストアの形です。優良なストアは多くのリピーターを抱えています。そのリピーターに新規ユーザーを上乗せしていくことで安定した売上を確保しています。それだけリピーターを確保するということは重要な施策です。

特に、5回以上購入したユーザーは上得意様として位置付けられます。なぜなら、いつも購入してくれることはもちろん、お気に入りのストアとして宣伝してくれる傾向にあるからです。

「よく買ってくれるユーザーだな」と喜んでいる場合ではありません。「上得意様に対して何ができるのか？」を考えなくてはいけません。初めて買っていただいたユーザー、2回目のユーザー、いつも買ってくれるユーザー、ユーザー一人ひとりを見た接客を心掛けてください。それは、ユーザーの満足度につながります。

■ 時にはサプライズが必要

ユーザーは、あなたのストアだけで買い物をしているわけではありません。もちろん、ほかのネットショップでも買い物をしているはずです。ともすると、ユーザーから見た場合、あなたのストアがそ

の他大勢に位置付けられる可能性もあります。

　ネットショップでの購入頻度が上がればその傾向は強くなります。その結果、あなたのストアが忘れられてしまうことがあるかもしれません。それを防ぐには、印象に残るストアにならなくてはなりません。

　ユーザーと接点が持てるチャンスは、購入時のメール、商品の受取時、購入後のアフターフォローです。「購入時のメール」は、注文内容、発送日等の確認があるので、読んでくれる可能がかなり高いと言えます。

　「商品の受取時」は、ギフトなど相手先への直送でなければ、購入者が必ず商品を受取り開封します。どのタイミングで印象を残せるか考えてみましょう。「購入後のアフターフォロー」は、ニュースレターが常套手段ですが、読んでくれる確率は低くなります。「購入時のメール」で与えるのは、難しいかもしれません。「商品の受取時」は、手に取るものだけに大きなチャンスです。「購入後のアフターフォロー」はアイデア次第になります。

サプライズの演出

　印象が残るのは、予期しないことが起きた時です。「商品の受取時」にどんなサプライズを演出できるかを考えてみましょう。ポイントは「ワォ」です。ユーザーが「ワォ」と思うような演出、サービスを考えてください。

　「何だこれ、凄い」ではやり過ぎです。「えっ、これ何」ではインパクトが弱いかもしれません。購入回数によって、「ワォ」を使い分けるのもよい方法です。

　毎回ではサプライズがサプライズでなくなるかもしれませんので、そこは工夫が必要です。人は良いことも悪いことも、誰かに言いたくなります。その「ワォ」が喜んでもらえれば、「この間、ネットショップで買ったら……」と、そのサービスがクチコミで広がります。それはストアの宣伝にもなります。ぜひ、「ワォ」のサプライズを考えてください。

■ ユーザーの目線、ユーザーの立場になるとは

　「ユーザー目線で」「ユーザーの立場になって」、よく言われる言葉です。しかし、ストアのスタッフになっている時点で、完全にユーザーの気持ちにはなれません。唯一その気持ちに近づけるとしたら、それは自分が買い物をしている時です。「ネットショップであまり買い物をしたことがない」という方もいるかもしれませんが、ネットショップを開いている以上、それはおかしな話です。

■ ユーザーの立場で Yahoo!ショッピングにアクセスする

　ユーザーとしてYahoo!ショッピングにアクセスしてみましょう。

　トップページで何を感じるでしょうか？　何を買うのか決まっていない時には、特集やキャンペーンページを見るかもしれません。ランキングページで売れている商品をチェックするかもしれません。

　何を買うのか決まっているとしたら、検索で探すか、カテゴリで探すかでしょうか？　商品一覧か

らは、とりえあえず、良さそうな商品を見てみることでしょう。その時には複数の商品を見比べるはずです。

　最後に2つか3つに商品を絞り、購入を決めるはずです。購入の決め手となったのは何でしょうか？
　何か理由があったから、そのストアで購入したはずです。このように、商品を購入するまではいくつかのチョイスがあります。ユーザーも全く同じチョイスを重ねた結果、あなたのストアで購入してくれることになります。

　購入するまでの行動を考えてみると、まず商品にたどり着かなければ、比較される候補にもならないことがわかります。商品一覧で何気なく商品をクリックして比べましたが、どうしてその商品をクリックしたのでしょうか？　何か理由があったはずです。商品ページはどうでしょうか？　その商品に決めた理由が明確にあるはずです。1つ1つを紐解いていくと、ユーザーが商品にたどり着くための要素、購入動機になる要素が見えてきます。

　商品ページを厳しくチェックしたはずです。その気持ちで自分のストアの商品ページを見てください。購入する決め手があるでしょうか？　それがユーザー目線であり、ユーザーの立場になって考えるということです。

■ トレーニングをする

　購入しなくてもトレーニングすることはできます。どのストアでもよいので、商品ページをプリントアウトします。情報量が少ないと意味がないので、ある程度の情報量がある商品ページにしてください。あなたのストアより充実している商品ページがよいと思います。そのプリントした商品ページを最も厳しいユーザーになってチェックして、「買えない理由」を赤ペンで記入していきます。

- 「この表現はわからない」
- 「この説明の意味がわからない」
- 「見たい角度の商品画像がない」
- 「ラッピング可とあるけど、どんなラッピングか写真がない」
- 「お届けまでは2〜10日、だと期間が長くて目安にならない」

　ポイントは、わがままなユーザーになり厳しい目線で駄目出しをすることです。全く赤ペンが入らないということはないと思います。おそらくかなりの駄目出しがあると思います。次に、全く同じことをあなたのストアの商品ページでやってみてください。「買えない理由」が浮き彫りになるはずです。それを改善していけば「買える」商品ページになるはずです。ユーザーの目線、ユーザーの立場になって、魅力あるストアを目指してください。

Chapter 11

魅力的で綺麗な商品写真を掲載する

商品を実際に手に取って見ることができないネットショップにおいて、商品写真はそれに替わる役割をするものです。それが理解できていれば商品写真にも力が入るはずです。
ここでは、本格的なカメラや機材を用意しなくても十分にできる、商品写真の撮影方法について解説します。

01 商品撮影に必要なものを用意する

手軽で簡単に商品撮影を行う場合、手っ取り早いのが撮影キットを使う方法です。すべてYahoo!ショッピングで揃えることができます。

■ 商品撮影に適したデジタルカメラ

　最近のデジタルカメラの性能は非常に高く、一昔の前のコンパクトデジタルカメラの解像度とは段違いに綺麗な写真が撮れます。ズーム機能も充実しています。特に屋外で走っている子供の写真などを撮影するなど、動いている人や物を撮影するのではなく、止まっている静物を撮影するのであれば、ズーム機能の付いたコンパクトデジタルカメラで十分です。

　Yahoo!ショッピングで「デジタルカメラ」と入力して検索してみてください。選ぶのに迷うくらい多くのカメラが表示されます。

コンパクトデジタルカメラ

■ 「撮影キット」を用意する

　簡易的なものから撮影用ライトがセットになっているものまで、さまざまな撮影キットが販売されています。

　撮影キットを使用することで、ガラス商品などの反射も防ぐこともできます。Yahoo!ショッピングで「撮影キット」と入力して検索するとかなりの数の撮影セットが表示されます。

撮影キット

■ 三脚

　長時間の撮影や手ブレが気になる方は三脚を用意してください。こちらもYahoo!ショッピングで「三脚」と入力して検索するとたくさんの三脚が表示されます。

三脚

■ そのほか

　それ以外には光源、レフ板などが必要なものでしょう。光源はバックから当てる、斜め前から当てるなど、室内灯だけでは足りない場合に利用します。またレフ板は、光源からの光を商品に当てる際に利用します。屋外の撮影でも利用できますのでとても重宝するアイテムです。

光源

レフ板

商品撮影に必要なものを用意する

01

295

02 商品撮影の基本

撮影には「ホワイトバランス」「ピント」「明るさ」「構図」が重要です。商品撮影で気を付けるポイントについて解説します。

■ 商品撮影の4大ポイント

　写真撮影で気を付けることは「ホワイトバランス」「ピント」「明るさ」「構図」です。

　「ホワイトバランス」を撮影時に設定しないと、照明に影響されて青色がかったり、黄色がかったりしてしまいます。「ピント」は言うまでもありません。「明るさ」が足りないと全体的に暗い画像になってしまいますし、明るすぎると色がとんでしまいます。

　「構図」は商品によって異なりますが、撮影している状態の時と、パソコン上で確認する時の状態とでは、受けるイメージが異なりますので、正面、斜め上、斜め横、真上など、いくつかの構図で撮影してください。アップの度合いも、全体が写っているものとアップのものは必要です。編集時にスペースを使って文字を載せたり、好きな大きさでトリミング（切り取り）しやすくなるように、全体を写す場合には余白に余裕を持った構図で撮影します。

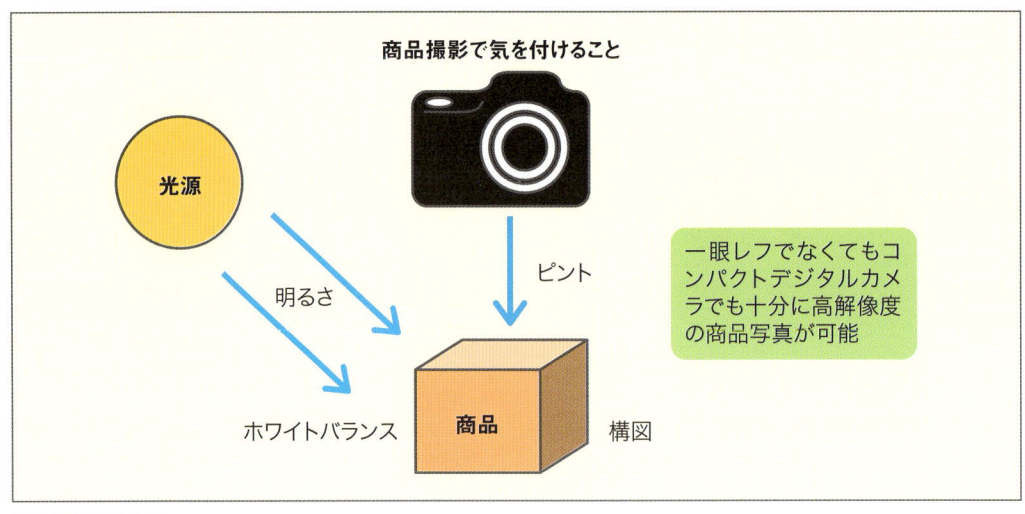

商品撮影で気を付けること

光源 → 明るさ → 商品 → ホワイトバランス
カメラ → ピント → 商品 → 構図

一眼レフでなくてもコンパクトデジタルカメラでも十分に高解像度の商品写真が可能

商品撮影の基本要素

■ ライティングを考える

　商品をきれいに撮るにはライティングが重要な要素となります。写真スタジオの撮影を思い出してください。レフ版（被写体に光を反射させる板）や撮影用ライト（被写体を照らすライト）を使って撮影しています。

　光の当て具合は、写真のクオリティに関係しますので、できればライティングを用意して撮影すべきです。撮影キットを利用すれば比較的簡単に行うことができます。簡易的なものから撮影用ライトがセットになっているものまで、さまざまな撮影キットが販売されています。

　撮影キットを使用することで、ガラス商品などの反射も防ぐこともできます。

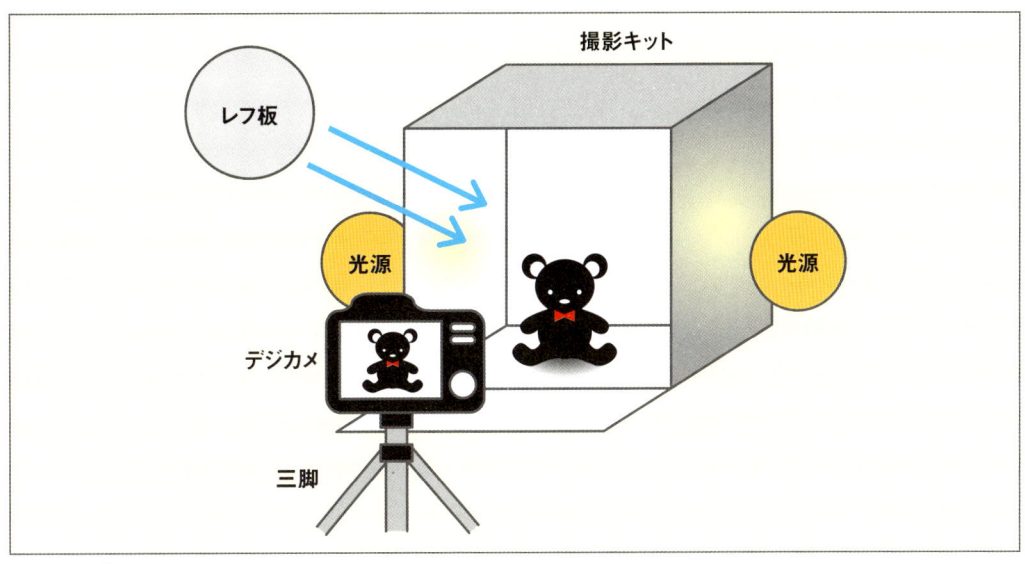

ライティング

03 写真を加工する

撮影した写真はそのままでは利用できないケースがほとんどです。またYahoo!ショッピングで掲載できる枚数なども把握しておきましょう。

1 商品画像の色調を調整する

　メインとなる商品画像を掲載する時、色調補正や余分な背景はカットしてください（これをトリミングと言う）。

　現在は無料でも利用できるWebサービスやアプリケーションがたくさんあります。ここでは、無料で利用できるPixlrというWebサービスを利用します。

・Pixlr
　URL http://pixlr.com/editor/

❶ 商品写真データを用意する

❷ Pixlrにアクセスする

❸ ［コンピューターから画像を開く］ボタンをクリックする

❹ 商品画像を選択して［開く］ボタンをクリックする

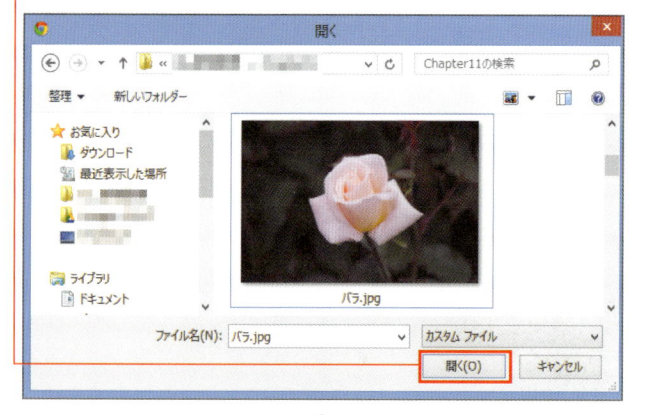

❺ メニューから「調整」→「明るさとコントラスト」を選択する

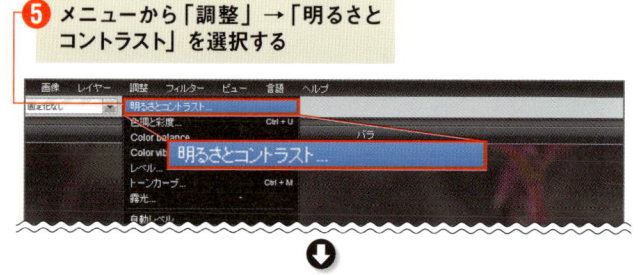

03

写真を加工する

❻「明るさとコントラスト」画面で画像を調整する

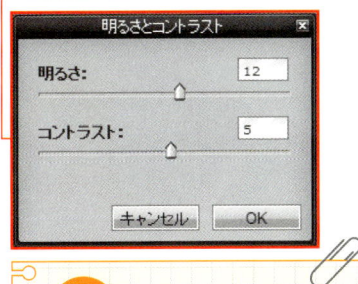

❼ メニューから[ファイル]→[保存]を選択する

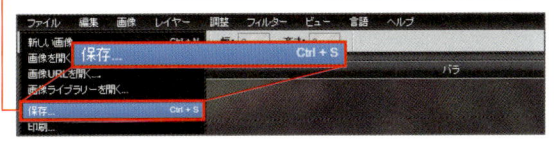

❽「名前」と「フォーマット」を指定して[OK]ボタンをクリックする

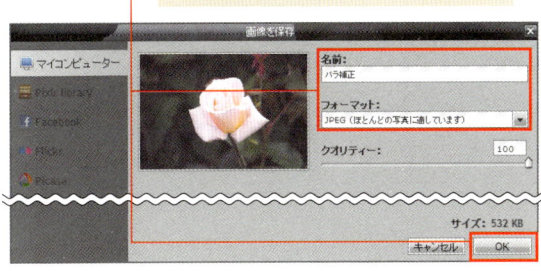

Memo 「調整」のメニュー

調整のメニューにはこのほかにもさまざまな調整や補正が可能です。ぜひ試してみてください。

❾「ファイル名」と「ファイルの種類」を確認して[保存]ボタンをクリックする

2 商品画像をトリミングする

❶ ツールボックスから[切り抜きツール]をクリックする

❷ トリミングしたい範囲をドラッグする

❸ 画像をダブルクリックすると画像が切り抜かれる

❹ あとは「商品画像の色調を調整する」と同じ手順で保存する

299

3 1つの写真に複数の画像を配置する

　Yahoo!ショッピングでは、商品画像が1枚、商品詳細画像が5枚、合計6枚の画像が掲載されます。見てもらいたい画像、ユーザーが見たいだろう画像を、その6枚に集約してください。

　掲載したい写真が多く6枚で収まらない場合、1つの写真に複数の写真を掲載すれば、掲載点数を増やすことができます（または「商品説明」欄か「フリースペース」を使って写真を掲載する）。

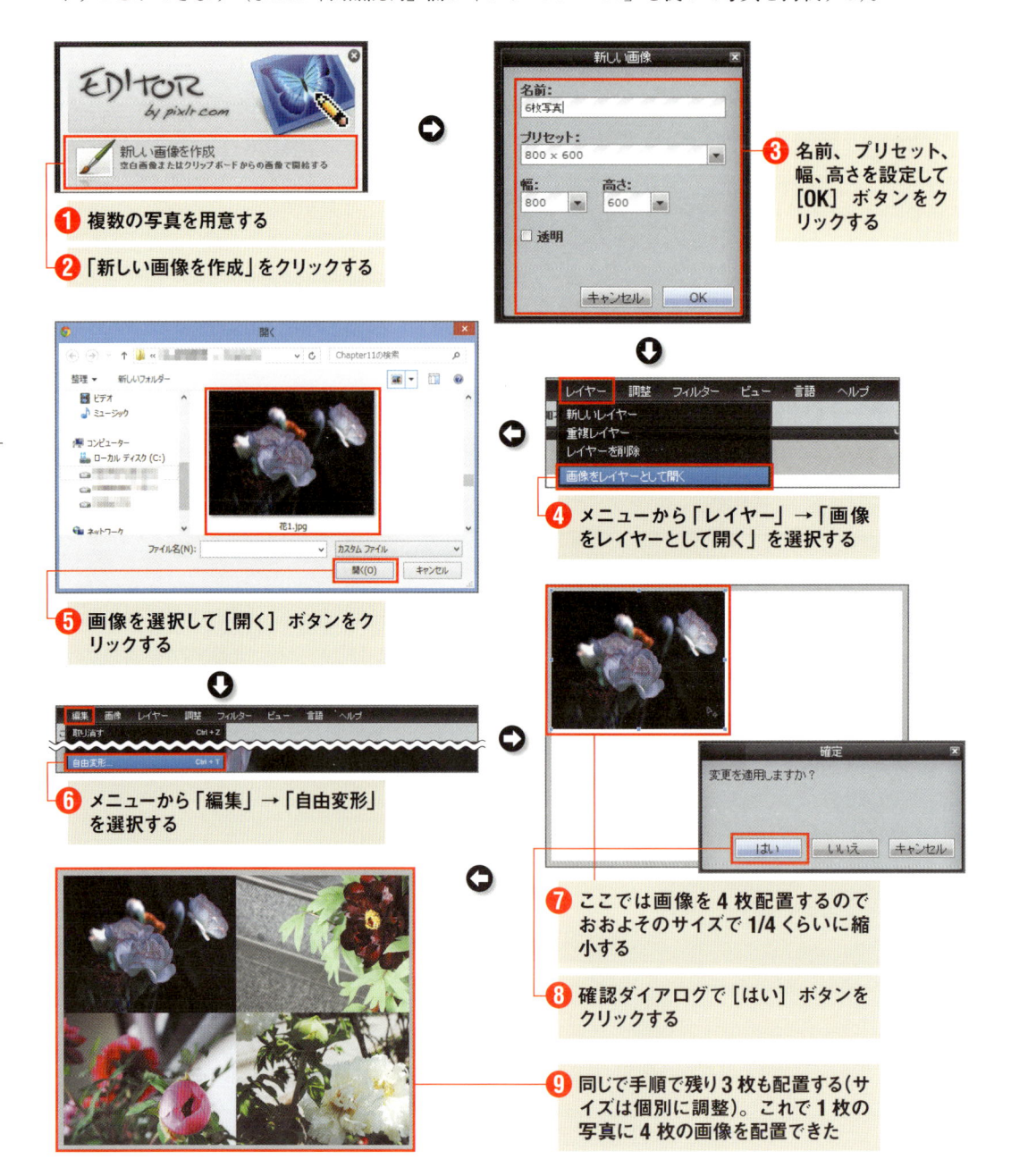

❶ 複数の写真を用意する

❷ 「新しい画像を作成」をクリックする

❸ 名前、プリセット、幅、高さを設定して[OK]ボタンをクリックする

❹ メニューから「レイヤー」→「画像をレイヤーとして開く」を選択する

❺ 画像を選択して[開く]ボタンをクリックする

❻ メニューから「編集」→「自由変形」を選択する

❼ ここでは画像を4枚配置するのでおおよそのサイズで1/4くらいに縮小する

❽ 確認ダイアログで[はい]ボタンをクリックする

❾ 同じで手順で残り3枚も配置する（サイズは個別に調整）。これで1枚の写真に4枚の画像を配置できた

04 シチュエーション写真を撮る

PRO

ユーザーがイメージしやすいように商品を利用していることを想定した写真を撮影すると効果的です。

「きれいな写真を用意すべき」と前節で述べました。撮影キットで撮影する商品写真は、基本的には商品だけの撮影（ブツ撮り）です。商品の魅力を伝えるためには、商品だけの画像では不十分です。

■ シチュエーション写真とは

ストアクリエイター Pro では、商品ページの「商品説明」「フリースペース」に、HTML で画像を表示させることができます。ストアクリエイターでは、商品詳細画像を有効に使い、効果的な画像掲載で商品ページを充実させましょう。

その画像とは「シチュエーション写真」です。その商品を使っている状態を撮影します。「この商品を使ったらどうなるのだろう」とユーザーは考えます。

洋服なら着たらどう見えるのか？　物の場合なら家に置いたらどんな感じなのか？　食品なら器に盛りつけるとどんな感じなのか？　その気持ちに応えるのが「シチュエーション写真」となります。

洋服の場合

具体的に考えてみましょう。洋服の場合なら、着た状態の写真です（可能であれば……）。鞄なら履いた写真です。部屋の中より街中のほうが実際に使うシチュエーションに近いので効果的です。

自転車の場合

自転車も外で撮影しましょう。街中で乗っている（もしくは置いてある）写真があれば、その自転車に乗った自分をイメージさせることができます。

人物と一緒に撮影する場合

人と一緒に撮影する場合は、モデルの身長を記載するのがポイントです。「シチュエーション写真」は、商品のサイズが視覚的に伝わるという効果もあります。それには対象となるもののサイズが明確でなければいけません。それがモデルの身長ということです。

食品の場合

食品なら、お皿に盛りつけた写真と箸やフォークで中身を割って見せた写真です。スプーンを使う食品であれば、スプーンですくった状態を撮影します。その箸やフォークは対象物となり商品のサイズ

も表現してくれます。

　背景はもちろん食卓テーブルです。殺風景にしないで、実際の食卓用のようにコップを並べてランチョンマットなども小物で使うと、より臨調感のある写真になります。

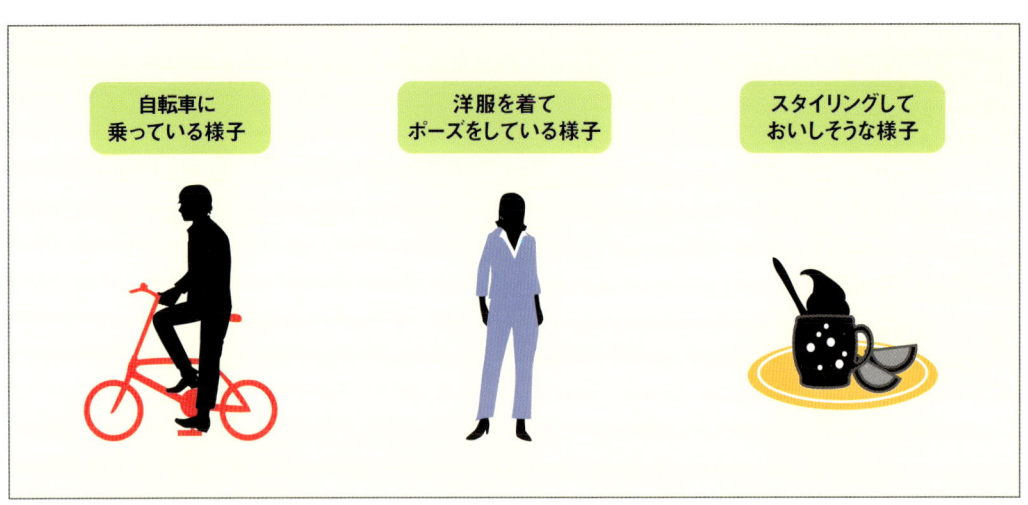

|自転車に乗っている様子|洋服を着てポーズをしている様子|スタイリングしておいしそうな様子|

シチュエーション写真

　このように商品を使った気にさせる「シチュエーション写真」があるのとないのとでは、訴求力が異なります。すべての商品で「シチュエーション写真」を用意するわけにはいきませんが、力を入れる商品には「シチュエーション写真」を用意してください。

Chapter 12

外部サイトと連携して露出を高める

Yahoo!ショッピングでは、外部リンクができるようになりました。その意味では、今までできなかった外部サイトの活用方法も考えるべきだと思います。
外部サイトからYahoo!ショッピングに誘導することで、Yahoo!ショッピングと接点のないユーザーが新規顧客になる可能性が広がります。この章では、外部サイトとの連携について解説します。

01 外部サイトを有効活用する

外部サイトとの連携により露出を高めることはもちろんですが、ストアから有効なコンテンツにリンクさせることで、情報の充実を図ることもあります。目的を持って意味ある連携をしていきましょう。

■ Facebook と連動する

　個人のFacebookは知人同士がつながるSNS（ソーシャルネットワーキングサービス）ですので、閲覧するにはFacebookへのログインが必要です。

　しかし、特定のサービスや人に関して作れるFacebookページはFacebookにログインしていなくても閲覧することができます。つまり、誰にでも情報発信できるのがFacebookページです。

　Facebookページは店舗名や企業名で登録ができるので、ホームページの替わりとしても利用できます。このFacebookページをYahoo!ショッピングのストアと連携させることで、Facebookユーザからの誘導ができれば、新規顧客獲得の可能性が広がります。

■ Facebook アプリを活用する

　Facebookページをどう活用すればよいのでしょうか？

　まず、Yahoo!ショッピングの商品を紹介するFacebookアプリを活用する方法があります。Facebookページ「Yahoo!ショッピング」の支店といった感じです。ほかには、新着情報や商品の裏話などを掲載して、そこからYahoo!ショッピングに誘導させる方法もあります。役割が異なりますので、両方を融合させた情報発信をすべきです。

　しかし、それだけでは効果はあまり期待できません。「Facebookページを運営しています」という自己満足で終わってしまう可能性もあります。なぜなら、Facebookページへの集客が弱いからです。Facebookページを見に来る理由がなければ、これだけ多くのFacebookページがある中、なかなかユーザーは見に来てくれません。見に来てくれなければ、Yahoo!ショッピングと連携させたところで効果は望めません。そこで、何か集客できる仕掛けが必要となります。

■ 集客する仕掛け作り

　ポイントは、扱っている商品と関連を持たせること、「見たい」「参加したい」と思わせることです。例えば、食品を扱っているストアであれば右ページの図のようなことが考えられます。

　そのようなキャンペーンをYahoo!ショッピングのストア上でも告知して、双方で盛り上げるように

します。具体的には Yahoo!ショッピングのユーザーに Facebook ページのコンテストを告知しつつ、Facebook ページでは Yahoo!ショッピングのストアを告知することになります。

　企画次第ですが、参加する人にメリット（賞品など）を作ることが必要です。もちろん、食品でなくても問題ありません。アイデア次第で盛り上げる企画を作ってください。

　すぐに参加者が集まるわけではありませんが、継続することでストアのファンは集まってきます。ファンを増やすことに Facebook ページが活用できれば、意味ある連携になると思います。

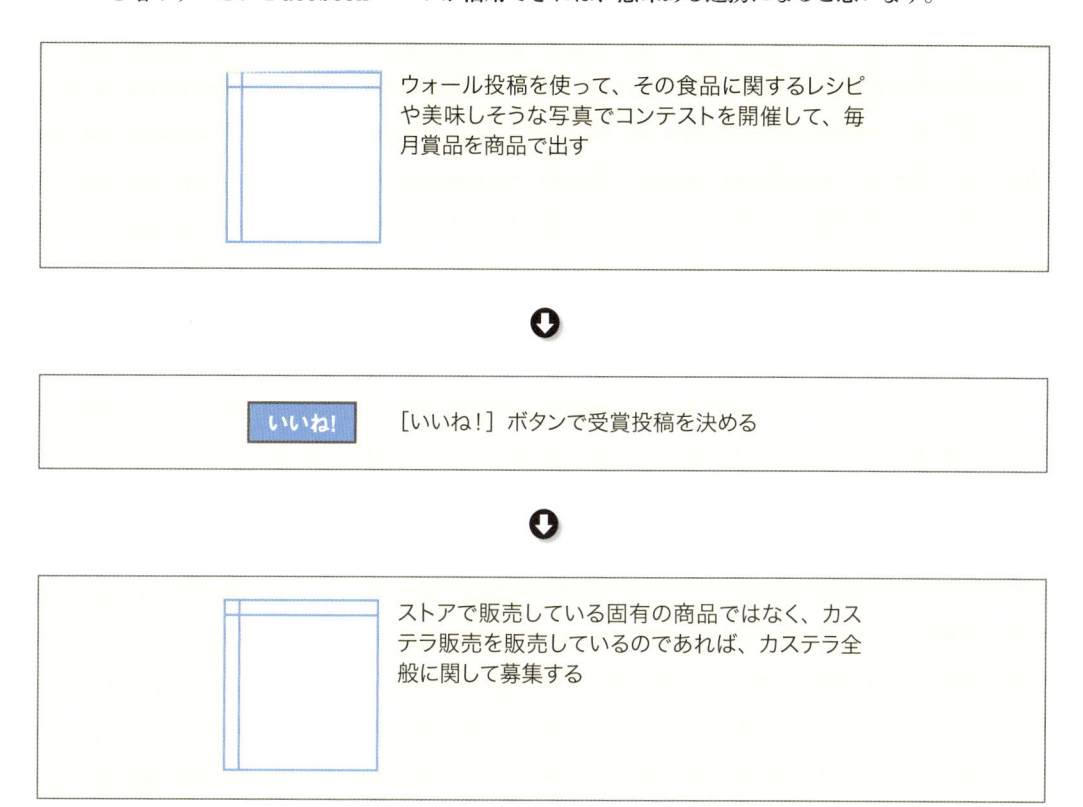

ウォール投稿を使って、その食品に関するレシピや美味しそうな写真でコンテストを開催して、毎月賞品を商品で出す

↓

［いいね！］ボタンで受賞投稿を決める

↓

ストアで販売している固有の商品ではなく、カステラ販売を販売しているのであれば、カステラ全般に関して募集する

Facebook を利用したキャンペーン

01 外部サイトを有効活用する

02 ブログを活用する

ブログも有効な集客のためのメディアとして利用できます。ストアに誘導できるコンテンツを用意して、ユーザーを呼び込みましょう。

■ Yahoo!ショッピングと連携できるブログとは

ブログで情報発信しているストアもあると思います。もちろん、新たにブログを始めてもかまいません。

Yahoo!ショッピングのストアページから、Yahoo!ブログ、またはジオログへのリンクが解放されていますので、できればどちらかのブログでYahoo!ショッピングと連携させることをおすすめします。

ほかのブログだとリンクはできますが、「あなたがアクセスしようとしているリンク先はYahoo! JAPANではありません」というページが表示されます。自社サイトなどであれば、その画面キャプションを掲載して、ユーザーに承知の上で安心してアクセスさせることができますが、ブログをサイドナビかフッターから誘導させることを考えると、その方法は好ましくありません。

■ ブログを活用するポイント

ブログの目的を明確にさせることが重要です。

個人の場合、ブログは日記の役割でもよいかもしれませんが、ストアの場合には読んでもらわなければ意味がありません。目的が明確でない場合、ブログを書くことが目的となってしまいます。書くことが目的だと、書くための内容を探してくることが面倒になり、多くの場合、ブログを運営すること自体が苦痛になります。そんなブログでは魅力がありません。

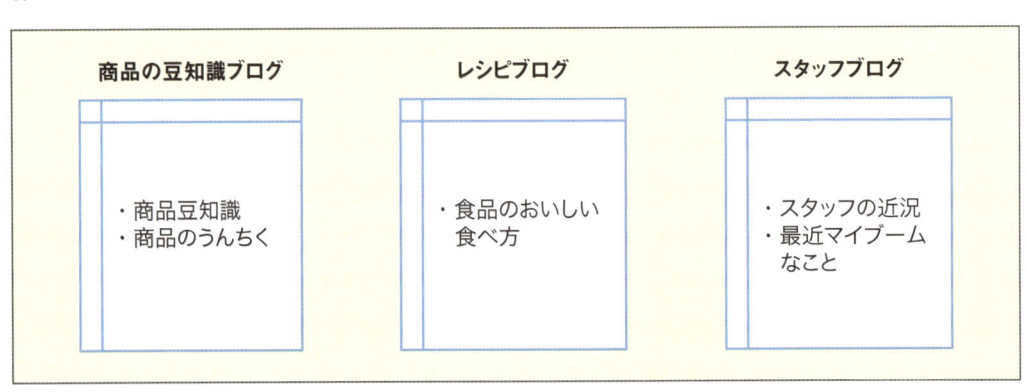

商品の豆知識ブログ	レシピブログ	スタッフブログ
・商品豆知識 ・商品のうんちく	・食品のおいしい食べ方	・スタッフの近況 ・最近マイブームなこと

ブログを利用した集客

商品の豆知識ブログ

まず、自分たちも楽しめる内容か知識を活かせる内容になることを考えてください。例えば、花屋さんであれば、商品ページでは紹介しきれないような掘り下げた花の知識をブログで発信するとか、花言葉を日々ブログで発信するとか、ストアに掲載されている情報とは被らない内容がよいでしょう。

スタッフブログ

スタッフの人となりを紹介するのが目的であれば、スタッフが交代で自分の好きなことを書き綴るのもよいかもしれません。その内容が反映れたブログのタイトルをつけると、よりユーザーにわかりやすくなります。ブログを読んでくれているユーザーには、あまり積極的に商品紹介をしないで、Yahoo!ショッピングのストアの紹介については、その記事の合間にするくらいがよいでしょう。

読み物として面白い記事が掲載できれば、Yahoo!ショッピングからブログ、ブログからYahoo!ショッピングへとアクセスすることになり、意味ある連携になると思います。

POINT　ストアクリエイターからの外部リンク

ストアクリエイターでは、商品ページの「商品説明2」のみ外部リンクの設定ができます。
「商品説明2」で許可されているHTMLは、以下のものです。

・太字

```
<em>ここに文字が入ります</em>
```

・リンク

```
<a href="リンク先URL">リンク先名が入ります</a>
```

全角5000文字（10000バイト）まで記載できますので、個別にテキストリンクで関連サイト（Facebook、ブログ、YouTube、自社サイトなど）に外部リンクを設定するか、各商品ページに共通項目として外部リンクを設定して連携してください。

03 YouTubeで動画を配信する

動画で商品の利用方法などを流すことで、ユーザーの興味をひくことができます。オリジナルの動画をYouTubeにアップしてみましょう。

■ Yahoo!ショッピングで利用できる動画サービス

　Yahoo!ショッピングからYouTubeへのリンクは解放されていますが、YouTube共有リンクの埋め込みコードでショッピングページに直接動画を再生する動画表示はできません。
　YouTubeの動画を掲載する時は、以下の2つがポイントです。

・動画の画面キャプションを使うなどして動画であることがわかるようにする
・何の動画であるのかその内容がわかるようにする

　動画の内容に興味を持ってもらえれば、クリックして動画を見てもらえる確率が上がります。ただし見てもらうために動画を掲載するのですから、自己満足の内容ではいけません。動画のタイトルもわかりやすくすべきです。Yahoo!ショッピングに関連させた動画になりますので、商品の使い方、組み立て方などが適していると言えます。
　動画時間もあまり長いものは好まれません。Yahoo!ショッピングを見ているユーザーが、その商品の補足情報として必要な内容が求められます。

■ YouTubeを活用する

　検索サイト、YouTubeの検索から、自社の動画に興味があるユーザーを誘導させるために、YouTubeの設定では、「タイトル」「説明」「タグ」にキーワードをしっかり記載して登録します。
　動画を作成するのに、ビデオカメラで録画する必要はありません。デジカメの動画撮影機能でもスマートフォンでの撮影でも十分です。クオリティの高い動画に超したことはありませんが、それよりも意味ある内容の動画が求められます。
　YouTubeの動画エディタでは、簡単な修正、フィルタの追加、テキストの追加、音楽の追加、音量調整が可能です。アップロード動画を適切な長さにカットすることもできます。補足情報として商品ページを充実させる動画が掲載できれば、意味のある連携になると思います。

動画エディタ

04 自社サイトを活用する

すでにある自社のサイトもしっかり利用しましょう。また自社サイトの商品紹介のリンク先をYahoo!ショッピングにすることなども検討してみましょう。

■ 自社サイトのコンテンツを利用する

　自社サイトが充実している場合、そのコンテンツをYahoo!ショッピングに活かすことも必要です。もちろん、Yahoo!ショッピングのストア内で同様のコンテンツを作成すればよいのですが、できているコンテンツにリンクさせて活用するのも1つの方法です。

　Yahoo!ショッピングから外部へのリンクはできるようになりましたが、ページ遷移する時に「あなたがアクセスしようとしているリンク先はYahoo! JAPANではありません」というページが表示されますので、その旨を掲載して、ユーザーに違和感なくアクセスさせることがポイントです。

■ Yahoo!ショッピングのサービスを自社サイトで利用する

　自社サイトで商品販売しているストアもありますが、その販売に利用しているショッピングカートなどのサービスの代わりに、Yahoo!ショッピングを利用する方法もあります。商品紹介のリンク先をYahoo!ショッピングの商品ページにします。その際に「Yahoo!ショッピングストアへ移動して買い物をする」ことがわかるように記載します。

　この方法はランニングコストがかからず、商品管理も顧客管理もYahoo!ショッピングに一元化できます。ショッピング機能がオールインワンされていて、ランニングコストがかからないYahoo!ショッピングを活用しない手はありません。自社サイトにSEO対策を施して、検索サイトからの集客ができれば、おおいに意味ある連携になると思います。

05 実店舗と相乗効果を狙う

実店舗の持つ力を十二分に利用してください。売れ筋商品情報、POP、関連画像なども訴求力のあるコンテンツとなります。

■ Yahoo!ショッピングの情報を有効活用する

実店舗がある場合には、Yahoo!ショッピングの情報を有効活用します。

Yahoo!ショッピングの情報を2次利用して実店舗での訴求に役立ててください。例えば、右のようなことを実施してみはどうでしょうか？

- Yahoo!ショッピングでの売れ筋商品を実店舗でも紹介する
- ネットショップ掲載のために整理した商品情報をPOPで紹介する
- 商品画像や商品詳細画像をリーフレットで利用する

■ 実店舗の情報を有効活用する

その逆のパターンもできます。実店舗での売れ筋商品を、Yahoo!ショッピングで紹介するとか、実店舗で得たユーザーの声をYahoo!ショッピングに掲載するとか、第三者評価的に利用する方法です。

実店舗もYahoo!ショッピングのストアも、足を運んで購入するかネット上で購入するかが違うだけで、同じお店に違いありません。同じお店の情報を分ける必要もなく、共有できる役立つ情報は積極的に利用すべきです。

■ スタッフでミーティングをしてアイデアを出す

複数のスタッフがいる場合には、実店舗の運営とネットショップの運営について定期的にミーティングをするとよいでしょう。

- 実店舗がネットショップを補い、ネットショップが実店舗を補うためにどうすればよいか
- 実店舗で効果的だった施策をネットショップでどう活かすか

その逆に、以下のようなことも考えられます。

- ネットショップで効果的だった施策を実店舗でどう活かすか
- 実店舗で喜ばれたサービスをネットショップで活かせないか、その逆はどうか

ポイントは、意見を否定しないで実施する、実施させることです。ミーティングがスタッフを育て、結果として実店舗とYahoo!ショッピングとの相乗効果も高くなります。

Chapter

13

分析ツールとデータの活かし方

Yahoo!ショッピングには、さまざまなデータを集計した統計情報が用意されています。データからは、ユーザーの傾向や反応が読み取れます。統計情報を活用することで、数値に裏付けされた施策を行うことができます。定期的に統計情報を確認して売上アップに役立てましょう。

PRO

01 統計情報から ユーザーの行動を調べる

統計情報はただ数字を見るだけのものではありません。ユーザーの行動がその数値になっています。その数値はどういう意味を持つのか、数字から何がわかるのかについて解説します。

統計レポートの概要

統計情報は、統計レポートとして分野ごとに見ることができます。レポートでは項目ごとに数値が表示され、その数値を見ることで、傾向や反応を読み取ります。基本的な項目は決まっています。主要レポートと詳細レポートを例にとって、各項目を解説します。

主要レポートを見るには

❶ 主要レポートを見るには、ストアクリエイターProのツールメニューにある「統計情報」の「主要レポート」をクリックする

❷ 「主要レポート」が表示される。「主要レポート」では直近40日間の主要項目が確認できる

❸ 画面上にグラフ、下に項目ごとの数値が表示されている。グラフには「売上」「ページビュー」「ストアアドバイザーで設定した売上目標」が表示される

❹ 画面右上にあるプルダウンメニューで「カテゴリ別売上傾向」を表示させることもできる

❺ 数値は、縦軸が日付、横軸が項目となっている。項目には、「売上」「注文数」「ページビュー」「訪問者数」「ニュースレター配信メール数」が、それぞれ「合算値」「PC」「スマホ」「モバイル」ごとに分けられて表示されている。各項目の意味は左の表のとおり

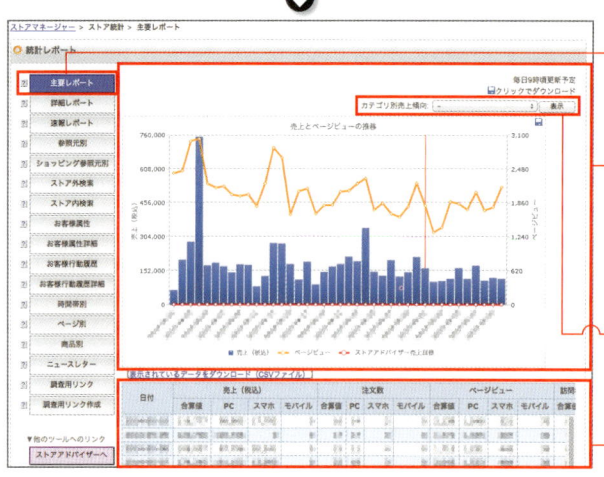

主要レポート画面

項目	説明
売上	税込みの合計金額
注文数	注文された回数（注文した人数ではない）
ページビュー	ページが閲覧された回数
訪問者数	ストアを訪問したユーザーの数（ユニークユーザー数）
ニュースレター配信メール数	配信したニュースレターの数。PCはHTMLメールとテキストメールの合算となる

主要レポートの項目

詳細レポートを見るには

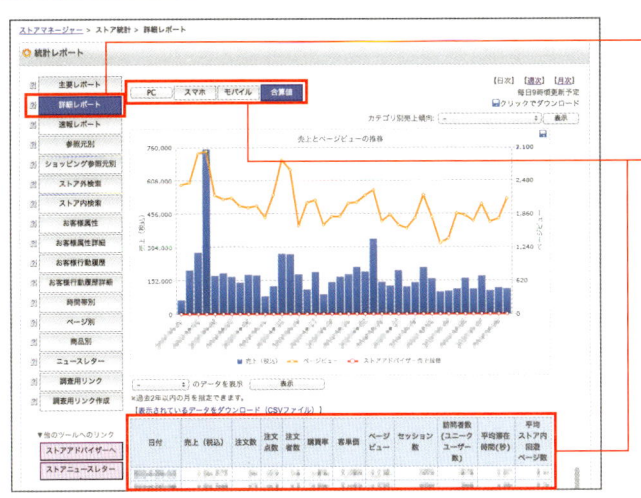

❶ 詳細レポートを見るには、画面左側メニューの「詳細レポート」をクリックする

❷ 「詳細レポート」では、売上や注文数、平均滞在時間などの数値が確認できる。画面左上のボタンで、「PC」「スマホ」「モバイル」「合算値」の単位で表示させることができる。各項目は下表のとおり

詳細レポート画面

POINT 統計情報で集計される各データ

各データはCSVデータとしてダウンロードできます。「表示されているデータをダウンロード（CSVファイル）」をクリックしてダウンロードして活用してください。

項目	説明	例や計算式
売上	税込みの合計金額	―
注文数	注文された回数（注文した人数ではない）	―
ページビュー	ページが閲覧された回数	―
訪問者数	ストアを訪問したユーザーの数（ユニークユーザー数）	―
注文点数	注文された商品点数（販売戸数）	1人が5個の商品を注文した場合、注文点数は5になる
注文者数	注文したユーザー数	
購買率	訪問者数に対する注文者の割合	「注文者数」÷「訪問者数」となる
客単価	注文したユーザー1人当たりの注文金額	「売上」÷「注文者数」となる
セッション数	ユーザーがストアを訪問した回数	1ユーザーがストアを離れてから、もう一度訪問した場合、セッション数は2回となる
平均滞在時間	1ユーザーがストアに滞在した時間の平均（秒）	―
平均ストア内回遊ページ数	1ユーザーがストア内で閲覧したページ数の平均	「ページビュー」÷「訪問者数」となる

PRO

02 最近の動向を調べる

購買率など最近のストアの動向をきちんと確認しておきましょう。また、集客の施策の効果も把握しておきましょう。

最近の動向を調べるには

「最近の動向を見たい」時は、「詳細レポート」で確認します。項目が多いので表示範囲内に収まらないデータ（表）が隠れています。スクロールバーで左右上下にスクロールさせて確認してください。

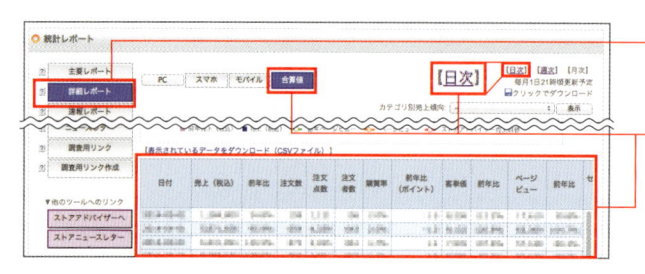

❶ 画面の左側メニューから「詳細レポート」をクリックする

❷ 「合算値」「日次」の状態で表示される。動向で注意するのは「売上」に対しての「購買率」「訪問者数」「平均滞在時間」「平均ストア内回遊ページ数」となる

売上アップの原因を読み取る

例えばある時期に売上がアップした場合、「購買率」が上がっていたとします。「訪問者数」がほかの時期を変わらず「平均滞在時間」「平均ストア内回遊ページ数」が伸びていたとしたら、その時期に行った施策がうまくいって、ユーザーに興味を持たせて購買まで導いていると推測できます。

「平均滞在時間」「平均ストア内回遊ページ数」が伸びていなのなら、リピーターの購入が多かったと推測できます。「訪問者数」がアップしてれば、その時期に行った集客背策がうまくいったと推測できます。このように、何かの施策によって、どう数値が変わるかで、行った施策が有効だったのかが見えてきます。

POINT 季節の動向を加味する

売上を見る場合、季節の動向を加味することを忘れないでください。商品によっては売れる時期が異なります。その時期と施策を照らし合わせて考えることが必要です。そういった意味では「前年比」が参考になります。設定を「月次」にすると、グラフには前年データが一緒に表示され、項目に「前年比」がパーセント（%）で表示されます。昨年と比べて積み重ねてきた施策がうまくいっているのかが把握できます。

POINT 売上がダウンしている時

「注文者数」「購買率」「客単価」「ページビュー」「訪問者数」「平均滞在時間」「平均ストア内回遊ページ数」を注意して見てください。何かうまくいっていないことが数値に出ているはずです。例えば、順調に伸びてきたストアの「訪問者数」が目に見えてダウンしている場合、競合店にユーザーをとられている可能性があります。競合店を調査してみると、その理由が見えてくるかもしれません。

PRO

03 アクセスしてきたユーザーの属性を調べる

ストアにアクセスして来たユーザーがどのような属性なのか調べてみましょう。予想したユーザーがきているのか、それとも異なる属性のユーザーが来ているのか把握してください。

アクセスしてきたユーザーの属性を調べるには

「どんなユーザーがアクセスしているのか知りたい」時には、「お客様属性」で確認します。

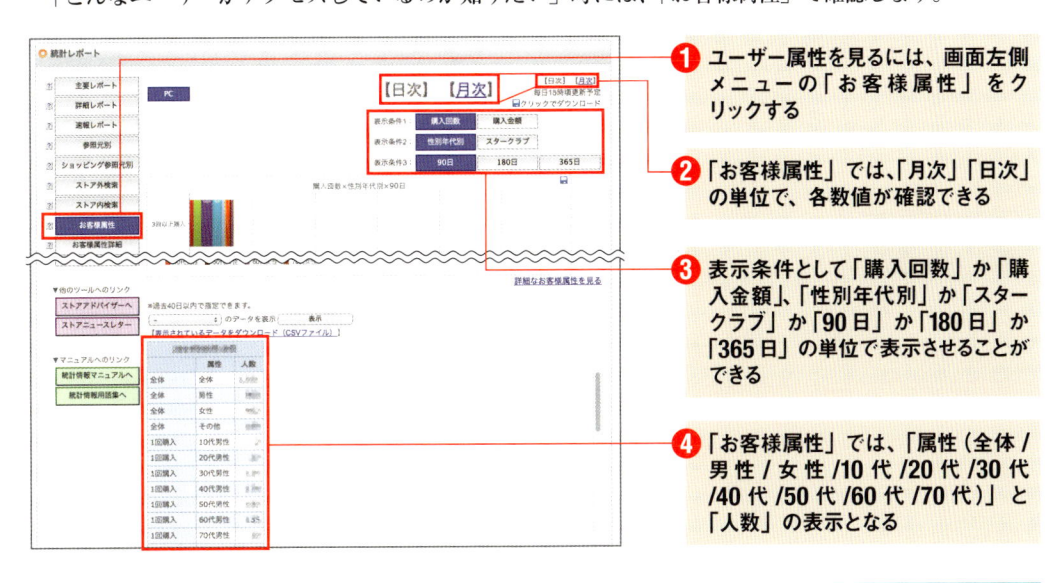

① ユーザー属性を見るには、画面左側メニューの「お客様属性」をクリックする

② 「お客様属性」では、「月次」「日次」の単位で、各数値が確認できる

③ 表示条件として「購入回数」か「購入金額」、「性別年代別」か「スタークラブ」か「90日」か「180日」か「365日」の単位で表示させることができる

④ 「お客様属性」では、「属性（全体/男性/女性/10代/20代/30代/40代/50代/60代/70代）」と「人数」の表示となる

もう少し詳しい項目を確認する

詳しい項目を見るには、「お客様属性詳細」で確認します。

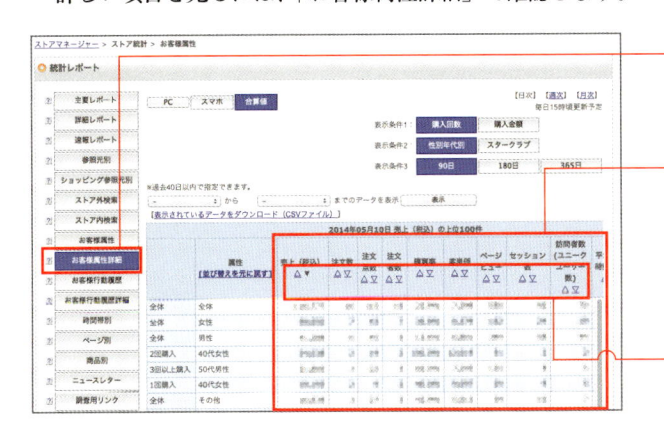

① ユーザー属性の詳細を見るには、画面左側メニューの「お客様属性詳細」をクリックする

② 詳細項目として、「売上」「注文数」「注文点数」「注文者数」「購買率」「客単価」「ページビュー」「セッション数」「訪問者数（ユニークユーザー数）」「平均滞在時間」「平均ストア内回遊ページ数」が表示される

③ 項目は昇順（△）・降順（▽）をクリックすると並べ替えができる

315

PRO

04 アクセスしてきたユーザーが見たページを調べる

ストアにアクセスしてきたユーザーがどのページを見たのか調べてみましょう。あまり見られていないページがあった場合は改善する必要があります。

アクセスしてきたユーザーが見たページを調べるには

「ユーザーがどのページを見てどう移動しているか知りたい」時は、「お客様行動履歴」で確認します。

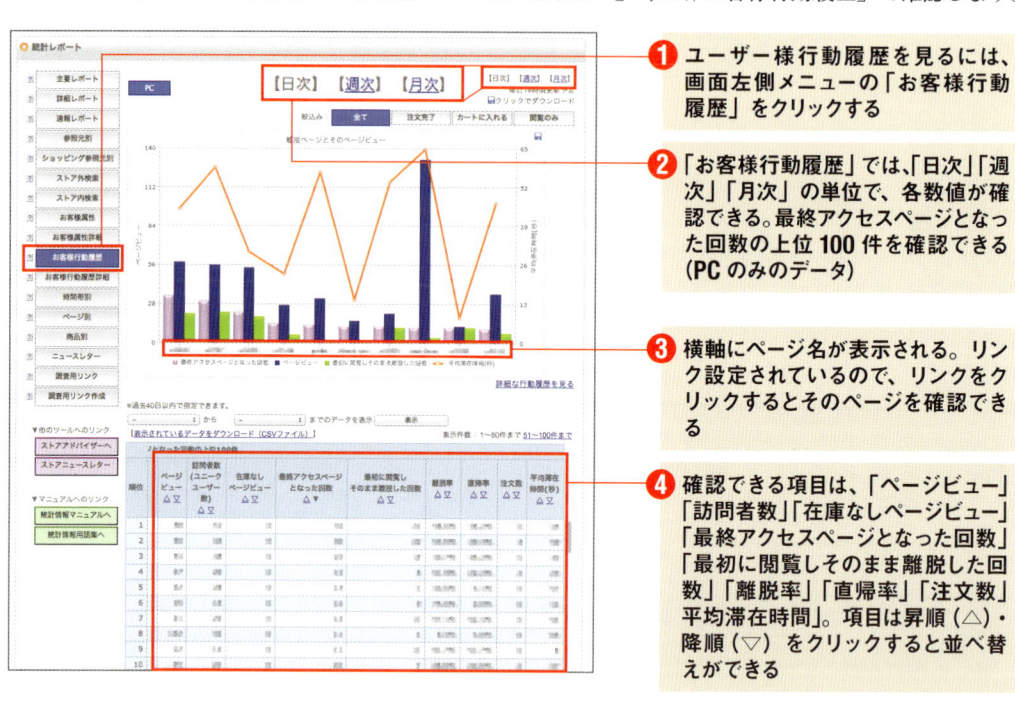

❶ ユーザー様行動履歴を見るには、画面左側メニューの「お客様行動履歴」をクリックする

❷ 「お客様行動履歴」では、「日次」「週次」「月次」の単位で、各数値が確認できる。最終アクセスページとなった回数の上位100件を確認できる（PCのみのデータ）

❸ 横軸にページ名が表示される。リンク設定されているので、リンクをクリックするとそのページを確認できる

❹ 確認できる項目は、「ページビュー」「訪問者数」「在庫なしページビュー」「最終アクセスページとなった回数」「最初に閲覧しそのまま離脱した回数」「離脱率」「直帰率」「注文数」「平均滞在時間」。項目は昇順（△）・降順（▽）をクリックすると並べ替えができる

項目	説明	計算式
在庫なしページビュー	在庫のない商品ページが閲覧された回数	―
最終アクセスページとなった回数	最後に閲覧されたページとなった回数	―
最初に閲覧しそのまま離脱した回数	最初にアクセスし、そのまま離脱した回数	―
離脱率	そのページが最終アクセスとなった割合	「最終アクセスページとなった回数」÷「該当ページのページビュー」
直帰率	そのページを閲覧後にサイトから離脱した割合	「最初に閲覧してそのまま離脱した回数」÷「該当ページのページビュー」

お客様行動履歴の項目

PRO

05 売れている商品の反応状況を調べる

ストアで売れている商品の反応を調べてみましょう。

売れている商品の反応状況を調べるには

「売れている商品の反応状況を知りたい」時には、「時間帯別」「ページ別」「商品別」で確認します。

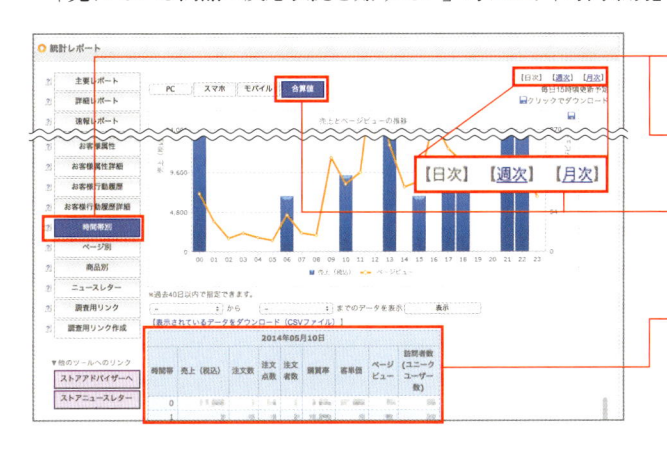

❶ 時間帯別を見るには、画面左側メニューの「時間帯別」をクリックする

❷ 「時間帯別」では、時間帯別のデータを確認できる。

❸ 「日次」「週次」「月次」の単位、「PC」「スマホ」「モバイル」「合算値」の単位で表示させることができる

❹ 1日を1時間単位で、「売上(税込)」「注文数」「注文点数」「注文者数」「購買率」「客単価」「ページビュー」「訪問者数(ユニークユーザー数)」について確認できる

売れている商品の反応状況をページ別に調べるには

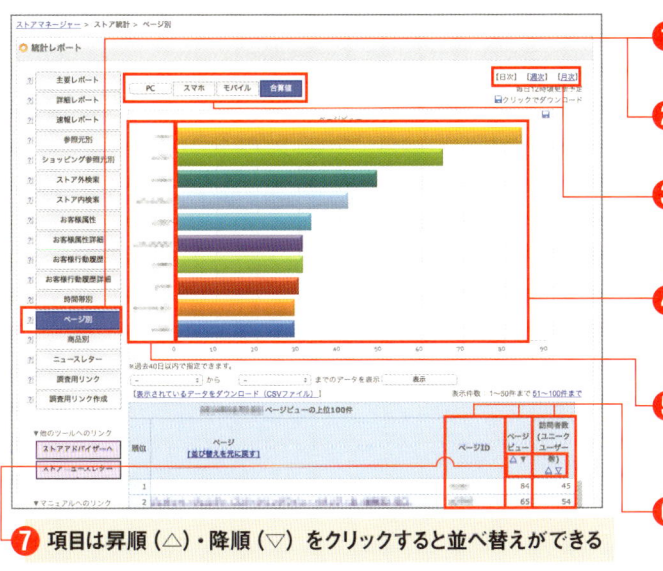

❶ ページ別に確認するには、画面左側メニューの「ページ別」をクリックする

❷ 「ページ別」レポートでは、ページ別のデータを確認できる

❸ 「日次」「週次」「月次」の単位、「PC」「スマホ」「モバイル」「合算値」の単位で表示させることができる

❹ グラフにカーソルを当てると、ページタイトル、ページID、ページビューの数値が表示される

❺ 縦軸は商品にリンク設定されているので、クリックするとそのページが表示される

❻ 「ページID」は商品コード。「ページビュー」「訪問者数」が確認できる

❼ 項目は昇順(△)・降順(▽)をクリックすると並べ替えができる

317

売れている商品の反応状況を商品別に調べるには

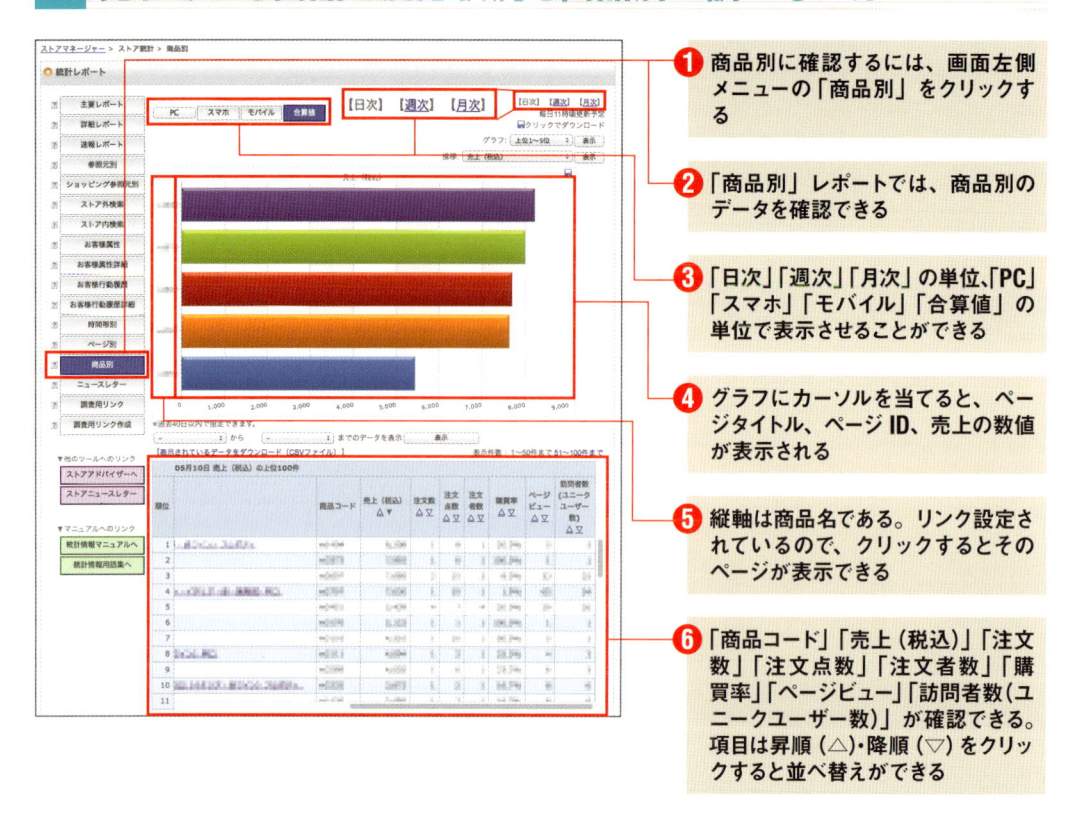

❶ 商品別に確認するには、画面左側メニューの「商品別」をクリックする

❷ 「商品別」レポートでは、商品別のデータを確認できる

❸ 「日次」「週次」「月次」の単位、「PC」「スマホ」「モバイル」「合算値」の単位で表示させることができる

❹ グラフにカーソルを当てると、ページタイトル、ページID、売上の数値が表示される

❺ 縦軸は商品名である。リンク設定されているので、クリックするとそのページが表示できる

❻ 「商品コード」「売上（税込）」「注文数」「注文点数」「注文者数」「購買率」「ページビュー」「訪問者数（ユニークユーザー数）」が確認できる。項目は昇順（△）・降順（▽）をクリックすると並べ替えができる

アクセスが多いにもかかわらず売上が伸びていない商品

　アクセスは多いけれども、売上が伸びていない商品は、何か購買率が低い原因があるはずです。購買率が高い商品と比べてみると何かヒントが隠されているかもしれません。

　また、何か施策をする時は、アクセスが多い商品ページで行うと、分母となるアクセス数が多い分、その反応が数字でわかりやすくなります。その場合、購買率が高い商品は、施策によっては数字が落ちる可能性があるので慎重に行ってください。購買率が低い商品は、何かしないと数字が上がらないので、施策対象として積極的に行うべきです。

index

アルファベット

eコマース革命	020
FTP	241
HTML タグ確認ツー	246
Tポイント	022
Yahoo! JAPAN コマースパートナー	224
YouTube	308

あ

インフォメーション	085
売れている商品	317
お支払情報	062
おすすめ商品	084
お届け情報	059
オプション設定	060

か

開店申請	182
外部サイト	304
外部リンク	026
カスタムページ	274
カスタムページ表示	084
画像の管理	142
カテゴリページ	148
カレンダー	084, 268
かんたんモード	082
看板	083
関連検索ワード	259
関連商品	267
キャンペーン	270
クーポン	226
クロコス懸賞	228
検索ツール	245
顧客満足度	289
コピーライト	085

さ

サイドナビ	092, 116
サンプル	264
シチュエーション写真	301
受注管理	212
出店申請	030
商品撮影	294
商品データベースファイル	247
商品ページ	041, 157
ストア	035

ストアクリエイター	186
ストアクリエイター Pro	048
ストアサービス	084
ストアデザイン	193
ストア内検索	083
ストア内商品カテゴリ	084
ストア評価	269
ストアマッチ広告	239
スマートフォン	271
送料設定	063

た

ターゲット	285
注文管理	200
調査リンク	277
帳票	072
通常モード	082
手数料	070
店長紹介	085
テンプレート	086
統計レポート	312
トップページ	172
トピックス	085
トリプル	222
トリミング	299

な

ニュースレター	234
人気ランキング	084

は

配送業者	043
配送方法	063
パンくずリスト	083
販促コード	260
フッター	101, 131
フリースペース	085
ブログ	306
プロフェッショナル出店	032
ページ移動ボタン	083
ヘッダー	109, 088

ま

メールテンプレート	072

ら

ライト出店	032

著者プロフィール

田中正志（たなか・まさし）

株式会社ウィルマート（Yahoo! JAPAN コマースパートナーエキスパート・パートナー企業）代表取締役。Webプロデューサーとして、数多くの企業・店舗のサイト運営に携わり、売上アップ・経営改善のコンサルティングを行っている。Yahoo! ショピング出店者対象セミナー講師。中小企業庁専門家派遣事業専門家。
著書に『インターネットにお店を持つ方法 ネットショップ開業で夢を叶えた12人の女性オーナーたち』（翔泳社刊）などがある。

装丁・本文デザイン	FANTAGRAPH
人形およびイラスト作成	ごとうゆき
人形撮影	ディス・ワン　清水タケシ
DTP	BUCH⁺（http://buch-plus.jp/）

小さなお店のYahoo!ショッピング 出店・運営ガイド

2014年6月19日　初版第1刷発行

著者　　田中正志（たなか・まさし）
発行人　佐々木幹夫
発行所　株式会社翔泳社（http://www.shoeisha.co.jp）
印刷・製本　日経印刷株式会社

©2014 Masashi Tanaka

＊本書は著作権法上の保護を受けています。本書の一部または全部について（ソフトウェアおよびプログラムを含む）、株式会社翔泳社から文書による許諾を得ずに、いかなる方法においても無断で複写、複製することは禁じられています。
＊本書へのお問い合わせについては、2ページに記載の内容をお読みください。
＊落丁・乱丁はお取り替えいたします。03-5362-3705までご連絡ください。

ISBN978-4-7981-3606-6　　　　　　　　　　　　　Printed in Japan